JN097978

安全保障戦略

兼原信克

KANEHARA NOBUKATSU

日本経済新聞出版

はじめに

本書は、令和2年（西暦2020年）に、筆者が現代安全保障戦略について同志社大学法学部の学生諸君に対して行った講義をまとめたものである。

皆、志の高い優れた若人であり、筆者の方が彼らから力をもらうことが多かった。

彼らは、令和の日本を担うことになる。激変しつつある国際社会のなかで、これから難しい舵取りを任されることになる。中国の台頭、製造業の流出、少子高齢化と難問は山積している。令和は平成よりはるかに厳しい時代になる。学生諸君には、自分たちの将来をこの国の将来に重ね、たくましく生き、日本を少しでもより良い国にしていってほしい。

筆者は、数十歳も年の離れたこの恐るべき後進たちに、筆者たちの世代は、一体何を伝えることができるのかと自問してみた。筆者たちの世代が責任を負っていた平成の時代、世界はどう変わってきたのか、そこで筆者たちは何をやろうとしたのか、何を成し遂げたのか、そして何を失敗したのか。筆者たちの世代が遺すことになる道を振り返りながら、粛然として毎回の講義に臨んだ。幸い学生諸君は強い関心を示してくれた。驚いたことに、そして嬉しいことに、学生諸君からは、筆者たちの世代は一体何をしてきたのかと、問い詰めるような質問が多かった。

筆者は、学生諸君に、64万人の職員を抱える日本政府という巨大な組織を運営するとはどういうことか、国民の意思をくんで政治や行政を行うとはどういうことか、民主主義国家において安全保障政策を司るとはどういうことかを伝えたかった。それは決して安全保障の微細にわたる各論ではない。国家のリーダーが、安全保障に関し国民に対して持つ責任の意味を伝えたかったのである。

それはいかなる組織にあっても必要なリーダーとしての資質を教えるということであった。彼らには、将来、いかなる大きな組織にあってもトップリーダーとして活躍できる人材に育ってほしいと願う。政治家なら総理大臣、企業なら社長、自衛隊なら統幕長、新聞社なら主筆、何処でもトップが務まるリーダーとして育ってほしい。また、国際社会に出ても、堂々と日本人として誇りを持って、日本のリーダーシップを発揮してほしい。筆者は、そう願って講義してきた。彼らの高い志を以って万事の源となし、勇気を持ってたくましく生きてほしいと願う。

筆者が彼らに一番伝えたかった大きなメッセージは、次のようなものである。

戦後、日本は、先進工業民主主義国家の主要な一員となった。20世紀後半に立ち上がった自由主義的な国際秩序は、欧米諸国を中心とするものであった。アジアの国々は独立と開発のために苦闘していた。1980年代の後半から、多くのアジアの国々が開発独裁の段階を抜けて、次々と誇り高く民主主義に舵を切っていった。フィリピン、韓国、台湾、インドネシア、タイ、マレーシアなどである。皆、いまだ多くの問題を抱える若い民主主義国家・地域であるが、自分たちの民主主義に強い誇りを持っている。今、ようやくアジアに自由主義的な国際秩序が立ち上がりつつある。

アジアの成長と成熟は歴史的必然である。英国に始まった産業革命は、地球的規模で工業化の津波を生んだ。それから200年を経て、工業化の波は、ヨーロッパ人がかつて永遠の停滞に呪われていると信じたアジア全域に広がった。それは1980年代の韓国、シンガポール、香港、台湾から始まり、やがてASEAN諸国に広がり、今や巨竜の中国が天翔けるようになった。中国よりも平均年齢が10歳も若い巨象のインドが、すぐに後を追うであろう。

初期の工業化には負の側面が伴っていた。工業化の過程で、国内の富の格差があまりに拡大すると、社会全体の改造を求めるようになる。全体主義や共産主義のような独裁思想が生まれる。独裁は、ヒトラーのようなポピュリストによる独裁であったり、ロシアや中国のような共産党一党独裁であったり、あるいは、軍人のクーデターによる独裁であったりする。

全体主義や独裁政治は、20世紀の間、急激な工業化を目指す国々に感染した。それは20世紀前半の後発工業国家である日独伊露のみならず、20世紀後半に独立を果たしたアジア、アフリカの新興工業国家でも同じである。

さらに19世紀から20世紀前半にかけて、産業革命による急速な工業発展は、欧米諸国に誤った民族的優越意識や人種的差別意識を生んだ。たかが200年工業化に先んじただけで、人間の遺伝子に優劣があるという愚劣な人種差別論が罷り通った。また、急速な工業化に伴う国力伸長は、強いナショナリズムと拡張主義を生んだ。19世紀以降、先行工業国家は、工業化に遅れたアジア、アフリカの様々な民族を植民地支配して収奪した。つい半世紀前の20世紀後半まで、世界は、欧米宗主国という天上世界とアジア、アフリカの植民地という地上とに二分されていたのである。

人類は、このような過ちを一つずつ克服して、今日のフラットで自由主義的な国際秩序を築いた。一人ひとりの尊厳は絶対的に平等であり、一人ひとりが幸せになる権利があり、政府はその道具にすぎないという当たり前の考え方が、20世紀後半、瞬くまに地球上に広がった。その姿がくっきりと見える。

今日から振り返れば、ラスカサス、ルター、カルヴァン、ロック、ルソー、ギャリソン（米国奴隷解放運動家）、トルストイ、リンカーン大統領、ガンディー、キング牧師、マンデラ大統領など、数百年にわたり多くの偉人を生み出した自由主義的な世界思想の広がりとつながりがはっきりと見える。それは霊性と理性の覚醒が交錯する系譜である。

ところで工業化のもたらす最も重要な変化は、近代的個人の大規模な覚醒と、巨大な近代国家の出現である。人は生き延びるために集団をつくる。工業化は、その集団を国民国家という形に巨大化する。工業化は、富を激増させ、通信、交通、教育の手段を劇的に変化させる。伝統的な社会が近代的な共同体につくり替えられる。

工業化された新しい共同体のアイデンティティが模索され、近代的な国民国家が登場する。工業国家は、国民国家である。工業化が進み、近代的な国家が立ち上がると、国民の一人ひとりが国家に忠誠を誓う国民になる。国家に自分のアイデンティティを重ねるようになる。外敵に遭遇すると国民の凝固が加速される。それは近代的な現象である。

国民は、やがて政府とは、自分たちがつくるものだと考えるようになる。その過程で、多くの人々が、身分、門地、社会階級、肌の色、目の色、民族、人種に関係なく、個人の尊厳は絶対的に平等であることに気づきはじめる。そして、近代的な国民は、国家に忠誠を誓うと同時に、国家に対して、自らの固有の権利を主張するようになる。天賦人権、国民主権である。工業国家は、政治意識の高い発言する近代的国民を持つようになり、ゆっくりと時間をかけて必ず民主化する。民主化のプロセスが完遂するには100年かかる。しかし、それは歴史の必然である。

近代国家は、3つの顔を必ず併せ持つ。工業国家、国民国家、そして、民主国家である。今日のアジアにも民主化の波が訪れている。21世紀前半は、アジア最古の工業国家であり、近代的国民国家であり、民主主義国家である日本が、アジアにおける自由主義社会のリーダーシップを取る番である。唯一人、非欧州文明圏から工業化の第一波に乗った日本には、そして成功も失敗も経験してきた日本には、その責任がある。

平成時代は、昭和の時代から続く官僚主導の政治が廃れ、政治主導が復活した時代であった。それは大きな混乱を伴ったが、令和に至ってようやく落ち着きを取り戻しつつある。後世の人々は、政治主導の復権した平成の時代を、大正デモクラシーに比肩する平成デモクラシーの時代と呼ぶであろう。霞が関（官界）の関係省庁や永田町（自民党本部）の党執行部や族議員に権力が分散していた昭和の時代、日本政府は八岐大蛇（やまたのおろち）のような化け物だった。誰がどこで何を決めているのか、誰が国民に国政の責任を取るのか分からなかった。

今ようやく権力は総理官邸に集約され、国民が選んだリーダーが、国民に対して政治の責任を果たすという近代民主主義の理論通りの政治が実現できるようになった。国民が政治に世論という風を送り、その風を受けて帆を膨らませた政治指導者が、64万人の職員を抱え、100兆円の予算を執行する巨大な日本政府という巨艦を、自らの意思で走らせる時代になったのである。平成デモクラシーは、令和デモクラシーとして完成されるであろう。日本は、自由主義社会のリーダーとして、世界史を演出できるだけの国力を有し、かつ、自由主義を奉じて倫理的成熟を示す国となった。

本書では、このような問題意識を各章の通奏低音として、日本が、これから安全保障政策において何をなすべきかを考える。

まず、第Ⅰ部で、政治主導下の安全保障政策過程のあるべき姿、安全保障に関する政府組織、特に、総理官邸や内閣官房のあり方、国家安全保障会議および国家安全保障局の機能、正しい政軍関係（シビリアンコントロール）のあり方について考える。また、日本ではあまり論じられないインテリジェンスの基本についても触れておく。

続いて、第Ⅱ部で、自由主義的な国際秩序とは何か、国家戦略の立て方、戦略的安定の重要性、国家の安全、日米同盟の変遷、自由貿易の重要性、ありうべき西側の対中関与大戦略、最近の対韓外交の説明に移ることとする。

最後に、本書は日本外交および安全保障の入門書でもあるので、第Ⅲ部において、サイバー戦、宇宙戦、科学技術・経済安全保障、日本の抱える歴史問題、領土問題などの多様化する外交課題についても触れる。なお、日本は領土問題として認めていないが、近年、中国の現状変更の試みの故に緊張の高まる尖閣諸島について触れることとする。

なお、本書の上梓に当たっては、日経BP日本経済新聞出版本部の堀口祐介氏にまことにお世話になった。10年前に堀口氏の編集で上梓した『戦略外交原論』と同様に、この『安全保障戦略』も堀口氏の御助力と励ましなくして世に出ることはなかった。この場を借りて厚く御礼申し上げたい。

目　次

第Ⅱ部 国家安全保障戦略論

第Ⅲ部　サイバー戦、歴史戦、日本の領土

装丁・野網雄太

第 I 部

国家安全保障組織論

第Ⅰ部では、まず数回にわたり日本の安全保障政策にかかわる国家組織論を説明する。外務省や防衛省といった個別の省庁ではなく、民主主義政治プロセス全体を鳥瞰して、総理官邸を中心とする政治主導の下で、政府全体として安全保障政策がどう策定され、実施されているかについて説明していきたい。

その前提として、はじめに戦後日本政治において、民意が政治を通じて怒涛のように政府のなかに流れ込む民主政治が本当の意味で息を吹き返し、昭和以来の官僚主導政治が崩れ、政府官僚に対する政治指導者の主導権が復権していく様子を、内閣制度における安全保障、危機管理機能の充実という視点から見ておきたい。

それは、混乱を極めた平成政治史の復習でもある。筆者にとっては、これから述べることの多くが実際に経験したリアルな話であるが、若い人には既に乾いた歴史であろう。その後、なぜ、日本政治において官僚主導が廃れ、政治主導が復権したのか、その理由を分析してみたい。

要点を先に述べれば、次の通りである。

平成の中期まで、統帥権が独立してシビリアンコントロールが破綻していた戦前の帝国政府は言うに及ばず、戦後の日本の総理官邸も、外交と軍事を総括する安全保障面での調整機能が脆弱であり、また、加えて危機管理機能も脆弱であった。鎌倉時代以降の宮中同様、権力の中枢が空洞化していたのである。

20世紀の末から、大型災害等への危機的状況に際して、政府が速やかに機能麻痺する事態が重なった。村山政権当時の阪神・淡路大震災への対応や、菅（かん）民主党政権当時の東日本大震災における原子力災害と津波災害への対応は、日本政府最高レベルの危機管理体制を大きく見直す契機となっている。

映画「シン・ゴジラ」は、東日本大震災当時の日本政府のカリカチュアと言ってもよい。かつての政府の意思決定の内情をかなりよく見て、ユーモアと皮肉たっぷりに描いてみせた出色の映画である。また、東日本大震災の際の福島第一原子力発電所事故を描いた「Fukushima 50」も、政府中枢と現場の乖離を見事に描いてみせた。あれが当時の日本政府の実態であった。

また、自然災害だけではなく、北朝鮮の核開発、ミサイル発射事件、不審船の出没、拉致被害の表面化、中国の尖閣列島周辺海域での定期的な主権侵害活動等、対外的な安全保障に関しても、海上保安庁、警察、自衛隊、外務省、出入国在留管理庁と、政府全体の対応が求められる事案が増えてきている。第一次安倍政権では、総理の下で政府全体の安全保障案件を総括する国家安全保障会議の創設が現実の政治的課題に上がってきた。

このように連続した大規模な災害や周囲の安全保障環境の悪化に押されるようにして、総理官邸（内閣官房）の安全保障、危機管理に関する制度が整っていった。平成時代の安全保障、危機管理に関する内閣官房制度の強化は、日本政府の近代化、内閣制度の成熟を示すものとして特筆に値する事象である。

同時に、その背景に、中曽根康弘総理、橋本龍太郎総理、小渕恵三総理、小泉純一郎総理、麻生太郎総理、安倍晋三総理など、優れた政治家が、大正デモクラシー以降、特に原敬総理暗殺以降、急速に失われた政党政治による国家指導を再確立するという強い意志を見せてきたことを指摘したい。昭和から平成にかけて続いた「官高政低」の政治から、政治が主導権を引き戻そうとする「政高官低」への動きである。

これらの大物政治家は、民主主義以前の王政ではあるまいし、政府の下僕である官僚の方が国会から政府最上階に送られてくる閣僚より力が強いというのは、民主主義国家として不正常であると本能的に感じていた。また、長い間、政策は官僚に丸投げされていたが、1990年代以降、多くの若い政治家が政策に関与するようになってきた。当時は、政策に介入する意欲のある若手政治家を、それまでの政局一筋の伝統的な政治家と区別して、「政策新人類」と呼んだものである。今の安倍総理の世代の政治家である。

冷戦終了後の1990年代から、日本民主主義における政治主導の伝統が再び息を吹き返していった。それは大正デモクラシー以降、平成の初期まで、軍と官僚に主導権を奪われた国政運営における政治の復権であり、本当の意味での民主主義、国民主権の復活であった。

国家安全保障会議および国家安全保障局は、この政治の復権、内閣官房強化の流れの上にある。だからいきなり強力な組織として立ち上がることができたのである。

それでは、昭和後期から平成まで、安全保障、危機管理を中心に、戦後の政治史を振り返ってみよう。

第1講
安全保障政策決定過程における政治主導の復活

1　日本政治における安全保障政策決定過程と政治主導の確立

（1）国防会議の創設とその性格をめぐる争い

連合国軍最高司令官総司令部（GHQ）による日本占領初期には、戦力放棄を規定した憲法9条2項に代表される日本非武装の方針が取られた。日本から軍隊、重工業等の戦争遂行能力をすべて奪い、日本全体を明るい農村に変えてしまおうという方針である。ところが、ジョージ・ケナン米国務省政策企画本部長の訪日後、冷戦の胎動に合わせて、GHQが日本再軍備へと舵を切ることになる。その後勃発した朝鮮戦争が、米国に日本の戦略的重要性を確信させ、日本再軍備の方針が確定される。

この日本再軍備の過程は、ドイツ再軍備と同様に、国際政治の現実として不可避であったが、冷戦中、東側陣営に軸足を置いた日本の左派からは「逆コース」と呼ばれた。平和主義から軍国主義への逆戻りという意味であろう。皮肉なことに、米国の日本非武装という初期占領政策は、冷戦開始後、速やかに米国自身によって放棄され、逆に、米国と対峙するソ連の利益に資するものとなっていったのである。非武装の旗は日本社会党が担ぐことになる。ここに中立を付け加えたのはソ連であった。

1952年、サンフランシスコ平和条約発効により日本は独立した。国内左派の主張した共産圏を含む全面講和は、冷戦の進捗とともに非現実的になってきていた。吉田茂は、サンフランシスコ平和条約によって、自由圏諸国と国交を回復し、冷戦の入り口で西側に軸足を深く差し込んだ。同時に、吉田総理は、日米安保条約を締結して、米占領軍を同盟軍に衣替えして駐留延長させる道を選んだ。

日米同盟路線は、左派勢力から厳しく糾弾された。しかし、吉田は、旧軍勢力の政治的復活を恐れていた。また、吉田は日本復興のためには米国の力が必要であると痛いほど分かっていた。米軍駐留継続は、新生日本建設の舵取りを任せられた吉田にとって必然の選択だった。吉田の戦略的選択は、1960年、岸信介総理の安保条約改定で牢固たるものとなる。

サンフランシスコ講和当時、自衛隊はいまだ存在していない。防衛庁と自衛隊が創設されるのは、1954年である。1956年、国防会議が設置される。国防会議は、日本の軍備再構築を後押しする芦田均元総理等が推していた。

彼らは、旧軍勢力を利用して日本の再軍備を促進する組織をつくろうとしたようだが、旧軍の政治力の復活を嫌う吉田総理等の反発で、逆に慎重にシビリアンコントロールを貫徹するための組織という性格を付与されることとなった。いまだ戦前の軍の専横に対する国民の記憶は生々しく、旧軍人の復権はままならなかったのである。それは中曽根総理の安全保障会議の性格にも引き継がれる。

(2) 55年体制下の官僚主導政治

その後、55年体制といわれる国内政治構造が立ち上がる。55年体制とは、米国とソ連が対峙した東西冷戦が始まり、東西二極の政治的磁場の影響を受けて、西側（自由主義圏）に与する自由民主党と、東側（共産圏）に与する社会党が、国内で対峙するようになった政治体制をいう。俗にいう「保革対立（保守対革新）」の構図である。敗戦国である日本では、東西冷戦の磁場が国内政治にも強くかかった。ドイツは国家自体が東西に分裂したが、日本は同じ国の中で、国内政治が左右に分裂した。フランスのゴーリズム（フランス自立主義、多極主義）のような独自の道を選ぶ力は、第二次世界大戦で完敗した日本にはなかった。

冷戦初期の1955年に、戦後すぐに分裂した右派社会党と左派社会党が統一した。日本は、敗戦の傷跡も深く、まだまだ貧しかった。労働争議も激しかった。当時、いまだロシア革命の衝撃の余震は消えておらず、国際的にも社会主義、共産主義のイデオロギー的影響力は大きかった。ソ連の社会主義計画経済も軌道に乗っていた。このような政治状況のなかで、社会党の統一に危機感を持った保守諸政党が合同して、自由民主党が創設されたのである。

55年体制下の日本政治の顕著な特徴は、国際冷戦の影を映した保革勢力の「自由主義対共産主義」というイデオロギー対立であるが、もう一つ忘れてはならないのが、国政における政策と政局の分離と、政策決定過程における官僚の政治家に対する圧倒的な優位である。これは戦後の現象ではない。昭和前期の帝国時代から引き継がれた日本の憲法体制の欠点である。戦前と戦後の違いといえば、帝国陸海軍がいなくなっただけである。

明治国家は、薩長土肥の志士が創業者となって始めた中小企業国家であったが、日本は経済が急成長した1920年代ごろから近代的な大企業国家に変貌していった。時代が大正に移るころ、創業者一族ともいえる元老、藩閥の時代が終わり、権力の中心として、近代的組織としての政党、官僚、軍が立ち上がった。

最初に政治的に力を付けたのは、帝国議会における政党である。しかし、元老山縣有朋から嘱望された大衆政治家の原敬総理が暗殺され、政友会と憲政会は不毛な政争に明け暮れて国民から見放され、大正デモクラシーは10年で終わった。

昭和の前半には、統帥権独立という帝国議会があおった愚かな憲法論のせいで、帝国陸海軍統帥部（軍事作戦を担当する陸軍参謀本部と海軍軍令部）が政府から放し飼いとなり、軍の暴走が始まる。軍の専横は敗戦まで15年続く。戦後は、帝国陸海軍の政治的影響力は完全に除去されたが、財務省（旧大蔵省）を筆頭とする霞が関官僚の力は温存された。ただし、大きな影響力を誇った内務省は、戦後、GHQにより、警察、自治、建設、厚生の4つに分割されている。また、閣僚のポストには、官僚ではなく、国会議員が就くようになった。

（3）55年体制下の政治家の役割

霞が関の官僚による政策の独占は、昭和後期から冷戦が崩壊する平成初期まで約半世紀続いた。昭和から平成にかけての日本政府は、強力な政治のリーダーシップを欠き、総理官邸よりも自民党執行部に真の政治権力の中心があり、霞が関では、総理官邸の弱体を前提にして各省が主権国家のように振る舞うという体たらくであった。

当時の日本政府は、主要省庁という複数の頭を持つ八岐大蛇のような政府だった。1981年に外務省に入省した筆者には、当時の日本政府は、とても学校で習った民主主義国家の政府には見えなかった。キッシンジャー米大統領安全保障補佐官は「まるで部族政治だ」と言って蔑んでいたといわれている。

55年体制の下で政治家は何をしていたのか。実は、当時、官僚の取り仕切る政策と国会を中心とする政治あるいは政局は、完全に分離されていた。霞が関では、中堅どころの課長がほぼ政策形成過程を独占していた。局長は国会対策、次官は予算と先輩の「天下り人事」の面倒さえ見ていればよいというのが、当時の霞が関の常識であった。

全省庁が集まる次官会議は、当時、既にかなり形骸化した会議であったが、そこで決定したことは、総理といえども覆すことはできなかった。国会で国会議員の発議により、官僚がつくった予算案や法案に修正が入るなど考えられもしなかった。国会では、東西冷戦を代表する保革の勢力が、外交・安保政策をめぐって不毛なイデオロギー論争を繰り返していた。国会の花形である予算委員会は、予算審議の場というよりも不毛な安保闘争の劇場と化していた。そういう時代だった。

筆者自身の経験を振り返ってみても、1993年に宮沢喜一内閣が崩壊して自民党が下野したとき、たまたま東京でロシアの外交官と協議していたが、テレビのニュースを見たロシア人が、悲壮な顔をして「日本政府が壊れていく」と叫んだ。筆者が何事もなかったかのように「いいから早く仕事を終わらせようよ」と言うと、ロシア人がまじまじと筆者の顔を覗き込んで「ロシアなら大統領が倒れたら、政府はただちに機能を停止するのに」と驚嘆していたことを覚えている。

また、当時、国会対策を担当していた外務省の先輩は、「国会議員は、国会に呼びつけて罵倒できる局長よりも、各省庁の奥深くに陣取る次官とその周りをびっしりと固めている課長という小鬼の群れこそが霞が関（官界）の権力の本体だと思っている」と述べていた。

55年体制下の日本では、官僚が経営する霞が関という名の高層ビルの最上階で、永田町という名の回転展望レストランが、くるくると回っているようなものだった。政権だけがころころと変わった。その下の「霞が関ビル」はビクともしなかった。

自民党のなかでは、諸派閥が有力全国紙の政治部記者を巻き込んで、激しい権力闘争を演じ、政局を繰り返していた。政局とは、国会内の勢力の組み替えによる権力奪取のための闘争のことである。つまるところ与党内で起きる現職総理の首を取る戦いである。英国の議会政治では、リーダーシップ・チャレンジと呼ばれる。任期の決まった大統領制では、弾劾裁判を除けば、政局は滅多に起きない。頻繁な政局は、議院内閣制の国に特有の現象である。

日本の総理の平均執務期間は1年10カ月にすぎない。総理は頻繁に変わり、政治家は政局と権力闘争でエネルギーを消耗していた。その結果、政策形成は

「政府」（官僚）に丸投げされた。1980年代から90年代まで、自民党の議員は、自らを「与党」と呼び、役人を「政府」と呼んでいた。「大切なことだから、局長から答えさせる」と国会で答弁した大臣もいた。

当時の霞が関では、局長室、次官室で、詳細な資料を丹念に検討して政策が形成されていった。官僚サイドに時間と余裕もあった。各省庁で今日では考えられないような分厚い精緻な書類が次々と作成された。事務次官のハンコが押されると、そこから上の政治レベルである大臣、官房長官、総理には、簡単な「ご説明」をして、了承を取り付けるだけだった。大臣、官房長官、総理には、自前のしっかりしたスタッフもおらず、裸同然だった。自前の情報もあまりなかった。戦前の天皇陛下のようなものである。

当時、「政策に介入しない」というのは、自民党議員にとって「箇所付け」と呼ばれる「おねだり」（露骨な地元への個別利益誘導）はしないという意味であり、むしろ自民党議員の矜持でさえあった。実際、当時の心ある自民党政治家は、本当にそう公言していたのである。まるで「自民党の存在意義は、社会党に政権を渡さないことだ。政策の方は君ら官僚に任せてある」と言わんばかりであった。

(4) 社会党とメディア

東側寄りだった社会党は、日米同盟下では決して政権を取れないことを前提に、現実的な妥協を排し、安保論争、歴史論争などのイデオロギー論争を仕掛け、あるいは、スキャンダルを暴き立てることによって、国会日程を崩すだけの抵抗政党、万年野党に甘んじた。旧西ドイツの社会民主党、フランスの社会党、英国の労働党が、政権を担当しうる政党に成熟し、実際に政権を運営したのに比べ、日本の社会党はイデオロギー色が強く、現実主義になかなか舵が切れなかった。

国民には、国会で社会党が予算や法案の審議をブロックし、与党の自民党が強行採決する姿が、テレビでおなじみの光景となった。また、社会党は総評系の労組を中心とした大規模なデモを動員し、戦国時代さながらにいろとりどりに出身労組の旗を背に差した大勢の人々が、国会周辺をぐるぐる回って政府を揺さぶった。

当時のメディアは押しなべて革新色が強かった。1980年代まで、産経新聞以外の新聞の論調はあまり変わらなかった。日本経済新聞を真中にして、左に毎日、朝日、東京、右に読売、産経というラインナップが揃うのは、80年代以降の話である。

政局の匂いがするたびに、自民党内で派閥抗争が激化した。大新聞の政治記者のなかには、自民党派閥の一員となりきって政局に奔走する者もいた。情報過疎の総理官邸では、永田町、霞が関の情報通である政治記者が総理、閣僚や自民党幹部の御庭番のようになっていた。御庭番は、自民党主要派閥ごとに厳しく色分けされていた。伊賀、甲賀、根来の忍群のようなものである。

政治記者が、あらゆる手段を使って政治家に肉薄するのは悪いことではない。しかし、そこで聞いたことは、いつか国民のために書かねばならない。そのための肉薄である。そうでなければ、ただのインサイダーである。

筆者は、政治記者個人が特定の重要な政治家にどんなに食い込んでも構わないと思う。しかし、大手新聞社の政治部全体が組織としてあたかも政局のインサイド・プレイヤーであるかのように振る舞うのは、ジャーナリズム本来のあり方に照らしどうかと思う。ジャーナリズムは、権力闘争の渦から一歩引いて、客観的な政治の姿を国民に伝えるのが本当の仕事である。

政局は、政治記者の腕の見せ所である。日本の政治記者は、皆、政局が大好きである。そのための政治部である。しかし、政局につぐ政局で、毎年、総理が交代するようなことが起きるのは、国民に対して無責任であり、国の恥である。政府は、政局の玩具ではない。頻繁な政局と総理の交代劇は、経済危機や対外関係に関して、何度も日本の国益を大きく害してきた。

筆者の知人の自民党職員は、このころの政治記者を批判して「政治記者が政局のインサイダーになるのはおかしい。政治がやりたければ選挙に当選して永田町（自民党）に来ればよい。政策がやりたければ試験に受かって霞が関（官界）に行けばよいのだ」と吐き捨てていた。

筆者がフランスの国立行政学院（ENA）に留学中、「ル・モンド」紙が世界の主要紙を一週間全訳するという企画を実施した。日本の主要紙も取り上げられた。フランス人の同級生が、「政治面がない」と言うので、「2面だよ」と教えてあげたら、「だって政策に関する記述が全くないじゃないか」と怪訝な顔をしていた。1980年代でさえ、それが日本の政治報道だった。政局一筋だったのである。

政局という名のコップのなかの嵐に、主権者たる国民の居場所はなかった。国会の表舞台では「荒れる国会」が定番の茶番となった。その一方で、舞台裏の取引である国対（国会対策）政治が発達した。やがて55年体制下の日本政治はマンネリ化した。長期政権化した自民党の多数に守られて、官僚支配の構図は微動だにしなかった。

（5）中曽根政権の登場と総理官邸の改革

1979年のソ連によるアフガニスタン侵攻後、ニクソン米大統領とキッシンジャー米大統領補佐官が演出した「デタント」（緊張緩和）はその短い命を終え、「新冷戦」と呼ばれた新たな東西対立の時代に突入した。中曽根総理は、日本は「西側の一員である」と立ち位置を明確にした。

岸総理時代の安保闘争以来、歴代自民党政権は、安全保障問題を正面から取り上げることに躊躇し続けてきた。むしろイデオロギー的な対決色の強い案件を避けて、左右両勢力のバランスに配慮しながら、安全保障よりも経済発展に国民の関心を向けようとする総理の方が多かった。

これに対して、中曽根総理は、戦後レジームの総決算を掲げ、敢然と保守色を鮮明にした。また、新冷戦開始を受けて、久々に日本の戦略的立ち位置が西側にあることを公言した。中曽根総理は、シーレーン一千海里防衛構想を打ち出し、海上自衛隊の対潜戦部隊を著しく増強し、戦後初めて米国のアジアにおける防衛体制の一翼を担った。正面から喧嘩を売られた形の左派の反発は激しかった。中曽根総理は、5年の長きにわたって総理官邸の主となり、また、戦後初めて大統領型の総理官邸主導政治を目指した。

中曽根総理は、戦後早期につくられた国防会議を廃止し、安全保障会議を立ち上げた。その任務は、国防会議と同様にシビリアンコントロールに慎重を期すことにあるとされた。安全保障会議は、安全保障担当の9大臣（現在は、総理、官房長官、外務大臣、防衛大臣、国家公安委員長、財務大臣、国土交通大臣、経済産業大臣、総務大臣）からなる。自衛隊の最高指揮官である総理大臣は、自衛隊の出動と予算等の重要諮問事項に関して、9大臣全員にあらかじめ諮（はか）らねばならないとされた。

中曽根総理は、総理官邸（内閣官房）のスタッフ機能の強化にも手を付けた。内政室、外政室、安全保障室が設置された。この中曽根官邸の仕事の割り方は、国際的にはかなり特異なものである。

他の国では、外交・防衛（安全保障）、治安・防災、経済・社会と国務を3つに割るのが普通である。外交と防衛は、ともに専門的であり、外交官と軍人の組織文化も大きく異なっており、双方を総攬する総理が常時、総括していないと安全保障政策はうまくいかない。外交と防衛を分断しては、総理官邸において、本当の安全保障の政策調整はできない。安全保障とは、外交と防衛の調整を中核とするからである。

中曽根官邸は、治安・防災・防衛をセットにして安全保障と呼んだ。かなり特殊な安全保障概念である。中曽根総理が内務省出身ということが影響したのかもしれない。治安は警察、防災は建設省（現国交省）所管であり、ともに旧内務省の中核である。中曽根官邸は、内務省系の官庁を中心に防衛省を取り込む形となっている。逆に、外務省の方は、総理官邸に外交権能を侵食されるのを嫌がって、総理官邸からの独立性維持にこだわった。

結局、中曽根総理以降の総理官邸は、その事務方（内閣官房）に、恒常的な外交と防衛の調整機能、すなわち、本来の意味での安全保障にかかわる機能を欠いたままとなった。

(6) 55年体制の終焉と政治主導の復権

1991年のソ連崩壊と冷戦の終焉は、日本の国内政治に加わる東西対立の磁場を消滅させた。日本のみならず多くの国で国民が政治的に覚醒した。冷戦秩序の崩壊後、各地で独裁が倒れ、民主化が進み、リベラルな雰囲気が満ちあふれ、自由経済の地球規模化（グローバリゼーション）が進んだ。同時に、冷戦の磁場から解放されたことにより、民族、宗教的対立が先鋭化して、新たな地域的緊張が生まれ、中小規模の様々な地域紛争が勃発した。

冷戦が終了すると、共産圏に対峙することを事実上の党是としてきた自民党が政権を担わなければならないイデオロギー的理由はなくなった。半世紀に及ぶ政治の停滞に対する国民の強い思いは、55年体制からの「チェンジ」であった。

自民党を中心に凝り固まった既得権益を享受する政財官の癒着、底なしの泥沼となった金権政治、そこから出てくる腐臭は、多くの国民にとって耐えられないものになっていた。

同時に、体制内野党として居心地よく同じイデオロギー的スローガンを繰り返すだけの社会党も国民から見放された。労働組合は、「連合」を立ち上げて現実的に勢力の温存を図ったが、日本社会党は共産圏消滅の衝撃を受け止めきれず、事実上、崩壊した。

1990年代、国民は、改革志向の強い清新な香りのする政党に、次々と政権を委ねた。旧態依然とした古い政治の臭いを発散させる政治家は、保守、革新を問わず、国民から突き放されることとなった。国民が、自ら欲する清新な政治を実現してくれる政党を求めて、投票しはじめたのである。

国民にとって、日本国憲法が予定していなかった衆議院と参議院のねじれ（与党が衆議院で多数派、野党が参議院で多数派という事態）も、現実の選択肢に入ってきた。平成に入った1980年代末以降、4度にわたり、参議院選挙を野党が制し、衆議院と参議院のねじれ現象が起きている（宇野宗佑内閣、橋本内閣、第一次安倍内閣、菅直人民主党内閣）。これに対する政治の対応は、保革の入り乱れる連立政権の目まぐるしい交代であった。

（7）55年体制の崩壊
——竹下政権、宇野政権、海部政権、宮沢政権、細川政権、羽田政権

冷戦終結直前の1989年、日本では、天皇が崩御され、昭和の時代が終わり、日本政治も流動化しはじめる。強い政治力を誇った竹下登総理であったが、リクルート事件、牛肉オレンジ自由化、消費税（3%）創設で政治力を使い尽くして、4月に退陣を表明した。

6月宇野内閣が誕生するが、直後に女性スキャンダルが出て、7月の参院選で自民党は大敗、過半数割れを起こして、国会は衆参両院がねじれ状態となった。後継の海部俊樹内閣では、自民党幹事長に就任した小沢一郎氏が公明党、民社党に接近して「自公民」連立路線が実現し、政治は、一時、正常化した。

しかし、1993年6月、自民党権力の中枢にいた小沢氏が率いるグループが、宮沢内閣不信任案に賛成票を投じ、自民党を集団離党して「新生党」を結成した。7月に行われた総選挙で自民党が過半数を割り、宮沢政権が崩壊する。

長期にわたり政権を担当してきた自民党は下野することになり、ここに55年体制は崩壊した。非自民・非共産の8党派——日本新党、日本社会党、新生党、公明党、民社党、新党さきがけ、社会民主連合、民主改革連合——が細川護熙連立政権（非自民、非共産政権）を8月6日に誕生させた。細川総理は日本新党

出身であった。

小沢氏は、地殻変動のような巨大な政局にあっては、常に陰の主役であった。しかし、8党の連立は、所詮、数合わせの野合政権であり、連立した諸会派の路線が合わず、統一した政策を打ち出すのに苦労した。

見切りをつけた小沢氏は細川総理の辞任の後、社会党を除く統一会派「改新」を結成したが、それに反発した日本社会党は連立を離脱。少数与党に転落した連立政権は、羽田孜総理の下で、1年に満たない命運を閉じた。

なお、この後、野党糾合路線は、新生党の後、新進党、民主党へと引き継がれるが、常に野党結集の陰の主役は小沢氏であった。党名は代わっても野党の野合から生まれた新党内では、同じような路線闘争が常に繰り返された。それは、「脱55年体制」を目指す現実主義的な若手と「55年体制左派」に郷愁を感じる人々との争いでもあった。

小沢氏の豪腕は、基本的なイデオロギーや価値観が異なるそりの合わない政治家を無理やり糾合し、2度にわたり政権を奪うことを可能とした。小沢氏が累次の政権交代を演出した希代の政局傀儡師であったことは間違いない。ただし、彼を突き動かした国民の変革を求めるエネルギーは本物であった。

(8) 自民党政治の復権——村山政権、橋本政権、小渕政権、森政権

自民党は、8党派連立政権の崩壊を好機として、1994年、連立政権を飛び出した日本社会党の村山富市党首を担ぎ出し、村山総理を首班とする「自社さ」(自民、社会、さきがけ)連立政権を立てた。8党派連立政権と同じ保革の野合政権であった。既に社会党の勢力は極小化しており、その権力の実体は、自民党竹下派であった。図らずも自民党竹下派と社会党が裏の国会対策政治で築いてきた緊密な関係が、暗い水底から陽の当たる水面に出たかのようであった。

55年体制下の社会党は、微動だにしない自民党支配を前提にして、非武装中立等の非現実的な言動が許されていたが、政権を担った瞬間、村山首相は現実主義に立脚して日米安保是認に舵を切った。村山政権は、道半ばで阪神・淡路大震災に襲われ、その対応をめぐって厳しい批判を浴びた。ただし、村山政権は、1994年11月に税制改革関連法を成立させ、消費税を5%に引き上げる道筋を付けている。

1996年に疲弊した村山総理が退くと、自民党は、本命の橋本龍太郎総理を立

て、社会党、さきがけとの連立政権を続ける。しかし、保守と革新を単純に張り合わせた政権にはやはり無理があった。社会党、さきがけは、自民党との路線が合わず、連立を離脱する。

橋本政権は、55年体制崩壊途中の過渡期の政権であり、与党内調整に苦労した。しかし、剛腕の橋本総理は、梶山静六官房長官という右腕を得て、行財政改革など、今日の日本の姿を生み出す大きな仕事に着手している。

橋本行革では、自治省に郵政省、建設省に運輸省、厚生省に労働省を組み合わせ、旧内務省系の重要省庁が他の省庁を飲み込んで省庁の数を減らす形になった。当時は、「省庁の数合わせ」と揶揄されたが、政治主導を目指す橋本総理の情熱は、その後もずっと志のある政治家と内閣官房幹部に引き継がれることになる。日本の民主主義における政治主導確立のために橋本総理の残した足跡は、大きい。

とくに、官邸機能、即ち、内閣官房の強化という観点から見た橋本総理の功績としては、防災を中心とした危機管理機能の大幅な強化が挙げられる。1998年、橋本総理は、村山政権下での阪神・淡路大震災への対応のまずさへの反省から、内閣危機管理監のポストを新設した。内閣危機管理監は、内閣官房副長官と内政審議室長、外政審議室長、安全保障室長の中間にある高位のポストであり、歴代警察官僚が独占している。

危機管理監の設置にともない、それまでの安全保障室は安全保障・危機管理室と名称を変え、危機管理監の指揮下に入った。

残念ながら消費税増税問題に足を取られた橋本政権は、1998年の参議院選挙で大敗して下野する。ここで再び衆参ねじれ国会が出現した。

橋本政権を襲った小渕恵三総理は、左派色の強い社会党、さきがけが連立から抜けた後、自民党に伝統的な保守路線に軸足を移し、小沢氏の率いる自由党と連立し、続いて公明党との連立に進む（自由党は、公明党の政権参加後に離脱した）。

左右に幅の広い自民党と穏健なリベラルである公明党が手を組むという構図は、平成の初期に統治を担った竹下総理の描いた戦略そのものであった。

公明党の平和主義は、現実主義の平和主義であり、安全保障政策には厳しい注文がつくことが多かったが、社会党との連立時のようなイデオロギーがかった路線闘争は起きなかった。この権力構造が、55年体制崩壊後、最も安定した政権の構図であったということであろう。

小渕総理は、北朝鮮の核開発が引き起こした朝鮮半島の緊張に対応するために、日米ガイドラインの改訂を行い、自衛隊による米軍の後方支援活動を可能とする周辺事態法を制定し、日米同盟間の調整メカニズムを立ち上げた。日米同盟の歴史のなかで、日本政府は、朝鮮戦争以来、初めて目を北方のロシアから朝鮮半島に移した。小渕総理は、官邸の安全保障機能強化というよりは、日米同盟の強化および運用拡大に大きな業績を残した総理である。

2000年4月、突然、小渕総理は病魔に倒れ、森喜朗総理が後を襲った。森総理の時代には、橋本行革以来、総理官邸の権限強化のために検討されてきた内閣法改正が日の目を見、内閣および内閣官房が制度的に強化された。

この法改正は内閣制度の変遷を考えるとき、非常に重要である。まず、総理大臣に閣議における重要政策の企画に関する発議権が認められた。それまで総理に発議権がなかったことの方が驚きである。

実は、昭和期の官僚全盛時代には、総理大臣とは、強いリーダーシップで国政をリードするというよりも、帝国時代の天皇陛下と同じように、高い権威を与えられながらも、むしろ御簾の奥で祭り上げられ、拝まれるだけの存在だったのである。閣内ではあくまでも同輩中の長でありながら、実際はリーダーとして大きな影響力を行使できた英国の首相とは、だいぶ趣を異にしていた。

(9) 内閣官房の強化

森内閣での官邸改革では、内閣官房に内閣の重要政策のための企画調整権限が与えられた。橋本行革によって始まった行政改革の目玉の一つであった内閣官房強化が、ここでいったん極まったのである。これによって内閣官房が面目を一新した。

それまでの内閣官房は、単なる閣僚会議の日程調整と資料準備が主たる目的の地味な組織であった。森内閣以降、内閣官房には、全省庁横断的な政策調整の権限が与えられた。内閣官房の実質的な政策調整機関への変貌は、内閣制度上は、森内閣から始まる。

2001年、森総理は、内閣内政審議室、外政審議室、安保・危機管理室を廃止・統合して単一の副長官補室(「補室」と俗称される)とし、内閣官房副長官の下に、次官クラスの内政担当副長官補(財務)、外政担当副長官補(外務)、安全保障・危機管理担当副長官補（防衛）の3副長官補を置いて3頭体制とした。

しかし、実際の組織の運営を見ると、組織の小さな外政部門は組織の大きな内政部門に半ば合体・吸収され、安保・危機管理室は、現在、「事態室」という呼称の下で、内閣危機管理監の指揮下で事実上独立した存在のままであり続けている。

内閣官房の強化が政治主導確立に果たした役割は、いくら強調しても足りない。国民世論の波を捉えて、大きな政策を立て、それを官僚機構に下ろして実施させるのが総理の仕事である。しかし、総理は、ある日突然、国会からパラシュートで政府に降りてくる。日本政府は100兆円予算、国家公務員64万人を抱える大所帯である。巨大な霞が関の操縦方法をはじめから熟知している政治家は少ない。したがって政治家の指示はたいてい大まかである。目的を果たすために、担当省庁ごとに任務を切り分け、予算の手当てを考え、毛細血管のように細分化された官僚機構に指示を下ろすのが、内閣官房の仕事である。

国民のエネルギーをガソリンとしてフル回転するのが総理等の政治指導部だとすれば、そのエネルギーを霞が関という巨大な車体に伝えるシャフトの役割を果たしているのが内閣官房なのである。たとえを変えれば、総理という脳と霞が関という体軀を結ぶ脊椎が内閣官房である。内閣官房の組織は小さい。しかし、政治指導部から見るとき、末梢神経、毛細血管の隅々まで目を光らせて、64万人の日本政府を動かす要となる組織は、総理直轄の内閣官房なのである。

国民世論の風が吹くとき、政治指導部、内閣官房、担当官庁のおのおのに、惑星直列のように能力のある仕事人が揃えば、日本丸という巨艦が大きく向きを変える。数兆円という予算が動く。世の中が様変わりになる。歴史には、個人の要素というものはやはりある。ここぞというところに「この人がいて良かった」ということはやはりある。英語でも「right place, right person」と言う。川を下ることは誰にでもできても、下り方のうまいへたは船頭による。歴史には、個人の役割があるのである。政治指導部、内閣官房、担当官庁のなかのどの一片が欠けても、国の形を変えるような大きな仕事はできないものである。

橋本政権以来の総理官邸、特に、内閣官房の機能強化を一貫して取り仕切ったのは、官界のトップとして8年7カ月（1995年2月から2003年9月）という最長の在任期間を務めた古川貞二郎内閣官房副長官であった。

戦後の内閣制度を語るとき、古川副長官の名前は必ず挙がることになるであろう。古川副長官の業績は、いずれ優れた政治史学者の学術的研究対象にしていただきたいと思う。

また、その前任の石原信雄副長官、そして史上最長の第二次安倍政権を最初から最後まで支え、続く菅（すが）政権をも支えている杉田和博副長官の功績も同様に大きい。石原氏も、古川氏も、杉田氏も、戦前から日本を支えてきた旧内務省系官僚である。旧内務省の官僚には、今でも、日本政府の最後の砦は自分たちであるという強烈な自負がある。

（10）小泉政権――劇場型政治主導、安倍第一次政権、福田政権、麻生政権

21世紀に入っても安定した自公連立政権が続くが、急進的な政治改革を求める国民の雰囲気とは乖離があった。2001年、旧来型の自民党を「ぶっこわす」と言い切った改革志向の小泉純一郎総理が巻き起こした清新な風が、国民から強い支持を受けた。圧倒的な権力を誇った竹下派の「平成研」から、小泉総理が所属する「清和会」へ自民党内の重心が移りはじめた。巨大な世論のうねりをバックにつけた小泉総理は5年間政権を担当し、中曽根総理同様、強烈な個性で大統領型官邸を志向した。

安全保障政策面では、小泉総理は、米国での9・11同時多発テロ事件の後、特別措置法をつくって自衛隊によるインド洋給油作戦等を実現し、米国のアフガニスタン戦争において日本の存在感を見せつけた。また、続く米国の対イラク戦争にもイラク特措法をつくって自衛隊による人道支援等を実現した。小泉総理は、そのまま武力攻撃事態法を中心とした有事法制制定にも着手し、戦時法廷設置を除いて有事に必要となるほとんどの法制整備を成し遂げた。

2006年に成立した第一次安倍政権は、集団的自衛権の行使承認、国家安全保障会議の設置を試みたが、総理の健康問題で道半ばにして終わった。第一次安倍政権の終わりには、自民党は参議院選挙で敗北し（2007年）、衆議院・参議院のねじれ現象が再び起こる。安倍政権の跡を継いだ福田康夫総理は、衆参ねじれの下で「決められない政治」に苦しんだ。

その後を襲った麻生太郎総理は、現実主義的な安全保障政策を志向したが、2008年のリーマン・ショックのあおりを受けて、衆議院解散の手を縛られた。麻生総理は、2009年の衆議院選挙で野党・民主党に大敗した。衆参のねじれは、野党側の衆議院奪取で終わり、民主党政権が誕生した。今度も、民主党を権力の

座に引き上げた仕掛け人は、民主党に入った小沢氏であった。

(11) 民主党政権という議会独裁の実験——鳩山政権、菅政権、野田政権

民主党も、新生党や新進党の場合と同様、小沢氏が陰の主役であったが、新生党と異なり、民主党は当初から大きく左傾化し、鳩山由紀夫総理、菅(かん)直人総理と戦後革新世代の代表が総理を務めた。その結果、日米同盟を大きく漂流させた。

民主党政権誕生当時、訪日した知人の米国人は「民主党の政治手法は、まるでフランス第四共和政を思わせる議会独裁だ。この政権は短命だぞ」と述べていた。彼の予言通り、鳩山民主党政権は政治主導の行き過ぎを招き、官僚組織と決定的な対立を招いた短命政権となった。また、菅(かん)政権は、2011年3月11日の東日本大震災、福島第一原子力発電所事故への対応を国民から厳しく批判された。菅(かん)政権は、2010年の参議院選挙で大敗し、国会は再び衆参でねじれが発生して「決められない政治」が復活する。

リーマン・ショックの後も長期にわたって続いた景気停滞は、就職氷河期を招き、当時の学生は就職に大変な苦労をした。また、彼らの父もリストラされた会社員であったり、倒産した会社の経営者であったりした。このとき、辛酸をなめた世代は、「ロストジェネレーション」と呼ばれる。民主党政権の経済政策の無策ぶりに対する彼らの憤りは激しい。同世代の代表であるニッポン放送の飯田浩司氏の指摘する通りである(『「反権力」は正義ですか』新潮新書)。

国民が、政府の能力を厳しく評価する時代が来た。最早、能力の無い人は指導者にはなれない。かつてのような官僚による自動操縦の時代は終った。昭和の末から平成の初めにかけてのような「誰でも総理が務まる」と言われた時代は、遠くに去った。今は、厳しい国民の目が光る。「無能政府」と烙印を押されれば、支持率は急落し、政権は速かに崩壊する。そういう時代になった。

民主党最後の野田佳彦政権は、左翼世代から一世代下がった保守色の強い現実主義的な政権であったが、既に、誕生時点で、民主党政権の国政運営に対する国民の批判は強烈なものとなっており、2012年の衆議院選挙で大敗した。そうして、第二次安倍自民党政権が誕生する。第二次安倍政権は、2013年の参議院選挙で勝利して、衆参両院を掌握した。

（12）第二次安倍政権の成立

第二次安倍政権の特色は、55年体制終焉後の日本政治の創成にある。主たるテーマが、55年体制下で日本を二分してきた憲法改正、安保政策（集団的自衛権問題）、歴史認識であるのもその表れであろう。特に、急激に悪化した北東アジアの戦略環境を反映して、安全保障政策面では、集団的自衛権是認、周辺事態法およびPKO法の改正、国家安全保障戦略策定、国家安全保障会議設置、新防衛装備輸出三原則、特定秘密保護法の制定等、矢継ぎ早の改革が進んだ。歴史問題では、戦後70年談話を発出して、国民の強い支持を得た。

安倍政権の本質は、結果を求める強い改革志向と、そのための「スピード感」と「緊張感」である。それが、政官の腐敗で終わった55年体制からの「チェンジ」を求める国民の支持につながっている。

安倍政権の政治主導を求める姿勢は、橋本行革以来の流れのなかにあるなどという指摘があり、それはそれで正しい。しかし、安全保障政策に関する限り、安倍政権は、社会党、さきがけとの連立政権で、保革・左右のバランスを重視して55年体制を色濃く引きずった橋本政権よりも、現実主義的安保政策を掲げて55年体制からの決別を目指した中曽根総理、麻生総理といった保守系の総理の系譜に連なる側面の方が強い。

さらに古くは安保改定を成し遂げた岸信介総理、あるいは、日本を独立させて日米同盟を締結した吉田茂総理の西側重視の系譜に連なる。東西対立の冷戦構造が国内に深い分断をもたらしているなかで、左右のバランスに腐心するというよりは、西側に明確に軸足を取った総理の系譜である。

なお、吉田総理は、その反旧軍リベラリズムは本物であるが、あくまでも冷徹な現実主義の外政家である。吉田総理が「軽武装、経済成長」に徹したという「吉田ドクトリン」は、あくまでも後世の評価にすぎない。

第二次安倍政権は、戦後革新派の次を代表する「ポスト55年体制」世代の世代的支持を得ている。その点も、橋本政権とは大きく異なる。実際、現在、55年体制から遠ざかる若い人ほど自民党支持者が多い。リーマン・ショック後の長引いた不況に対する民主党政権の無策が主たる原因の一つであることは、先に述べた。

今世紀の日本人は、55年体制下で支配的であった保革いずれのイデオロギーも、アイデンティティも共有しない。彼らは自由主義的、個人主義的、現実主義的な新しい日本人である。彼らの世代が成熟し、社会の中央に進出するにつれて、日本の政治も安全保障政策も、さらに大きく変わっていくのであろう。

2　政治の復権はなぜ起きたのか

以上、安全保障に関する内閣制度の発展を軸にして日本の戦後政治史、特に、平成政治史を駆け足で眺めてきた。もはや、官僚支配や官僚主導という言葉が死語になるほど、政治は完全に復権した。「政高官低」の時代が到来した。事実上、政府の最高意思決定機関のようであった次官会議は、今では総理官邸というホールディングス（持株会社）に集まる子会社の社長会議のようになっている。

では、昭和前期以来の官僚優位の日本政治は、どうして平成後期に政治優位に変わったのだろうか。その理由は何か。

（1）連立政権と衆参ねじれ国会

それは、55年体制という静態しかなかった政治体制の崩壊が、原因である。連立政権の登場と衆参ねじれ現象は、政治に民主政治の動態をもたらし、霞が関（官界）の頂点である次官会議の権威を打ち砕いた。

いかなる政権にとっても、政権の存続は最優先の課題である。連立によって多数を維持している政権は、与党間合意を霞が関の決定に優先させる。あるいは、参議院を野党に奪われた政権は、参議院を制する野党との与野党間合意を霞が関の決定に優先させるのである。国民から選ばれた政権には正統性がある。霞が関の抵抗は、はかなかった。官僚政治は、所詮、冷戦中の自民党絶対優位のなかで咲いたあだ花であった。

たとえば、小渕総理は、参議院過半数割れという政治的現実のなかで、バブル崩壊後の金融危機に対処せねばならなかった。小渕総理は、蛮勇を奮って、参議院を制する野党の主張を次々と丸飲みした。ここで政治、政局が政策を決定するという、新しい大きな潮流ができる。金融国会（第143回国会）は、政治、政局と政策が濁流のように混ざり合った初めての国会である。筆者の友人である日本経済新聞の記者は、「栄えある日本経済新聞経済部が、政治部に話を聞かなければ経済政策の展開が分からない時代になった」と慨嘆していた。

（2）小選挙区制の導入と自民党内派閥の弱体化

また、自民党と総理官邸の力関係を考えるとき、小選挙区制の導入が大きな影響を及ぼしていることに触れざるを得ない。二大政党制を夢見たといわれる小沢一郎氏が、細川総理と河野洋平自民党総裁（野党）を取り持って合意させたといわれる政治改革法案で、衆議院の小選挙区制の導入が実現した。

それ以前は、中選挙区制であり、同一の選挙区で複数の自民党候補が骨肉相食(は)んだために、自民党のなかに党内党ともいうべき派閥が多数形成されて強い求心力を誇った。実際、自民党は派閥の連合にすぎなかった。しかし、現在の小選挙区制では、一人区において自民党執行部が決定した候補がほぼ自動的に当選する。

それは同一選挙区内の自民党議員同士の争いを消滅させ、その結果、派閥が弱体化され、派閥を中心として形成されていた族議員が弱体化した。派閥の力が弱くなった分、自民党執行部の権限が強くなった。自民党内の力学が、派閥均衡型から執行部中央集権型に変わってしまったのである。

自民党総裁の権限が強くなるということは、総理の力が強くなるということであった。自民党執行部に対する総理官邸の優位を決定的にしたのは、小選挙区制の導入にある。その結果、官僚が事前に党の族議員に根回しをして、総理の動きを封じ、総理に報告する前に党の重鎮と政策の内容を固めてしまうというような芸当はできなくなった。

（3）官房長官の地位の強化

ねじれ国会や連立政権が生まれ、総理官邸の力が強くなっていく過程で、官房長官の地位が急激に強化された。

官房長官のポストは、戦前は内閣書記官長と呼ばれ、閣僚のポストでさえなかった。戦後、書記官長は、官房長官と呼ばれるようになったが、常に国務大臣として政治家がポストを占めるようになったのは、1966年以降のことである。新しい内閣が立ち上がるたびに、総理官邸3階の赤絨毯を敷いた階段で、モーニング姿の新閣僚の写真が撮られるが、官房長官は必ず3列目に控え目に立つ。そういう経緯があるからである。

しかし、1990年代に入り、政治が流動化すると、内閣官房長官の権限は肥大化した。官房長官が、連立政権の与党内調整を取り仕切り、また、ねじれ国会の参議院対策を取り仕切るようになると、国会と霞が関との調整が、予算の配分も含めて官房長官の一手に集中することになる。かつて、真の政治調整権力は自民党幹事長室にあるといわれた。今、それは総理官邸の官房長官室に移った感がある。

ところで、橋本内閣の梶山静六官房長官や、小渕内閣の野中広務官房長官は、初めて霞が関に「ノー」と言った大物官房長官である。今では官房長官の高い権威は当然と思われているが、それまでの官房長官といえば、「年号を発表したり、毎日、記者会見をするおじさん」という以上のイメージはなかった。だから梶山官房長官の登場に、霞が関が激震したのである。

橋本政権の梶山官房長官は、戦後初めて、霞が関を政治の力でねじ伏せ、組み敷いた官房長官である。梶山長官に怒鳴られたことのある筆者の先輩は、「(梶山長官の怒声は) 100万ボルトの電流だよ」と言っていた。菅(すが)義偉総理は、梶山官房長官のスタイルから霞が関操縦法を学んだといわれている。

(4) 総理主導の予算編成

予算編成における政治指導の確立に関しては、経済財政諮問会議の登場がある。小泉総理は、この仕組みをフルに活用した。それまで予算案は、族議員と官僚が結びついて編成の途中で細部までガチガチに固めてしまい、12月に予算案が総理のところに上がるころには、巨大なコンクリートの固まりのようになっていた。総理でさえ、おいそれと手を着けられなかったのである。

民間では1兆円売り上げて100億円の利益が上がる。民間企業の利益は、農家のつくる米粒と一緒で、1円1円が文字通り粒粒辛苦の賜物である。これに対し、政界、官界が手にする予算は、もともとが税金であり、国民の稼いだお金が自動的に血税として入ってくる。それは政治家、官僚が自分で稼いだお金ではない。

政界、官界のメンタリティは、農家というよりは漁師に似ている。海の魚は誰のものでもない。泳いでいるだけだ。獲ったもの勝ちである。しかも年度内に消化しないといけない。刺身でしか食べられない魚のようなものである。

予算獲得の過程で、利害を同じくする族議員と官僚の間に癒着の温床ができあがるのも無理はなかった。霞が関の官僚が、予算編成過程において、派閥の長や族議員の長とスクラムを組み、下からの強烈な水圧をもって、総理官邸のリーダーシップに抵抗できた。小泉総理は、ここに風穴をあけたのである。国交省と自民党道路族、総務省と自民党郵政族などの鉄の結束に切り込んだ小泉総理の蛮勇は、今も語り草である。

総理が国会に提出する内閣予算案は、現在ほぼ100兆円の規模である。総理には、各省庁大臣のようにシーリング（予算枠）で縛られることはないから、予算全体の優先順位を組み変えることができる。小泉総理は、腹心の竹中平蔵氏と計り、経済財政諮問会議を通じて、通常の積み上げ式の予算過程をバイパスして、総理のイニシアチブで、予算の骨格を決めることができるようにした。

500億円規模、1,000億円規模の政策を10本打てば、日本は様変わりする。それが「総理の予算」である。それをつくる総理指示が、経済財政諮問会議を経て初夏に閣議決定される「骨太の方針」である。もとより、経済財政諮問会議は、国家安全保障会議と同様、強い総理の下でのみ、強力に機能する組織である。

また、日本の国会には、米国やドイツのような財政均衡派の議員はほとんど皆無であるので、総理がよほど財政に気を使わないと、少子高齢化、年金医療対策をはじめとして、予算はどんどん膨らむ傾向にある。日本の保守政治家は戦前の革新政治の系譜につらなっており、社会政策に手厚い。その方が選挙にも有利に働く。次世代に遺す財政負担には目をつむりがちになる。日本の国会は、財政を均衡させるよりも、政府の債務を風船のように膨らませる傾向にある。

なお、総理は、政権奪取時には、前政権の予算を執行している場合が多い。たとえば、ある年の秋に新総理が政権をとると、自分の予算編成を命じ得るのは、次の年の春以降になる。その予算が国会を通って執行されるのは、さらにその次の年の春からである。その効果を見ながら次の予算につなげていく。

もし1,000億規模の予算を10年間続けて打てれば、1兆円のプロジェクトが動く。しかし、1、2年しか在任しない総理大臣では、自分の予算をつくるのは難しい。それは自分のレガシーとなる政策を打てないということである。総理は、最低、3、4年やらなければ、総理らしい業績は残せない。

(5) 霞が関の高級幹部人事の掌握

人事制度に関しては、第二次安倍内閣で完成した国家公務員制度改革がある。総理官邸に直結する内閣人事局が、霞が関の局次長以上の人事を掌握した。局次長以上の人事は、各省大臣だけではなく総理官邸の了承が必要であると法定された。それまでも霞が関の高級幹部人事は官邸の了承を事実上取り付けていたが、それが法定されたのである。

官僚には、公に奉仕しようという高い志の人が多い。しかし、適材適所の保証はない。時の政権が、国民世論から風を受け、帆を膨らませて大きな政策を打とうとするとき、各省庁の担当幹部が、総理や官房長官の意を体してバリバリと成果を出す保証はない。政権の主要政策の成否は、政権の命運を左右する。総理官邸が有能な人材を抜擢しようとするのは、当然のことである。

政と官の関係は、世上、言われるほど簡単なものではない。民主党政権のころ、左派メディアは「役人は政治主導に従え」と合唱していたが、第二次安倍政権ができると、今度は「安倍総理の意向を忖度(そんたく)するな」と言いはじめた。官界は、巨大である。その全貌を理解している政治家は非常に少ない。現場の官僚は、自らの政策に照らして、政治指導者の指示には是々非々で対応する。偏ったメディアの批判で右往左往したりはしない。

日本政府という64万人の大組織を動かすのは、リーダーとしての魅力、国に尽くそうという責任感、国民へ奉仕しようという謙虚さ、政治指導部全体のチームワーク等を総合した人間力であって、そういう資質を持つリーダーを中心に、霞が関全体に方向性と勢いが生まれる。日本丸という巨艦の方向が変わる。ちまちまとした忖度云々という浅はかなレベルで動かせるようなものではない。

各省庁ともに、時には政権とぶつかることもある。そこで政治の方向性と省庁の方向性を調整するのが、内閣官房の仕事であり、また、各省庁の事務次官の役割である。各省庁の事務次官は、総理官邸と自らの組織との板挟みになって苦しむことも多い。政と官がかみ合い、信頼関係が生まれて初めて、64万人の国家公務員と100兆円の予算が動く。

いくら内閣人事局をつくったからといって、総理が、100兆円の予算を抱え、64万人の国家公務員からなる巨大な日本政府を意のままに運営するのは容易なことではない。総理といえども、就任後1年やそこらでは、日本政府の全貌はつかめない。そもそも総理が自分の持っている権力の大きさに気が付かない。

また、霞が関の方でも、長期に政治指導部と接触していない部局は、不随意筋化、内臓化していることが多い。政治指導部の考えがストレートに伝わらないこともままある。長期に安定的に政権を維持し、各省庁の政策や人事に精通して初めて、総理は、巨大な日本政府を手足のように使えるようになるのである。

(6) 霞が関官僚文化の脱皮

最後に、官僚自身の意識変革である。政治が官僚に対して優位を確立すれば、必然的に政治・政局と政策は連動する。かつての官僚には、「政治が政策を決める」という意識自体が薄かった。傲慢だったというだけではない。それは、「最後は自分たちが日本を支えているのだ」という強烈な自負と責任感の表れでもあった。国政について、最終的な責任は、政策実施主体である自分たちが負うのだという意識があったのである。

しかし、当然のことながら、それでは縦割りの弊害が生じる。国政全体について国民に責任を負うのは、個々の官僚ではない。個々の官庁ではない。民意を代表して国務を総攬する総理であり、総理が主宰する内閣なのである。

政治主導が確立した現在、官僚の多くは、「重要事項は政治に決めてもらう」、すなわち、重要事項は、総理、官房長官、所管大臣の決断に委ねることが当然と考えるようになってきている。これは、昭和の霞が関エリート官僚文化からの大いなる脱皮である。

それは、同時に、与党の個別議員による横からの政策介入や「箇所付け」要求に対して、官側の拒絶反応と免疫ができてきたということでもある。今は、個々の議員からの無理な個別利益の誘導要求に対して、官僚側が「総理に指示をもらってください」と言ってはねつけることができるようになったからである。

これからは、政治主導をする政治家の質が問われる。また、国会の質が問われる。残念ながら、国政の大権を政治に大政奉還した霞が関では、志の高い官僚ほど、深夜まで続く中身の薄い国会答弁作成作業に疲弊し、新しい天地を求めて官界を去る若手が多い。かつては官僚養成装置であった東大法学部の人気も、ずいぶん下がってきているという。

今後、官界を再活性化できるかどうかは、官界を指導する国会の志の高さと能力次第である。国会は、国政の方向を定めて、霞が関の官僚を奮い立たせて総動員させることのできるような大きな政策を生むことが求められている。官僚の意識変化の次に必要なことは、国会の改革と政治家の意識変革である。特に建設的で強い野党が必要である。国権の最高機関という呼び名にふさわしい仕事が求められているのである。

(7) 政治主導確立の評価

今、ようやく、日本政府は、近代民主主義政治のセオリー通りに動きはじめている。総理の指導力は、近代民主政治が機能する前提である。議院内閣制の国にあっては、国民が国会で選んだ多数党の党首が行政府の長となり、国民の欲する行政を実現するというのが、近代民主政治の常識である。国政の責任は総理にある。自衛隊の最高指揮官も総理である。

ところで、日本人は、巨大なオーケストラを指揮する指揮者型の組織運営が下手で、小人数の奏者が互いに自然に音を合わせるお囃子型の組織運営の方が得意である。官民を問わず、権力のトップや中枢が空洞化しやすい。しかし、それでは責任の所在が不明瞭になるし、大きな決断はできなくなる。それでは、「日本丸」という巨大な船の船長は務まらない。

また、政治家は、国民とのコミュニケーションが仕事である。総理は、最高権力者であり、指導者であり、国民への最大のコミュニケーターである。声にならない国民の声を聴くのが、総理をはじめとする政治家の仕事である。総理の仕事の成果は選挙で問われ、政権維持の可否が決まる。政治の復権は、国民主権の復権でもある。

政治家に比して、官僚は国民の声に鈍感である。むしろ、与えられた仕事を丁寧に慎重にこなすのが役人である。また、役人は、いつもセーフティーマージン（安全に対する余裕）を過剰に大きく取りたがる。

総理が、慎重な官僚の提言に飽き足らないとき、選択肢を求めて振り向くのは有識者であり、メディアであり、世論である。しかし世論は多様である。世論を読むのは簡単ではない。ポピュリストのように世論に迎合して踊って見せるだけでは、無能な政治家で終わる。明日の新聞の見出しを気にするだけでは、二流の政治家で終わる。そこにあるのは、各新聞の多様な社論である。それは本当の世論ではない。

真のリーダーは、国民が腹の底で納得する政策を打てるかどうかを問われる。主要紙の評判を気にするだけではなく、国民世論に直接訴えて、巨大な政治的エネルギーをもらうのが、民主主義国家の政治指導者である。それは、国民世論という大きな太鼓を叩くようなものである。その太鼓の音に言葉を張り付けて政策にするのが、一流の政治家である。どういう音がするかは、叩いてみなければ分からない。

かつては、官僚が専門用語で塗り固めた法案や予算案をつくり、内閣で閣議決定して国会に提出し、国会では不毛なイデオロギー論争が繰り返され、役人が専門用語だらけの説明で野党を煙に巻いて、一文字の法案修正もなく、一円の予算修正もなく、最後に芝居がかった強行採決が罷り通るという時代であった。国民不在の政策決定プロセスであった。

そんな時代は終わった。今は、政治家が、国民の政治エネルギーに方向性と言葉を与え、そのエネルギーを官界に流し込む時代になっている。これが本当の民主主義なのである。官僚は、そのエネルギーをもらって、法案を整備し、予算を獲得する。政治が主導するとはそういうことである。

政治主導の時代になり、国会審議、メディアの政策形成に与える影響力は、官僚主導時代に比べて、格段に上がってきている。残念ながら、一部の野党やメディアは、いまだに55年体制から抜け切れず、ソ連崩壊から30年経った今も、古色蒼然としたイデオロギー的立場にしがみついて、自らの政策提言能力を萎縮させてしまっているように見える。

現在、マスコミの一部では、「総理官邸が強すぎる」などと批判の意味を込めて言われることがある。自民党の一部政治家からも、中選挙区制への郷愁が聞かれる。しかし、橋本行革以来の様々な政治改革、制度改革の努力が合わさり実って、今日の強力な政治主導が成立しているのである。京都大学の奈良岡聰智教授は、これほど政党政治が官僚に対して強くなったことは、大正デモクラシー以来、絶えてなかったことであると述べられていた。

長い平成時代の試行錯誤を越え、令和の御代に入って、少なくとも、誰が何を決めているのか分からない海綿状の政府の意思決定過程が、総理が明確な責任を持って国民を説得するという透明感のある意思決定過程に生まれ変わった。不透明な国民不在の政官癒着や利益調整はなくなった。日本政府の意思決定過程における脳髄と脊髄が、やっとはっきり見えるようになったのである。それは評価されるべきことである。

政治記者の一部には、総理官邸が遠くなったとこぼす人もいるが、主要新聞の一部政治部記者が、政権や自民党の派閥と癒着して一緒に政局をやっていた時代の方が、国民から見ればはるかに不透明な政治に見えていたのではないだろうか。

第2講
新しい総理官邸と国家安全保障会議

1 総理官邸とはどういうところか

(1) 3つの激変

前講で「総理官邸というところがどういうところか、今一つ、よく分からない」という質問がたくさん出たので、国家安全保障会議について説明する前に、総理官邸とはどういうところか、内閣官房とはどういうところかということを、少し具体的に説明してイメージを持ってもらいたいと思う。前講で述べたように、平成時代に総理官邸は激変を遂げている。

第一に、総理官邸は、政府の最高指導者である総理大臣が、官界（霞が関）を統率する場所であり、日本政府の意思決定過程が収斂（しゅうれん）する場所である。最高位に位置するのが、総理主宰で官邸4階正面閣議室において、毎週火曜日、金曜日に定例開催される閣議である。閣議における正式な決定以外にも、総理指示、総理の下での閣僚間の申し合わせなど、様々な形で日本政府最高レベルの意思決定が行われる。

第二に、総理官邸は、総理大臣が院内最大会派である自由民主党総裁として、衆議院・参議院で法律、予算を通すために、自民党執行部と連携しつつ、公明党など連立を組む友党と与党内調整をし、さらには、野党との国会運営のための院内調整を指示する場所である。

第三に、総理官邸は、総理大臣、あるいは、官房長官が国民に直接メッセージを発する場所である。政府全体の指導者である総理大臣、あるいは、国務の総合調整大臣である官房長官の発信力は、各省庁のそれと比べて格段に大きい。世界的にも珍しいと思うが、日本の官房長官は、毎日、2回、定期的に記者会見する。発信力が大きい分、常時、激しい批判にもさらされる。

つまり、総理官邸は、関係府省庁を取りまとめ、総理の主宰する内閣を通して一つの意思を持って政府全体にかかわる政策を立て、国民を説得し、国会で法律案や予算案に了承を取り付け、内閣主導の下で関係省庁に横串をさし、政府全体の力を出し切って、国策を実施していくための司令塔なのである。

総理官邸は、普通の役所ではない。下半分が官界と接続しているが、上半分は国会、国民と直接接続している「政治の館」である。米国のホワイトハウス、英国のダウニング街10番地、フランスのエリゼ宮に匹敵する最高組織である。

官僚のなかには、昭和にはびこった官僚主導時代の旧弊から、いまだに、総理官邸には自分の府省庁の政策を説明し、報告しさえすればよいと思っている人が多い。そういう官僚は総理官邸の政策介入を嫌う。それは昭和の発想である。今、述べたように、総理官邸は、各省庁の政策に横串を通し、政府全体として取り組むべき重要施策を企画立案し、遂行するのが仕事である。そのために国民を説得し、国会の了承を取り付ける。

(2) 政治レベルの調整を行う場

総理官邸にとっては、総理官邸の下に控える霞が関の諸官庁との調整よりも、永田町で行われる対等な与党同士の合意形成の方が重要である。与党を調整するということは、与党を通じて与党を支えている人たちを説得するということでもある。

たとえば、自民党の政務調査会の各種部会に呼ばれると、国会議員は、政府に対して地元の選挙民を代弁する。連立を組んでいる自民党と公明党の考え方が異なることもよくある。双方が政党として与党合意を機関決定しなくてはならない。また、党内の一部有力者が意思決定から外されていると言ってへそを曲げたり、党の支持者の多くが執行部の決定に反発することもしばしばある。

政治レベルの調整は、丁寧で微細な官界の調整に慣れた官僚には、ちょっと想像がつかないくらい激しく荒っぽい。国会日程が崩れ、法案が潰れ、場合によっては、連立政権にひびが入り、政権基盤自体が揺らぐ。官僚にとっては、官界の調整から政界の調整にレベルが移ると、潜水艦が台風の真ん中で、突然、海面に浮上したように感じるものである。

しばしば政治の暴風雨にさらされる総理官邸にとって、霞が関（官界）からの不断の報告、連絡は重要である。自分の役所の政策が、新聞に出て、国会審議や官房長官記者会見で取り上げられる可能性があれば、総理官邸に事前に報告しておかねばならない。どこの国でも政治家は不意打ちを嫌う。「Do not surprise me!」とか「聞いてないぞ!」というのは、政治指導者の官僚に対する叱責の常套句である。

「報告、連絡、相談（ほうれんそう）」は官僚の基本であるが、総理官邸と各府省庁の関係も同じである。報告、連絡までは、府省庁の課長レベルが、総理官邸にいる秘書官を通じて、迅速かつ適切に、責任を持って為すべき仕事である。

問題は、総理官邸への相談の部分である。それは、事務方のトップである次官の仕事である。各省庁の次官が、政策決定のために総理に話を上げるとはどういうことか。それは、総理から下りてきた大きな指示を実現するために、あるいは、自分の省庁が所管する大きな政治案件を実現するために「総理の力をお借りする」ということである。

本当の大案件は、与党、野党、各種業界、世論の激しい反発があり得る。総理の大権を使わなければものごとが動かない。内閣全体として推さなければ動かない。

その力があるのは、総理大臣だけである。議院内閣制下では、総理大臣は、関係省庁を横串にさして内閣全体としての重要政策を立案する。そして同時に、自らが総裁を務める最大会派の力を使って、国会審議を経て重要な法律を通し、100兆円規模の予算を通す。かつ、総理は、指導者として国民に直接支持を訴えることができる。そうして国の形が変わっていく。これが総理の大権である。その大権をどう使ってもらうかを総理と相談するのが、霞が関の次官の仕事なのである。

2　内閣官房とはどういうところか

(1) 総理官邸の事務組織

それでは、内閣官房とはどういうところか。総理官邸の事務組織である。内閣官房は、米国のホワイトハウスやフランスのエリゼ宮、英国のダウニング街10番地、独の首相府の事務方の組織と思えばよい。民間企業でいえば社長室である。内閣官房という言葉は、国民には馴染みが薄い。一般には、総理大臣と一緒にひっくるめて総理官邸と呼ばれることが多い。

総理が大権を行使して、内閣全体としての大きな政策を打ち出すと、内閣官房は、関係府省庁間調整、予算編成、法律起案等の作業に忙殺されることになる。

特に法律、予算がかかわる案件になると、総理は閣議決定をして政府として一つの意思をもって国会（衆参両院）の審議に臨まねばならない。内閣官房内に立法のための特別室が設けられ、各省庁の俊秀が呼び集められることも稀ではない。

総理の主宰する内閣は、制度上は、明治憲法下の帝国時代から政府最高意思決定機関である。日本の内閣での閣僚間の議論は残念ながら形式的で、その形骸化が嘆かれて久しいが、それでも日本政府の最終的な意思決定である閣議決定の影響は甚大である。

規模の大きな予算がからめば、国会議員、県会議員等の中央、地方の政治家、様々な利益団体が強力にからんでくる。問題が政治化して世論が荒れ、国会が紛糾し、政局がらみになれば、マスコミも大々的に参戦する。この国政を揺るがすバトルロイヤルを制することが、総理の仕事なのである。

もとより、閣議決定案件を通したり、あるいは、総理大臣の裁定に上げるまでもなく、内閣官房長官裁定で終わるレベルの話もある。国会や与党をわずらわさず、霞が関の内だけで調整すればよい話であれば、内閣官房副長官（事務）のレベルで裁定が行われる。

総理に大きな案件を上げるとき、あるいは、逆に総理から大きな案件が下りてくるとき、内閣全体、即ち政府全体を事務レベルで取りまとめるのが、内閣官房である。前にも述べたが、内閣官房は、政治指導部という脳と、霞が関の諸官庁という体軀をつなぐ脊椎である。

内閣官房長官の下に事務（官界）、衆議院、参議院を代表する３人の副長官がおり、事務の副長官の下に内政担当（財務省出身）、外政担当（外務省出身）、危機管理担当（防衛省出身）の３人の副長官補が就いている。

内閣官房の主要組織としては、内閣官房副長官補室、国家安全保障局、危機管理を取り扱う「事態室」（制度上は副長官補室の一部であるが、事実上独立している）、内閣総務官室、内閣人事局、内閣情報調査室等がある。

この内、内政および外政担当の副長官補が統括する副長官補室が政治・経済・社会分野の政策を担当し、国家安全保障局長が統括する国家安全保障局が安全保障政策を担当し、内閣危機管理監が統括する「事態室」が主として治安、防災等の危機管理を担当している。

ただし、国家安全保障局の２人の次長は、外務省と防衛省出身の副長官補が兼務し、外務省出身の副長官補が副長官補室と、防衛省出身の副長官補が「事態

図表1　内閣官房組織図（令和2年10月16日現在）

内閣総理大臣
内閣総理大臣補佐官（5人以内）
内閣官房長官
内閣官房副長官（3人）
国家安全保障局長
国家安全保障局
内閣総務官
内閣総務官室
総理大臣官邸事務所
公文書監理官室
内閣官房副長官補（内政・外政）（2名）
内閣危機管理監
内閣官房副長官補（事態対処・危機管理）
● 空港・港湾水際危機管理チーム
内閣広報官
内閣広報室
● 国際広報室
● 総理大臣官邸報道室
内閣情報官
内閣情報調査室
内閣衛星情報センター
● 国際テロ情報集約室
内閣情報通信政策監
内閣サイバーセキュリティセンター長
内閣サイバーセキュリティセンター
内閣人事局長
内閣人事局

出所：内閣官房ホームページ

室」との連携を確保している。内閣情報官が、内閣情報調査室を統括している。

このほか、総理補佐官が総理特命の分野に介入してくる。

（2）内閣官房の仕事の仕方

内閣官房は、財務省主計局のように個別政策の合理性に関して関係府省庁の説明を聞く場所ではない。あるいは会計検査院のように個別の政策の執行状況を検査するところでもない。ある案件が、総理や官房長官に諮るべき案件、即ち、政府として、内閣として、国会対策や与党内調整が必要な政治案件なのか、あるいは、事務的な調整が難しいだけの官房副長官（事務）案件なのかを判断し、官邸の政治指導部と官界全体をつないで政府の意思を大きく統一していく場所である。政治を巻き込む大案件の処理こそが、内閣官房の真骨頂である。

内閣官房の仕事の仕方は、両方向である。まず「上からの仕事」の処理がある。総理、官房長官、副長官から、「国としてやらねばならない案件である」として重要政策に関する指示が下りてくれば、「君命」として関係する複数の府省庁に仕事を割り振り、それを統括するのが仕事である。

前述のように官僚は、いつもセーフティーマージンを広く取りたがる。関係省庁にギリギリのところまで力を出させると同時に、できないことはできないと総理や官房長官に諫言(かんげん)せねばならない。そうして政府の最大限の力を引き出しながら、政治の意思を具体的な政策に落とし込んでいくのが、内閣官房の腕の見せ所である。

総理大臣、官房長官などの最高指導レベルの指示は、上司の指示として必ず実施せねばならないのだが、役人は、日頃、法律と予算の枠で区切られた小さな箱庭のような担当部署で、完璧な仕事をするのが習性である。

官僚は、完璧主義であるが、保守的で、消極的である。官邸の指示に対して、それが大きなものであればあるほど、「やったことがない」とか、「予算がない」とか、「時間がない」とか、「自分たちの所管ではない」と言って逃げ惑うこともままある。しかし、総理大臣が、「これは内閣としてやるのだ」と肚(はら)を括(くく)り政権のレガシーとして残そうとするような大案件は、必ず成し遂げねばならない。

そのとき、内閣官房は、仕事が円滑にいくように、関係府省庁の所掌事務ごとに業務を割り振り、予算の手当ても財務省と内々に協議して、政府部内を大きく取りまとめていく。それが内閣官房の仕事である。

逆に、関係府省庁にしてみれば、関係する他府省庁の数が多く、また、とても一省庁では呑み込めない法令改正や巨額の予算が必要になる場合には、内閣官房と一緒に進んでいくしかない。そうすることによって、総理の大権と結びついて、国の形を大きく変えるようなやりがいのある仕事ができるのである。

政治指導部の宿題に回答する場合には、複数の選択肢を提示することが重要である。選択肢とは、官僚が政策的合理性から優先順位をつけてＡ案、Ｂ案を上げればよいということではない。官僚は、自分たちが政策的合理性について最善の知識を持っていると自惚れがちである。

政治指導部の優先順位は、官界の優先順位とはまったく異なる。連立している少数与党は大丈夫か、野党の反応はどうか、間近の選挙への影響はどうか、マスコミの反応はどうか、支持率にどう跳ね返るか、株価にどう跳ね返るか、外交にどう跳ね返るか、本当に自分が今政権の生命力を犠牲にして実施するべき案件なのか、他に政権のエネルギーを注入するべき重要案件があるのではないのか、後世、自分の政権はどう評価されるだろうか等々、政治家には政治家の考えがある。

政治家は官僚とはまったく異なる発想をする。政治家は、自分の政治家としての優先順位に従って決断をしたがるし、実際そういう決断をする。国民の代表である政治家は、官僚よりもはるかに国民に近い。また、国政全体を見ている。

だから、官僚が自分の所管分野という狭い箱庭の知識に従って、予算や法令の範囲内で最善の案を持ってきたとしても、政治家にとってそれが最善であるという保証はない。

ところが、往々にして、官僚は「自分たちの考えが最善だ」と勝手に思い込んで、ただ一つの案を総理官邸に上げて固執する。拒絶されると「こんなに一生懸命頑張っているのに、どうして総理や官房長官は分かってくださらないのか」と嘆いてみせる。しかし、政治家と官僚では、はじめから求めているものが異なるのである。

官界のトップに立つ者は、政治指導者から見て意味のある選択肢を上げる必要があるのである。官僚も政治レベルとの調整が必要な案件を扱う高級幹部になれば、官界の外側にある大きな民主主義政治過程の「筋」を読んで、選択肢をつくることが求められる。官僚ではなく、政治家の立場に立って、与党、国会、マスコミを広く見渡し、政界内で政策案を通していくための「筋」をきちんと見抜くことが求められる。

今、述べた通り、自民党および公明党の党内手続き、連立与党協議、マスコミの反応、野党の反応、支持率への影響、国会審議日程への影響、次の選挙（国政選挙、地方選挙等）への影響、株価への影響などに頭をめぐらせて、総理の立場に立って最善の案を持ち込むことが求められる。それはいわゆる「忖度」などという卑しい話ではない。シニアな官僚に求められる当然の能力である。

逆に政治指導者は、総理官邸の直轄部隊である内閣官房に良質のチームを置き、内閣官房を使って政府を動かさないと、日本政府という巨船を操縦することは難しい。社長が社長室を使うのと同じである。政治指導者が、個々の省庁の局長を頻繁に直接呼んで指示し始めるとマイクロマネジメントになる。それは、自衛隊の統幕長が個々の方面隊の連隊長を指示するようなものである。マイクロマネジメントが始まると、他の官僚は動きを止める。「指示待ち」になる。勝手に動くと叱られると思うからである。こうなると官僚組織全体が不活性化する。優れたリーダーは、まず国民に語りかけ、流れをつくり、勢いを生む。そして、大きな方向性に関する戦略的指示を出す。それが総理大臣たるものの器である。

(3) 意思疎通と公正中立

内閣官房のもう一つの仕事は、各府省庁の下から上がってくる複雑な案件を調整して、内閣官房副長官、内閣官房長官、総理大臣へと上げていく仕事である。「下からの仕事」である。

日本政府は大きい。64万人の国家公務員を抱える日本最大の巨大組織である。日本政府にあるすべての府省庁の仕事の内容を知ることだけでも大変な手間である。総理官邸の高位のポストについても、日本政府の全体像がおおよそ分かるまでには優に3年はかかる。

関係府省庁の幹部と常日頃からよく意思疎通をし、飲み会も含めて信頼関係をつくっておかないと、大きな案件で関係府省庁の意見がぶつかって調整が難航するときに、内閣官房としての調整力が出てこない。

総理官邸の命令だとか、内閣官房の指示だとか、偉そうに大上段に振りかぶるだけでは、なかなか人は動かない。総理官邸で仕事をしようと思えば、総理、官房長官、副長官の信頼を得ることが絶対条件であるが、同時に、霞が関の官僚仲間から信頼されることもまた必要な条件なのである。

政府の意思決定にあっては、当然、正規の意思決定ライン（誰が、誰に何を報告し、誰が責任を持って決めるのか）を明確に保って、縦筋の指揮命令系統が乱れないようにすることが重要である。同時に、内閣官房と関係府省庁の幹部間の横筋で、日頃から十分な意思疎通をして相互理解を図っておかないと、いざというときに政府が円滑には動かない。縦の軸（正式な意思決定ライン）をうまく動かすためにも、横の筋（非公式な意思疎通）が大切である。

巨大な日本政府も、運営のコツは、普通の小さな組織と同様である。明確な指揮命令系統の維持と関係府省庁の担当者間の風通しと信頼関係が、政府という大組織運営成功のカギなのである。日本政府がいかに巨大な組織であるといっても、所詮は人間の集団なのである。

ところで、内閣官房は、絶対公正中立である。府省庁の人たちは、内閣官房へ自分の役所から出向している人間が自分の役所の利益を代弁してくれると思いがちであるが、はなはだしい勘違いである。内閣官房の職員の忠誠心は、出身官庁の大臣、次官ではなく、自分の上司である総理、長官、副長官の方を向いている。副長官、副長官補のレベルでは、もはや、完全に出身省庁とは切れている。お里が出る人は、内閣官房では務まらない。

内閣官房の官僚は、「日本国の官僚」であり、もはや、「財務官僚」「外務官僚」といった名付き官僚ではない。内閣官房への出向者は、概して出身官庁に厳しいものである。

だからといって、親元の官庁が、内閣官房の組織を飛び越して、総理、官房長官に直接話を入れて政府を動かそうとすると、内閣官房と霞が関の仲間の両方の信頼を失う。そういう横着をすると、関係府省庁はやがて皆、背を向けるようになるものである。

(4) 政権と官界の結節点

最後に、改めて強調して述べておきたいことは、内閣官房とは、動的な政権と静的な官界をつなぐ結節点であるということである。それがどういうことか、若い諸君にはなかなか実感がわかないであろう。

たとえて言えば、政権とは、エネルギーの塊である。ぐるぐる回るコマを想像してほしい。コマは勢いがなくなったら倒れる。あるいは、何かにぶつかると倒れる。政権とはそういうものである。

政界は、いつもバトルロイヤルであり、常在戦場の戦国時代なのである。どんな突発事項があるか分からないし、加えて、日本政治には選挙が多い。選挙で負ければ政局は一気に流動化する。野党は常に政権を狙っているし、与党のなかでもリーダーシップ・チャレンジが行われて、足元から政権が崩れることもある。日本の政治メディアは、相変わらず政局（政権流動化、倒閣運動）をつくるのが大好きである。政権にはいつ倒されるか分からないという危機感が常にある。

あるいは、航空自衛隊が持っている早期警戒機のAWACSを想像してほしい。高い空中ですべての情報を総合して指示を出す高い指揮機能を持った「空飛ぶ司令塔」である。しかし、AWACSの巨体は、敵のレーダーで丸見えである。

それと同様に、政府の頂上にある政権本体は露出度が高く、野党やマスコミから、常時、激しい集中砲火を浴びせられる。しかも、台風や乱気流のような突発事件が起きることが頻繁である。それでも「政権号」というAWACSは世論という風を受けて飛び続けねばならない。直接被弾したり、失速すればただちに墜落する。この緊張感が、総理官邸における政治指導部の緊張感なのである。当然ながら、総理と総理秘書官室においての緊張感は最も高い。総理秘書官室に務める人は口を揃えて毎日がジェットコースターに乗っている感じで時間の感覚がなくなるので、5年が1年に感じると言う。

通常、政権が失墜する原因となるのは、第一に危機管理の失敗、第二に経済運営の失敗（あるいは単純に景気の悪化）、第三にスキャンダルである。

これに対して、官僚組織は戦車軍団のような地上軍である。乱気流でも墜落することはないし、法律や専門知識という装甲は厚く硬い。役人はまた、国会に呼び出される局長以外は匿名性という煙幕で守られている。選挙もない。官界は安定しており、公務員法で地位を守られており、そこに安住できる。

これが政と官の違いである。この違いは大きい。国は倒れないが、政権は必ずいつか倒れるのである。各府省庁は、政権交代があっても、翌日からまた何事もなかったかのように業務を遂行する。政権が変わっても官僚組織は残り続ける。選挙に勝たねばならない政権は国民の支持を狙ってリスクを取り、選挙のない官僚は慎重な安全運転に終始する。それが政は動であり、官が静であるという意味である。

この官界と政権をつないでいるのが、内閣官房なのである。各府省庁は不滅の「国」を支えているが、内閣官房は限られた命の「政権」を支えている。いつ倒れるか、倒されるか分からない「一寸先は闇」の世界で、政権と同じ緊張感を持って仕事をするのが、内閣官房なのである。内閣官房職員は、国家公務員のなかではかなり特殊な部類である。

（5）君命を代弁するのではなく、執行する

また、内閣官房副長官、同副長官補といった内閣官房の幹部は、秘書官、補佐官のような総理側近とは違う。あくまでも官と政の結節点にある官側のトップである。総理秘書官団、補佐官団を、柳沢吉保のような将軍お抱えの御側用人（おそばようにん）たちだとすれば、内閣官房幹部は、あくまでも将軍室の指示を幕府内で徹底する田沼意次のような幕閣なのである。内閣官房では「（田沼）意次となっても（柳沢）吉保になることなかれ」と言われる。

御側用人の言葉は将軍の言葉である。総理の考えをそのまま伝えるのが御側用

人の仕事である。総理の分身（アバター）だと思えばよい。権力とは意思の連鎖であり、その本質は権力者との距離である。それは必ずしも位階や序列ではない。総理との個人的距離が、権力を測る尺度である。したがって政権が長くなる程、総理秘書官室の力は強くなる。それは総理官邸の宿命である。

筆者は総理官邸に勤め始めたころ、かつての副長官の一人から、総理秘書官室の力が強くなって官房長官秘書官室とぶつかり始めたら、政権は黄信号だと警告された。秀吉の大阪城では家康より石田三成の力の方が大きくなり、豊臣家が滅んだ。それは権力の館の宿命である。

これに対し、幕閣はそうではない。あくまでも将軍の意思を受け止め、それを各藩に執行させるのが仕事である。君命を代弁するのではなく、君命を執行する機関なのである。

総理官邸を江戸城にたとえれば、各省庁は各藩のようなものである。江戸幕府が、各藩の統治に苦労したように、総理官邸が強力な各省庁を一糸乱れず率いることは決して容易ではない。

日本の組織の特質は、鎌倉時代、室町時代からあまり変わっていない。個々の武士軍団は、軍隊型の縦型社会であり、規律も厳しく統率が取れているが、全体を取りまとめる中枢が弱い。室町時代から江戸時代まで、京都の宮中にある天皇の権威は皆が認めていたが、そこに権力はなかった。

日本社会では権力は分散しがちであり、権力中枢は、高い権威を持ったまま空洞化する傾向がある。権力は分散し、個々の組織に分かれていく。個々の組織のなかは、軍隊風の厳しい集団生活が徹底され、個性よりも集団生活が重視される。しかし、個々の組織を束ねる上級組織が中央にない。仮にあっても実力がない。

日本社会は、厳しい縦型の個々の組織が並立する、実にフラットな社会なのである。皆が一国一城の主である。この戦国武将のような世界は、総理官邸と霞が関の関係にもそのまま当てはまる。

別のたとえをすれば、タコ壺がずらりと並んでおり、個々のタコ壺では親タコが権威を振るっているが、タコ壺全体を管理している人がいないという状況である。昔、丸山真男東大教授が述べていたが、日本は正にタコ壺並列社会である。そして日本政府は、頭がいくつもある八岐大蛇に似た化け物のような組織である。もっと悪く言えば、中枢神経のない海綿体のような組織である。最近になって政治主導が確立するまでは、本当にそうであった。

したがって、政権が強力であれば各府省庁も内閣官房に従うが、政権が弱体だと、ウェストファリア型の各府省庁主権国家体制が復活する。フラットと言うと民主的に聞こえるかもしれないが、総理官邸が弱体化すると、意思決定過程が不透明となり、中間層の幹部や政治家が暗躍をはじめ、また、最終的な責任を誰が取るのか分からない集団無責任体制になりがちである。

大日本帝国が滅んだのは、軍部独裁の故だけではない。それを許したのは、権力と責任の所在がはっきりしない無責任体制であった。政権が弱いと内閣官房は辛い。内閣官房の強さは、政権の強さと正比例するからである。

3　政治的な責任と事務的な責任

総理官邸との関係で責任を取るとは、政治的責任を取るということである。注意や訓戒や懲戒というような事務的な譴責を受けるということではない。次官や局長のレベルの責任は、課長レベルで問われるような、法律や予算との関係で問題があったとか、政策の合理性や手続きに問題があったというような事務的な話ではない。

法律や予算に大ナタを振るう政治を巻き込んだ大案件の場合には、霞が関の外側での調整を、政治家と一緒に高級事務レベルで行わねばならない。連立与党の政務調査会や総務会はもとより、連立与党の最高幹部への説明と了承の事前取り付けといった作業を経ねば、大きな話は動かない。それは、もとより政治家の仕事であるが、それを補佐するのは事務方の仕事である。

たとえば、第二次安倍政権で行われた集団的自衛権行使にかかわる憲法解釈変更とその後の平和安全法制整備では、自民党の高村正彦議員と公明党の北側一雄議員が連立与党協議を取り仕切った。閣内では安倍総理と太田昭宏国交大臣の関係が調整に大きな役割を果たした。自民・公明の代表者間で協議がまとまれば、それを両方の党のなかで最高意思決定機関まで上げて党として決定してもらわねばならない。

要所、要所、節目、節目は、総理、官房長官が政治的に押さえていくが、毎日の資料の整理や議論の整理は事務方の仕事である。議員会館を回って小まめに根回しするのも、事務方の仕事である。

これに加えて、国会審議が待っている。安全保障関連案件は、55年体制下の国会で猛威を振るった左右両派のイデオロギー対決の本丸であり、最終決戦場である。平和安全法制の審議は、激しく政治化、劇場化した。こうなると野党とメディアが嬉々として参戦してくる。やがて議論の深化や政治的妥協はそっちのけで、政局（倒閣）を目論んだバトルロイヤルが始まる。国会日程や予算を人質に取った政局が始まる。政局の本質は、倒閣を目指した裸の権力闘争である。

また、総理大臣をはじめとして閣僚、与党幹部は、モーニングショーやイブニングショーといったテレビ番組にしょっちゅう出演して国民に訴えねばならない。

この政治過程が円滑に進まず、あちこちで衝突が起きると、ものごとが動かなくなる。政府にとっての敗戦である。そうなれば誰かが詰め腹を切らねばならない。そうでなければ、野党もメディアも国民も納得しない。ここでは、「事務的な政策的合理性がどうだこうだ」という霞が関風の微細に入った説明は意味がない。

権力闘争を収束させるための政治的な落とし前、手打ちがいるのである。一言で言えば、それは政府が「世のなかをお騒がせした罪」であり、野党とメディアの顔を立てるための、殿に代わっての詰め腹である。

正しいことをやっていても、時宜を得なければうまくいかないこともある。時間不足、準備不足、説明不足でうまくいかないこともある。正しいことを主張していても、詰め腹を切ることはある。それは、戦国時代、江戸時代と変わらない。それが高級官僚幹部職の政治責任というものである。

総理に大権を使ってもらって仕事をするには、覚悟がいる。政治的な責任とは、そういうことである。

4　平成時代の総理官邸の安全保障政策決定過程

(1) 安全保障政策決定過程からの総理官邸の孤立

それでは、総理官邸における安全保障機能についての説明に移ろう。その前に、国家安全保障会議および国家安全保障局創設以前の、総理官邸における安全保障政策決定過程の問題点を見てみよう。平成時代の総理官邸の何が問題だったのか。

安全保障とは、外政と軍事の交錯する部分である。日本では国防という言葉が平和主義的な世論との関係で忌避されたので、国防のことを安全保障と呼ぶ風潮があるが、危険な誤りである。

安全保障は、外交と軍事を両輪とする。日本の安全保障政策決定過程では、同盟国である米国政府との調整も、その重要な一部となる。本来であれば、日本の総理官邸（内閣官房）が、外務省、防衛省および自衛隊を取りまとめ、同じように国務省、国防総省および米軍統合参謀本部の上に立つホワイトハウス（NSC）と緊密な調整が常時行われなくてはならない。

しかし、第二次安倍政権設立以前は、総理官邸において、外務省、防衛省・自衛隊が緊密に調整されているとはとても言えなかった。また、インテリジェンス・コミュニティは、安保政策形成過程から遮断されていた。

外交と防衛を総合して総理を補佐するスタッフのいなかった総理官邸は、日米の安全保障政策決定過程からほとんど孤立していた。官邸に自前の情報などなかった。日米首脳会談では、多くの場合、日本の総理は官僚の持ってきた発言用ペーパーを読み上げるのが精一杯だった。

安全保障に関しては「自衛隊の最高指揮権は総理大臣にある」と言いながら、かつての総理は、戦前の天皇陛下と同様、御簾の向こうで権威だけを高く飾り立てられた存在だった。1990年代までの官僚主導政治の時代は、総理自身が祭り上げられ、その巨大な政治権力を行使しにくい仕組みになっていたのである。

（2）旧内務省系官庁という石垣

総理官邸を実質的に運営するのは、宮中同様、伝統的に旧内務省系の省庁であり、警察、総務（旧自治）、国土交通（旧建設）、厚生労働（旧厚生）等の省庁が、総理官邸の官側の主要ポストである内閣官房副長官（事務）、内閣危機管理監、内閣総務官、内閣調査室長（現内閣情報官）、内閣報道官のポストをほぼ独占してきた。

旧内務省系の官庁の総体は巨大であり、それだけで国債・地方関連を除き、日本政府が実際に使える予算である約50兆円の大半を使っている。旧内務省系の官僚は、日本国政府の最後の砦は自分たちだという自負と覚悟がある。総理官邸という城を支える石垣は、旧内務省系の官庁である。

彼らは、政権の意向を受け止め、政権を支えているのは自分たちだという自負がある。彼らの総理官邸内での人知れぬ苦労は、その自意識を十分に正当化する。

これに対し、財務、外務、経済産業、防衛、農水等の非内務省系の省庁は、総理官邸の外側にある役所である。お堀の外側にある外様雄藩の江戸屋敷という感じである。ただし、予算を握る財務省は強大で別格の重さがある。これら非内務省系の省庁は、むしろ、総理官邸に機能と権限を集中され、自らの権限を侵されることを嫌う。逆に、自分たちの所掌事務に関しては、総理官邸を外部からコントロールしたいという誘惑に駆られる。

たとえば、財務省主計局は予算編成権を決して手放そうとせず、外務省は外交一元化の立場から総理官邸の外交・安全保障機能強化に一貫して消極的であった。防衛省は、総理が総攬する最高指揮権（軍令）に関する専管意識があり、特に、防衛省内局には、軍事に関しては自分たちだけが政府部内で専門知識を占有していたいという欲求があった。

経済産業省は、経済界との密接な関係を有するだけではなく、政治の風向きにも敏感で、総理官邸で総理および関係閣僚と経済界トップ等からなる様々な会合を開催し、自らのアイデアを政権のヴィジョンとして打ち上げ、予算をもっていくのがうまい。惜しむらくは政策の持続性が弱いことであろう。

（3）平成時代の外務省と防衛省の調整のあり方

日本の安全保障政策の立案に関する外務、防衛両省の事務的な調整は、第二次安倍政権以前には、限られた場合を除き、総理官邸をまったく介さず、直接、両省間で行われていた。その調整は、両省が高度に専門的・技術的集団を抱えるため、容易ではなかった。

外務省は、本省に3,000名、百数十の在外公館に3,500名程度の要員を配置して情報を収集し、情勢を分析し、外交政策を立案している。防衛省は、陸海空三幕の下に25万人の精鋭の自衛官を細かな職種に分けて配置し、厳しい環境のなかで日本防衛の任に当たっている。

また、軍事面での作戦立案や実施には、横田の在日米軍司令部との調整のみならず、日本および周辺地域の防衛に責任を負うハワイの米インド太平洋軍司令部との調整、さらにはワシントンの米国防総省、米統合参謀本部議長などとの調整が不可欠である。さらにいえば、戦略軍、宇宙軍、サイバー軍、特殊軍、戦略輸送軍等との緊密な協議が必要になる。

その調整は、多岐にわたり、専門的であり、かつ、多くの巨大な組織の利益がからんで複雑である。戦略軍、宇宙軍、サイバー軍、特殊軍、戦略輸送軍等との協議に至っては、自衛官レベルの交流に限られているのが実態である。

第二次安倍政権以前の総理官邸の問題は、冒頭に述べた通り、総理官邸が、外務省、防衛省、米国のホワイトハウスとの安全保障に関する政策決定過程から、ほぼ完全に遮断されていたことである。その結果、外務と防衛が総理官邸に調整のために案件を持ち込んでくるのは、米国での9・11同時多発テロ事件（2001年）等、突発的な大事件が起きた後であるか、あるいは、日米同盟がらみの対米交渉の過程で事務方の交渉が暗礁に乗り上げた後であった。そんなときは、外務省、防衛省の次官や関係局長がいきなり雁首をそろえて内閣官房副長官（事務）のところに押しかけて協議が始まるのが常であった。

このドタバタ感は、総理官邸が安全保障を担当する部署を持たず、日中戦争、太平洋戦争開始後に、いきなり総理および主要閣僚と陸海軍統帥部（陸軍参謀総長、海軍軍令部総長）が集まって鳩首協議をしていた政府大本営連絡会議（後の最高戦争指導会議）を彷彿（ほうふつ）とさせる。

米国で起きた9・11同時多発テロ事件を受けてブッシュ大統領がアフガン戦争を開始した折、小泉政権は、戦後初めて海上自衛隊をインド洋に派遣して米海軍主導のコアリション（連合国）海軍艦艇への海上給油作戦を実施したが、その作戦の実施についても、外務・防衛両省庁間の事前の調整がつかず、話がいきなり総理官邸の古川貞二郎内閣官房副長官（当時）のところに持ち込まれた。

筆者は、当時、外務省北米局日米安保条約課長で毎回の会議に陪席していた。古川内閣官房副長官の傑出した個人的力量で、外務省と防衛省の言い分が調整されて成案がつくられていくところを目の当たりにした。

また、当時、小泉総理は、たびたび、安全保障会議を招集して、閣僚間での議論を促進した。しかし総理官邸に外交と軍事を総括する恒常的な事務局のない状況で、短い時間、いきなり閣僚を集めても深みのある安全保障政策の立案は難しい。

当時から筆者は、このような脆弱な仕組みでは、万が一、日本侵略のような真の有事が起きれば、必ず日本政府は瓦解するだろうと強く危惧してきた。

(4) 外政と防衛の分断——中曽根内閣以来の欠陥

第二次安倍政権以前の総理官邸の内閣官房においては、外交と防衛は、制度上、分断されていた。内閣官房には、従来、安全保障・危機管理室と呼ばれる部署はあったが、危機管理機能が肥大化した組織であり、かつ、外交とは縁の薄い組織であった。安全保障・危機管理室には、安全保障という名前はついていたが、安全保障とは、本当は外交と防衛の交わる政策分野を指す。防衛と治安、防災の危機管理だけを主たる担当としていては、本当の安全保障担当部局とはいえない。

第1講で述べたように中曽根内閣における内閣組織改正以来、総理官邸では、外交と軍事が分断されてきた。外務省出身の外政担当の副長官補は、財政、経済、社会問題を統括している内政担当副長官補とセットになっており、防衛省出身の安全保障・危機管理担当の副長官補は、内閣危機管理監とセットになっていた。両副長官補の関係は希薄であった。

安全保障危機管理室の実態は、阪神・淡路大震災の経験等から危機管理に重心が置かれた組織となっており、主たる任務は防災であった。しかし、北朝鮮不審船の出没や、北朝鮮による中長距離弾道ミサイル発射事案のように、外交と防衛が連続し、しかも他の多くの関係省庁との調整が必要な事案も出てきはじめた。徐々に、総理官邸のなかで、外交と軍事の司令塔としての調整業務の必要性が痛感されはじめた。それが、国家安全保障局が必要だという安倍総理のイニシアチブにつながっていく。

上記に加えて、第二次安倍政権までは、総理との距離感が外務省と防衛省および自衛隊と大きく異なるという別個の問題もあった。総理官邸と外務省、防衛省との関係が非対称だったのである。

外務省は、巨艦「日本丸」の水先案内人であり、外務次官が総理大臣に直接ブリーフすることで、政府全体を外交面で主導しようとする傾向が強い。総理大臣に定期的に頻繁にブリーフをするのは、内閣情報官と外務次官だけである。

内閣情報官の総理ブリーフは、いわゆるインテリジェンスブリーフであり、各国の大統領府、首相府にも普通に見られる現象であるが、外務次官が最高指導者である総理大臣に頻繁に接触するのは日本外務省だけであろう。たとえばフランスの外務次官の主たる仕事は人事である。総理との緊密な関係は日本外務省の伝統であり、強みである。

外務省にとっては、外務次官が総理の信頼を勝ち得ることが、霞が関内での影響力の源になっている。もちろん、霞が関の他省庁には、政府の頂点からいきなり総理の御威光を振りかざす外務省には、結構、反発もあるのだが。

逆に、防衛省は、軍部が強い影響力を持った戦前の反動から、戦後は総理官邸との距離が非常に大きくなっていた。特に、実力部隊である自衛隊と総理官邸の間には、隔絶感さえあった。

現在の総理官邸の右横に保存されている旧総理官邸は、昭和史の生き証人である。陸軍青年将校が反乱を起こした二・二六事件の際、警護の警官を撃ち殺した弾丸の一発が、玄関入り口のガラスを撃ち抜いている。その弾痕は修理せずにそのまま残されている。旧総理官邸の入り口を入ると、玄関の広間全体に深紅の絨毯が敷かれている。絨毯を少しめくると床のフローリングが真っ黒に焦げているのが分かる。二・二六事件の兵隊が暖を取るために焚火をした跡である。これも修理されていない。海軍出身の岡田啓介総理を暗殺しようとした陸軍兵士の狼藉の跡がそのまま残されている。戦後、総理官邸の旧軍に対する不信感は、根強いものがあったのである。

戦後、国家安全保障局ができるまで、統幕長でさえ、総理に会えるチャンスは滅多になかった。内閣情報官のブリーフに防衛省情報本部長が同席するのが、自衛隊にとって精一杯の総理との接触の機会だった。統幕長、陸幕長、海幕長、空幕長が定期的に総理を訪れて軍事情勢をブリーフすることなどあり得なかった。

作戦指揮の面で総理の命令を直接実行する陸上総隊司令官、自衛艦隊司令官、航空総隊司令官に至っては、総理に会うことなど滅多になかった（これは今もない）。陸上総隊司令官といえば、戦前の陸軍参謀総長であり、自衛艦隊司令官といえば戦前の海軍軍令部総長である。それが滅多に総理と会えないのである。自衛隊と政治の距離感は、非常に大きなものであった。

国家安全保障会議、国家安全保障局が生まれて、総理官邸と防衛省、自衛隊との距離は格段に近くなった。また、外務省と防衛省・自衛隊が事前に調整して、総理（副総理）、官房長官、外務大臣、防衛大臣の４大臣会合に重要案件を諮れるようになった。統幕長は、常に国家安全保障会議に列席するようになった。陸海空幕長も頻繁に陪席する。第二次安倍政権以前と比べると隔世の感がある。

総理官邸と防衛省、自衛隊の距離が縮まり、政と軍の間に信頼関係が成立することは、健全な政軍関係の前提である。それなくして国家安全保障会議、国家安全保障局は機能し得ない。

国家安全保障会議と国家安全保障局については、次講以降で詳しく述べる。

5　令和の総理官邸と官界の関係

（1）政治主導時代の政と官

本講の終わりに、政治主導時代の官僚の心構えについてまとめておこう。政治主導が確立した総理官邸と、官界がどう向き合うかという問題を考えるためには、まず、昭和前期から平成中期まで、霞が関が慣れ親しんできたエリート官僚主導型の文化から決別せねばならない。

当然ながら、国民から選ばれて総理官邸の主となった総理が政府の脳である。高級官僚、高級軍人は、その手足であり、随意筋である。官僚機構全体が、内臓のように不随意筋化すれば、国家は意思のない存在と化してしまう。特に、高級事務レベルの官僚は随意筋であり、随意筋が脳の指示で動くのは当たり前である。

民主主義国家においては、選挙に当選した政治家の方が、試験に受かった公務員より偉い。しかし、本当の主は声のない国民である。政治家が官僚より偉いのは、より国民に近く、国民の声を代弁するからである。この発想の転換が必要である。

自民党事務局の長老である元宿仁氏が、後藤謙次氏（元共同通信記者）の著した『ドキュメント平成政治史』（岩波書店）のなかで、こう述べておられる。政権を担う総理は、ボートの漕ぎ手のようなものであり、官僚は、横で声をかけるコックスのようなものであると。

1990年代までの官僚主導時代の霞が関の役人は、政権とは御神輿のようなもので、傲慢にも、自分たちが政権を担いでいると考えている節があった。御神輿は、次々と取り替えが利き、進む方向は担ぎ手の自分たちが決めていると思い上がっていた。「内閣の一つや二つ（潰れてもかまわない）」という文句ほど、当時の役人の思い上がりを示す言葉はない。

政治主導が確立した今日、もはや、役人が走り回って、思いのままに予算や法律を通すことはない。元宿氏が述べられる通り、総理が必死の思いで漕ぐ「政権丸」というボートが、白波をけたてて走るようになったのである。このボートを自力で漕ぐのが総理である。漕ぎ手にゆとりはない。

このボートが迅速に前進するよう、障害物に当たって転覆しないよう、適宜適切に声をかけるのが、役人の仕事になったのである。官僚は、名脇役となることが求められる時代である。

最終的に政府の意思を決めるのは総理大臣である。総理が動けば、100兆円の予算が動き、様々な法案が国会を通る。それが本来の総理の大権である。総理には、右の目で国会をにらみ、左の目で霞が関をにらんで、政局を安定させ、国民を説得し、大きな政策、即ち国策を遂行する大権がある。

総理が、内閣を指導して、政策を立て、予算をつくり、予算を執行して、初めて国は動く。政権を担っている総理は、政策を打つ前提となる政権基盤の安定を優先させながら、同時に、自らの欲する政策をつくり、その裏付けとなる予算をつくり、歴史に業績を残そうとする。なかには、国民の受けの悪い、苦い薬のような施策もある。その立案、実施も、やはり政治の責任である。

(2) 今のままでは総理は自分の力を使い切れない
——安定した長期政権の必要性

政治の方にも意識改革が要る。日本政府は大きい。巨大である。日本最大の組織である。1、2年しか務めない総理では、日本政府を手足のように動かすことは難しい。1年目に前任者のつくった予算を執行し、2年目に自分の予算を通して間もなく交代するというようなことでは、大きな業績は残せない。最低でも3、4年は務めなければ、総理自身の大権の大きさが実感できないであろう。

しかし、議員内閣制の日本では、総理は、直接国民に選ばれず、国会の多数に権力基盤を置く。国会では、3年おきの参議院選挙、4年を任期とする衆議院選挙があり、その他にも、都議選、都知事選、統一地方選等、選挙が目白押しである。自民党総裁選挙もある。

次の選挙で勝てないと思われれば、野党は活気づき、与党議員の心理は離れ、総理の求心力は低下し、政権は不安定化し、政局が訪れる。主要紙の政治部は、狂喜乱舞して政局報道にひた走る。政策は片隅に追いやられる。

4、5年の任期が決まっている他国の大統領に比べ、平均2年に満たない日本の総理の任期は異常に短い。同じ議員内閣制の国に比べても、日本の総理の任期はやはり異常に短い。戦後最強の総理の一人だった竹下登総理でさえ2年持たなかった。竹下総理は「総理は使い捨て」だと自虐的に言い放ったと伝えられている。日本政治では、選挙の荒波が頻繁に押し寄せるなか、ボートが2年を越えて浮かんでいることは、珍しいのである。

また、政治主導が始まったにもかかわらず、相変わらず日本の総理は年間200時間近い時間を国会審議で縛られる。国政を総攬し、処理するから総理と呼ばれているのである。しかし、総理に与えられる執務時間は異常に少ない。

日本の総理の国会出席時間は、外国元首の10倍、20倍の長さである。毎年1月から3月の予算委員会の最中などは、総理は早朝から国会答弁の打ち合わせに忙殺され、一日中、国会審議に釘付けとなり、夕方の1時間くらいしか官邸での執務時間がない。テレビ中継される予算委員会で失言すると内閣支持率が急落するから、答弁には手が抜けない。

仕方なく、夕方の短い時間のなかで、総理は、国政に関する重要事項をすべて裁かねばならない。制約された時間のなかで、限られた情報を基礎に、立て続けに大きな決断を迫られる。加えて、待ったなしで、自然災害やパンデミックのような危機管理に関する案件が飛び込んでくる。

こんなことで総理大臣が、政治主導時代の国政を本当に担えるだろうか。もはや官僚機構という自動操縦機能は存在しない時代である。政治指導者が手動（マニュアル）で官僚機構を動かさねばならないのである。政治主導が実質を伴うにつれて、総理の国会対応も他の先進国並みにして、総理の実質的な執務時間を増やしていく時期に来ている。年中開かれている株主総会に社長が行きっぱなしでは、会社の運営は難しい。同じことである。政治主導とは、つまるところ、総理が責任を持って国政を運営するということだからである。

（3）令和時代の新しい官僚像

戦後の官僚は、1990年代までの官僚全盛時代にあってさえ、専門的なテクノクラートとして甘やかされてきた。戦前の官僚は、同時に政治家であった。戦前の大臣は官僚が多く、今の次官が昔の大臣だったのである。

たとえば、外務省では、日清戦争の陸奥宗光外相、日露戦争の小村寿太郎外相はもとより、大正デモクラシーの代表的民衆政治家であった原敬総理、外相として国際協調時代を演出し、戦後には首相として日本の再出発を支えた幣原喜重郎総理、第二次世界大戦を指導した東郷茂徳外相、重光葵外相、戦後日本の再興に大きな功績があった吉田茂総理等、多くの戦前、戦後の職業外交官は、同時にスケールの大きな外政家であった。

戦前の日本ではまた、超然内閣であろうと、政党内閣であろうと、総理大臣は、帝国陸海軍出身者、外務省出身者、大蔵省（現財務省）出身者が多かった。皆、廟堂に立って国家を指導するという覚悟を持って、また、国家の頂点にいるという責任感と経綸を持って、政策を考えていた。彼らは、帝国議会のなかで多数派工作を仕掛け、宮中、陸海軍、大蔵省をはじめとする各省庁を取りまとめ、同時に、国民世論、国際世論に慎重に気配りをしながら、大きな政策方針を決めていたのである。

政治主導が確立した今、逆説的であるが、官僚は、テクノクラートではなく、政治を理解できるスケールの大きな官僚でなければならない。狭い自分の役所の殻のなかに閉じこもらず、世界の歴史や地理はもとより、安保、経済、金融、社会、文化のすべての分野に通暁し、国会、世論、各省庁の動きを把握できるマルチな人間にならないと、内閣官房でも、あるいは、自分の役所においてでも、国を支え、政権を支えることは難しい。

同時に、官僚は、総理もまた、国民に仕えているのだということを、決して忘れてはならない。官僚にとって、本当の主は、国民である。しかし、国民の声を聴く方法は選挙しかない。選挙で選ばれようとする政治家は、必死に国民の関心事項をつかもうとする。だから、総理や官房長官の見識は、国政全般にわたって広い。官僚は、自分の所掌する小さな箱庭の垣根を越えて、時折、政治家が地平線、水平線の彼方に見ようとしている国民の姿に目を凝らさなければならない。

一つの案件であっても、それが国内の政治日程や様々な利益団体にどう跳ね返るか、国会審議や選挙日程にどう跳ね返るか等、縦、横、斜めに他の話がつながっている。専門知識の枠にとどまっていては、幅広い見識を持つ総理の補佐は務まらない。国民目線の大きな常識を忘れれば、どんなに優秀な専門家もただの専門馬鹿になる。総理の決断とは、ありとあらゆる事情を考えたうえで、総合判断をして、政策的な優先順位を付けることにあるのである。

この民主主義政治過程全般への目配りが必要なのである。

戦後、最も影響力のあった外務次官の一人である松永信雄氏は、若手に向かって、「総理とは弾頭のようなものだ。弾頭のように飛翔する総理について行かなければ、大きな仕事などできないよ」と常々言っていた。拳々服膺（けんけんふくよう）すべきである。

国政に巨大な責任を負った総理を支えるということは大変なことである。官僚もあるレベル以上になると、総理と同じ目線で国政と国民をバランス良く眺める訓練が要る。総理を支えるということは、国民が選んだリーダーを支えるということだからである。

最近、若手官僚が政治に幻滅して霞が関を去るという話をよく聞く。政治主導の時代には、必ず志のある政治家が現れる。政治家だけでは何もできない。政と官が協力してこそ、日本の国が動く。立法府と行政府は両輪である。令和を担う若い官僚諸君には、国家全体を指導するリーダーを直接自分たちが支えるという気概を持って、官僚として、大きく育っていってほしい。また若い国会議員は、国政を担える経綸ある指導者に育ってほしい。

また、官僚は、日頃から日本政府全体を掌握する努力を欠かしてはならない。日本政府は巨大である。30年の外務省生活を経て総理官邸に勤務するようになった筆者でも、日本政府の全貌を理解するまで、ほぼ3年かかった。

筆者は外務省出身なので、これまで外事系の役所（防衛、財務・国際局、経産・通商政策局、農水・国際局、警察・外事部、海上保安庁、水産庁等）との付き合いが多く、政府本体というべき旧内務省系官庁（自治、警察、国交、厚労）との付き合いが薄かった。それでは、とても日本政府の全体像を理解することはできない。

霞が関の俊英たちには、若いころから、関係省庁の仲間としっかり付き合って、信頼関係を築き、ネットワークを築いてほしい。自分一人の力でできることは限られている。「この国の形を変えてやろう。少しでも良い国にしてやろう。何かを成し遂げよう」と思うならば、政治指導者の信頼を勝ち得ることは必須であるが、同じ官界の仲間たちとの横の信頼と協力がいる。それがなければ何も動かない。仲間のいない人に大きな仕事はできない。

また、高い志と誇りを持って働いてほしい。狭い専門知識の殻に閉じこもらず、国際情勢と国政全般に目を配り、自由に物を考え、正しいと思うところを、勇気を持って発言する人間だけが、国際的にも国内的にも通用する。

最後に、民間に出て痛感することの一つが、政府の持つ権限の巨大さである。自分の所管している小さな所掌範囲を越えて、時には、自分たちの動かしている「日本丸」という巨艦の大きさを実感し、この巨艦を政治家と一緒に動かしているということを、その責任の重さを実感してほしいと思う。

閑話休題

吏道の心得1――カーマンダキ『ニーティサーラ』の説く王と臣下

政治主導下の役人は、どのような心構えで、総理をはじめとする政治指導者に接するべきであろうか。

インドの古典に『ニーティサーラ（政策神髄）』（東洋文庫）という本がある。2300年前に、インドのマウリヤ朝創設者のチャンドラグプタ王に仕えた功臣カウティリヤが著した大著『実利論』（岩波文庫）を、後世、カーマンダキという人が抜粋して編んだ本である。『君主論』『孫子』に勝るとも劣らぬ世界史的な名著である。そのなかに「王と臣下」という章がある。

カーマンダキは言う。王は臣下を信頼しすぎてはいけない。普通に信頼しなくてはいけない。しかし、臣下には王を信頼させねばならない。臣下は、愛のある王に仕えるべきである。愛のない王の下を去るべきである。臣下は、王の欲することを述べねばならない。しかし、王が欲しなくても有益なことは述べねばならない。順境にあっては能力があっても臣下は評価されない。逆境で活躍する臣下だけが評価される。逆境で活躍できる能力のある者を日頃から引き上げておくことが重要である、云々。

忠義一辺倒のサムライが政治の中心だった日本には、このような宮中政治のなかで花開く「吏道」に関する良い書物がない。サムライの「忠」は使用人の価値観であるが、王の価値観ではない。王が目指すのは仁政の実現である。カーマンダキが述べるように、王の欲することを実現しようとし、同時に、王に有益なことを諮ることができる者が、真に王を思う忠臣である。

吉田松陰は、主君を諫めてやまねば、諫死をもって忠義を貫けとまで教えたが、王の意思の遂行と、王への助言のバランスは、今昔を問わず難しい。王の意思を忠実に遂行し、王の信頼を得なければ、臣下の助言が入れられることはない。王の信頼が失われれば、王は決して臣下の助言を聞くことはない。愛のない酷薄な王は、臣下を殺すであろう。かといって、王の暴虐を許せば国が滅びる。古来、君主と家来の関係には、皆、苦労してきたのである。

重い判断をするときは「出処進退をわきまえよ（辞表を胸にしてものを言え）」というのが、古来、霞が関の高級官僚の間で言い慣らわされてきた常套句である。おそらくカーマンダキの吏道と同じことを言っているのだろうと思う。

閑話休題　吏道の心得2——総理官邸との接し方心得の条

1　人は信用されるまで時間がかかる

政治家が、初対面の人間、特に官僚を、ただちに信用することはない。初めて総理官邸に来て、総理大臣や官房長官に対して、あたかも側近のごとく振る舞うのはおかしい。信頼を勝ち得るには時間がかかる。

また、政治家は、自分たちのやりたい政策を実現するために選ばれて官邸に来ている。「あれもできない」「これもできない」と言って保身ばかりする官僚は信頼されない。逆に、できもしないのに、「あれもできる」「これもできる」と言って媚びてくる役人も信用されない。やれるところまではぎりぎりやって、できないことはできないと諫言できる役人が信頼される。ただし、総理、官房長官に諫言するには、辞表を書く勇気がいる。

2　選挙で選ばれた人は、試験で選ばれた人より偉い

国政の責任は、国民から選ばれた国会と、国会から行政を信託された内閣にある。政治主導の時代である。官僚主導の時代は、とうの昔に終わっている。役人が「適宜ご説明すれば、後は勝手にやってよい」という時代は終わった。政は陽であり動であり、官は陰であり静である。官の仕事は政を支えることである。

3　政治家の関心は官僚の関心とは異なる

政治家には政治家の事情がある。選挙に勝たねばならない。党内の派閥間バランスに配慮せねばならない。与党の連立相手に気を使わねばならない。だから、役人の「正しい」と思う議論が、必ずしも政治家にとって「正しい」とは限らないのである。

4　役人の専門用語は普通の日本人には通じない

政治家の議論は、国民を相手にした議論であって、役人から見れば相当に荒っぽい。総理大臣は日本政府の最高位にある国民へのコミュニケーターである。政治家、特に、指導者は、自分の言葉が1億2,000万の国民にどう届くかということに敏感である。これに対し、官僚は、常に半径50メートルの人間に伝わる専門用語でしかものを考えていない。

総理の使われる大きな言葉に合わせて、また、総理の問題意識に合わせて、説明ができる政治的なセンスが求められる。専門用語を離れた説明ができなければ、国民を説得できない。それでは政治家は乗ってこない。官としては、政治が理解しやすく、飲みやすい議論をする必要がある。それは国民が理解しやすく、飲みやすい議論が必要だということである。

官僚が常に忘れてはならないことは、総理、官房長官といった政治家の後ろにいる国民こそが、本当の主であり、総理も官房長官も、目の前にいる官僚ではなく、主である国民に語りかけているということである。

5　内閣官房は厳正公正中立である

内閣官房は、総理大臣、官房長官直轄の直参旗本軍団である。出向している職員は、出身官庁の代表ではない。皆「お国のため」に働いているという意識が強い。総理の下命を果たすのが本来の仕事であり、内閣官房という組織の目的である。各省調整においては、厳正公正中立である。内閣官房は、各省庁からの出向者が多い。副長官補レベルになると、皆、総理官邸に骨を埋める覚悟を持って入ってくる。内閣官房は、各府省庁の調整に関しては、厳正公正中立な調整を行う。

ところが、親元の出身官庁は、出向者を自分たちの出先だと勘違いしやすい。それは大きな誤りである。総理官邸は、総理官邸であり、自分の省庁の延長ではないのである。

内閣官房の主は総理であり、官房長官である。総理や官房長官は、国会の動向、選挙、支持率等の世論の動向、裁判所の動向、宮中の動き、さらには景気、株価にまですべて目配りして、政権を運営している。それを支えるのが内閣官房の職員であり、彼らが指示を受けるのは、総理、官房長官、副長官からだけである。

また、副長官補室を中心とする内閣官房調整プロセスは、各省庁が、四つに組んで調整し、力尽きて水入りになった後に、最終決着をつけるために話を持ち込むところである。調整の努力もせずに、いきなり抱きついて、調整を丸投げするところではない。自分で努力しない役所は相手にされない。

6　総理大臣等裁定や閣僚調整の結果は絶対である

閣僚の意見が対立する場合には、官房長官の裁定に持ち込まれる。場合によっては総理大臣に話が上がる。次官以下の事務レベルの調整であれば、内閣官房副長官や副長官補のレベルの裁定もある。総理大臣、内閣官房長官、内閣官房副長官の裁定は絶対である。そこは、説明や報告の場ではない。日本政府としての意思を最終決定する場である。政府の意思は一つである。政府としての結論に異を唱えるのであれば、辞職するのが吏道である。

なお、総理官邸の最高指導部はチームで動いている。総理大臣、官房長官、官房副長官（衆議院、参議院、事務）は、毎週一回の定例幹部会のほか、頻繁に意思疎通を図って、チームとして動いている。

説明しやすい相手や、了承の取りやすい相手を選んで、「飛び石」式の説明や「つまみ食い」式の説明をすると、かえって不信感を持たれる。また、他省庁を出し抜いて、いきなり総理、官房長官、副長官などのところに駆け込んで了承を取り付けるようなことはしない方がよい。他省庁の寝首を掻くようなやり方は嫌われるし、結局、霞が関の仲間の信頼を失う。

7　内閣の方針をよく見て予算措置を考えながら政策を考える

総理官邸から指示を受けて新しい業務を与えられたとき、予算がないから別枠（追加の予算）でよこせと内閣官房に注文を付けに来る不届き者がいる。

総理は、内閣を主宰する。総理には重要政策の発議権がある。それは各省庁の枠組みを超えた指示であることが多い。官僚が総理から指示を承るのは当たり前のことである。「予算を付けてくれなければやらない」と開き直られても困る。逆に、財務省は、総理が本気でやろうとされる大案件には、最後に必ず知恵を絞るものである。

逆に、府省庁の方から総理官邸に大きな案件を持って上がるのであれば、予算編成プロセスに十分留意することが必要である。内閣の意思は、閣議決定のみならず、各種の閣僚会合、総理を本部長とする各種本部決定に表れる。海洋戦略や宇宙戦略のように内閣府に各本部の事務局があることも多い。この手の会合は、骨太の予算編成方針の閣議決定や概算要求の前の6月に集中する。各省庁は、皆、予算獲得とからめて内閣の大きな方針を打ち出してもらい、政策案件を形成する。

この予算編成プロセスにきちんと乗せて、予算獲得の段取りをしながら政策を形成していかなければ、大きな案件は動かせない。さらに、立法措置が必要なものは、通常国会での法律採択もカレンダーに入れて政策を立案する必要がある。

第3講
国家安全保障会議（NSC）の創設

1　国家安全保障会議とシビリアンコントロールの貫徹

（1）NSCとNSS

第一次安倍政権において、安倍総理は、日本版NSC（閣僚レベルの国家安全保障会議、英文名称はNational Security Council）を設け、総理官邸（即ち内閣制度）を改組するとの考えを打ち上げた。筆者は、外務省総合外交政策局総務課長として法案作成にかかわった。

当時、役人の生理からして当然であるが、自らの権限を総理官邸に侵されると考えた外務省、防衛省両省は、あまり積極的ではなかった。また、旧内務省を中心とした官邸内の主要省庁のバランスに腐心し、また、軍関係者の政治的復権に伝統的な警戒感が残る警察庁も協力的とは言えなかった。内閣法制局は、当初は、総理に閣議を主宰する以外の権限を認めることはできないと言って抵抗していた。

安倍総理の強い意向を受けて法案作成までは漕ぎつけたが、残念ながら、安倍総理の病気と退陣で、国家安全保障会議および国家安全保障局構想は、いったん頓挫した。

第二次安倍政権において、再び総理の強いイニシアチブで、2013年12月、国家安全保障会議が創設された。NSCは、安倍晋三という一人の政治家の発意と執念で設立された機関である。外交と防衛、より端的に言えば、外交と軍事を総括し調整する司令塔が、近代日本史上、初めて日本の総理官邸内にできたのである。不思議な御縁で、筆者は、外政担当の内閣官房副長官補として、再び、国家安全保障会議創設にかかわることになった。

その要点は、まず従前の9大臣（総理〈副総理〉、官房長官、外務大臣、防衛大臣、財務大臣、経済産業大臣、国土交通大臣、総務大臣、国家公安委員長）からなる重い安全保障会議に加えて、軽く機動力のある4大臣会合（総理〈副総理〉、官房長官、外務大臣、防衛大臣）を新設することであった。この9大臣会合と4大臣会合の違いは重要であり、後述する。

国家安全保障会議では、国家安全保障局長が司会をし、閣僚以外では、内閣官房副長官（事務）、内閣危機管理監、安全保障担当総理補佐官、国家安全保障局次長（外務省、防衛省出身の両次長）、内閣情報官、外務省総合外交政策局長、防衛省防衛政策局長、自衛隊からは統合幕僚長が常時、列席することとなっている。陸海空幕長も陪席することが多い。

2014年1月、国家安全保障会議設置の後を追って、外務省、防衛省、自衛隊、警察庁、国土交通省、海上保安庁、総務省、財務省、経済産業省、文部科学省、公安調査庁等から職員を出してもらい、常設の国家安全保障局（英文名称はNational Security Secretariatであり、NSSと略称される）が、内閣官房内に設置された。2020年からは経済班ができ、経済産業省、財務省、総務省、外務省等の経済関係官庁から優秀な幹部職員を出してもらっている。

国家安全保障局長は、官界のトップである内閣官房副長官（事務）の下に位置し、危機管理監と同格である。外政、危機管理担当の2人の副長官補（おのおの外務省、防衛省出身）が次長を兼務して補佐している。国家安全保障局は、内閣官房内において、外交と防衛を調整する事務方の司令塔となることが期待されている。警察官僚の存在は、テロ治安対策、危機管理だけではなく、インテリジェンスの観点からも重要である。国家安全保障局の機能および総理官邸内部における内閣情報調査室等の他組織との関係については、第4講（国家安全保障局〈NSS〉の創設）および第6講（日本のインテリジェンス）で改めて説明する。

（2）大日本帝国の政軍関係の失敗の教訓

国家安全保障会議および国家安全保障局の眼目は、戦前に大日本帝国政府が大失敗した「国務と統帥の統合」を実現するという点に尽きる。それは、今日の言葉で言えば、シビリアンコントロールの貫徹である。

国家安全保障会議と国家安全保障局の創設は、戦後日本でかしましく言われた「自衛隊を動かさない」という形式的で静的なシビリアンコントロールだけではなく、有事において政治指導者が、政治と外交の枠内で、死地に赴く25万の自衛隊員をきちんと戦略的に指導し、運用するといった実質的で動的なシビリアンコントロールの確立を目指すものである。

戦前は、統帥権が形式上天皇陛下に直属しており、それが政府をバイパスして陸海軍の統帥部（陸軍参謀本部および海軍軍令部）に直線的に降りていくことになっていた。平時には、帝国陸海軍の統合作戦を統括する司令部（大本営）は存在せず、大本営は戦争が始まってから立ち上がる仕組みになっていた。

しかし、日頃から犬猿の仲の帝国陸海軍が、有事になったからといって突然顔を突き合わせてみても、実際上、統合作戦を立案することなどできはしなかった。日中戦争以降の大本営は、形だけのヴァーチャルな存在だった。日清戦争、日露戦争で大本営が機能したのは、超法規的な存在として伊藤博文や山縣有朋らの元老が目を光らせ、国家意思を統一できたからである。日清戦争時の伊藤総理は、本来、統帥権にかかわってはいけなかったのだが、大本営に堂々と列席していたという。

大正時代に入ると山縣をはじめとして元老の多くが他界し、また、傑出した大衆政治家であった原敬総理が暗殺され、その後、権力闘争に明け暮れた政党政治が国民の信頼を失った。大正デモクラシーの終焉である。

昭和の時代に入り、特に1930年代以降は、ロシア革命の思想的残響や米国発の大恐慌の影響で、社会格差是正を独裁的強権で一気に解決しようという全体主義的な雰囲気が世界を覆い、同時に、ブロック経済化した英米仏蘭等の植民地帝国が取り仕切る国際秩序の現状打破が叫ばれた。

ちょうどそのころ、国内では、帝国議会で統帥権の独立（逆に言えばシビリアンコントロールの否定）といった愚かな憲法論議が横行した。また、張作霖爆殺や満州事変のような統帥権を無視した出先の関東軍による暴走が容認され、また、五・一五事件や二・二六事件のような軍人によるクーデター騒ぎやテロ事件が相次ぎ、「軍にはものが言えない」という暗い雰囲気ができあがった。帝国陸海軍の統帥部は、事実上、野に放たれたも同然だった。

戦前の総理大臣には、軍事作戦を指揮する統帥権が認められていなかった。総理をはじめとする主要閣僚は、閣内の陸軍大臣、海軍大臣を通じて、統帥部に外交や予算や国政全般を司る政府との調整（「軍務」と呼ばれた）を申し入れることができるだけだった。

しかし、本来、統帥部と政府の国務を調整することが任務であるはずの陸軍大臣と海軍大臣は、逆に、総理に辞表を提出していつでも内閣を潰すことができた。

なぜかというと、日中戦争の直前に復活した「軍部大臣現役武官制」という制度があり、陸軍大臣、海軍大臣は、現役の軍人が務めることになっていた。したがって、陸軍大臣、海軍大臣が、おのおの参謀本部、軍令部と結託して辞表を提出し、陸海軍が後任を出さないと言えば、陛下の大命降下でつくられた内閣が自動的に倒れる仕組みであった。

これほど軍部が専横を極めた例は世界的にも珍しい。立憲政治の建前からして、ハチャメチャと言ってよい。シビリアンコントロールなど、かけらもなかった。

統帥部の陸海軍同士の統合作戦立案や作戦上の調整はというと、制度上は、陛下の指導の下で、大本営が担当することになっていた。しかし、昭和に入り、元老の支配を脱した近代官僚制が根付いた日本政府は、既に八岐大蛇のような各省庁がバラバラの政府になってしまっており、特に、陸海軍が強大な影響力を誇っていた。陸海軍同士も仲が悪く、有事の際に仮設されるだけの大本営は、陸海軍の統合作戦調整をするどころか、逆にヴァーチャルな存在に成り下がっていた。天皇統帥権の実態は、はなはだしく形骸化していた。

そもそも天皇陛下は立憲君主であり「君臨するとも統治せず」である。それはそれで正しい。どこの国の王室でも、王は御簾の奥にとどめ、実際の政治・軍事の争いごとに巻き込まない。それは、君主制国家に伝わる王統を守るための政治的英知である。

しかし、日本では、天皇陛下は祭り上げられ、立憲君主というよりも、「裸の王様」同然であった。宮中には、天皇に忠誠を誓う宮廷官僚も宮廷幕僚もほとんどいなかった。それでは国は動かせない。宮中に真の権力はなかったのである。

戦前は侍従武官がいたが、それはあくまでも連絡役、御世話係であって、天皇陛下の幕僚ではない。後に首相となり、日本を終戦に導いた大宰相鈴木貫太郎は、帝国海軍軍令部総長を最後のポストとして、海軍を出た後に昭和天皇の侍従長となったが、海軍からははなはだしい降格と評されたものである。

帝国時代の軍の権威は高かった。陛下が、内大臣を通じて時の総理にいくら軍の専横や下克上をこぼされても、総理には軍の統帥権に関与する権限がなかった。いくら天皇陛下の権威が高くとも、天皇陛下が軍事作戦に介入することは、事実上、不可能であった。

(3) 機能しない大本営

陸海軍の統合軍事作戦は、陛下直属とされた大本営の専管であった。しかし、既に述べた通り、大本営とは仮設の組織であり、戦争が始まらないと設置されない。日清戦争、日露戦争で設置された後、昭和前期まで設置されたことがない。日中戦争、太平洋戦争が始まったとき、久しぶりに大本営が立ち上がった。

しかし、戦争のような有事は段取り8割である。事前の作戦準備と訓練がすべてである。日頃顔を合わせて作戦を練り、訓練をしておかなければ、即応性は失われ、有事の際に機能しない。大本営は、試合の前に初めて顔を合わせたテニスのダブルスチームのようなものであった。それでは勝てるはずがない。

軍隊は、即応態勢が命である。帝国陸海軍は巨大であった。日頃から作戦立案や共同訓練をやっていない陸海軍を統合して運用することなど、即席の大本営にはできるはずもなかった。日本の大本営の実態は、戦争開始と同時に掻き集められる「なんちゃって統合司令部」にすぎなかったのである。

また、日中戦争、太平洋戦争当時は、大本営と政府の間で、軍事作戦と国務全般を調整するために政府大本営連絡会議(後の最高戦争指導会議)が設けられたが、所詮は、小田原評定の重臣会議であり、政府による軍に対する政治的統制など不可能だった。

政府大本営連絡会議の決定的な弱点として、恒常的な事務局がなかった。陸海軍省の軍務課長が日程調整をしているだけだった。いきなり総理以下、外務大臣、大蔵大臣等の閣僚と陸軍参謀総長、海軍軍令部総長が集まって「ああだこうだ」と言い合っていただけなのである。

残念ながらシビリアンコントロールの牙城というべき帝国議会は、予算面で軍をコントロールするどころか、統帥権独立の議論を政争の具としてもてあそび、軍の暴走を助長した。最後には、言論の府でありながら、大政翼賛会をつくって戦争を応援した。有事における挙国一致と言えば聞こえは良いが、議会としての本来の仕事である政府や軍のコントロールという機能を忘れてしまっていた。要するに戦前の帝国議会には、シビリアンコントロールという考え方自体、微塵もなかったのである。

(4) 戦後の政軍関係の仕組み

戦後の仕組みは異なる。自衛隊の指揮権は、総理大臣から防衛大臣に落ちる。

軍事作戦において防衛大臣を軍事面で補佐するのは、統合幕僚長（統幕長）である。実際上の指揮は、統幕長が執る。指揮権は、今日の仕組みでは、朝霞の陸上総隊司令官（昔の陸軍参謀総長）、横須賀の自衛艦隊司令官（昔の海軍軍令部総長）、横田の航空総隊司令官へと3つに分かれて落ちていく。

陸海空3自衛隊の統合作戦を立案し、総理、防衛大臣の戦略的指導の枠内で、事実上、統合作戦の指揮を執るのが統合幕僚長である。事実上というのは、命令文書は、あくまでも防衛大臣の名前で切られるからである。これが現在の「統帥権」の仕組みである。なお、陸幕長、海幕長、空幕長は兵力供出等の軍務が担当であり、部隊への指揮権はない。

総理は、最高指導者として自衛隊の作戦指揮を執ると同時に、閣議を主宰して内閣をまとめて国政を指導する。また、国家安全保障会議には、防衛大臣のみならず統幕長が必ず列席している。陸海空幕長も陪席することが多い。そこで、政治、外交、財政、金融、通商、産業、エネルギー、通信、交通、国民保護等の国政全般と、自衛隊の作戦運用、即ち、軍事作戦との調整が図られる。

総理という一個の人間が、自衛隊の指揮権を持ち、かつ、内閣を指導することによって、統帥と国務が統合され、シビリアンコントロールが貫徹されるのである。総理個人のたった一つの頭脳と肉体が、シビリアンコントロールの究極の担保である。開戦に及べば総理にかかる政治的、肉体的、精神的重圧は、超人的なレベルとなる。だから総理を支える国家安全保障会議が必要であり、内閣官房内に外交と軍事を総括する事務局が要る。それが国家安全保障局である。世界中、どこの大統領府でも首相府でも、同様の組織がある。

国家安全保障会議および国家安全保障局の真骨頂は戦時に表れる。しかし、有事はいかなる国家にとっても最大、最重要な危機管理であり、分単位で推移していく状況に対応していくためには、日頃の準備、段取りがすべてである。危機管理は、段取りと日頃の演習がなければ必ず総崩れになる。戦争も同じである。

即応性を維持するには、それ相応の準備が要る。そのためにも平時から国家的危機を先取りした総理および関係閣僚間の風通しの良い議論と調整が、必要不可欠なのである。

国家安全保障会議、特に、4大臣会合は、先に述べた通り、閣僚レベルの外交と軍事の調整メカニズムである。自衛隊の最高指揮権は、総理大臣と防衛大臣にある。その指揮権は、ただちに統幕長以下の自衛隊の作戦運用に直結する。

(5) 軍令と軍務の決断

軍というものは、有事になれば、千尋の谷に積水を切って落とすような動きをする(『孫子』)。今風に言えば、ダムの放流のような怒涛の動きをするのである。泰平の世が75年も続いた日本人は、祖国防衛のために死地に赴く数十万の将兵を指揮するということの重さ、難しさを忘れてしまっている。

戦闘のために動きはじめた軍隊は、猛烈な勢いを持って動く。ゴングが鳴った後のボクサーのようなものである。後ろなど振り返らないし、コーチの声も聞こえなくなる。敵の動きに集中し、倒すか倒されるか、殺すか殺されるかの攻防に全神経が集中する。そのとき、総理、防衛大臣、統幕長の指揮命令のラインは、現場の戦闘部隊から鋼鉄の鎖でも引き千切れるほどの力で引っ張られる。それが軍事作戦の世界、かつて「軍令」と呼ばれた世界である。

もとより総理大臣、防衛大臣も、軍事作戦に細かく口を出すわけではない。『孫子』にある通り「将の能にして君の御せざる者は勝つ」である。総理の指揮とは戦略的指導のことであり、戦局推移の大局を見据えて、節目、節目での戦略的決断、つまり、自衛隊の事前展開、自衛権行使の開始、戦闘地域の画定、同盟軍である米軍来援準備、同盟国首脳である米国大統領との戦略協議および作戦調整、日米共同作戦、中立国対策、和平交渉等の決断を下す。それが総理大臣の自衛隊に対する指揮の内容である。だから総理の指揮権行使は、諸外国では戦略的指導(Strategic Guidance)と呼ばれるのである。

総理大臣は、軍事作戦の戦略的指揮を執る傍ら、閣内の主要閣僚と議論して、外交、政治、財政、金融、通商、産業、エネルギー、交通、国民防衛等の国務全般と軍事作戦指揮の調整を図らねばならない。閣内における国務の調整は、総理の女房役であり、政策調整大臣である官房長官が要となる。これが戦前「軍務」と呼ばれた仕事である。

軍の動きに合わせて、国政全般を調整するのは容易なことではない。国民の負担も大きい。最後は決断の問題となる。それは、総理大臣という一個人が背負う非常に重たい決断である。「軍令」(軍事作戦指揮それ自体)と「軍務」(国務全般と軍事作戦指揮との調整)は、総理という一点に収れんする。その双方の事情を踏まえたうえで出てくるのが、最高指導者である総理大臣の決断である。

総理はただ独りであり、総理にとっては統帥も国務もない。軍令も軍務もない。政策もインテリジェンスもない。すべての意思決定ラインが、総理大臣という一個の人間の脳髄に激流となって流れ込む。自衛官の命、国民の命、日本の命運がかかっている。唯一人、最高権力者として、そのすべてを呑み込んで、孤高の決断を下さねばならないのが総理大臣なのである。

(6) 未完のシビリアンコントロール

したがって、統帥（作戦指揮権）と国務（外交等国政全般にわたる政府業務）を、国民が選んだ指導者である総理大臣が統括することこそが、シビリアンコントロールの要をなすと言ってよい。繰り返しになるが、この総理を支えるためにつくられた閣僚組織が国家安全保障会議であり、その事務局が国家安全保障局なのである。有事に及んで、国務全般と自衛隊の作戦指揮の調整を行うのが、国家安全保障会議の最も重要な仕事である。それができなければ、国家安全保障会議、国家安全保障局の存在意義はない。

繰り返すが、戦闘行動に入った軍隊の動きは激しい。軍は、いったん、動きはじめると、それ自体が直径1メートル、長さ数百メートルの長大な鋼鉄のワイヤーが、空中でのたうつような激しい動きを見せる。明日の戦闘で自分が負ければ、日本が負けてしまうかもしれないと考えるのが軍人である。戦闘中に、「ここはいったん引いて考え直そう」とか、「一度、立ち止まって考えよう」とか、「出直そうか」というのは軍人の習性ではない。彼らのバトルリズムは数日同期であり、全神経が眼の前の戦闘に集中している。

戦闘に入った軍隊と、外交、政治、経済を司る政府との調整は決して容易ではない。総理が、閣内で強力に閣僚を指導し、同時に、自衛隊の最高指揮官として戦略的指導を行ってこそ、戦前に実現できなかった統帥と国務が総合され、本当の意味でシビリアンコントロールが貫徹される。今、そのことを理解している日本人は、決して多くはない。

2 国家安全保障会議における「9大臣会合」と「4大臣会合」の性格の違い

(1) 9大臣会合——自衛隊の出動承認と防衛予算承認等

先に述べた通り、新たに設置された国家安全保障会議は、旧来の安全保障会議の後身である9大臣会合に加えて、4大臣会合を新たに設けた。なお、それ以外

図表2　国家安全保障会議を支える体制（イメージ）

国家安全保障会議

4大臣会合
- 国家安全保障に関する外交・防衛政策の司令塔

9大臣会合
- 旧安全保障会議の文民統制機能を継承

緊急事態大臣会合
- 重大緊急事態への対処強化

↑サポート

内閣官房国家安全保障局
- 国家安全保障会議を恒常的にサポートする事務局機能
- 国家安全保障に関する外交・防衛政策の基本方針・重要事項の企画・立案および総合調整
- 緊急事態への対処に当たり、国家安全保障の観点から必要な提言を実施

緊密に連携

内閣官房の他の機関
内閣官房副長官補（事態対処・危機管理担当）付
内閣サイバーセキュリティセンター
内閣情報調査室
etc...

↑資料・情報・人材の提供

関係省庁
防衛省 ┊ 外務省 ┊ etc...

出所：『防衛白書』2020年版

にも、総理は、事項に応じて自由な数の大臣を呼ぶことができる。

この9大臣会合と4大臣会合は、制度上、その性格が決定的に異なることに留意が必要である。

中曽根総理が設置したかつての安全保障会議は、総理、官房長官、外務大臣、防衛大臣を中心に9大臣（今の省庁名で言えば、総理大臣、官房長官、外務大臣、防衛大臣、財務大臣、国土交通大臣、経済産業大臣、総務大臣、国家公安委員長）から構成されていた。現在、この9大臣からなる安全保障会議は、国家安全保障会議の一部となって、そのまま存続している。

その主たる任務は、自衛隊の出動承認と防衛予算の承認等であり、当然のことながら純然たる外交は所掌外である。外務省が扱う通常の外交政策の立案遂行は、外務大臣専管であり、総理が安全保障会議の9大臣に諮問するべき事項ではない。

中曽根総理以降の安全保障会議は、自衛隊の出動や予算獲得にできるだけ慎重を期すという狭い目的に徹した静的なシビリアンコントロール（かつては約（つづ）めて「シビコン」といわれた）という考え方の延長上にあった。それは、旧軍の政治的影響力復活を恐れた吉田総理が性格づけた従前の国防会議のあり方をそのまま引き継いでいた。

現在、自衛隊の出動に関連しては、武力攻撃事態または存立危機事態での防衛出動（自衛権および集団的自衛権行使、すなわち武力行使）、米軍等への後方支援を実施する重要影響事態（かつての周辺事態）および国際平和共同対処事態（重要影響事態ではないが国際協力が求められる事態）での米国等への後方支援、国際平和協力法にもとづく自衛隊派遣、在外邦人救出のための保護措置等がある。総理は、自衛隊にこれらの出動を命じる前に、国家安全保障会議９大臣会合に諮問せねばならないと法定されている。

特に、自衛隊による防衛出動等に関しては、理屈のうえでは、総理が閣議決定を経て防衛出動を命じ、国会がそれを承認すれば、後は、最高指揮官である総理が、総軍25万の自衛隊をほぼ自由に動かすことができる。急ぐときは、国会承認は事後でもよいことになっている。

このような軍事作戦指揮権のあり方は、国際的に見て常識であるが、日本の場合には、戦前への反省もあり、総理が自衛隊の出動に関して独断専行しないように、防衛出動等の閣議決定の前に、９大臣からなる安全保障会議という重い組織が置いてある。総理はまず、この９人の大臣に諮って意見を調整せねばならない仕組みとなっているのである。

安全保障会議は、９大臣がテーブルにつき、その後ろに各省庁の顕官高官を並べた大きな会議体であるが、その実質は形骸化する傾向が見られた。日本の立憲政治は、英国風の議院内閣制をモデルとしており、意図的に総理大臣の権限を肥大化させず、内閣の合議制を重んじてきた。しかし、日本政治は、首相が強いリーダーシップを発揮する英国政治と異なり、戦前から、総理を閣議等の形式的な議長役に祭り上げがちであった。

その違いは、ウィンストン・チャーチル英首相と近衛文麿総理を比べてみれば一目瞭然であろう。実際、安全保障会議は、多忙な９大臣が時間を合わせて会合することさえ難しく、しばしば火曜か金曜日の定例閣議直前に短時間集まって、出席閣僚が短いコメントを読み上げて終わることが多かった。案件の多くは、予算がらみの案件であった。

（2）4大臣会合——外交と軍事の司令塔

これに対して、国家安全保障会議（NSC）の４大臣会合は、外交と軍事の調整が本務である。自衛隊が出動し、軍事行動が開始されれば、最高指揮官となる総理大臣および防衛大臣と、他の閣僚が政治、外交他の制約を話し合うのが、最も重要な任務である。インテリジェンス部門の情報もどんどん流れ込んでくる。

もとより、戦争は滅多に起きないから、平時の外交軍事情勢の分析や安全保障案件の処理が仕事の中心になる。米国のNSCにおいては、平時の仕事の7割は外交案件が占めるといわれている。国家安全保障会議は、設置後、頻繁に開かれており、30分、1時間に及ぶ会議も珍しくなかった。

外交は機敏さが命である。風にはためく旗のように、機敏に国家の方向を変えることが必要とされる。軍は巨大であり、その動きは重く慎重である。しかし、ひとたび有事となり戦闘が開始されると、軍隊は怒涛の動きを見せる。いったん戦闘が始まると、軍の動きは止まらないし、向きも変えにくい。それが軍隊というものである。日本の自衛隊も同じである。外交と軍事の調整は容易ではない。だから日頃からよく意見をすり合わせておくことが必要なのである。

外交官も軍人も、国家と国民の生存を第一に考える点では同じである。しかし、一方で外交官は、「この戦闘で負けても、最終的に戦争に勝てばよい」とか、「たとえこの戦争で負けても、国家と国民が生き残ることができれば、必ずいつの日か再び国力を回復し、失ったものを取り返してみせる」と長期のスパンで考える。

もう一方で、軍人は、「この戦闘で負ければ、この戦争に負け、国家も領土も主権も失われるかもしれないし、そうなれば国民がどんなにひどい目に遭うか分からない」と考える。眼前の一瞬に国運が懸かっていると考えるのである。

戦闘が始まって以降は、軍人の言い分の方が通りやすい。政府のなかでは、軍事的必要に駆られた短期的な戦術思考が前面に出がちである。満州事変の後、特に日中戦争開始以降の大日本帝国政府がそうであった。戦時における外交と軍事の調整は至難を極める。だからこそ、常日頃から、総理、官房長官、外務大臣、防衛大臣等の小人数の大臣による実質的な外交と軍事の政策調整がなくてはならない。

外から見れば、外交官がニコニコと友好を演出し、その後ろで軍が黙々と素振りをしている。しかし、政府の水面下では外交と軍の間の緊密な調整が取れている。それが普通の国である。それができてこそ、外交的な調整が崩れたとき、軍が抑止力を働かせて敵の軍事行動を思いとどまらせることができる。外交と軍事は連続している。それが正しい安全保障のあり方である。このようにして外交と軍の動きを組み合わせるための仕組みが、国家安全保障会議（NSC）の4大臣会合なのである。

以上から理解してもらえると思うが、4大臣会合は、米国や英国のNSCをモデルにしてつくった会議で、外交と軍事が相交わる安全保障分野を、常時、総理が統括できるようにすることを目的としている。9大臣会合とは逆に、軽く、機動的で、頻繁に開かれるべき会議である。出席大臣は、総理、官房長官、外務大臣、防衛大臣であるが、現在は、安全保障に造詣の深い麻生太郎副総理が加わって、5大臣の会合となっている。その他、必要に応じて、財務大臣、経産大臣、総務大臣、文科大臣等、他の大臣を呼んでいる。

前述のように世界中、たいていの国の大統領府、首相府には、名前はどうであれ、似たような組織がある。真の国家的危機に及んで、外交と軍事が交錯する場面で、両者を統括することは容易ではない。

メリル・ストリープ主演でサッチャー英首相を描いた映画「マーガレット・サッチャー　鉄の女の涙」を見たことのある人は分かると思うが、英領フォークランド諸島をアルゼンチンに武力で奪取された直後、サッチャー英首相は、テーブルの一方の側に座った国防大臣、将軍や提督、もう一方の側に座った外務大臣、外交官に挟まれて、閣僚会議を開催する。日本の4大臣会合と同じである。

そこで外務大臣は、米国の後ろ盾が失われている以上、アルゼンチンとの交渉継続が必要と説き、国防大臣は、冬が来れば海が荒れるので、「フォークランド島を取り返すために戦争をはじめるなら今しかない」と開戦を説く。交渉継続か、開戦かというような、外交と国防が交わる重い決断は、首相個人の決断にならざるを得ない。

最高指導者は孤独である。たとえば、外交だけを担当する外務大臣にも、軍事だけを担当する防衛大臣にも、外交と軍事の究極の結節点である開戦の決断はできない。今、国家安全保障会議では、総理、副総理、官房長官、外務大臣、防衛大臣が合議する。しかし、国家的危機に直面すれば、最後は、総理唯一人の重い決断となる。仮に自衛隊に防衛出動をかければ、場合によっては、数多くの自衛官が命を懸けて戦闘に赴く。彼らには家族がいる。失われた命の重さは、平和が回復した後も、政治指導者の心に死ぬまでのしかかる。

3　国家安全保障会議の神髄は「DIME」の総括

それでは、2013年12月に立ち上がった国家安全保障会議の仕事の中身を見てみよう。米国では、NSCの仕事は、「DIME」とまとめられる。外交（diplomacy）、情報（information）、軍事（military）、経済（economy）面を総合した安全保障政策の立案である。

安全保障の判断は、危機管理と同じで、突然、急に求められることが多い。事務方の国家安全保障局は、いつ、何があっても、常に、瞬時に、何が問題で、何が解決策で、その結果がどうなるかを、このDIMEの4分野を総合判断して、総理をはじめとする4大臣会合に説明できねばならない。

(1) D（外交、Diplomacy）

ある事案が生じれば、まず、第一に、外交面において、政府内部にあるすべての情報源の情報を集約して、相手国およびその同盟国の政策意図、軍事的能力、当方の同盟国の対応、外交交渉の可能性、有力な第三国の反応、国連安保理の反応等を瞬時に判断できねばならない。そのうえで、同盟国、中立国、敵の友邦、敵国に対し、あるいは、国連の場で、ただちに外交工作が開始されねばならない。ここは外務省が得意とする分野である。また、インテリジェンス部局からの情報も最大限活用される。

(2) I（情報、Information）

第二に、情報である。ここでいう情報とはインフォメーションであってインテリジェンスではない。一言で言えば、戦略的コミュニケーションである。戦略的コミュニケーションとは、国民を説得し団結を訴えると同時に、国際社会に対して、日本に理があることを説得することである。大義がどちらにあるかを内外に説得せねばならないのである。

また、現在では、かつてのような国際場裏におけるプロパガンダ合戦に加えて、ネット空間を通じて敵の国内に大量のフェイクニュースをばらまくことが当然のように行われる。有事の際の情報は限られる。国民は不安になり興奮している。群衆心理は扇動しやすくなる。ネット空間の情報戦は、新しい戦争の分野である。ロシアの能力の高さには定評がある。中国もそうであろう。

現在、情報戦は、戦略的コミュニケーションと呼ばれ、戦術的な宣伝から、戦略的な国際世論の主導まで幅広く行われる。明治維新のころ、新政府軍が倒幕の際に「錦の御旗」を急ごしらえで掲げたように、正義を標榜した方が勝つのである。勝てば官軍である。しかし昭和の陸海軍は情報戦を宣伝戦と呼んで卑しみ、積極的に軽視してきた。日中戦争において日本陸軍は、映像で日本軍の残虐行為を誇大宣伝するスピード感あふれる蔣介石の情報戦に完敗して、国際世論を完全に敵に回した。

戦争は、頭で戦うものである。どんな戦争でも強いだけでは駄目で、自らの軍事力行使の正当性をきちんと訴えた方が勝つ。「錦の御旗」を失った方が負ける。それは単なるプロパガンダや宣伝の類いではない。真の戦略的コミュニケーションとは、国民指導、外交と密接に結びついている。それは、政治指導者が国民の支持を勝ち得、同時に、国際世論の支持を得て戦い抜き、歴史の王道を指し示すものでなくてはならない。

優れた戦略的コミュニケーションは、戦争の帰趨を決するのみならず、戦後の世界史の流れをつくる。それは、正に世界史の演出に他ならない。その内容には、歴史の検証に耐えることのできる「真実の正義」が要るのである。

現在必要とされる戦略的コミュニケーションには、今述べた総理大臣による国家指導のためのメッセージ発出から、戦術的な敵方の虚偽報道（たとえば敗北の情報、残虐行為に関するプロパガンダ等）への対応まで様々なレベルがある。

残念ながら、この分野は武人の伝統が強く、奥ゆかしく口下手な日本人は、決して得意ではない。今世紀に入ってから、外務省がようやく「自由と繁栄の弧」とか「自由で開かれたインド太平洋」とか「海洋における法の支配」ということを言いはじめ、「自由主義的国際秩序」や「ルールにもとづく国際社会」を標榜する欧米諸国から広く賛同を勝ち得た。

しかし、国家安全保障局を中心に外務省、防衛省、自衛隊を統括した政府全体としての戦略的コミュニケーション能力は、まだまだあるべき姿からはほど遠い。安全保障に関して、国家安全保障局、内閣報道官、外務省総合外交政策局、外務省報道官、防衛省防衛政策局、統幕報道官等の連携はほとんどない。今後、格段の組織的強化が必要な分野である。

(3) M（軍事、Military）

第三に、総理に対して軍事的な選択肢が提示できねばならない。軍事的な選択肢は外交的選択肢と異なり、限られたオプションに限定されるのが普通である。また、いったん動きはじめれば、巨大な軍事組織の向きを変えることは難しい。

総理は、決断の前に、勝てるのか、敵はどれくらい強いのか、どのくらい戦争は続くのか、我が将兵の被害はどのくらいか、国民の被害はどれほどか、戦費の負担はどうなるのか、同盟国の援軍はいつ来るか、敵の同盟国の援軍は誰でいつ来るのか、いつどうやって戦争を終わらせるのか等について、きちんとした見通しを持たねばならない。

そして、個々の軍事行動が外国からどういう目で見られるか、日本の外交的選択肢にどういう影響を与えるかを、常に一緒に考えていなくてはならない。さらに、総理は、政治、外交、財政、金融、通商、産業、エネルギー、交通、通信、国民保護等、国政全般にわたる考慮を踏まえて、軍事行動に戦略的な制約をはめねばならない。

ここで統幕長は、軍事的合理性だけにもとづいて軍事作戦Ａ案、同Ｂ案の優劣を説明することを求められるわけではない。そんなことは一佐レベルの話である。統幕長は、総理や閣僚の政治、外交等に関する発言をすべて理解したうえで「それならばやはりＡ案が適当です」と進言することが求められる。国際水準の大将軍とはそういうことである。総理が政治と軍事の結節点にあることを踏まえて、最善の軍事的助言をすることが求められる。職業軍人は政治に介入してはならないが、政治サイドからくる制約を十分に理解せねばならない。

統幕は、制服組である自衛隊の作戦運用（陸上総隊司令官、自衛艦隊司令官、航空総隊司令官。かつての軍令）と政策（陸海空幕長。かつての軍政）の双方を統括する。政策面については、統幕は、防衛大臣を支える背広組の内局と調整する。自衛隊の作戦指揮権と政府の調整業務、即ち、かつての軍令と軍政は、先ず防衛省のトップである防衛大臣のところで一元化される。その上で自衛隊の最高指揮権を持つ総理のところで全閣僚と防衛大臣の調整がなされる。

内局が防衛大臣を支え、内閣官房の国家安全保障局が総理を支える。防衛省の内局と内閣官房の国家安全保障局が一枚岩になって初めて自衛隊の指揮権と政府の調整が円滑に進む。この内局・内閣官房の内・内協力が、シビリアンコントロールを支える事務方の柱である。

なお、統幕組織のなかで政府との調整事項を司るのは、統幕総務官組織とJ5（統幕計画部）である。この両者を統幕内に置くのはどうかと思う。両者の業務は多分に重複しているように見えるからである。かつて統幕総務官組織は運用局と呼ばれ内局にあった。運用とは作戦のことであり、それなら統幕にあった方がよいということで統幕に置き直されたのである。

しかし、運用局の実態は、軍令とはあまり関係のない軍務局であった。自衛隊サイドの要望を内局に取り込む窓口だった。本来、統幕総務官組織は、内局にあって防衛大臣、防衛次官の下で軍務局として機能するべき組織である。戦前の陸軍省、海軍省の軍務局に相当する組織である。将来的には、防衛事務局と名前を変えて再び内局に戻し、制服組である統幕計画部（J5）と背広組である内局の防衛事務局の間で調整を行うのがあるべき姿なのではないであろうか。

戦前は陸海軍統帥部の所要と政府の一般業務の調整のために、陸海軍省に軍務局が置かれていた。統幕総務官組織は軍務局に匹敵する。軍務局は軍部ではなく、省部にあった。やはり内局に戻す方が理にかなっているように見える。

なお、平和主義が強く出た戦後の日本政府には、自衛隊を外交のツールと考える伝統がなかった。日本政府は、いまだに平時において、あるいは、緊張の高まるなかで自衛隊の行動の一つひとつが外交的にどう意味があるかを考えて自衛隊を動かすことが苦手である。国家安全保障会議ができる前は、外務省と防衛省の間で、どう自衛隊を動かして、その力をどう見せるか、そこからどういうメッセージを送るかといった類いの議論や調整はほとんどやったことがなかった。

米軍も中国軍もロシア軍も、軍事演習や軍隊のプレゼンスを外交的なメッセージとして使っている。軍同士の行動は、それが演習やただのプレゼンスであっても時に強烈な外交的メッセージとなる。軍同士の無言のパントマイムは、雄弁な外交官の演説に匹敵するほどのメッセージとしての力がある。外交と軍事の交錯は、こういう日常の業務に現れる。日本としても、平時から、特に自衛隊の海外での活動を日本外交にどう利用するかということを考える時期に来ている。それも国家安全保障会議の仕事である。

（4）E（経済、Economy）

第四に、経済的側面への考慮が来る。有事が発生した後、経済、株価にどう跳ね返るかを考えねばならない。海運（シーレーン）に依存するエネルギー供給、食料確保等の面で、国民にどういう影響があるかを考えねばならない。海底ケーブルに依存する通信への影響を考える必要がある。また、グローバルに展開した日本企業のサプライチェーンはどうなるかを考えねばならない。

それは継戦能力と国民保護の両面から重要である。有事が、我が方の経済活動と国民生活に与える影響を考えねばならないのである。逆に、敵方がどれほどの経済的ダメージを受けるか、敵方の国民がどれほど苦しむかも同時に考えねばならない。

戦争の基本は正規軍同士の戦いであり、民間人を巻き込まないのが人道法の原則であるが、総力戦になれば、民間施設に被害が出る。ドイツのゲルニカ空爆や日本の上海空爆のように都市の空爆は、当初、国際世論から厳しく批判されたが、戦争が進むにつれ、連合国の方がドレスデンや東京への大規模空爆を行うようになった。敵の継戦能力の破壊ということで合法とされたのである。総力戦の末には、「コラテラル」（巻添え被害）と呼ばれる大規模な民間人被害も正当化されるようになる。

また、戦前の帝国海軍は、華々しい真珠湾攻撃を行ったが、その直後、米海軍は日本商船隊殲滅作戦に出た。最終的には、日本近海の機雷敷設もあり、日本は海上を封鎖されて国民は飢えた。しかし、帝国海軍は、全滅した日本商船隊をほとんど真面目に守らなかった。経済の維持をまったく無視した、軍人による軍人のための戦争だったからである。

下手な軍人は戦闘を考える。優秀な軍人は兵站を考える。秀吉が名将だったのは兵站に強かったからである。このような愚を繰り返してはならない。残念ながら今日の日本政府・自衛隊には、有事の商船隊防護の準備がまったくない。

特に、最近のサイバー戦では、まず狙われるのが民間の重要インフラである。第13講で詳述するが、日本政府は、有事の際の重要民間インフラ防護の発想が大きく欠けている。サイバー攻撃は安価で容易である。高い能力を持った部隊を育てれば、敵国の石油コンビナート等の産業中枢、金融中枢、発電所や変電所、原子力発電所、大規模ダム、高速鉄道、航空機等、大災害に結びつく事故を起こせる。そうすることによって、自衛隊はもとより経済活動全体を麻痺させることも技術的に可能である。

サイバー兵器を用いなくても、強力な電磁波を出す兵器（EMP）によっても、電気と通信は失われる。それは経済活動の死を意味し、自衛隊の継戦能力の死を意味する。これまた残念ながら、今日の日本政府は高いサイバー能力をもつ自衛隊に自衛隊以外の組織のサイバー防護の任務を与えていない。

また、有事の際の国民の保護、国民生活の保護は重要である。そもそも自衛隊は、国民を敵の侵略から守るために戦うのである。戦前の日本軍は、戦闘重視で、後方軽視、情報軽視、民間軽視であった。それは国民を軽視した戦争だったということである。

戦後は、自衛隊を民間から完全に遮断したために、皮肉にも国民保護、重要インフラ保護が自衛隊の任務から抜け落ちており、逆説的であるが、国民軽視、民間軽視の防衛実務の実態は、実は戦前とあまり変わっていない。国民の「命」と「暮らし」を守る努力をしない戦争は必ず負ける。戦前は、暴走した軍が悪かった。戦後の体たらくは、自衛隊の上に立つ文民政府の責任である。

国家安全保障局では、このような宿題の洗い出しをしているが、一つひとつは重い課題であり一度に全部はできない。一つひとつ着実に内閣の総力を挙げて成果を積み上げていかねばならない。

(5) DIMEの総合判断

最初に戻るが、シビリアンコントロールの神髄、即ち、国務と統帥の統合とは、つきつめれば、「DIME」である。シビリアンコントロールとは、安全保障に関して、政府の最高レベルで「DIME」を総合判断できるということである。

特に、外交と軍事の相関関係を押さえることが基本である。軍事だけを優先して戦略を練ると、戦前の陸海軍のように必ず失敗する。戦闘（battle）に勝って戦争（war）に負けるのである。特に、日中戦争開始後、戦時の態勢に入ると日本政府のなかで、暴走する軍の意向がほぼ絶対的なものとなった。

戦前の大日本帝国の失敗は、外交を含む国務と統帥の分裂にある。統帥権の独立という誤った憲法論が、国を滅ぼした。昭和天皇のお苦しみは大変なものであったであろうと思う。

ナチスドイツは、アドルフ・ヒトラーという天才的独裁者が権力を掌握し、ヒトラーを核にして悪の大爆発を起こしたが、日本は、出先の関東軍の暴走以降、陸海軍が勝手に蠢動し、東京の中央政府がバラバラになって、無様にメルトダウンしたのである。敗戦を前に、目の前で自分の統治する国がずたずたにされ、300万人の国民が死に、皇室の存続はおろか、陛下の命さえ危ぶまれる状況になっていた。それでも、昭和天皇は、敗戦後、マッカーサー将軍に会見された折、「すべての責任は私にある」と述べられたという。

二度とこのような失敗を繰り返してはならない。このようなことを繰り返さないためには、常日頃から安全保障に関して、総理を中心に、主要閣僚がインフォームされ、様々な事案について政府の縦割りの弊害を排除して、横串の通った検討を繰り返し、国家の最高レベルで選択肢を議論しておく必要があるのである。

しかしながら、創設間もなく、また、幸いに戦火の試練を受けていない日本の国家安全保障会議および国家安全保障局は、「DIME」の総合判断ができているかというと、必ずしもそうではない。75年もの間、泰平の世をむさぼった日本政府に、自由世界を実力で守ってきた米国のNSCのようなことができるかというとそうはいかない。

日本の隣には、百戦錬磨のロシア軍、日々強大化する中国軍がいる。核武装した北朝鮮がある。日本の国家安全保障会議に要求される水準は非常に高い。世の中は甘くないのである。安全保障政策の中枢に座った国家安全保障会議、国家安全保障局にかかる責任は重い。

米国のシンクタンクでは、よく有事のシミュレーション・ゲームをやるが、米国チームが、理論通りに「DIME」を整然と議論していくのに驚かされる。一番驚くのが、外交担当、戦略的コミュニケーション担当、軍事担当、経済担当の人間が、他人の担当事項について、常時ある程度相互理解ができており、短時間で総合的判断ができることである。

日本の国家安全保障会議および国家安全保障局は、外交と軍事の連携がまだまだであるし（DとMの連携）、そもそも自衛隊運用にかかわる戦略や作戦はなかなか総理官邸に上がってこないし（M）、戦略的コミュニケーションも米国、欧州主要国、中国、ロシアに追いつくにはまだまだ相当の努力が必要であり（I）、経済班（E）に至っては生まれたばかりである。

米国のNSCのような制度はできた。しかし本当の運用はこれからである。仏は作ったが、魂を入れる作業はこれからである。登山にたとえれば、まだまだ四合目である。

次の第4講では、まず、国家安全保障会議（NSC）の事務方である国家安全保障局（NSS）について考察する。その後で、第5講において、改めて新しい政治主導と自衛隊のあるべき姿について考えてみよう。

第4講

国家安全保障局（NSS）の創設

1　国家安全保障局とは何をするところか

本講は、国家安全保障会議（NSC）の事務局である国家安全保障局（NSS）の説明に移る。国家安全保障局が、内閣官房のなかでどのようにして仕事をしているかを理解してほしい。

（1）国家安全保障局組織の概要

第二次安倍政権成立から1年の準備期間を経て、2014年1月、安倍総理は、内閣官房に国家安全保障会議の事務局として国家安全保障局（NSS）を立ち上げた。国家安全保障局長は、内閣危機管理監と同様のレベルのポストとされ、内閣官房副長官（事務）の下に置かれた。なぜなら内閣官房副長官は、官界のトップとして、内政、外政、安全保障の全分野にわたり日本政府の業務全体を総括しているからである。

有事においては、外交と防衛のみならず、治安、財政、金融、産業、通商、運輸、通信、エネルギー、民間防衛等、国民生活全般にわたって影響が出る分野の調整が必要である。それは、実に幅広く、かつ、細目万端にわたる調整である。その調整は、閣僚では第一義的に内閣官房長官の仕事であり、事務方（官僚サイド）では内閣官房副長官の仕事である。

したがって、総理大臣、官房長官を事務方として支えるために、国務全般を見ている内閣官房副長官（事務）の下に国家安全保障局長を置くことは正しい。外交と軍事だけが他の国務全般から独立した分野としてあるわけではない。総理官邸では、有事に臨んで、軍事、外交のみならず国政全般との調整が必要だからである。そこには霞が関の諸官庁だけではなく、永田町サイドでの与党間調整、与野党間調整が含まれる。政官軍のバランスを差配せねばならない。

なお、政治主導が進んだ結果、最近では、平時の通常業務でさえ内閣官房副長官（事務）の業務量が逼迫しており、事実上、内政担当の副長官補が筆頭の副長官補としてかなりの負担を被って副長官を支えている。

筆者が官邸に勤務したころには、佐々木豊成、古谷一之副長官補（財務）が、内閣官房の一番奥深いところで、杉田副長官とともに安倍政権を支える大番頭だった。

国家安全保障局では、現在、100名未満の俊英が、外務省、防衛省、自衛隊、警察庁、国交省、海上保安庁、経産省、財務省、総務省、文科省、公安調査庁等から出向してきている。当初、総務班、3つの地域班（大まかに同盟国および準同盟国、周辺国、その他の地域に担当が分けられている）、戦略企画班、情報班からなる体制で立ち上がったが、2020年には経済班が付け加えられた。

国家安全保障局の仕事は、国家安全保障会議と同様、「DIME」である。「DIME」の内容については、前講で詳しく説明したので繰り返さない。閣僚が集まる国家安全保障会議において、外交、情報、軍事、経済を総合して要領よく総合的な安全保障政策を決定できるように周到に準備するのが、国家安全保障局の仕事である。いかに総理や閣僚が有能であっても、非常に多岐にわたる安全保障政策を、事務的な支えなしに判断することは難しい。

戦前の帝国政府には、国家安全保障局がなかった。日中戦争、太平洋戦争の最中、事務局らしい事務局を持たなかった大本営政府連絡会議（後の最高戦争指導会議）では、重臣がいきなり集まって議論していた。

第一次近衛内閣、東條内閣で蔵相を務め、日中戦争、太平洋戦争を財政面で支えた賀屋興宣氏は、戦前の重臣会議について、重臣会議とは言うけれども、所詮は専門知識のない素人がいきなり集まって、「ああでもない、こうでもない」と言っていただけだと述懐している。

日本の組織は、伝統的に官民を問わず現場が強い。いつも中枢が空洞化する。第二次世界大戦中の帝国政府も同様であった。しかし、政治主導とは、民から選ばれた指導者が、官僚、軍人を自らの手足のように使いこなしてこそ、政治主導なのである。

(2) 内閣官房職員の忠誠心の向くところ

内閣官房職員の忠誠心は、国家安全保障局に限らず、直接、総理、官房長官に向いている。NSSに限らず、それが、総理、官房長官を支える内閣官房の伝統であり、組織文化である。これは、世界中どこでも同じである。筆者も総理官邸に呼ばれたとき、友人の米外交官から、「米国では、ホワイトハウスに出向して頑張りすぎると、国務省に帰れなくなるから、兼原さんも気を付けたらいいよ」と言われた。

しかし、出身官庁の方ばかりを向いているような人間は、内閣官房では役に立たない。どこの国でも同じである。それは、民間で言えば、社長室に抜擢されたにもかかわらず、出身の部署の利益ばかり図っている幹部のようなものである。そういう人間には誰もついて行かない。

筆者は、総理官邸に入ってすぐに、安倍総理が不退転の覚悟で集団的自衛権行使を可能とする憲法解釈改正に進む決意だと知った。政権の存亡をかけた真剣さが伝わってきた。そのとき、この政権とともに内閣官房に骨を埋める覚悟ができた。

国家安全保障局の職員は、というよりも内閣官房職員は、一度、所属機関のアイデンティティを擂り潰され、総理、官房長官に直結した総理の幕僚という意識を持つようになる。「死して屍拾うものなし」のキングズメンのアイデンティティである。要するに、直参旗本、公儀隠密のようなものである。

内閣官房にくると、親元の省庁を離れて、政府全体を見ねばならなくなる。調整専門の組織であるから、部下は俊英であるが、数が少ない。となると、当然、個人の企画力、統率力、問題解決能力が試される。

たとえば、筆者は外務省の出身だが、内閣官房では外務省を離れた政府全体の立場で仕事をしなくてはならない。外務省という肩書のない裸の自分で勝負せねばならない。突然、政府全体の高い立場から、外務省という狭い枠を離れて、国家として何に優先順位をつけねばならないのかを考えなくてはならなくなるのである。

官僚は、いつも自分の責任範囲という小さな箱庭を完璧に管理するようしつけられているから、突然、「日本丸という巨船の舵をどう切るのか、全責任をもって考えろ」と言われても、面食らってしまう。何を考えてよいか分からない。普通は、頭のなかが真っ白になる。

主要官庁の幹部の名前を覚え（といっても定期的に交代するのだが）、総理をヘッドとする多種多様な本部会合の動きが見え、各省各局の業務内容が理解でき、予算編成および執行過程の流れが見え、政府全体の意思決定の過程がようやく分かりはじめ、政界（とくに与党）、官界、経済界、国民世論に広く目配りしながら、総理をはじめとする官邸指導部の為すべき課題とその優先順位がくっきりと見えてくるのは、内閣官房に勤めはじめてから2、3年後のことである。

(3) 国家安全保障政策の司令塔——「垣根のない世界」

国家安全保障局では、外務省と防衛省等の文民の職員と制服を着た自衛官が一堂に会して仕事をしている。これは大切なことである。特に、国家安全保障局の中核となっている外務省と防衛省および自衛隊では、文化系サークルと体育会くらい仕事の内容が違う。毎日顔を合わせていないと、互いの専門的な議論が理解できない。

外務省職員は敵の武器の性能は分からないし、防衛省職員に国連安保理の加盟国の立場を説明しろと言っても難しい。また、外交官は、10年後、20年後、50年後といった中長期的な国益を中心に考えるが、自衛官は万が一の有事にどうやって速やかに敵を撃破するかを考える。万が一有事になったときに、できるだけ短期間で、できるだけ被害を最小限に抑えて、戦闘に勝つことを考えるのが軍人である。

さらに、防衛省のなかは、文民組織である内局と、統幕、陸幕、海幕、空幕に分かれている。生徒会の下で、剣道部、柔道部、空手部、合気道部に分かれているようなものである。陸海空の自衛隊の現場では、自衛官たちが、厳寒や酷暑のなかで、あるいは、真っ暗な海の上で、油で顔や爪を真っ黒にして黙々と働いている。

6,500人の外交官を管理する外務省と、25万人の自衛官を管理する防衛省は、当然のことながら組織文化も大きく異なる。また、世界中、どこの軍隊でもそうであるが、陸上自衛隊、海上自衛隊、航空自衛隊の軍種ごとに、組織文化が大きく異なっている。競争意識も熾烈である。

しかし、毎日一緒に和気あいあいと仕事をしていると、外交官も軍人もなく、背広組（防衛省内局職員）も制服組（自衛官）もなく、自衛隊三幕の制服の色の違い（陸は紫紺、海は白〈夏〉と紺〈冬〉、空は水色）もなく、おのずから気心も通じ、相手の考えていることが自然と分かるようになる。各省庁の組織文化が融合する。ここにインテリジェンス部局が加わってくる。国家安全保障局の誕生とともに、日本政府に安全保障に関する新しい組織文化が生まれたのである。

若い人たちは意外に思われるだろうが、自衛官が官邸に頻々と出入りするのも、第二次安倍政権が初めてである。第二次世界大戦が終わってから、強い平和主義の下で、制服の自衛官が官邸に出入りすること自体がはばかられるようになった。

戦後、初めて自衛官を官邸に呼んだのは、大総理であった橋本総理である。それでも連立していた社会党や新党さきがけをおもんばかってか「私服でアフターファイブ」という条件付きだった。現在、国家安全保障局局員の自衛官は、制服で仕事をしている。そもそも第二次安倍政権ができたとき、国家安全保障局への最初の指示の一つが「自衛官諸君は、官邸内で制服を脱がなくてもよい」というものだった。

2　内閣官房内の他の主要組織との連携

それでは、内閣官房のなかで、国家安全保障局が、内閣官房副長官補室（内政および外政担当）、危機管理監および事態室、内閣情報調査室、TPP等政府対策本部、また、内閣官房から内閣府に移管された宇宙開発戦略推進事務局、総合海洋政策推進事務局等とどう連携して機能しているかを見ていこう。

国家安全保障局は、決して内閣官房のなかで独立して仕事をしているわけではない。有事に及べば、あるいは、大規模な国家的対処を要する事態が生じれば、内閣官房の力全体を出し切ることが求められる。国の組織全体を臨戦体制にして国民を守り抜かねばならないのである。

もともと内閣官房自体は各省庁に比べれば調整専門の小さな所帯であり、縦割りがそれほどきついわけではない。総理、官房長官を支え、また、総理、官房長官の力を借りて、政府全体を随意筋のように動かすのが、内閣官房の仕事なのである。政府を横串で取りまとめるのが仕事の内閣官房自体が、縦割りになることは許されない。それは内閣官房の自殺である。なお、内閣情報調査室については、第6講で説明する。

（1）危機管理部局（内閣官房「事態室」）との関係

国家安全保障局の設置により、副長官補室にいる外務省出身の副長官補と事態室にいる防衛省出身の副長官補が、国家安全保障局次長を兼務することになった。防衛省出身の副長官補は、引き続き危機管理監の下で危機管理を担当する事態室を所掌しており、国家安全保障局と事態室をつなぐ蝶番のようになっている。

かつての安全保障・危機管理室は、対外的な安全保障業務が新設の国家安全保障局に移管され、危機管理（「事態対処」と呼ばれる）に重心を置いた事態室へと生まれ変わった。第2講（新しい総理官邸と国家安全保障会議）で述べたように、事態室の危機管理能力は極めて高い。現在、官邸内で最もよく機能している組織の一つである。危機管理は、国民の生命財産に大きな影響を及ぼし、場合によっては政権の命運を決する。筆者の見るところ、日本で頻発する地震、洪水に関しては、世界最強の防災チームと言ってよい。

たとえば、日本のどこであれ、震度6以上（東京は5強）の地震があれば、当直のチームが飛び出す。深夜であれ早朝であれ、ただちに官邸に駆けつけ、すぐに各省庁の危機管理担当局長を呼びだす。

発災後、20分で政府緊急会議が招集され、総理、官房長官および官房副長官同席の下で、危機管理監が司会をして、原発、ダム等の重要施設の安全、停電、断水、携帯電話の地方局等のライフラインの被害状況、鉄道、道路、トンネルなどの交通網の安全が確認される。河川の氾濫、山崩れなどの被害についても、昼であればヘリが飛び、リアルタイムの映像が送られてくる。

しかし、発災の瞬間、それ以上の情報はない。特に夜間の発災の際の情報は少ない。闇のなか、潰れた家の下で、炎のなかで、あるいは、流された川のなかで、海のなかで、無数の命が蛍火のように闇に消えていく。危機管理担当幹部の焦燥は激しい。「何でもいいから情報を上げろ！」と怒号が飛ぶ。現場に駆け付けた消防団員、警察官、自衛官から、刻々と「心肺停止何名」という悲痛な報告が入りはじめる。

事務の内閣官房副長官、危機管理監、防衛省出身の副長官補は、安全保障・危機管理室の担当官とともに、勤務中であれ勤務時間外であれ休暇中であれ、24時間、官邸から数キロの範囲から離れることができない。外政担当、内政担当の副長官補も同様である。危機管理に強い意識を持つ官房長官も、ほとんど24時間、官邸の近くから離れることはない。

驚くべきことに内閣官房副長官（事務）、内閣危機管理監、内閣官房副長官補（防衛）などの政府最高幹部を含めて、多くの危機管理担当職員が70平米に満たない古く粗末な危機管理宿舎で生活している。

彼らは東京の交通機関が麻痺する危険を避けるために、常に自転車か徒歩での移動が義務づけられている。毎日が、消防庁か、あるいは、航空自衛隊の領空侵犯対処チームのような緊張感である。訪日したあるフランス政府高官は、中央集権の強いフランス政府でさえ、ここまでの仕組みは持っていないと述べて目を丸くしていた。また、最近は、サイバーセキュリティも彼らの所管であり、NISC（内閣サイバーセキュリティセンター）が設けられている。NISCのトップは、防衛省出身の副長官補（兼NSS次長）である。

事態室の仕事は、自衛隊25万、警察官30万、消防団100万（民間人を含む）、海上保安庁1万3,000および国土交通省の水管理・国土保全局（かつての河川局）等の実力部隊を統括して、大災害などの緊急事態に政府一丸となって対処することである。なお、日本の国土交通省の水管理・国土保全局は、洪水対策に関し、通常の国の陸軍工兵隊並みの実力がある。

危機管理は、通常の行政における政策形成とまったく異なる。即応性を維持し、瞬発力を持って、大規模な実力組織を動かしていく必要がある。日頃からマニュアルをつくり、そのマニュアルを何度も見直して、厳しい訓練を繰り返しておかなければ、即応体制は維持できない。

何度も言うが、危機管理は段取りが8割である。日本政府という巨大組織は、演習で何度も動かしておかないと、いざというときに動かないのである。随意筋が不随意筋になるのである。災害列島の日本らしく、頻発する地震、洪水に対する事態室の即応体制は素晴らしいものがある。

また、危機管理は、結果責任である。国民の生命財産が急迫の危険にさらされているなかで、政府は最高レベルで次々と即断を求められる。しかし発災の直後には情報が少ない。濃い霧のなかにあるようなものである。特に夜間はそうである。限られた情報のなかで、一人でも多くの人命を救うために、次々と手を打っていかねばならない。文字通りの五里霧中である。事態室は、内閣官房の危機管理の要として、自衛隊、警察、消防庁、海上保安庁をはじめとして、政府全体の救援活動を統合、調整している。

(2) 2020年の新型コロナウィルス・パンデミックへの対応

頻繁に起きる地震、台風と異なり、パンデミックなどの稀に起きる大規模厄災への対応は簡単ではない。2020年の新型コロナウィルスによるパンデミック対策は、事態室にとって新たな経験となった。パンデミックは、内閣官房副長官補室の新型ウィルス対策室と事態室が協力して対処することになっている。

目に見えないウィルスを人間が運んで伝播するパンデミックは、原子力発電所事故の際の放射能災害と異なり、発災の中心地点があるわけではなく、感染した人間が動き回ることに伴って指数関数的に感染者が増えていく。重症化する感染者数が急増し、医療機関の能力を超えれば、物理的に国民の生命を守れなくなる。感染拡大防止が第一の優先順位となる。

まず、感染地域となった外国との交通が遮断される。在外の日本人の救出や外国人の入国拒否も緊急に必要となる。続いて、新ワクチンによってパンデミックが収まるまで、国民の経済活動を大幅に制限して、国民を家から出さないという防疫上の措置が必要となる。

そうなれば人の動きが止まるから、交通、観光、飲食業関連の業種は大打撃を受ける。工場も止まる。国民の消費活動が急速に停滞するから、倒産の危険がある中小企業が続出する。彼らの経営を全面的に支えねばならない。自殺者も出る。日本の自殺者は、アベノミクスが成功した今でも毎年2万人程度であるが、日本経済が停滞したアベノミクスの前の10年は、年間3万人が自殺していた。景気の悪化もまた人を殺すのである。

パンデミックは世界中に急速に広がるから、世界中の経済活動が止まっていく。失業者があふれる。グローバルに広がったサプライチェーンは寸断され、大企業も含めて生産活動が混乱する。石油価格が暴落する。自国の経済を支えるために巨額の財政出動、金融緩和が必要になる。ワクチンが出てくるまでは、いつ第二波の感染爆発がくるか分からないから、通常の経済活動への復帰も段階的にならざるを得ない。

こういう大型の危機には、政府全体を統括する強権的な政府運営が必要になる。これは内閣の仕事である。とても厚生労働省一省の手には負えない。そもそも厚労省には、パンデミックに備えて民間病院を動員する危機管理の仕組みがない。そのためにはホテルなどの宿泊施設の活用や、オンライン診療や、民間病院への財政支援が必要になる。これまでそういうことは考えたことがない。

段取りと備えのない危機管理は機能しない。だから、2003年のSARS（重症急性呼吸器症候群）の蔓延以降、内閣官房の副長官補室に新型インフルエンザ対策室が設けられた。新型インフルエンザ対策室と危機管理担当の事態室が要となって、総理、官房長官を支えることになっているのである。

しかし今日のような規模のパンデミックに対抗するには、政府に強制力のない今の仕組みは脆弱と言わざるを得ない。2021年なってようやく国民に対する強制的な防疫措置を取れるように、新型コロナウィルスに対応する特措法と感染症法、検疫法の改正が実現した。

ウィルスの伝播速度は速い。指数関数的に爆発的な広がりを見せる。総理官邸は、たとえ初めは「独裁的だ」と批判されても果断に動かざるを得ない。危機的状況においては、いずれかの時点で国民のストレスが飽和する。そうすると「政府の強権発動反対」という批判が、突如、「政府は無能だ。統治能力がない」という大合唱に代わる。

客観的な感染の広がり、医療機関の能力、経済対策等だけではなく、国民の不安の高まりという心理要因も、重要な危機管理上の考慮要因である。

政府が責任を果たすためには、どこかの時点で決心して、国民の命を守るために、幅広い経済活動の制限等、防疫上必要な強権的措置を取らねばならない。同時に国民にワクチン普及までのシナリオを書いて見せ、忍耐を訴え、安心させ、指導せねばならない。それがリーダーの責務である。政府の腕の見せ所である。

初期にガツンと規制をかけて国民の危機意識を高め、ウィルスの拡散を早く抑え込んだ方が、その後の経済活動の再開も容易になる。初期に緩慢な対応を取り、ウィルスが拡散すればするほど、その後の経済活動への制約は長くなる。このバランスをどう取るかが難しい。

(3) 対外的危機における国家安全保障局と事態室の連携

通常の防災対策では、事態室の専管になりがちであるが、北朝鮮のミサイル発射など、外交、防衛に広くからむような危機事態では、国家安全保障局と事態室の連携が重要になる。サイバー防衛もそうである。

日本侵略といった本番有事の事態になれば、安全保障局と事態室の連携が非常に重要になる。総理を本部長とし、ほとんどすべての閣僚からなる武力攻撃事態等対策本部が立ち上がる。基本方針が策定され、閣議を経て次いで国会の事前承認を得て(場合によっては事後承認となる)、自衛隊に防衛出動が下令される。同時に、武力攻撃事態が宣言されて、政府のすべての省庁は非常事態モード、臨戦モードに入る。

自衛隊の指揮権は、総理から防衛大臣に直線的に落ち、統幕長の指揮の下に自衛隊が日本防衛のための戦闘行動に入る。それと連動して、武力攻撃事態等対策本部が、財政、経済、金融、産業、通商、エネルギー、運輸、電波、重要インフラ防護、民間防衛等、関係省庁を取りまとめて、非常事態に備えていく。

総理を本部長とする武力攻撃事態等対策本部の招集、準備は、事態室が行うこととなっている。そこで決定される基本方針は、かつての安全保障危機管理室時代と同様に、引き続き事態室が新設の国家安全保障局に相談しながら起案することになる。武力事態対策本部や事態室が、有事に及んで十分に円滑な作業を遂行できるよう、常日頃から十分に関係閣僚間で幅広く協議をしておくことが、国家安全保障会議や国家安全保障局の仕事なのである。

有事の本番では、国家安全保障局は、ホワイトハウスのNSCと連絡調整を行うことになる。国家安全保障局が外務省、防衛省を取りまとめ、ホワイトハウス（NSC）が米国国務省と国防総省を取りまとめる。日米間では外務省と国務省、および、防衛省と国防総省による同盟調整メカニズムが立ち上がり、同時に、米軍と自衛隊の間では作戦運用に関する調整メカニズムが立ち上がる。この過程で内閣官房内における国家安全保障局と事態室との連携が決定的に重要であることは、説明するまでもないであろう。

(4) 内閣官房副長官補室（内政・外政）との調整

内政担当の副長官補をヘッドとする内閣官房副長官補室は、内閣官房で最も強力な政策チームである。外政担当の副長官補チームは、現在では、この内政担当副長官補のチームと合体している。すべての主要官庁から30名近い俊英が、参事官のレベルで送り込まれている。内閣官房副長官（事務）の右腕である内政担当の副長官補の力は大きい。3人の副長官補のなかでは、長兄のような立場である。

安全保障が専門の国家安全保障局も、危機管理が専門の事態室も、国務全般、即ち、日本政府の業務全般に目を光らせることはできない。全府省庁を統括できる充実した参事官レベルのスタッフを揃えているのは、内閣官房副長官補室だけである。内政担当副長官補は、実質的に官界のトップである内閣官房副長官（事務）の事実上の補佐官でもある。3副長官補のうち、副長官（事務）を補佐して次官会議に出席するのは、内政担当の副長官補だけである。

内政担当の副長官補の担当範囲は非常に広い。野球でたとえれば、外政担当副長官補をショート、危機管理担当副長官補をセカンドとすれば、内政担当副長官補は、レフトからライトまで外野全部を一人でカバーしているようなものである。新元号の制定、大規模災害時の補正予算の緊急編成、出入国在留管理庁のような新しい省庁の創設等、外交、防衛、防災等危機管理以外の政府の仕事は、ことごとく内政担当副長官補の仕事である。

(5) 逼迫する財政――惰性で動く予算編成

特に、内閣主導案件で巨額の予算がからんでくると、財務省出身の内政担当副長官補の理解を十分に得なければ何も動かない。役所は予算で動いている。予算がなければ、どんな正論も評論と変わらない。

予算を取るには手順がある。4月1日に新年度が始まると、各府省庁では新年度予算の執行開始と同時に次年度の予算編成作業が始まる。8月末には、財務省に概算要求として次年度予算案を提示せねばならない。9月から12月末にかけて、財務省主計局の厳しい査定を受けねばならない。12月末に予算案が閣議決定され、1月に国会に提出される。3月末まで政府は、予算委員会でぎりぎりと野党から質問を受けることになる。予算委員会は、全閣僚が出席し、テレビ中継もある国会の華である。攻める野党政治家もハッスルする。へたを打てばすぐに政局に直結する。与党内を丁寧に説明して取りまとめ、野党と様々な取り引きをし、衆議院、参議院で予算案が可決される。続いて関係の法案が可決される。

いかに総理案件といっても、この予算カレンダーに乗せて政策を形成し、内閣官房のなかで予算のカレンダーに従って話を通していかないと予算はつかない。

ところで、今の日本政府にはお金がない。少子高齢化で税収がどんどん減るなかで、阪神・淡路大震災、リーマン・ショック、東日本大震災、新型コロナウィルス等への対策で大型の支出が続いている。財政赤字は1,000兆円を超えた。GDPの2倍以上の借金をしている政府は、世界で日本だけである。

しかも年金や医療費、特に医療費は医療技術の進展と新薬の開発でどんどん支出が膨らんでいく。ベビーブーマー世代が高齢者になると、年金や医療費の支出が一気に膨らむ。

2025年問題といわれる問題がある。2025年には団塊の世代が75歳を超えて、後期高齢者になる。普通、後期高齢者になると医療費が5倍、介護費は10倍になる。

また、2040年問題という問題もある。第二次ベビーブーマーが65歳になる年である。65歳以上が、240万人を超え、年金の支出が跳ね上がるが、同時に、20歳から64歳までの労働人口が1,000万人以上（!）減る。

税収と国家支出を折れ線グラフにとると、上に国家支出が急カーブで上昇し、下にゆっくりとしか増えない税収の線が来る。ちょうど、ワニが口を開けているように見えるので、「ワニの口」と揶揄されている。この「ワニの口」の顎が外れそうになっている。収入と支出の差を賄っているのが国債である。

日本国債は、日本国民が多く買っているので、途上国のように、いざとなったときに外国人投資家から売り浴びせられるリスクはないといわれる。また、最近では、金融緩和が限界まで進んでおり、どんなにお金を刷ってもインフレにならず、利子率も低いままであるといわれている。さらには、金融緩和の過程で、日本銀行が発行残高の半分を超えるほど、大量の国債を買い戻しているといわれている。このところ製造業が国外に流出した先進国では景気対策として貨幣を供給する金融緩和が流行であり、そのために各国で国債を買い戻すオペレーションが大規模に行われている。今回の新型コロナウィルス対策でさらに大量の国債が買い戻される。

しかし、いくら国が借りても、所詮、国債は借金である。貨幣は、信用で持っている。無限に刷れるわけではない。信用は、無限には膨らまない。はるかに先のことかもしれないが、どこかで貨幣の流通量が政府資産の総額を超えていると皆が感じはじめれば、政府の信用が一気に失われて、紙幣は紙くずになる。

また、利子率も、世界の景気に連動する。日本の国債残高は、GDPの2倍を超えて、1,000兆円の規模である。これに対して国家予算は100兆円の規模である。そのうち、国債償還費と地方交付税で半分を占める。中央政府が使えるお金は実は50兆円で、しかも30兆円が医療費と年金で自動的に政府から出ていく。政府の懐に残る政策経費は20兆円だけである。ところが、利子が1%上がれば10兆円の利子払いが増える。消費税を1%上げても1兆円程度の収入増にしかならない。いつか低金利時代が終わればどうなるのかと考えると、心胆寒からしめるものがある。

結論を一言で言えば、財務省に余裕はない。

財務省は、「枠」（シーリング）と呼ばれる考え方で予算を管理している。各省庁には、前年度とほぼ同じ「枠」がはまっており、その「枠」のなかでどう優先順位を付け替えるかは、各府省庁の勝手である。予算は、スクラップアンドビルドが原則であり、優先順位の高いところに予算を移すのが本来の姿である。

ところが、市場経済原理の働かない官僚組織では、予算削減に対する抵抗は凄まじい。普通の役人は、予算を削減されると、自分自身が減点評価されたと考えがちである。次官や官房長から「君の課の予算を削減する」と言われて、「はいそうですか」と答える課長は少ない。大抵は泣いて暴れて抵抗する。バックに、かつて族議員と呼ばれたような国会議員がついていることも多い。その後ろには、さらに地方議員がついている。もちろん議員だって予算削減にいい顔をしない。族議員と官庁の連合軍ができる。

この予算の増減調整は、市場原理の外側で行われる政治的な調整である。金額が100億円単位の新規事業予算の財源確保となると、相当な腕力がなければできるものではない。

日本の議会は、国会でも地方議会でも、財政均衡を唱える会派が存在しない。自由民主党も、戦前の革新官僚の国家社会主義の系譜を引いており、社会政策には寛大である。もちろん、お金はバラまく方が選挙にも有利である。この点は野党とも利害が一致する。日本の国会は先進国では珍しい、一方的な財政赤字膨張志向型議会である。日本では、予算のバラマキは票になっても、財政の均衡は票にならない。政治的な力は、財政支出膨張の方向にしか働かない。米国やドイツのように議会がにらみを利かせて予算を削ることは難しい。

日本人は、残念ながら、主婦が家計簿をしっかりつける国民性であるにもかかわらず、国家財政となると国民感覚がずさん、放漫である。

しかし、税収が簡単には増えないなかで、誰も予算を削らなければ、逆に誰の予算も増えない。そのため新規の事業は、どんなに重要であっても断念されがちである。結果として、昨年と同じ、代り映えのしない予算ができる。役人の創造力は萎縮して、自分の財政的な「枠」のなかでしか政策が考えられなくなる。大きな方向性の転換は出てこない。政府全体が萎縮していく。惰性で動くようになる。それが今の予算編成の実態である。防衛予算も例外ではない。

(6) 内閣主要案件の予算捻出

ところが総理大臣には、各省庁に割り振られているような予算の「枠」がない。あるとすれば全予算の100兆円である。官房長官も同じである。総理大臣だけは、国として、内閣として、重要案件を打ち出すことができる。

総理案件は、とても単独の省庁では呑み込めない巨額の予算がからむことが多い。その場合には、内政担当の副長官補の下で、政策と予算の調整が行われる。霞が関最強といわれる財務省主計局の力をもってしてさえ、予算をあちこちから引きはがして新政策のために巨額の財源をつくることは容易ではない。

本当に重い巨額予算の捻出が必要な場合には、まさに、「総理の力をお借りする」ことになる。逆に言えば、総理大臣の指導力、政治力なくして、巨額の財源を捻出することは難しい。総理官邸と財務省主計局の間に立って、この辺の政治的な塩梅を測るのは、内政担当の副長官補の仕事である。政治指導部と予算当局を円滑に取り結んでいるのも、内政担当の副長官補なのである。

総理が「内閣としてやる」と決断した政策は、内閣全体として、何が何でもやらねばならない。どこかの役所の次官か局長が総理に振り付けた、アイデアを吹き込んだというレベルの話では、政府全体は動かない。総理が本気で言い出した話であれば国が動く。内閣が動く。内閣官房では、「総理に」言った話と「総理が」言った話は、その価値が百万倍異なるのである。

したがって、内閣官房が気にするのは、総理ご自身が「どのくらい強くおっしゃったのか」という総理の意向の強さ、本気度である。「内閣の命運を賭けてもおやりになるのか」ということである。総理官邸と財務省主計局の蝶番として、政治的塩梅を測っているのが、内政担当の副長官補なのである。

また、予算編成の観点からは、毎年出される経済財政諮問会議の答申を受けて、毎年夏前に閣議決定されるいわゆる「骨太の予算編成方針案」が重要である。総理の関心が向いている重要案件が、この「骨太方針」に取り上げられることになる。内政担当の副長官補の理解がなければ、「骨太の方針」に取り上げてもらうことは難しい。

(7) 外政担当副長官補の仕事

筆者が所掌していた外政担当副長官補のポストは、国家安全保障局が所掌する防衛、軍事およびTPP等政府対策本部が担当する通商交渉以外の渉外案件が担当である。案件の内容は幅広く、米国のホワイトハウス同様、朝から晩まで関係省庁会議や関係省庁幹部との会談の連続で、20分、30分おきには違う人と会い、まったく異なる話題を話している。これが総理官邸の生活である。副長官補室の外政担当スタッフ（経産省出身審議官、外務省等出身参事官他）は少数であり、多忙である。

たとえば、外政担当副長官補の仕事になった歴史戦については、教科書を担当する文部科学省、旧軍兵士の遺骨問題を担当している厚生労働省、中国や韓国の歴史戦に関するプロパガンダに対処している外務省と複数の官庁がからむので、外政担当の副長官補室チームで取りまとめの調整を行っている。戦後70年を記念して発出された安倍総理談話策定のための有識者会合を差配したのも、外政室である。慰安婦問題に関する河野官房長官談話策定過程の再検証をしたのも、外政室である。歴史戦は、戦略的コミュニケーションにかかわる重要な問題なので、第14講で詳しく説明する。

この他、総理を本部長とするSDGs閣僚会合の運営、海上保安庁と水産庁の調整にかかわる外国漁船密漁事件、国家安全保障局経済班が立ち上がるまでの経済安全保障に関する総務省、経産省、文科省、財務省、国土交通省、厚生労働省、海上保安庁等の調整も外政担当の仕事であった。たとえば、外国船舶による日本領海内科学調査や、外国資本による機微技術を持つ日本企業の買収審査など、今日、経済安保案件といわれる案件を裁いていた。

なお、通常の渉外案件であっても、緊張が増してくると安全保障案件として国家安全保障局や事態室に重心が移る。

具体的な例をあげて説明しよう。最近、日本海の大和堆周辺の好漁場に、北朝鮮籍船や中国籍船の進出と違法操業が増えている。また、第二次安倍政権の間には、小笠原水域へ中国の珊瑚密漁船が大挙して出現するという事件も起きた。第一義的には、水産庁の取締船や海上保安庁の巡視船による取り締まり業務の話であるが、水産庁や海上保安の間を取り持って調整するのが、副長官補室の外政担当チームの仕事である。

しかし、北朝鮮の取締船が出てきて海上保安庁の巡視船とにらみ合いになったりすると、取り締まりの次元を超えて、日本対北朝鮮という外交次元の問題になる。そうなれば、ただちに、国家安全保障局や事態室の危機管理チームとの連携が必要になってくる。

特に難しいのは、尖閣諸島情勢である。中国の海上保安庁に相当する「海警」（中国海軍の指揮下にある海上警察組織）の巡視船が、恒常的に尖閣周辺の接続水域を徘徊し、定期的に領海侵入を繰り返し、恒常的な主権侵害行為を繰り返している。

警察力を使った他国の主権侵害は、軍隊を使った侵略ほど目立たないが、やっていることは侵略と同じ他国の主権侵犯である。中国海警の尖閣周辺海域進出は2012年に始まっており、フィリピンのスカボロ礁への進出と同時期である。日本は、海上保安庁が尖閣周辺の領海を守っているが、フィリピンのスカボロ礁は、事実上中国に奪われてしまった。

中国側が他国の主権侵害に警察組織を出すという奇手を使ってくる以上、日本としては、無用なエスカレーションを避けるために、自衛隊ではなく、海上保安庁が出動して海警船を監視し、追い払わざるを得ない。中国海警の増強は著しく、海上保安庁も大幅な増強が必要である。第二次安倍政権では海上保安庁増強関連閣僚会議が設置され、遅まきながら海上保安庁の増強が図られている。

海上保安庁の増勢のような案件は、予算、外交、ひいては、安全保障に直結する案件であり、副長官補室が国家安全保障局および事態室と連携して対処してきた。

(8) 宇宙開発戦略本部、総合海洋政策推進本部、総合科学技術イノベーション会議

内閣府に事務局を置く部局で安全保障と重要な関係を持っているのは、宇宙開発推進本部（総理主宰の閣僚級会合）およびその事務局である宇宙開発戦略推進事務局、総合海洋政策本部（同上）およびその事務局である総合海洋政策推進事務局、総合科学技術イノベーション会議（同上。ただし、有識者を含む）およびその事務局である科学技術イノベーション担当政策統括官組織である。

おのおの本部長ないし議長は総理大臣であり、内閣府に担当大臣がいる。皆、一流の有識者を参与として抱えており、参与会議が、大所高所に立って政府全体に横串をさして大きな政策的方向性を与える報告書を書くことになっている。その報告書が総理大臣に提出され、それを踏まえて総理が本部長として、基本計画（5年）が作成され、関係府省庁に指示を出す仕組みとなっている。

個々の本部を説明する紙幅はないが、いずれも皆、日本の安全保障に重要なか

かわりを持つ本部である。

①宇宙開発戦略本部

第13講で説明することになるが、宇宙空間は、冷戦中の戦闘支援空間から直接の戦闘空間に変わった。今世紀初頭の中国の衛星破壊実験が、宇宙を戦場にしないという米露間の暗黙の合意を吹き飛ばしてしまった。現在では、サイバー空間と並んで、安全保障上不可欠の空間である。

人工衛星は、偵察、測位、通信、時間同期の分野で国家の安全保障に大きな貢献をしている。かつて、日本は独特の宇宙絶対平和主義を掲げて、宇宙空間を一切安全保障には使わないという特殊な立場を取っていたが、2008年、超党派の議員立法による宇宙基本法の改正によって、宇宙空間への大量破壊兵器配備禁止等、国際法の常識に従った国際標準の宇宙空間の安全保障上の利用が認められた。当時は、国家戦略問題には、自由民主党、民主党の与野党の枠組みを超えて連携する現実主義的な議員による超党派の活動があったのである。

また、平成30年（2018年）の防衛大綱では、戦後初めて、航空自衛隊に本格的な宇宙関連業務が与えられ、令和2年（2020年）、自衛隊に防衛大臣直轄の「宇宙作戦隊」が創設された。まずは「宇宙状況把握（Space Situation Awareness、SSA)」のための活動から開始される予定である。

また、同大綱では、宇宙航空開発研究機構（JAXA）との連携の必要性も強調された。当時の高田修三宇宙開発戦略推進事務局長が安全保障問題に深い知識をもって関心を示してくれたことが、大いに助けとなった。

ところで、宇宙安全保障では、米国の力が圧倒的であり、中国、ロシアが後を追っているが、アングロサクソン諸国では宇宙安全保障は米国に依存しており、宇宙防衛、宇宙産業は発達していない。西側では、フランスと日本だけが後を追いかけている。欧州連合の宇宙計画の中核はフランスである。ドイツは、戦後、優れたロケット専門家を米国にすべて引き抜かれ、衛星の製造はできるがロケットの製造はできなくなっている。

しかし、日本の宇宙政策には大きな欠陥があった。いずこの国でも宇宙研究開発部門と宇宙を担当する空軍（米軍のように独立した宇宙軍を持つ国もある）が、宇宙政策の両輪であるが、日本では宇宙関連業務はJAXAだけが扱っており、自衛隊が参入していなかったため、いびつな形であった。この両者の協力なくしては、宇宙安全保障政策はありえない。

2020年になって、ようやく自衛隊に「宇宙作戦隊」が創設された。これによって、日本も宇宙安全保障政策の立案、遂行の態勢が整ったことになる。今後は一層のJAXAとの連携が期待される。巨額の研究開発予算を当てがわれているJAXAの技術は、日本国の安全保障のために活用されるべきである。直近の防衛大綱には初めてJAXAと防衛省の協力が謳われた。最近は、米国を中心に民間の宇宙ビジネスへの参入も活発化してきており、日本の民間宇宙ビジネスも安全保障政策面で大きな貢献が期待されるようになっている。

②総合海洋政策推進本部

2018年、総合海洋政策本部参与会議から、総理大臣に対して、海洋の安全保障に関する提言が出された。総合海洋政策推進本部が海洋の安全保障に取り組むのは2018年以降のことである。総合海洋政策本部が海の安全保障に取り組むようになったのは、甲斐正彰氏、羽尾一郎氏等、最近の歴代局長の尽力が大きい。

海洋の安全保障は、狭義の軍事的な海洋安全保障を超えた、経済、社会を含む総合的な安全保障である。広大な海洋では、漁業、海運、海洋調査、洋上風力や海底油田等の海洋開発、海軍の活動等が活発に行われる。海洋全般にわたる情報を収集、総合、分析することは、容易ではない。

各々の省庁が収集する様々な情報(気象、海水温度、海上交通、魚群、密輸、海賊、海底資源、防衛等)の情報は、省庁縦割りの弊害から、総合的に利用することがなかなかできなかった。そこで海洋関連情報担当省庁に横串をさして、政府の保有する情報を総合利用する「海洋状況把握(Maritime Domain Awareness、MDA)」の促進が、政策として打ち出された。

海洋状況把握(MDA)は、国家安全保障の重要な柱の一つである。海洋状況把握に関しては、第二次安倍政権発足以来、総理主宰の総合海洋政策本部、総合海洋政策推進事務局が中心となって進めてきた。

これまで、日本政府では、「海洋基本計画」(2013年4月、閣議決定)、「国家安全保障戦略」(13年12月、閣議決定)、「宇宙基本計画」(15年1月、宇宙開発戦略本部決定。16年4月、閣議決定)において、海洋に関連する多様な情報を、官界の縦割りを排して収集、集約、共有し、海洋に関連する状況を効率的に把握することが、意思決定されている。

2016年7月には、「日本の海洋状況把握の能力強化に向けた取組」(16年7月、総合海洋政策本部決定)を定め、海洋情報の効果的な集約・共有・提供を行うための具体的な体制整備等に着手した。より一層高まっている海洋由来の脅威・リスクをいち早く察知するためには、日本政府全体としてMDAの取り組みを一層強化していく必要がある。

第3期海洋基本計画（平成30年〈2018年〉5月、閣議決定）では、海洋状況把握体制の確立を、「海洋の安全保障の強化の基盤となる施策」として重点的に取り組むものとして位置付け、MDAの能力強化にかかわる主要な施策を「情報収集体制」「情報の集約・共有体制」「国際連携・国際協力」の三本柱として打ち出した。

MDAは、同年5月、内閣の基本方針として閣議決定されている。海上保安庁は、海洋交通安全情報を中心に、海洋の動態情報を取りまとめて一般に公開する「海知る」というシステムをウェブ上に立ち上げた。

シーレーン防護とエネルギー安全保障に関しては、第10講で改めて述べる。

③総合科学技術イノベーション会議

総合科学技術イノベーション会議（Council for Science, Technology and Innovation、CSTI）は、「ムーンショット」計画を打ち出し、ハイリスク、ハイリターンの研究開発への投資に意欲を示している。年間4兆円の科学技術予算を差配する組織である。5カ年の基本計画の総額は20兆円にも及ぶ。

問題は、長年の日本学術会議等学術界の反対で、CSTI（総理主宰の閣僚レベルの会議）から防衛大臣等の安全保障関係の閣僚が排除されており、防衛費の8割にも及ぶ4兆円の日本の科学技術予算が、まったくと言ってよいほど安全保障関係の研究技術開発に回されていないことである。

防衛大臣だけではない。防災を担当する国土交通大臣も、防疫を担当する厚生労働大臣も排除され、公益実現のための科学技術の社会実装という側面が、おろそかにされてきた。特に防衛省排除の圧力は依然として強い。総理主宰のCSTIには防災、防疫、防衛の担当大臣の出席は必須であり、これら大臣を正規の出席者とするべきである。

実は、戦後の日本には、55年体制のイデオロギー対立のあおりを受けて、学術界が絶対平和主義を掲げているために、科学技術安全保障という考え方自体が存在しない。先勝国はもとより、他の先進国と異なり、科学技術と安全保障がほぼ完全に遮断されてきたのである。これは、日本の安全保障を制度的に眺めたとき、最大の弱点になっていると言ってよい。

ジェームズ・ボンドが出てくる「007」の映画を見てもらえば分かると思うが、MI6のボスの「M」の横に必ず「Q」という最新スパイ兵器担当の技術者が出てくる。どこの国の軍隊でも情報組織でも、科学技術部は、戦闘員、工作員、ひいては国民の命にかかわる最重要な技術であり、国力の礎であるという国民的コンセンサスがある。戦後日本は、逆に、科学技術と安全保障の間に超えることのできない「死の谷」を掘り続けてきた。この問題は深刻であり、第13講で詳しく述べる。

(9) TPP等政府対策本部

日本の国益の一つは、自由貿易体制の拡張と維持であるが、その観点から重要なのが第二次安倍政権でできたTPP等政府対策本部である。既に、TPP11（環太平洋パートナーシップ協定。ただし、米国は不参加となり、11カ国で出発した）、日EU・EPAという二大メガ自由貿易協定をまとめ上げるという実績を出した。自由貿易は、日本の対外政策の要の一つであり、TPP11と日EU・EPAは、安倍政権の通商政策における歴史的業績である。続く菅義偉総理は、RCEP（地域的包括的経済連携協定）をまとめた。日本が自由貿易で世界をリードしたのは史上初めてのことである。自由貿易については第10講で詳しく述べる。

通商交渉の実態は、直接民主主義に近い。交渉代表団は、互いに国内の議会や利益団体に直接に縛られることが多い。日本の抱える通商交渉のパターンは、日本の自動車業界が圧倒的に強いため、交渉相手が自動車市場の自由化に難色を示し、逆に、交渉相手は日本の巨大な高品質の食料品市場に関心を示し、農業製品輸入の自由化を求めるというものである。

特に、米国、欧州、豪州等、肉食の国では、強力な畜産業界を抱えている国が多い。明治まで肉食の禁じられていた日本の畜産業界は、「和牛」というブランド牛の特殊市場を除き、世界と競うほどの力はない。外国勢にとって日本の食肉市場は垂涎の的なのである。

交渉に当たっては、直接に業界を抱えない外務省が、中立的な立場から霞が関の様々な官庁の取りまとめ役となって交渉代表となることが多い。しかし、通商交渉の真の難関は、国内調整である。どこの国でも農業団体は政治力が強い。日本農業の国際競争力はまだまだなので、農業自由化は、高齢化の進んだ国内の農家に一層の経営努力や構造改革を強いることになる。そのための調整には、与党対策と予算の手当てが必要である。

その難しい国内調整を一手に引き受けているのが、TPP等政府対策本部の国内調整担当の総括官（次官クラス）である。初代佐々木豊成国内調整総括官（前職は内政担当内閣官房副長官補）以降、歴代国内調整総括官の残した業績は巨大である。大きな交渉ごとになると、総理や官房長官の指示を得て、内閣官房にあるTPP等政府対策本部が政治的に各方面に根回しをする。最も重要なのは、総理官邸、与党（特に自民党農水族）、農協、財務省、農水省という農業関係の国内調整にかかわる部署、団体の調整である。

このような国内調整プロセスが機能しないと、TPP11や、日EU・EPAのようなメガ経済連携協定はなかなかまとまらない。

かつての対米通商交渉では、経産大臣、農水大臣が次々と訪米し、自分の役所の利益だけをバラバラに米国政府に訴えて、米国政府幹部が辟易するということもあった。また、自民党の部会で交渉前に、各省庁の交渉方針をバラバラに説明させられ、それが報道されて日本側の交渉ポジションが米国側に筒抜けになっていた。このような悪弊はTPP等政府対策本部設置によって一掃された。

国家安全保障局は、幾代もの内閣を超えて存続するであろうが、TPP等政府対策本部もまた、日本政府通商代表部として内閣官房のなかに存続し続けるであろう。

第5講 シビリアンコントロール貫徹のための具体的提言――政治主導下の「政と軍」

1 コロナ禍が突き付けた総合的危機管理体制の必要性

(1) 最高優先順位の仕事

2020年、新型コロナウィルスの猛威は、世界で億単位の感染者と百万単位の死者をもたらした。米国の死者は50万人を越えた(2021年2月現在)。正規のパンデミック(世界的大流行)である。伝染病やパンデミックといわれる感染症は、場合によっては数百万の犠牲者を生み得る厄災なのである。

地震と洪水は、毎年のように日本を襲い、しかも地球温暖化のせいか、このところ台風も激甚化しているが、国家危機管理の観点からいえば、パンデミックは、火災、洪水、地震をしのぎ、津波、原子力事故に匹敵する大規模な被害を生み得る。

政府にとって、危機管理は最高優先順位の仕事である。景気の悪化は遅効性の毒のようにゆっくりと政権の体力を奪っていくが、危機管理の失敗は交通事故と一緒で、政権にとって即死を意味する。この点、第二次安倍政権、特に菅(すが)官房長官、杉田官房副長官、歴代内閣危機管理監の危機管理に関する感度は、非常に高かった。

地震であれ、洪水であれ、発災の報が入ると、午前何時であろうと、必ず菅官房長官と杉田官房副長官と歴代危機管理監は、誰よりも早く必ず最初に官邸に駆け付けていた。第二次安倍政権時代、午前何時であれ、緊急参集がかかるたびに、各省庁の危機管理担当局長が総理官邸に飛び込んでくるころには、この3大幹部は必ず先に着席していた。

危機管理は、通常の政策決定と異なり、考える暇などない。あらかじめ策定しておいたマニュアルや作戦計画を執行するのが精一杯である。それほど烈度が高い。戦争と同じで、十分な段取りが整った作戦の有無、日頃の鍛錬の有無が勝負を決める。段取り8割である。さもなければ、危機管理には対応できない。

分単位で大量の人が死んでいくのが災害である。老人も女性も子どもも関係ない。一瞬で千単位、万単位の人間を丸飲みにして死の淵へさらっていく。発災直後には情報も限られている。そのなかで、自衛隊、警察、消防団、海上保安庁、国土交通省、同地方支局等が総力を挙げて動きはじめる。彼らは、自らの危険を顧みず、一人でも多くの被災者の命を救うように訓練されている人々である。

20世紀末以来、村山自社さ（さきがけ）連立党政権下での阪神・淡路大震災、菅（かん）民主党政権下での東日本大震災および福島第一原子力発電所事故と、政府の対応が厳しく批判される事態が続いた。最大の問題は、いつも危機管理に対応する政権中枢の空洞化であった。司令塔が脆弱すぎたのである。第1講で見た通り、大きな危機を乗り越える度に、総理官邸の危機管理チームは鍛えられ、強靭になっていった。

制度上は内閣官房副長官補室の一部を構成しているが、俗称、「事態室」と呼ばれる総理官邸危機管理チームが、日本の危機管理体制の本体である。内閣官房副長官（事務）、内閣危機管理監、内閣官房副長官補（防衛）に直結する100人程度の精鋭チームである。

(2) NSCはまだ四合目

今回の新型コロナ騒動を見ていて、つくづく思ったことは、東日本大震災と大津波で想定外、福島の原発事故が想定外、今回のパンデミックでさえ想定外としてしまう今の日本人の感覚で、最高度の危機管理が求められる有事や戦争に耐えられるのかということである。

筆者は、たまたま、第一次安倍政権、第二次安倍政権の双方で、国家安全保障会議（NSC）創設に携わった。第一次安倍政権では頓挫したが、第二次安倍政権は、国家安全保障会議および国家安全保障局の創設に漕ぎつけた。防衛省、自衛隊と総理官邸の距離がぐんと近くなった。

国家安全保障会議には、統幕長が総理、官房長官、外務大臣、防衛大臣と同じテーブルについて、直接に意見を求められるようになった。国家安全保障会議が立ち上がってすぐに、岩崎茂統幕長（当時）から「よくやったな」と温かい言葉をかけてもらったことが忘れられない。

しかし、仏は作ったが「魂は入っているのか」という疑問が常に頭から離れなかった。国家安全保障会議の創設と初期の運営に携わって思ったことは、日本版

NSCとは、戦前の近衛、東條内閣下の大本営政府連絡会議、小磯内閣下の最高戦争指導会議と同じものではないかということである。日々の仕事に追われながら、戦前の日本の戦争指導に関する書物を読み漁った。庄司潤一郎氏をはじめとして防衛研究所の方々からもいろいろなことを教わった。

今の日本は、あまりに太平の世に慣れすぎている。太平洋戦争終結後も、朝鮮戦争、ベトナム戦争など、近隣では戦火が噴き出し、百万の単位で命が失われたが、日本自体は、日米同盟の厚い被膜の下で、75年にわたり太平の夢にまどろんできた。今の日本が、有事におよび、政府全体を立ち上げ、その総力を結集して臨戦態勢に持ち込むことができるだろうか。できないであろう。「NSCはまだ四合目だ」というのが、率直な筆者の結論だった。

先に述べたように、危機管理は日頃の段取りがすべてである。危機管理とは、マニュアルないし作戦計画の遂行であって、通常の政策の立案実施ではない。政府の組織も、使わない筋肉は、すぐに不随意筋になる。日本政府は巨大である。その全体を手足のように動かすことは容易ではない。総理官邸から見て、不随意筋化、内臓化した政府内組織もたくさんある。

第二次安倍政権では、二度目の総理大臣である安倍総理、総理経験者である麻生副総理、剛腕で霞が関を組み敷いた菅官房長官および強力な外務大臣および防衛大臣がいたから国家安全保障会議も機能していたが、それでも本物の有事になれば大変なことになっていたであろう。ましてや、かつてのように頻々と内閣が代わっていた時代に有事が起きていれば、と考えると、背筋が冷たくなる思いがする。

戦前は、統帥権独立という誤った憲法論の下で、満州事変以降、軍が暴走して大日本帝国が滅んだ。戦後は、政治家が、強い平和主義の世論に押されて、逆に軍事に関する責任を忌避するようになった。国会、マスコミは、冷戦中、東西陣営選択の文脈で、日本の安保論争をイデオロギー論争に堕落させた。国民の命を守るという国家の本義が忘れられた。生殺与奪の権を他国に握られても平然とするようになった。これでは国とはいえない。政府と呼ばれる資格がない。

戦前、戦後を通じて、本当の意味でのシビリアンコントロールは存在しなかった。冷戦終結後30年経った今、ようやく自恃の精神と現実主義が日本に戻りつつある。国家安全保障会議という真のシビリアンコントロールの道具立てもできた。

本講では、日本の直面する有事に際して、国家安全保障会議および日本政府が、シビリアンコントロールの要として機能するためには、「いまだ何をやり残しているのか」ということに焦点を当てて論じてみたい。

現在の制度は、戦前に比べて、はるかによくできている。しかし、そもそも戦後75年、政治指導者が自衛隊を指揮したことなどないという事実は重い。否、この国では、開闢以来、民選の政治指導者が軍を指揮したことなどないのである。シビリアンコントロールなどという考え方自体が、武門の国である日本の伝統にはなかったのである。

では、どうすれば、本当のシビリアンコントロールが可能なのだろうか。シビリアンコントロールは、どのようにして実現すればよいのだろうか。日本の現状で、何が課題なのだろうか。実は、戦後75年の泰平の世のなかで、政府のなかにも、国会にも、マスコミにも、そしておそらく防衛省、自衛隊にも、確たる答えを持っている人は少ないのが現状ではないだろうか。泰平の世のまどろみはかくも深いのである。

本講では、最高指導者である総理の立場に立ってみて、有事に自衛隊をどう動かすのか、その時。何が問題なのかという観点から論じてみたい。国家安全保障会議設置から8年が経つが、積み残されている課題は多い。

2　シビリアンコントロール貫徹のために何をなすべきか

(1) 政治指導者の最も重要な仕事は国民指導と戦略指導

国家安全保障会議は、自衛隊の作戦運用と外交、政治、財政他の国政全般との調整を図る最高意思決定機関である。古い言葉で言えば、国務と統帥の調整の場である。

もとより武力攻撃事態あるいは存立危機事態となり防衛出動が下令される段になれば、法制上は、総理を本部長とする武力攻撃事態対策本部が立ち上がる。形式的には、そこで主要な決定がなされて閣議に必要な決裁文書が上がっていく手はずになっているが、危機管理は段取りが8割である。突然、敵の急襲を受けて閣僚が参集し「武力攻撃事態です」の何のと言ってみたところで、大混乱をきたすだけのことである。ただちに国民から「無能政府」の烙印を押されて、政権は速やかに崩壊するであろう。

常日頃から、国家安全保障会議でいろいろな問題をすり合わせ、総理以下、関係閣僚間で十分な意思疎通をしておかなければ、日本政府という巨艦は操縦できないし、死地に赴く自衛官を戦略的に指揮することなどできるはずがない。

まず、総理の有事における最大の役割は、国民を団結させることである。戦争は、最大の厄災である。第二次世界大戦では、日本は300万の同胞の命を失った。米軍の大規模空爆が本土に及び、目の前で家を焼かれ、家族が命を失い、都市部の川には焼け焦げた死体が山積みになった。沖縄では悲惨な地上戦が戦われ、広島、長崎では原爆の閃光が無辜の市民を焼いた。それが、日本人が先の大戦で直接に経験したことである。

太平洋戦争には、国民が腹の底から信じられる大義がなかった。多くの若者が信じようとした「アジアの解放」という錦の御旗も、東條内閣下で重光葵外相が開催した大東亜会議という一瞬の輝きはあったけれども、実際には、援蔣ルートの遮断、戦争用資源収奪、ブロック経済圏樹立という軍事的、地政学的利益追求の前に輝きを失っていた。占領地では、無理な鉄道建設や原住民を巻き込んだ市街戦等で、日本軍は、戦後、怨嗟の対象となることが多かった。

日本人は、なぜ、300万の同胞を失ってまで、自分の体の一部や家族を失ってまで、あの戦争を戦っているのか分からなくなった。そして敗れた。

ベトナムのホー・チ・ミンは、300万の同胞を犠牲にして、フランスと、続いて超大国米国と戦い抜いた。困難なゲリラ戦であった。多くの奇形児を生んだ枯葉剤散布のような非道な作戦にも屈しなかった。「祖国独立」という大義があったからである。

英国のチャーチルは、オランダ、ベルギー、フランスが一瞬でヒトラーに屈したにもかかわらず、絶体絶命のダンケルクから英軍救出に成功した後、英国国民を説得して、たった独りでヒトラーと戦った。当初、ルーズベルトの米国もスターリンのソ連も中立だった。しかし、ナチスの猛攻に対して、チャーチルは唯一人戦い抜いた。「祖国防衛」という大義があったからである。

非道な侵略には、国民は立ち上がる。愛国心が燃え上がる。それを指導するのが国家指導者なのである。平時の指導者は誰でも務まる。有事の指導者は、その資質が問われる。

総理は、何のために戦うのかを、国民に対して、世界に対して明らかにし、国民に団結を訴え、世界各国の支持を訴えるのが、最も重要な使命である。それが政治指導者の仕事である。また、総理は、戦局推移だけではなく、政治、外交、財政、エネルギー、交通、通信、医療、食糧等、あらゆる側面に目配りせねばならない。

総理から下される指示は、細かい戦闘に関するものではない。開戦準備、開戦、同盟国対策、米軍来援準備、日米共同作戦、中立国対策、戦闘行動の地理的範囲、和平工作、停戦等、主要な戦局の結節点における戦略的判断に限られる。ベトナム戦争時代のマクナマラ米国防長官のように爆撃地点を細かく指示するのは、愚かな指導者である。『孫子』にある通り「将の能にして君の御せざる者は勝つ」のである。

有事が始まったとき、総理から降りてくる戦略指導は、つきつめれば、「何としても勝て。米軍を早く来援させろ。早く終わらせろ。国民の犠牲を出すな」などの諸点につきる。それを具体的な軍事作戦に落として結果を出すのは、自衛隊の仕事である。

(2) 不正常だった戦後の政軍関係

それでは、今の日本国総理が、有事に及んで死地に赴く25万の精鋭の自衛官を戦略的に指導できるだろうか。できないであろう。なぜなら、戦後75年の太平の世で、自衛隊は、主要な戦局推移ごとに最高司令官である総理の指示を仰いだこともなければ、そもそもそういう指示を仰ぐように訓練されてもいないからである。

総理の方もそのようなブリーフなど受けたこともないはずである。日本の総理が、いろいろな有事のシナリオごとに戦局推移と自分の判断事項が分かっているかと言えば、決してそうではない。つまり、防衛省も自衛隊も、歴代総理に最高軍事指揮官としての帝王教育をしてこなかったのである。誰も、総理の立場に立ったら自衛隊最高司令官として何を考えねばならないかを、政治指導者たちに教えてこなかったのである。

さらに意地悪く言えば、自衛隊は、有事に及んで結節点ともいうべき戦局の推移ごとに、総理からどういう指示をもらえばよいのか、そのためには事前に総理に何を分かっておいてもらう必要があるのかという基本的な事項さえも、もはや、忘れてしまっているのである。それほど自衛隊は、総理官邸から遠かった。政治から離れ、現場に徹しすぎていたのである。

米国大統領は、選挙に勝った直後から、就任式を待たずして安全保障に関する詳細なブリーフを受けるという。核のボタンを握るのであるから当然である。

日本は、逆だった。左右勢力のイデオロギー闘争の色彩が強かった冷戦中は、こんなことを言うことでさえはばかられた。左派にとって、防衛努力とはすなわち戦争準備であり、それは自らが軸足を置く東側陣営に敵対することであった。日本防衛という当たり前の話ができないほど、左派の反発は強かった。それだけではない。保守の政治指導者でさえも、防衛問題に正面から取り組むことを避けて、平和主義の強く浸透した世論に迎合する雰囲気があった。

1978年、栗栖弘臣統幕議長は「週刊ポスト」のインタビューで、有事法制が欠落している現状で有事になれば、「自衛隊は超法規的に動かざるを得なくなる」と危機感をあらわにしたが、ただちに金丸信防衛庁長官に解任された。しかし、その後の歴史を見れば、栗栖統幕議長が正しかった。小渕総理が周辺事態法を整備し、小泉総理が有事法制を整備し、安倍総理が平和安全法制を整備したのである。

また、1963年には、いわゆる「三矢研究事件」が起きている。日本として朝鮮有事にどう備えるかを自衛隊が図上で研究したものである。朝鮮有事の研究は、周辺事態法制定以降、現在では、当たり前のこととなっている。しかし1960年代はそうではなかった。自衛官は何もしないことが「シビコン（シビリアンコントロール）」だとでもいうような奇妙な雰囲気が満ちていた。自衛官が軍事の研究をして叱責されるようでは、自衛隊幹部は何を総理官邸に報告してよいか分からなくなるであろう。残念ながら、それがかつての総理官邸と自衛隊の関係であった。

平和主義を看板に掲げた三木武夫内閣では国民総生産の1%が防衛費上限とされ、高度経済成長の成果を自衛隊が吸い取って強大化しないようにと、防衛予算の自粛枠が設けられた。「防衛計画の大綱」は、自衛隊を強くするためではなく自衛隊の増勢に枠をはめるために生まれた出自のすっきりしない文書である。

厳しい冷戦の最中に、隣に極東ソ連軍という核武装した世界最強の軍隊が40万の勢力で構えていたにもかかわらず、国民総生産の1%で防衛整備努力を放棄するというこの考え方は、安全保障の観点からはとても現実的とは言えない。

それは、リアリズムを欠いた平和主義の産物であった。あるいは、国内冷戦における左派勢力、平和主義の強かった国内世論への過剰な譲歩であった。生殺与奪の権を他国に握らせるようでは、最高指導者は務まらない。ソ連軍の眼前で「自らの武装を軽くすれば平和になる」というような考え方をする政治家は、日本以外の西側諸国には一人もいなかった。欧米の指導者は、皆、冷徹な外政家であった。

1979年、ソ連のアフガニスタン侵攻後、世界は新冷戦期に突入する。時の中曽根総理は、「西側の一員」としての立ち位置を明確にし、シーレーン一千海里防衛を表明し、レーガン大統領と日米同盟の黄金期を築いた。中曽根総理は、総理官邸強化の一環として安全保障会議を創設し、総理官邸に安全保障危機管理室を設けた。

しかし、そこに上がってくる案件は、相変わらず新規装備の購入や防衛予算に関する金目の話ばかりであった。安全保障会議は、自衛隊の装備取得や防衛予算の増大に目を光らせるという役割が主であると言わんばかりだった。防衛省、自衛隊も、総理官邸には予算関係の案件を上げておけばよいという悪しき風潮ができあがっていたのである。

長い間、この宿弊が続いた結果、国家安全保障会議が立ち上がった今でも、自衛隊の作戦、運用に関する話があまり官邸に上がってこない。口を酸っぱくして自衛隊の運用面の話を具体的に政治指導部に説明してほしいと言い続けたが、残念ながら、演習結果の報告等を除いて、筆者の国家安全保障局在任中には、防衛省、自衛隊からリアルな作戦運用にかかわるシナリオを政治指導部に説明してもらうことは難しかった。自衛隊が生まれてこの方、第二次安倍政権の前まで、そんなことは、やったことがないのである。

戦後の政軍関係は、つい最近まで、戦前とは逆の意味でまことに不正常であった。第二次安倍政権になって初めて、総理官邸から軍事の現実に関する説明が求められるようになったと言っても過言ではないのである。

(3) 統合軍事戦略は喫緊の課題

今から1世紀前、日露戦争後、後に総理となる田中義一中佐が山縣有朋元帥のためにまとめた「第一次帝国国防方針」は、用兵綱領と所要兵力がセットになっていた。米国の国家安全保障戦略でも、軍事戦略と国防戦略の両方が存在する。乱暴に言えば、前者は誰とどう戦うかという文書であり、後者はそのために準備しておくべき兵力を試算した文書である。二つで一つの文書と言ってよい。

少なくとも「第一次帝国国防方針」が書かれたころには、日英同盟という外交戦略の下で、国防戦略（所要兵力）と軍事戦略（用兵綱領）がセットになって、論理的に帝国国防方針が立てられていた。

通常、まず、どこの国でも、外交戦略が立てられる。外交戦略は、優れた同盟戦略で自らに有利な戦略的環境を作り出し、味方を増やし、敵を減らし、中立国との友誼（ゆうぎ）を求め、紛争の芽を摘み、敵を減らすか孤立させることが目的である。

しかし、外交がいつも成功するとは限らない。たとえば、日本は、戦後、一貫して平和外交を展開してきた。しかし、現実には、北朝鮮は核武装し、竹島は韓国に奪われたまま武装され、ロシアによる北方領土の軍事化は進み、尖閣諸島には連日のように中国公船が押しかけてくるようになった。

外交は万能薬ではない。いざ有事となったときに「準備していませんでした」では、軍隊としては零点である。外交サイドで、外交政策で紛争の種を刈り取る。しかし、外交が崩れたとき、武力紛争が発生しないように抑止力を利かせるのが軍の仕事である。軍事サイドで、万が一に備えて、紛争が発生しそうな国との戦い方を考え、必要な兵力、装備を整えておくというのが、普通の国である。

もとよりいかなる国でも軍事戦略をつくるとき、仮想敵国を名指ししたりはしない。それは相手国を無用に刺激するだけで、外交的に愚策である。どこの国の国防省、軍隊でも、シナリオをつくって静かに練習をするだけであり、そのとき、相手の国は名前でなく色や符号で呼ばれる。太平洋戦争前、日本は米国からオレンジと呼ばれていた。ドイツはブラックであった。

外交はほほ笑み、軍はその後ろで黙々と素振りをする。それが大人の国であり、普通の国である。外交がほほ笑んでいる間、軍は正座をしているということでは、安全保障も防衛も成り立たない。力を紛争のストッパーとしない外交はうまくいかないことも多い。相手の善意だけに依存するのでは外交とは言えない。懇願は外交ではない。それでは、最終的に相手に力で押し切られるだけの存在に成り下がる。

「どの国との紛争が、一番可能性が高いか」を考えながら、どう戦うかを考えるのが軍事戦略であり、そのために必要な装備体系や軍備のあり方を考えるのが国防戦略である。今の日本でいえば、国防戦略に相当するのが、防衛大綱や中期防衛計画のような防衛力整備の基本文書である。

現在の日本の国家安全保障戦略体系の重要な欠陥は、戦前の「帝国国防方針」

にあった用兵綱領に相当する文書が書かれたことがないことである。「帝国国防方針」では、どういう紛争で、どういう戦い方をするから（軍事戦略＝用兵綱領）、どういう兵力が必要になる（国防戦略＝所要兵力）というふうに論理が組み立てられていた。この用兵綱領に相当する文書がないのが、今の日本である。

米国の国家安全保障戦略は、その下に国防戦略と軍事戦略がぶら下がっている。帝国国防方針と同様に論理的に組み立てられているのである。

残念ながら、これまで日本では、作戦運用面の戦略が抜け落ちて、そのような論理的な戦略思考はなされてこなかった。国家戦略のなかで「どう戦うか」というイメージが欠落していた。リアリズムが欠如していたからである。特に三木内閣の下での第1回の防衛大綱（1976年）で、敵を想定しない基盤的防衛力構想を打ち出したことは、今から振り返れば痛恨の極みである。それは、日本の戦略的思考を麻痺させた。敵がいないのなら、どう戦うかという発想自体がなくなる。

戦略論の基本は、脅威対抗の考え方である。そして、十分な国防戦略と軍事戦略の双方があって初めて外交も力が出る。弱い立ち位置から懇願するだけでは、外交にならない。軽々に刀を抜くのはチンピラであるが、戦いにならないように静かに構えてみせる居合の呼吸が大切なのである。昼中はいつも微笑を浮かべていても、深夜に黙々と素振り練習をするだけで、十分な抑止になるのである。

第二次安倍政権は、平成25年度、平成30年度の2度にわたって防衛計画の大綱を策定した。25大綱では、西方への機動的展開をにらんだ陸上自衛隊の機動力の強化、特に、一個旅団規模の水陸両用団の創設が話題になった。30大綱では、多次元統合と称して、サイバー空間、宇宙空間と陸海空を統合した現代の戦闘様相に自衛隊が追いつくことが目標として掲げられた。戦後初めて、政治指導部が、リアリズムの立場から、自衛隊の運用構想に強い関心を示し、防衛力整備に積極的に関与したのである。

30大綱の検討が始まった当時、政府の高いレベルから「5兆円払ってこれかい」「君ら本当に勝てるのか」などと厳しい注文が相次いだ。自衛隊幹部には衝撃だったであろう。何をしても「憲法違反」とか「専守防衛違反」と言われがちだったのに、突然、「勝てるか」と聞かれれば驚くのも無理はない。

戦後、75年間、自衛隊は、国会からも、総理官邸からも、マスコミからも「専守防衛に反するのでは」と聞かれたことはあっても、「どうすれば専守防衛ができるのか」と聞かれたことは一度もない。政治指導部から、運用構想に関し、こんなリアルな質問を正面から受けたのは、おそらく自衛隊創設以来、初めてのことである。

冷戦中は、もしソ連軍が樺太島から南下してくれば、北海道を航空自衛隊と陸上自衛隊が死守し、海上自衛隊が米第7艦隊とともに1,000海里のシーレーンを防衛して米陸軍、米海兵隊を来援させるという比較的単純なシナリオが書けた。統合軍事戦略などなくても、大体のことは常識として分かっていた。しかし、中国の台頭をにらんだ西方重視の統合運用構想は、まだまだ進化の最中である。中国の台頭は、後10年、20年は続くであろう。対中戦略はまだ入り口なのである。

一刻も早く政治指導部に対して、統合軍事戦略を説明し、主要な結節点はどこか、そこでの最高指導者の決断とは何かということを、説明せねばならない。現下の厳しい安全保障環境下では、その内容は頻繁に改定されねばならない。

万が一、有事に及べば、総理判断の結果、数千人、数万人の自衛官の命が犠牲となり、国民にも莫大な被害が及ぶかもしれない。核の恫喝もあり得る。その決断の重さを、政治指導者に分かってもらうための努力が必要である。それなくして、シビリアンコントロールなどできるわけがない。そのためには、統合軍事戦略が要る。「帝国国防方針」の用兵綱領に匹敵する統合軍事戦略の策定が、喫緊の課題なのである。また、脅威対抗の統合軍事戦略に平仄を合わせて、防衛計画の大綱も真の防衛戦略に脱皮せねばならない。

(4) 自衛隊演習および日米共同訓練への総理および関係閣僚の参加

シミュレーションを通じた政治指導者の戦略指導能力の向上という観点からは、自衛隊の各種演習やキーンエッジ（日米共同統合指揮所演習）などの日米共同訓練への総理、外相、その他の閣僚の参加が望まれる。陸上自衛隊東部方面総監の主宰する首都直下型大地震の防災訓練もそうである。自衛隊の演習には、防衛大臣、防衛省職員以外、総理以下どの閣僚もどの省の局長も参加しない。また、海上自衛隊は帝国海軍の時代から高度な図上演習の伝統を持っている。

震災対策訓練は、毎年9月の関東大震災の日に全閣僚を招いて総理官邸で大規模な訓練が行われるにもかかわらず、残念ながら戦後、自衛隊の訓練への総理訪問が実現したことはあまりない。また、有事には国民保護のために、防衛省以外の省庁にも多大の負担がかかる。しかし、現在、閣僚で自衛隊の演習に参加するのは防衛大臣だけなのである。

実際の演習の場所に行けば、総理大臣が、戦局推移の結節点ごとに、いかなる決心事項を突き付けられ判断せねばならないかが分かる。それを知るだけでも大いに勉強になる。筆者も課長にさえならないまだ若いころに、一度、どこかの演習で総理大臣役をやらせてもらったことがある。有事における大局的判断とはこういうことかと、感銘を受けたものである。

(5) 日米首脳会談で軍事戦略を取り上げよ

自衛隊の運用に関する知識がなければ、総理は、米軍の最高司令官である米国大統領と突っ込んだ戦略的協議ができない。各国の首脳が米国大統領と議論するのは、最高レベルの戦略問題である。

日本の総理は、中国問題、北朝鮮問題、ロシア問題等、外交戦略に関する議論に関しては決して遜色ないが、自衛隊の運用を含めて、安全保障、特に、防衛、軍事については、その知見はまだ相当に限られている。しかし、総理は、自衛隊の最高指揮官である。自衛隊と米軍の共同作戦運用に関して、米軍の最高指揮官である米国大統領と対等に話ができなければ、本来、おかしいのである。

戦時の首脳会談であるヤルタ会談や、カイロ会談や、ポツダム会談で連合国首脳が話したのは、最高レベルの戦略問題、軍事問題である。仮に将来、アジアで有事が起きて、そういう歴史的首脳会談に日本の総理が参画したとき、総理は自衛隊全軍の最高指揮者として、米印豪英仏独等の主要国の指導者と対等に渡り合えるであろうか。総理には、政治外交の最高指導者としてのみならず、自衛隊の最高指揮官として、外交的のみならず、戦略的、軍事的判断が求められる。それが総理大臣である。

かつてキッシンジャー博士は、ニクソン大統領が周恩来首相と世界政治を語り合った後で日本の総理と会談した際に、日本の総理が「在日米軍基地の壁の色が派手で評判が悪い」とニクソンに直訴していたと言って冷笑していたそうである。

首脳間の安全保障問題といえば、まず戦略問題である。たとえば、筆頭の最重要問題は、核抑止力の問題である。米独首脳会談では、かつて冷戦末期に西ドイツのシュミット首相が米ソ超大国の首脳に噛みついた。米独首脳会談の主要な議題は、核兵器の配備と使用だった。残念ながら、日本の総理が日米首脳会談で意味のある核抑止力の議論を仕掛けたことはない。そもそも核戦略の専門家は、外務省、防衛省、自衛隊のなかに数えるほどしかいない。

たとえば将来の台湾有事や朝鮮半島有事で、日本が核の恫喝を受けたら、時の総理は米国大統領に何を言うべきか。国民をどう説得するべきか。この問題は絵空事ではない。近い将来、現実になるかもしれないのである。しかし日本の総理には、その準備がない。

唯一の例外は、中距離核ミサイルの全廃をレーガン大統領に働きかけて実現した中曽根総理唯一人であろう。かつて日本の政治指導者には、中曽根総理のような限られた例外を除いて、そもそも軍事的なリテラシーが欠落していた。それは政治指導者だけではない。故岡崎久彦大使が嘆かれたように、冷戦中の日本では、政界、マスコミ、官界、経済界、学界のエリートに、リアリズムや軍事的リテラシーが欠落していた。

図表3　自衛隊の運用体制および統幕長と陸・海・空幕長の役割（軍令と軍務）

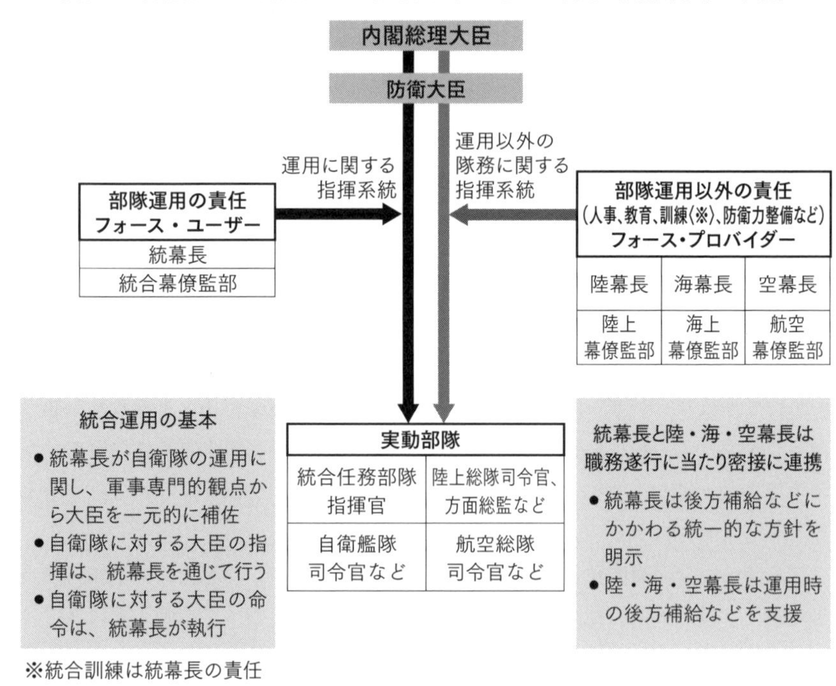

出所：『防衛白書』2020年版

図表4　主要部隊などの所在地（イメージ）（令和元年度末現在）

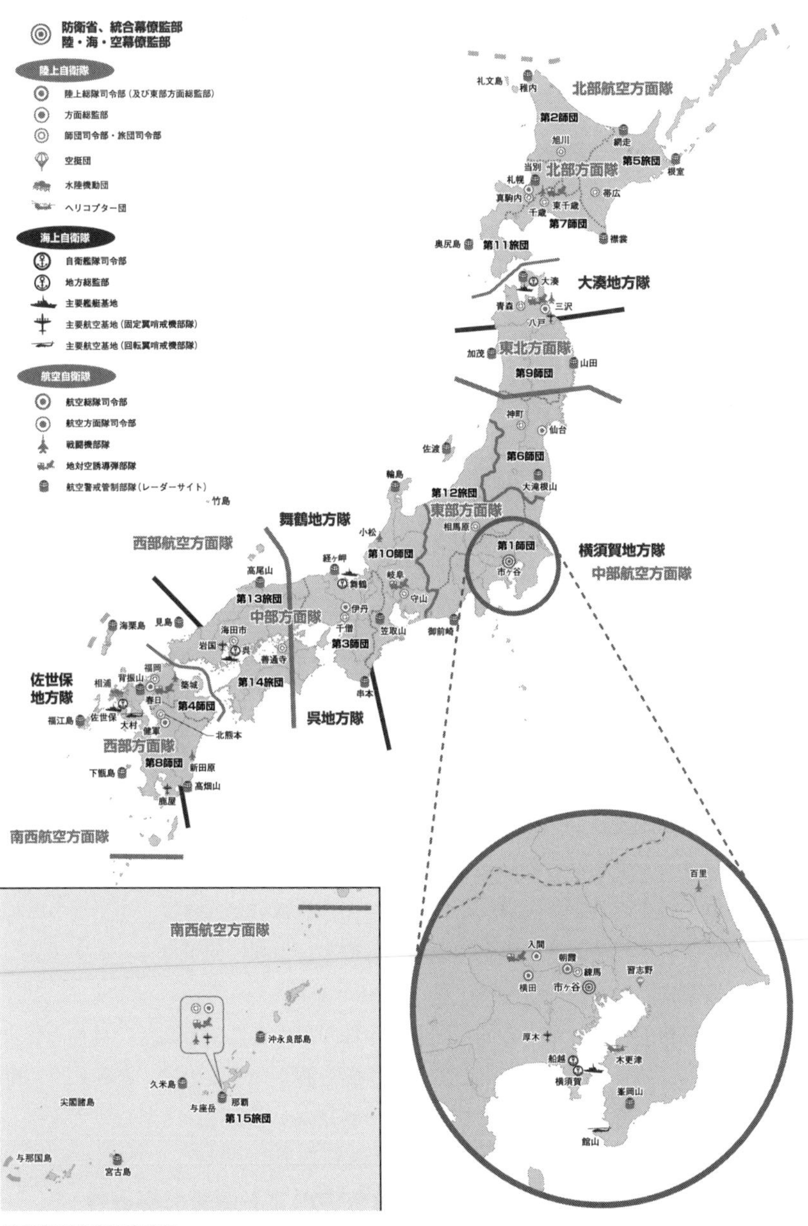

出所：『防衛白書』2020年版

特に、国立大学では、今でも「軍事研究」に一切手を触れないことが美徳とされている。日本の将来を担う俊英たちに、しかも最も本を読む青春時代に、一切の軍事的知識を与えないという偏った考え方がどれほど誤っているかは、どんなに強調してもし足りない。

筆者自身、東大法学部を卒業したものの、外務省に入省した後、軍事的無知の故に随分苦労させられた。安全保障政策の話をするたびに、米国人、英国人、フランス人などの友人から、その狭い金魚鉢から出た発想をしなくては駄目だ（Come out of the box!）と、何度も怒られたものである。

政治、外交、財政、経済、エネルギーのみならず、軍事問題を含めて総合的な判断できるのが、本当のエリートである。それは官民を問わない。日本は、世界でも珍しい、奇妙に偏った政治エリートが支配する文弱の国になってしまったのである。

話を元に戻そう。日本の総理が、インド太平洋の安全保障に負っている責任は重大である。現在、中国の台頭は著しい。次に大規模な有事があるとすれば台湾海峡であろう。欧州諸国はロシアにしか目が向いていない。

米国の同盟国は、日本、韓国、フィリピン、タイ、豪州の5カ国だけである。北大西洋条約機構（NATO）に比べても、その脆弱さは目を覆うばかりである。韓国は左翼政権の下での戦略的方向性が混乱しているし、豪州軍は強力だが小規模で、いかんせん南半球の国である。フィリピンとタイの軍事力は小さすぎる。中国に対峙することのできる同盟は、実は、日米同盟以外にはない。

アジアの自由主義社会の創設に貢献するためにリーダーシップを取って、米国をアジアにコミットさせるのは、日本の政治指導者だけができる仕事である。そのためには、日本の首脳が、外交だけではなく、核戦略を含めて、軍事をも含めて、最高のアジア戦略論を、外交、軍事の両面で、米国に仕掛けることができなければならない。

それは、事務的には、第一義的に国家安全保障局の責任であるが、日本を代表して政治、外交、軍事の総攬者として米国首脳と渡り合えるのは、総理大臣、唯一人なのである。総理には大局に立った軍事的知識が必要なのである。

（6）自衛隊指揮権の要となる統合司令官ポスト創設の必要性

次に必要なことは、自衛隊の指揮命令系統のストリームライン化である。総理は、国会で選ばれて、政府に指導者として落下傘降下してくる。当然ながら、政局は突然訪れるから、総理になった日に、安全保障、財政・金融から、経済・産業、エネルギー政策等々まで準備が万端整っているという人は少ない。

しかし、危機管理には「待った」はない。着任したその瞬間から、総理は、25万人の自衛官の命を預かる最高司令官になる。総理が、5つの金桜星を埋め込んだ漆黒の最高司令官用指揮棒を手にするとき、その指揮命令系統は、最高司令官である総理にとって分かりやすく明確なものでなければならない。さもなければ、総理は自衛隊を掌握できないし、自衛隊の指揮などできない。

戦闘モードに入った自衛隊の動きは猛烈に速い。防衛出動がかかった自衛隊は、騎虎の勢いで飛び出していく。もはや、後を振り返ることはない。リングに上がったボクサーのようにひたすら敵のパンチをよけ、敵に向かってパンチを繰り出すことに全神経を集中する。軍を指揮するとは、ダムから放出される奔流をコントロールするようなものである。総理は、どのようにして有事の自衛隊をコントロールすればよいのか。

総理が、戦闘モードに入った自衛隊を掌握する第一条件は、とにもかくにも信頼できる優れた統幕長（統合幕僚長）を持つことである。

統幕長は、国家安全保障会議に列席する。統幕長は、総理、官房長官、外務大臣、防衛大臣、その他主要閣僚の発言を聞き、そのすべてを理解したうえで、最善の軍事的選択肢を提示するのが仕事である。

国家安全保障会議に列席する統幕長が、すべての閣僚の発言を踏まえて決断すれば、それで自衛隊の作戦が決まり、日本の命運が決まる。統幕長は、政治、外交、行政に介入することは許されないが、安全保障会議の閣僚発言をすべて理解したうえで、最高指揮官の総理を軍事作戦面から補佐することが求められる。総理の首席軍事補佐官となるとは、そういうことである。

ところで、東日本大震災の際に、折木良一統幕長（当時）は、ほとんど菅（かん）直人総理の下を離れることができなかった。福島原発事故対応にかかりきりだった菅（かん）総理の世話で、折木統幕長の時間の大部分が取られた。10万の陸海空自衛隊を動員した津波・地震災害対応は、君塚栄治東北方面総監に一任された。二人の名将のお蔭で日本は国難を乗り越えた。

しかし、もしこれがたとえば台湾有事と東京大震災のような大規模複合事態だったらどうするのか。統幕長が総理官邸に入り浸っている間、三自衛隊の統合指揮は誰が執るのか。有事の規模が大きければ大きいほど地方に統合任務部隊（JTF）をつくって、地方総監等にバラバラに大規模複合事態の指揮を執らせることは、現実的ではない。場合によっては、統合任務部隊が乱立して自衛隊は混乱するであろう。

この問題は深刻である。米軍では、統合参謀本部副議長が、米軍全体で第二位の高官とされており、参謀本部副議長が全軍を掌握して指揮できる。日本の統幕副長は、三ツ星（中将クラス）であり、そもそも統合司令官ではない。今の自衛隊には、統幕長が総理官邸に入り市ヶ谷の統幕を不在にしている間、陸海空自衛隊の統合作戦を指揮する司令官が不在となるという問題がある。

それは決して許されてよいことではない。自衛隊第二位の高官として統合司令官のポストを新設し、戦術的な指揮権を委ねることができるようにするべきである。統幕長は総理の戦略的軍事補佐官と割り切って、総理の戦略的判断の枠内での戦術的指揮は、統合司令官に全権を委ねるべきである。

このとき、いかなる軍隊組織もそうであるように、ランクが重要である。統合司令官ポストを新設する際には、四ツ星（大将クラス）として、その号俸も統幕長と並ぶ号俸（8号俸）にするべきである。陸海空幕長（7号俸）よりもワンランク上にしなければ、統合指揮が執れるはずもない。

また、現実の問題として、アジア太平洋地域で米軍を巻き込む有事が発生すれば、米軍においてインド洋・太平洋方面軍の長として米軍四軍（陸海空海兵）の指揮を総括するのは、方面軍司令官であるインド太平洋軍司令官（ハワイ）である。作戦の調整は毎日、場合によっては、毎時間、必要になるであろう。

彼からの電話は誰が受けるのかという問題がある。総理の傍らにいるべき統幕長は、本来、ワシントンの米軍統合参謀本部議長のカウンターパートであり、最高司令官たる米国大統領の軍事補佐官である。統幕長は、本来は、インド太平洋軍司令官のような現場の指揮官であってはならないのである。この点は、早くからハリス元インド太平洋軍司令官から問題提起されている。

今のように、統幕長に軍事指揮権を一任し、総理の軍事補佐官を務めさせるのは、やはり現実的ではない。別途、陸海空三自衛隊の統合司令官をつくり、三自衛隊の統合指揮を委ねるべきである。陸海空三幕では、誰が統合司令官になるかで激しい競争が起きるだろう。ここは政治の出番である。自衛隊組織強靭化を指導するのは、自衛隊指揮権を持つ総理大臣、防衛大臣の責任だからである。

(7) 統幕における常設統合司令部の必要性

続いて統幕の作戦運用面での組織強靭化である。有事は、オリンピックの器械体操にたとえれば、陸海空自衛隊による複合団体競技である。個人競技ではない。一人ひとりが世界最高レベルの技量と装備を求められるが、それだけでは勝てない。団体戦なのである。陸海空自衛隊が単独種目のつもりで活動すれば、日本は負ける。戦前は、最高指導官の天皇陛下を祭り上げ、形骸化した大本営の下で、帝国陸海軍がバラバラに動いてみじめな敗北を喫した。

戦前の反省を踏まえて、戦後、陸海空自衛隊の統合運用が図られてきたかというと、そうでもない。どこの国でも軍隊は、異なる軍種間の統合作戦を嫌う。米軍だって、1986年のゴールドウォーター・ニコルズ法によって、議会にお尻をたたかれて初めていやいや統合に進んだのである。日本では、まだ陸海空の各幕僚監部の力が大きい。統幕はまだまだ脆弱である。

筆者が、数年前、ウェストポイント（米陸軍士官学校）を講義で訪れたとき、「米陸軍にとって、一番の敵はどこですか」と聞いたら、米陸軍幹部候補生たちは、「ビート・ザ・ネイヴィ（米海軍をやっつけろですよ）」と述べて笑っていた。また、ネブラスカにある米軍の戦略軍を訪れたとき、筆者が、「最大の核兵器数を有する米海軍が、よく米空軍主流の戦略軍の隷下に入りましたね」と聞いたら、戦略軍の幹部は「議会がぶん殴ってくれたからだよ」と述べて苦笑いしていた。

陸海空軍は、どこの国でも仲が悪い。予算をめぐる競争も、一番槍、軍功をめぐる競争も熾烈である。剣道部と柔道部と空手部のようなものである。それを統合させるのは政治の力である。日本の政治家には、米議会のように、陸海空自衛隊の運用を統合させて、どう強くするかを考える責任がある。さもなければ自衛隊の統合は進まない。しかし、残念ながら、日本の国会での安保論議の現実は、米議会のような理想の姿からは程遠い。

日本の統合幕僚監部が立ち上がったのは遅く、なんと終戦後半世紀を過ぎた21世紀に入ってからであり、正式な設置は2006年である。1990年代の末に筆者が外務省の日米安全保障課長を務めているころ、米軍サイドから日本の自衛隊の統合運用が非常に遅れており、これでは米軍との共同作戦に差し支えるので、早く何とかしてほしいと言われていた。21世紀に入って、やっと統幕ができたのである。

統幕は、思ったよりもはるかに小さな組織で生まれてきた。当時、「小さく生んで、大きく育てるのだ」と言われたものである。ところが、いつまでたっても小さなままだ。こんなことで、本当によいのだろうか。

特に心配なのが、統幕運用部（J3）である。尖閣有事、東日本大震災、南海トラフ大地震等の場合には、映画「空母いぶき」のなかに出てきたように、陸上自衛隊の西方総監部などの司令部に統合任務部隊（JTF）を設けて、そこで陸海空三自衛隊を統合運用することになっている。

しかし、先に述べたように台湾有事のような本格的な有事になった場合や、南海トラフ地震と朝鮮有事が重なるような大規模複合事態が起きたときに、地方にJTFを乱立させても仕方がない。市ヶ谷のJ3で、陸海空自衛隊全体の統合運用を大きく仕切らなくてはならない。そうでなくては、先に述べたように仮に統合司令官をつくっても、支える組織が不在となり、実質権限がない顕官に成り下がってしまう。

しかし、今のJ3は、物理的に華奢すぎる。現在の陣容で、どうやって大規模複合事態の統合作戦を立案し、指揮を執るのだろうか。平時から大規模な陣容を抱えるのは非効率であるとよく言われる。しかし、総理官邸の事態室（危機管理チーム）だって常時100人はいる。羽田の管制官は6チーム交代でシフトを組んでいる。戦闘集団である自衛隊の中核が脆弱なままでは、いざというときに体力負けしてしまう。いくら屈強な自衛官でも、徹夜、徹夜では戦えない。

「有事になれば優秀な若い自衛官（幹部候補生）を揃えるのです」という説明をよく聞く。そんなことでいいのだろうか。戦前の大本営も、有事用の仮設組織だった。しかし、日頃から異なる軍種のエリート士官が顔を突き合わせ、ともにいろいろな課題を克服し、演習を重ねてこそ統幕運用部である。

日中戦争以降の大本営は、統合作戦司令部としては機能しなかった。所詮、仮設の形だけの組織だったからである。日頃仲の悪い帝国陸海軍が、突然、合同会議を開いてうまくいくはずもなかった。筆者は、内心、今の統幕は、実際の有事に遭遇すれば、大本営の轍を踏むのではないかと危惧している。

折木元統幕長は、東日本大震災・津波と福島第一原子力発電所事故という複合大規模災害を経験し、国難から日本を救った平成の名将である。折木元統幕長が、折に触れて言われたことが、「早く常設の統合司令部を立ち上げないといけない」ということであった。

こういう動きは、自衛隊のなかからは出てこない。陸海空の激しい権限闘争が起こることは必定である。特に、数の多い陸上自衛隊が統合司令部の中枢を占めるであろうことに、少数派である海空自衛隊の反発は強い。

海空自衛隊の動きはスピードが勝負であり、また、今後、ミサイル防衛からさらに発展していくであろう統合防空ミサイル防衛へとまっしぐらである。デジタル化の遅れた陸上自衛隊が、海空自衛隊の作戦の総指揮を執ることに対しては、いまだに相当な抵抗感がある。特に、帝国海軍の流れをくむ海上自衛隊からは、数の多い陸上自衛隊の影響力が強くなるであろう統合司令部の指揮下に入ることに対して、強い拒絶反応がでる。自衛艦隊行動の自律性に、強い自負と執着があるのである。

しかし、最高指揮官である総理の立場に立てば、誰が自分の命令を執行するのか、誰が陸海空を取りまとめて指揮を執るのか、統合作戦立案・実施の実働組織（J3）はしっかりしているのかということは、当然、出てくる疑問である。軍の統合運用の促進は、実は、最終的な責任を取る政治指導者が、自分の問題として捉え、強力な意思をもって推し進めない限り動くものではない。

政治主導による常設統合司令部の設置が望まれる。常設統合司令部ができれば、先に述べた統合司令官が、朝霞の陸上総隊司令官、横須賀の自衛艦隊司令官、横田の航空総隊司令官を取りまとめ、統合司令官の下で統幕J3部長が、朝霞の陸上総隊司令部参謀長、横須賀の自衛艦隊司令部参謀長、横田の航空総隊司令部参謀長を取りまとめるという意思決定過程がすっきりする。

そのうえで、統幕長が、各自衛隊の軍務（政府との調整）を統括する陸海空幕僚長、および、自衛隊の軍令（作戦指揮）を統括する統合指揮官、陸上総隊司令官、自衛艦隊司令官、航空総隊司令官を束ね、総理の戦略的指導を受けるという体制を組み上げるべきである。それが、普通の国の軍隊である。

（8）陸上総隊、自衛艦隊および航空総隊司令官の大将格昇格と陸幕メジャーコマンドの関係

自衛隊の指揮命令系統には、もう一つ問題がある。戦闘実務を所掌する軍令系統の将軍の格（ランク）が低すぎることである。そもそも、陸上自衛隊総隊司令官のポストが創設されたのは、なんと2018年である。それまで陸上自衛隊では、指揮命令系統上、北部、東北、東部、中部および西部の5方面総監が束ねられ

ず、バラバラなままであった。

陸幕長には、作戦の指揮権はない。統幕長から、いきなり5方面総監に指揮命令が下りる仕組みだったのである。端的に言えば、陸上自衛隊は、5つの方面軍の寄せ集めだったのである。外国から見れば、日本には陸軍が5つあるように見えたであろう。八岐大蛇（やまたのおろち）ならぬ五岐大蛇（ごまたのおろち）である。

陸上自衛隊総隊司令官といえば、全陸上自衛隊に号令を発することができるポストであり、かつての帝国陸軍でいえば参謀総長のポストである。どこの国の陸軍にも、参謀総長がいる。戦後、陸上自衛隊は、75年の間、陸上自衛隊の総軍を指揮する司令官を置かなかった。いや、政治的に置けなかったのである。そうなると、陸上自衛隊の調整は、本来、指揮命令権のないフォース・プロバイダーである陸幕長が事実上取りまとめるか、前述の通り小さすぎる統幕運用部（J3）に調整を放り投げることになる。

それはおかしいであろう。軍の指揮命令系統は、鋼鉄の枠組みのようでなくてはならない。指揮命令系統が曖昧になってしまえば、シビリアンコントロールは崩れる。陸上自衛隊がバラバラのままでは、関東軍等の国外の方面軍が勝手に動いて大日本帝国を崩落させた帝国陸軍のようになるであろう。2018年になってようやく、陸上自衛隊に総隊司令官が置かれた。岩田清文元陸幕長の英断である。

戦後70年以上経った2018年に、ようやく陸上総隊司令官、自衛艦隊司令官、航空総隊司令官の3総隊司令官が揃った。今の仕組みでは、統幕長の下で、この陸海空の3将が、自衛隊の運用をすべて決めることになる。

問題は、彼らの地位が低すぎることである。並ぶものがない権勢を誇った戦前の陸軍参謀総長や海軍軍令部総長の復活をしろと言っているのではない。しかし、たとえば、俸給面でのランクを見れば、統幕長が防衛次官並び（8号俸）、陸海空幕長が防衛審議官並び（7号俸）であるのに比して、総隊司令官は局長並び（5号俸）であり、しかも、陸海空幕長は四ツ星の将官であるのに対して、陸海空総隊司令官は三ツ星にすぎない。

これはどう考えても低すぎはしないか。有事になれば、統幕長の下に立ち上がるのは、軍務系列の陸海空幕長と、軍令系列の陸空総隊司令官および自衛艦隊司令官である。前者が政治、外交との調整、後者が戦闘の指揮に当たる。戦闘部隊を指揮する組織の長が、三ツ星というのはいかがなものかと思う。できれば陸海空幕長並び、さもなくばせめて防衛省装備庁長官並び（6号俸）のランクに上げ、四ツ星の将官に格上げするべきである。

そうすることによって、陸上総隊司令官が、陸上自衛隊の5方面総監（5号俸）よりも自然とワンランク上に来ることになり、陸上自衛隊の指揮命令系統もストリームライン化される。今のままでは、陸上総隊司令官と陸上自衛隊5方面総監が同ランクのまま（5号俸）となってしまう。それでは、陸上総隊司令官というポストを設けた意義が半減されてしまう。

こういう話をすると、すぐにスクラップアンドビルド用に差し出す財源となるポストがないというちまちました話になる。本当に必要ならやればよい。国家安全保障局の幹部ポストは純増である。それは政治指導者が判断すべきことである。国のために本当に必要なポストは、政治家の決断で純増できるのである。

ところで、現在、陸海空の総隊司令官が、総理に直接謁見し、報告することはほとんどない。軍令系の将の地位が低いからである。米国大統領は、自らの命令で戦闘員を死地に送り出す将軍たちと定期的に会って話を聞いているという。大統領が、全米軍の最高指揮官である以上、それは当然のことである。大統領の決断は重い。大統領は、自らが切る命令書に、多くの将兵と国民の命がかかっていることを知っている。

同様に、最高司令官である総理大臣は、自分が下令すれば、誰がその命令を受け取るのか、それはどういう人間なのか、どこの基地にいるのか、何を考えているのか等という想像力が働かなければならない。また、現場の軍曹や兵卒が、最高指揮官をどう見ているか、その空気をつかむためにも、戦闘にかかわる指揮命令系統上の主要な将軍と個人的な信頼関係を築くことが、重要なのである。

総理が、戦闘作戦に責任を持つ軍令系の陸将、海将、空将の顔も分からないようでは、最高指揮官としての責務は果たせないのではないであろうか。日本においては、戦後、総理と自衛隊の関係は遠かった。とても遠かった。今は、その悪弊を打破するときである。総理が自らの判断の重さを知るためにも、統幕長、陸海空幕長に加えて、戦闘員の長である陸空総隊司令官および自衛艦隊司令官から、定期的に報告を受けるような習慣をつくるべきである。

（9）プロパガンダ戦失敗の教訓

総理官邸から見て、一刻も早く強化せねばならない機能が、第3講でも触れた戦略的コミュニケーションの能力である。戦前から帝国陸海軍は、武門の国の軍隊らしく、まことに宣伝戦が下手であった。しかし、戦争は頭でするものである。力だけで押していけば負ける。諸葛孔明のように優れた文官が総軍の指揮を執る伝統がある中国では、戦略を練り、謀略の限りを尽くす知将が評価される。

今でも、中国のプロパガンダは、サイバー空間を駆使し、法律戦、心理戦、情報戦に抜かりがない。実は、中国の方が、国際的には標準的である。「やあやあ我こそは」「出合え、出合え」式では、もはや、通用しない時代になっているのである。

中国で帝国陸軍の評判が非常に悪いのは、知将蔣介石の世界を相手にした宣伝戦が、はるかに日本陸軍の宣伝能力を上回っていたからである。というよりも、武勲に逸る日本陸軍の幹部は、そもそも宣伝戦にあまり関心がなかった。

蔣介石は、日本がつくった満州国がソ連の南下を押しとどめているという地政学的な現実を直視して、満州ではなく、欧米列強の租界が林立する上海を戦場に選んだ。上海租界の実態は、欧州植民地帝国が割拠するミニチュア版の植民地であり、中国のなかに生まれた事実上の外国であった。江戸時代末期に横浜を欧米の列強が占領し、そのまま並存割拠する多国籍のミニ植民地をつくったと想像すれば分かりやすい。上海は、白人の町であり、中国人は植民地の下働き用の下人であった。瀟洒な黄浦公園には、犬と中国人は立ち入り禁止だったという。日本租界は小さく、海軍陸戦隊の守備範囲であった。

蔣介石は、ドイツの技術力を借りて、上海を要塞化していた。盧溝橋事件の後、蔣介石は、上海で日本軍に総攻撃をかけた。ソ連をにらむ関東軍は南下できず、参謀本部は、本土から上海派遣軍を急ごしらえして投入する。新兵の多い上海派遣軍は中国軍との激戦で大規模な損害を出すが、世界を驚かせた帝国海軍の渡海爆撃で蔣介石軍は潰走する。

しかし、蔣介石軍は、写真を多用した宣伝戦を繰り広げ、上海という国際都市を攻撃した暴虐な日本陸軍というイメージが一気に世界に広がった。戦場で蔣介石軍を圧倒した日本軍であったが、世界規模の宣伝戦で完敗した。そのときのイメージ戦の惨敗ぶりが、戦後の日本のイメージに大きな負債となって残ったことは、歴史の示す通りである。

戦争は、頭で戦うものである。中国が長ける法律戦、心理戦、情報戦の価値は、日本が得意とする戦術的な戦闘の勝利と同様に、あるいはそれ以上に重要なのである。戦場で勝つだけでは戦争に勝てない。特に、国際世論を味方につけるためには、あらゆる努力を惜しむべきではない。

(10) 戦略的コミュニケーション機能の強化——2つの側面

戦後、この戦前の失敗が生かされているかというと、決してそうではない。一応、統幕計画部(J5)が戦略的コミュニケーションの担当になっており、統幕には報道官もいる。しかし、それで宣伝戦、プロパガンダ戦に習熟した旧共産圏の宣伝部や強大な統一戦線部に対抗できるであろうか。できるはずがない。

中国も、ロシアも、かつては他国に共産革命を起こすことを国家目標として、敵勢力の内部に浸透し、共産主義イデオロギーによる政治エリートや大衆の思想改造に極めて高い能力を示した国々である。今は、インターネットを使って、自由主義社会への浸透工作に余念がない。有事となれば、優れた敵方の宣伝部隊が、現場での自衛隊の暴虐行為や非人道的行為に関するフェイクニュースを大量に捏造し、世界中に流すことは、容易に予想がつく。また、侵略国側が「自分は自衛隊に戦争を仕掛けられたのだ」という虚報を流して猛烈なプロパガンダを張ることは、当然予想される。それは開戦の定石であり、常套手段である。

残念ながら日本は、戦略的コミュニケーションの能力が低い。それは、統幕レベルの軍事戦術的なものにとどまらない。戦略的コミュニケーションは、政治、外交全般にかかわる。防衛省内局や、外務省、さらには総理官邸との調整が必要である。しかし、戦略的コミュニケーションに関して、防衛省、自衛隊と外務省の間には、何らの組織的調整もない。政策部局間では若干の意思疎通もあるが、総理官邸、外務省、防衛省、自衛隊の報道官、広報組織間の安全保障に関する連携は皆無である。政府全体の戦略的コミュニケーションの方針を取りまとめるのは、本来国家安全保障局の仕事であるが、その努力はまだ端緒に就いたばかりである。その責任は重い。

危機管理は、待ったなしである。危機が始まってから、どういう内容の戦略的コミュニケーションを打ち出すかを考えているようでは、到底、情報戦で勝てる見込みはない。常日頃から、国家安全保障局を中心に、どのようなシナリオの際に、どのような戦略的コミュニケーションを行うかを、総理官邸、防衛省、自衛隊、外務省を交えて検討し、テンプレートをつくって、演習しておくようでなければ、待ったなしの本番では何も機能しないであろう。国家安全保障局は、設立以来、平和安全法制他、数多くの仕事を矢継ぎ早に仕上げてきたが、戦略的コミュニケーションの分野の進展は、残念ながら遅れている。

また、戦略的コミュニケーションにはもう一つの側面がある。それは、自衛隊の運用による暗黙のメッセージの伝達である。米国は、緊張が高まると、紛争の抑止のために、必ず米軍を動かして見せる。太平洋戦争開戦の直前、ルーズベルト大統領は、米海軍艦隊の主力をハワイの真珠湾に集結させるように命じた。日本を牽制するためである。今でも、北東アジアで緊張が高まると、米空母機動部隊が極東に展開してくる。場合によっては、二個部隊が同時に投入される。米軍の本気度が伝わる。

戦後日本外交は、平和外交に徹してきたために、自衛隊の運用を戦略的メッセージとして使うという発想自体がない。外務省にもないし、防衛省にもない。紛争を抑止するために、自衛隊の警戒度を上げ、活動を活発化させることは、抑止力の一環である。それは、外交ルートにおける声高なメッセージの伝達ではなく、軍同士のパントマイムによる意思疎通である。前にも述べたが、その効果は、表舞台での華々しい外交的メッセージと同様に、高い確率で相手国の首脳部に伝わるのである。

本来、自衛隊の最高司令官である総理には、緊張が高まった際の自衛隊の動かし方を事前によく諮っておかねばならない。それもまた将来の、しかし、喫緊の課題の一つである。

(11) 防衛予算編成過程、装備選定過程の見直し

防衛予算は、中国の急激な軍事費増強に対して、遅々としてではあるが増額が図られている。厳しい財政状況のなかで防衛省は、他の省庁と同様に、財務省から押し付けられる予算枠を前提に惰性で予算を編成しているところがある。しかし、国家安全保障は、国の根幹である。常々、麻生副総理兼財務大臣は、防衛当局に厳しい予算カットを迫られつつも、「カネがないから負けたとは言わせない」とおっしゃっていた。

日本の安全を保障するために本当に必要な装備および技術は何か、他の何を削っても導入しなくてはいけない装備および技術は何か。まず、その要求は、各幕から出てこなくてはならない。それが統幕計画部（J5）で優先順位を与えられ、内局に提出されねばならない。

内局は、その優先順位を政治的、政策的に見直し、防衛大臣の裁可を経て、財務省に要求せねばならない。そこでは予算枠の限界から話を始めるのではなく、本当に必要なものは何かという議論から始まらなくてはならない。そして、それを導入するためには、何を切るかという議論がついていなくてはならない。

昨今の最大の自衛隊変革は、25防衛大綱（2013年）における陸上自衛隊の改編であろう。陸上自衛隊は、朝霞の陸上総隊司令部、1旅団規模の水陸両用団を創設して、世間をあっと言わせた。岩田清文陸幕長の大改革である。

25大綱では、北海道以外に配置してあった戦車が全廃された。このくらいの思い切った発想がなければ、惰性を排除した自衛隊強靭化のための予算編成はできない。当時、海空自衛隊増強、陸上自衛隊削減論者であった麻生副総理兼財務大臣も、陸上自衛隊が自らの肉を切って考え出した陸上自衛隊再編案に賛同された。これが本来あるべき防衛予算編成の姿である。

3　令和の自衛官へのエール

筆者たちの時代は幸せな時代だった。たとえば、1959年生まれの筆者は、高度経済成長時代に子ども時代を送った。高校時代には日米両国の対中国交正常化とデタントで緊張が劇的に緩和した。社会に出たとたんにソ連のアフガニスタン侵攻により新冷戦が始まったが、中曽根総理の指導力で明確に「西側の一員」路線が定まった。

筆者が30歳を迎えたとき、昭和の御代が終わり、直後にソ連が崩壊した。また、中国は天安門事件後、混乱の淵に沈んだ。中国は日本の経済支援を求めた。北朝鮮も体制が崩壊の危機に瀕し、軍隊を統治に利用するまでになった（「先軍政治」）。日本に対する直接の脅威は、大きく退潮した。

続く平成の御代は、国際的には幸せな時代だった。国際テロリズムの横行はあったが、日本は平和だった。日本は大規模国際テロの犠牲にならなかった。それに先立つ1985年のプラザ合意で円の価値が跳ね上がり、経済界は苦しんだが、日本の消費者にとっては世界中の物品が、突然、7割引きになった。巨大な資金力を手にした日本は、集中豪雨型輸出国家から、世界に冠たる投資国家に変貌し、また、世界中に日本の観光客が溢れた。

筆者が60歳を迎えたとき、平成の御代が終わった。そして令和である。

令和の戦略環境は厳しいものになる。中国は、西方国境でNATO（北大西洋条約機構）に押さえつけられていたソ連とは異なる。中国は、北のロシアとは戦略的友好関係にあり、西のウィグル、チベット等の少数民族は軍事的な脅威ではない。南のインドとは、ヒマラヤ山脈という天然の境界で隔てられている。中国が全力を振り向ける紛争は、台湾併合であり、その現実に直面するのは日米同盟だけである。日米同盟だけが、今やインド太平洋地域の秩序を支えるたった一本の脊椎だからである。

中国の経済力は既に日本の3倍であり、中国の軍事費は名目値でさえ日本の4倍である。もはや、中国は、日本一国の手に負えない。日本は地理的に中国と直面する。ロシアとも直面している。北朝鮮もいる。太平洋の反対側にいる米国としっかり手を組んで、地域の戦略的均衡を維持し、中国の拡張主義的な侵略行為を抑止せねばならない。令和の自衛官には、平成の御代とは比べ物にならないほどの厳しい軍事的現実がのしかかる。

戦後75年を経て、初めて政治指導の下での安全保障政策の立案と実施が可能となった。そこには、防衛省、外務省だけではなく、自衛隊が不可欠の一部としてかかわっている。国家安全保障会議、国家安全保障局も生まれた。政治指導の下で日本の防衛が本当に機能するかどうか、試される日がくるかもしれない。

万が一に備えて、自衛隊は、ますます強靭化することが求められる。令和の自衛官には、国民から、世界から支持されるようになってほしい。そして、アジアの安定と安全を守っているのは日本の自衛隊だ、と言われるようになってほしいと願う。

第6講　日本のインテリジェンス

1　インテリジェンスとは何か

(1) 国家生存への執念

「生殺与奪の権を他人に握らせるな」

最近、若い人の間で人気を博している漫画『鬼滅の刃』で、鬼殺隊の水柱、冨岡義勇が、家族を鬼に惨殺され、妹を鬼にされた主人公の竈門炭治郎少年に叩きつけた言葉である。インテリジェンスは、広い意味での安全保障問題がすべからくそうであるように、この言葉をあらゆる活動の原点に持つ。

それ以外に定点となる原点はない。国民の生存と幸福以外に至高の価値があると考えると大失敗を犯すのが、安全保障の世界である。戦前の国体にしても、戦後の憲法９条にしても、国民のためのものであり、そのために国民が犠牲になってはならない。国家は国民のためにある。当然のことである。

家族とともに、仲間とともに、さらには、国家として、民族として生き延びる、より良く生きる、という人間の生存への執念が、国家の生命力を活性化させる。国家の頭脳がフルに回転する。国家が保有する目、耳、鼻、触覚などのありとあらゆるセンサーから必死で情報を吸収しようとする。

国家の生存本能、生存への執念が、インテリジェンスの原点なのである。

「敵を知り、己を知れば百戦危うからず」（『孫子』）の教え通り、まずは、敵を知ることが安全保障の始まりである。すぐに手を出すのはチンピラである。「百戦百勝は善の善なる者にあらず」（『孫子』）である。情報優勢を取ったものが勝つ。しかも、戦わずして勝つ。それが安全保障政策の王道である。

誠意と信頼で社会はできている。しかし、どんなに仲良しでも利害の対立する相手とは、手の内を見せ合わないのが、大人の世界である。国家と国家の関係も同じである。たとえば、外交官は、決して嘘はつかない。しかし、決して本当のことは言わない。相手の国に得になること、自分の国が損になることは決してしゃべらない。交渉を通じて互いに得をすればそれでよいのであり、駆け引きとディールは当然である。いきなり腹を割ってすべてを本音でしゃべる人間は、外交官には向かない。外交は、常にポーカーゲームである。

(2) 国家の存亡にかかわるポーカーゲーム

武士道を重んじる日本人は、スポーツマンシップにあふれている。リングに上がれば死闘を繰り広げるが、リングを降りれば互いを称え合う。しかし、それはスポーツの世界である。外交官はそうではない。相手の心の奥深くに一条の光を当てて本音を探るのが仕事である。それは簡単ではない。

敵国であれば情報は固く閉ざされる。同盟国であっても本音は言わない。民主主義国家では、そもそも統一した国家意思が初めからあるわけではない。政治指導者は、閣僚、議会、メディア、SNS、有識者、地元の声などを聞いて総合的に最終判断を下す。情勢も刻々と変わる。米国の国務省と国防総省のように、関係省庁の意見が異なることはしょっちゅうである。

官界を出れば、議会やメディアを巻き込んだ怒涛のような民主主義プロセスのなかで国家の意思が決定されていく。合理的な意思決定ばかりではない。人間の意思決定は常に過ちを含み、私利私欲が混ざり込み、あらゆるプロセスは蛇行する。あらゆる情報を入手して、相手国の最高レベルでの最終意思決定の内容を知ろうとする。それがインテリジェンスである。

たとえば、ポーカーに興じているとき、たまたま、相手方の後ろにある鏡に相手の手の内が映るとしよう。それを黙って盗み見しながらポーカーに興じるのが、インテリジェンスである。さらには、コーヒーを配っている給仕さんに、相手方の手の内にハートのエースがあるかこっそり教えてもらう。それがインテリジェンスである。

外交官としては、傍らを通っていく給仕さんにも注意しながらゲームを楽しむのが正しい対処の仕方である。脇の甘い方が痛い目を見るのが当たり前の世界なのである。

なんだ、インチキではないかと思われるかもしれない。どんな手段を使っても裏を取るのがインテリジェンスの世界なのである。それは、テレビドラマ「リーガルハイ」で、主人公の古美門研介弁護士が私立探偵を雇ったり、あるいは「半沢直樹」で、銀行の調査員が融資先の情報を徹底的に調べるのと同じである。

インテリジェンスなき安全保障政策などあり得ない。まさに私立探偵の世界である。

ポーカーなら負けても積み上げたチップを失うだけで済む。国家の場合は、インテリジェンスの良し悪しは、国家の存亡にかかわる。どこの国にも、ヒューミント（スパイ）を担当する対外情報機関がある。ないのは日本だけである。

かつて、米国務省の友人から「本当にないのか」と聞かれ、「本当にないのだ」と答えたら、「どうしてそれで外交ができるのだ」と目を丸くして驚かれたことがある。それが世界の常識である。スパイや間諜は、紀元前からある。『孫子』も一章を割いて詳細に説明している。スパイなどいないと考える方がどうかしている。ウィルスと同様、第三国のスパイは、人間の社会と常に共存しているのである。

2　戦後日本の情報組織の萎縮

（1）生存本能の強い国の共通点

本番のインテリジェンスには、将兵の生き死にがかかる。国家の興亡がかかる。毎日、国家存亡の危機を実感している国の情報機関は優れている。イスラエルのモサドがそうである。ヘンリー8世が教皇庁に逆らって勝手に英国国教会を立ち上げた英国では、いつも教皇庁とカトリックの国々の敵意におびえなくてはならなかった。フランス革命で共和政に転じたフランスは、19世紀初頭、全欧州の王家の敵意を買った。ロシア革命で世界最初の共産党政権を立ち上げたソ連は、同じく全世界の資本主義国家の敵意を買った。

生存本能の強い国は、皆、一流の情報機関を持っている。冷戦中に分断国家となり同じ民族で銃を向け合った中国と台湾、韓国と北朝鮮、かつての東西ドイツもそうであり、共産圏に組み込まれてソ連流の諜報技術を叩き込まれた東欧諸国も、優れた情報機関を持っている。

戦後、超大国となった米国でさえ、18世紀の末、東海岸で弱小な13共和国が独立を果たしたとき、カナダには英国が、アラスカにはロシアが、ルイジアナにはフランスが、カリフォルニアやテキサスにはスペインがいた。米国人は、決してニュージーランドのキーウイバードのように、孤絶した新世界でのんびりと生きてきたわけではない。第二次世界大戦後、冷戦開始と同時に、巨大なCIAがただちに立ち上がったのは、米国にインテリジェンスを徹底して利用するアングロサクソンの政治文化があったからであろう。

忍者で有名な日本は、インテリジェンスが優れていると買いかぶられている。筆者がまだ米国大使館に勤務していたころ、ワシントンDC中心部のF街にあったスパイ博物館の入り口には、日本の忍者の等身大の人形がガラスケースのなかに飾ってあり、「スパイマスターの祖先」と書いてあった。実際、「草」となって世代を越えて各藩に潜り込む公儀隠密の世界は、『孫子』に言う「死間」に匹敵する最も厳しいスパイの世界であった。

近代に入った後も、明治政府は情報を大切にした。帝国主義が猖獗（しょうけつ）を極めた19世紀に外交デビューした明治政府が見た弱肉強食の国際情勢は、過酷であった。明治政府は、欧米列強の地球分割を目の当たりにしながら開国した。

明治の指導者は、プラッシーの戦いを経てムガール帝国が英国に征服され、第一次、第二次アヘン戦争以降、大清帝国の領土が無残に引き裂かれたと知って恐怖に総毛が逆立ったであろう。戊辰戦争を終えたばかりで、国際的には弱体だった新政府が、ジャングルの掟が支配した帝国主義時代に世界の情報に飢えたのも無理はない。日本が生んだ優れた諜報員も多い。明石元二郎陸軍大佐（後に大将）のロシア革命への資金供給は、あまりに有名である。

（2）戦前戦後の情報軽視

しかし、1930年代に軍事力を伸ばした日本には、夜郎自大の拡張主義的野心が出た。軍事力への過信は、必ず情報の軽視を生む。1930年代以降の日本陸海軍の情報戦は、宣伝戦と同様に極めて拙劣であった。戦争は、頭でするものである。頭の良い方が勝つ。情報戦は、その最たるものである。

戦後は戦後で情報軽視の状態が続いた。残念ながら、敗戦国となった日本では、強い平和主義の下で軍事が日陰に追いやられ、戦前とは逆の意味で、情報に対する軽視が生まれたのである。生殺与奪の権を戦勝連合国に握られて、分厚い日米同盟の被膜の下で自らの軍備を厳しく制限されたまま、鼓腹撃壌の生活を謳歌した日本は、まるで麻酔を打たれてまどろむ猛獣のようであった。これでは優れたインテリジェンス文化は生まれない。

また、戦後、国民が抱いた赤心の平和主義はソ連の工作対象となり、「非武装中立」のような非現実的な宣伝が左派勢力から執拗に繰り出された。吉田、岸、中曽根、橋本、小渕、小泉、麻生、安倍といった一部の優れた政治指導者を除いて、政治指導者の間にさえ安全保障問題を忌避する雰囲気が生まれた。日本の国家としての生存本能、国家理性は麻痺した。

インテリジェンスとは、生き延びるための本能から出てくる情報収集活動である。生存本能の麻痺した国に、インテリジェンス文化が花開くことはない。

戦後の日本は、戦前に有していたインテリジェンス文化を大きく損なった。陸軍中野学校は解体された。外務省は、表の外交活動に専念し、組織的なインテリジェンス活動から手を引いた。敗戦から7年後、日本は独立を果たしたが、戦前の情報組織は復活せず、かろうじて内閣情報調査室がつくられた。なお、防諜を任務とする警察は生き残った。戦争に負けるとはそういうことである。

戦後75年を経て、治安、防諜を担当する警察、公安調査庁、海上保安庁、また、密輸、密入国、不法送金等の経済犯罪を担当する経済産業省貿易管理部、財務省関税局、法務省出入国在留管理庁、金融庁等が、捜査能力を上げる過程で自らの調査能力も上げてきた。防衛省は、日米同盟の運用の枠内で米国と緊密な情報共有を実現した。

しかし、皮肉にも大成功した日米同盟の分厚い被膜の下で、国家の生存本能をまどろませた日本は、遂に21世紀に入るまで自前のヒューミント組織、即ち、英国のMI6のような対外情報庁を創設することができなかった。

3　ミッドウェー海戦に見る米海軍インテリジェンスの勝利

(1) 勝敗は戦場で決まるのではない

繰り返すが、戦争は頭でするものである。武門の国である日本は、戦闘そのものに価値を置く傾向が強い。中国のように無手勝流で、戦う前から法律戦、情報戦、心理戦を駆使して勝利を収めるという発想をしない。戦わずして勝つ将軍こそ名将である。戦場で死ぬことが美しいのではない。勇猛果敢に戦闘だけを重視し、地味な情報戦を軽視すれば、必ず負ける。

それは昭和前期の日本軍の欠点と言われた。大日本帝国陸海軍軍人のように、降伏して捕虜にならず死ぬまで戦う軍隊は世界でも少ない。1,000万人の国民を動員して、次々と無意味な玉砕を続けた帝国陸海軍は意外なほど脆かった。

太平洋戦争で死んだ日本人将兵は160万人（中国での戦死40万人を除く）で

あるが、米軍の死者は数万人だった。『孫子』は「必死可殺」とし、最初から死ぬ気の軍隊は弱いと喝破している。玉砕は決して美しくない。戦闘を止め、玉砕のタイミングを計らねばならない司令官は辛いであろう。玉砕する軍隊は旧日本軍だけである。何としても生き残って、捕虜となっても脱走して、最後まで戦う軍隊が強いのである。それが本当の軍人である。

勇猛果敢なだけでは本当の武士道ではない。それは江戸時代に歌舞伎用に飾り立てられた虚飾の武士道である。室町戦国の武将たちは、詭計も調略も間諜も駆使していた。生き残るためには何でもやる。無駄なリスクは冒さない。兎に角、情報の多い方が勝つ。それが真の戦国武将である。

柳生宗矩が『兵法家伝書』で言う通り、勝敗は戦場で決まるのではない。敵の運命は、既に戦場から千里も彼方にある己の帷幄のなかで決まっていなければならないのである。

(2) インテリジェンス敗戦としてのミッドウェー

たとえば、太平洋戦争において、大日本帝国崩落の直接の引き金となったミッドウェー海戦は、本来、負ける戦いではなかった。戦後、日本で、何度図上演習をやってみても日本海軍が勝利したという。日本では、敗戦の原因を、南雲忠一司令官が戦闘機に搭載する爆弾の換装を敵機来襲のタイミングで指示したために、日本海軍の戦闘機が発進できず、ことごとく主力空母を沈められたとする「運が悪かった」説がいまだに多く聞かれる。真実は、そんな単純な話ではない。

米海軍では、ミッドウェー海戦は、海軍インテリジェンスの勝利とされている。米国は、必死になって日本側の暗号を解読していた。真珠湾攻撃後、米軍は焦っていた。当時の米国は、大きな常備軍を持たないという建国以来の伝統が生きており、太平洋戦争前の米国は、その巨大な産業を軍事に動員していなかった。日本のような総力戦の備えはなかった。太平洋戦争開戦当時、太平洋正面では日米の海軍力は拮抗していたのである。

そこへ山本五十六連合艦隊司令長官の真珠湾攻撃である。米太平洋艦隊は、運よく真珠湾を離れていた空母以外の軍艦をことごとく失った。真珠湾攻撃の直後、海軍力では日本海軍の方が優勢となった。真珠湾攻撃からわずか半年のミッドウェー海戦時、米海軍の勢力回復は間に合っていなかった。

米海軍は、乾坤一擲の勝負に出た。偵察衛星のない時代、敵艦隊の所在をつかむことは容易ではない。米海軍情報部は、暗号を解読して日本海軍が「AF」に来襲することをつかんでいた。しかし「AF」という符号が、どこを指しているのかが分からなかった。

情報将校たちは「ミッドウェーに違いない」と当たりを付けていたが、高級参謀たちは、日本海軍がミッドウェーではなく、ハワイの司令部を再度奇襲攻撃したらどうするのかと懸念を隠さなかった。

そこで、ある情報将校が一計を案じて、ミッドウェー島の米守備隊に「飲料水が不足している」という電報をわざと平文でハワイの司令部に打たせた。その後、それを盗聴した日本海軍の電信に「AFが水不足」という文面が現れた。こうして米軍は、「AF」がミッドウェーであることを確信したのである。

ミッドウェーで日本海軍の主力艦を待ち伏せした米海軍は、赤城、加賀、飛龍、蒼龍といった日本海軍の主力空母4隻を一撃で撃沈した。日本海軍は、優秀なパイロットと290機の作戦機を失った。珊瑚海海戦までは米海軍と互角だった日本海軍は、ミッドウェーで利き腕を切り落とされた。大日本帝国崩落の序章を飾る見事なまでの完敗であった。それはインテリジェンスの敗北であった。

4　戦後日本の秘密保全法制と特定秘密保護法の意義

戦後の秘密保全制度はひどいものだった。罰則は国家公務員法にしかなかった。公務員がどんな国家機密を他国の情報機関員に売り渡そうとも、禁固1年、罰金10万円であった。公務員から情報を盗み出す外国の諜報員を裁く法律はなかった。

冷戦期間中、また、冷戦終了後も、国内の左派勢力はこのザル法を守り抜いてきた。冷戦が国内で構造化される過程で東側（ソ連側）に軸足を置いた人々は、秘密保護法制の強化に対して、非常に強い反対の立場を取ってきたのである。

「スパイ天国」と揶揄された当時の日本の秘密保全法制は、世界中のインテリジェンス・コミュニティからは嘲笑の的だった。実際、日本政府からは、だらしのないリークが頻繁に起き、日本政府には機微な情報はシェアできないという評判が立った。これでは友邦の諜報機関から良質な情報が入ってくるはずがない。

第二次安倍政権の下で特定秘密保護法ができて、特定秘密の漏洩や教唆が懲役10年、罰金1,000万円となった。北村滋内閣情報官（当時）が不退転の決意で実現した法制である。その後、それまで幾度となく続いてきた日本政府内部からの情報リークがやっと止まった。そのお蔭で、ようやく世界のインテリジェンス・コミュニティから良質の情報が入ってくるようになった。

非常に強い国内左派勢力の反対を押し切ってつくった特定秘密保護法だが、十分に厳しいとは言い難い。軍事機密の漏洩は幾千の自衛官の命にかかわる。その罰金が1,000万円である。外国漁船によるサンゴやイカの密漁の罰金は3,000万円である。日本の安全保障の感覚は、やはりまだ、どこかおかしい。

インテリジェンスの世界は、ギヴアンドテイクである。トレードクラフトと呼ばれる自前の情報を持っていなければ、まず相手にされない。自前の情報なしで、世界のインテリジェンス・コミュニティを相手にするのは、売る物を持たずに朝市に出かける農夫や漁師のようなものである。トレードクラフトはパワーポイントにまとめた分析結果ではない。分析する前の生情報こそが珍重される。

機微な情報を交換するとき、世界のインテリジェンス・コミュニティが最も気にすることは、自分が渡した情報が相手によってリークされないかということである。リークされた情報が敵方に渡れば、自らの情報ソースが失われる。場合によっては殺害される恐れがある。したがってインテリジェンス・コミュニティにおける秘密保全の掟は、命のかかった軍隊の秘密保全の掟と同様に非常に厳しい。秘密を漏らす可能性のある相手とは初めから付き合わない、という世界なのである。

5　回り始めたインテリジェンスサイクル

(1) トップのための情報収集

インテリジェンスとは、御庭番の世界である。その情報は、最高指導者と限られた幹部にしか渡らない。日本の組織では、中枢の権力が希薄になりがちで、中堅幹部が実権を握ることが多い。これは極めて日本的な現象で、通常の国では、トップが権力を握る。機密度の高いインテリジェンスは、限られた最高幹部の間でしか共有されない。

現在、多くの国では、政府の情報はデジタル化されて一元管理されており、職種と職階に応じてアクセスしてよい情報がコンピュータで綺麗に分類されている。クリアランス（非公開情報アクセス権限）のレベルに応じてしか情報にアクセスできない。政府コンピュータのシステムが、そのように情報を階層的に管理しているのである。いまだにペーパーワークが主流の日本では、政府全体の機微な情報をデジタル化して一元管理するなど未だ夢のまた夢であるが、米国などでは完璧なデータ管理とクリアランス管理が行われている。

最高幹部だけが、最高のインテリジェンスブリーフを受ける。最高幹部の頭脳のなかでは、政策とインテリジェンスが統合される。政策部局とインテリジェンス部局は、消費者と供給者の関係にあり、最高レベルに至る前に、高級幹部のレベルで密接な連携があるのが普通である。政策とインテリジェンスは、ある程度のすり合わせを行いながら、最高幹部に報告を上げていく。

政策の最高指導者は、インテリジェンスから上がってくる情報をよく咀嚼したうえで、政策的な判断を下す。優秀な指導者ほど、情報を欲しがる。たとえば、相手国の指導者が何を考えているのかという情報は、国家の枢機にかかわる情報であり、最も機密度の高い情報である。インテリジェンスは、相手の指導者の頭のなかの情報をすべてかき出すつもりで情報を取らねばならない。

たとえば、最高指導者は、首脳会談の前には、自分のカウンターパートについて詳しく知りたいであろう。首脳会談の議題にかかわる政策事項だけではなく、その背景として、相手方首脳の国内政治基盤はしっかりしているか、合意を実施するだけの政治力があるか、景気は追い風か逆風か、次の選挙は近いか、勝てそうか、政治資金は潤沢なのか、国内の反対勢力と握ってしまうことはないか、第三国政府に何か弱みを握られていないか、個人資産は潤沢なのか、あるいは多額の借金を背負っていないか、第三国から多額の資金援助を受けていないか、女性関係は大丈夫か、どういう家庭環境で育ったのか、子どもの頃の経験から国際関係を判断するときに何らかのバイアスが入らないか、健康状態はどうか、持病はないか、ということを知りたいであろう。

軍隊であれば、基本兵力がどのくらいかということは誰でも知っている。軍事サイドのインテリジェンスが欲しがるのは、相手の軍隊の活動状況はどうか、最新兵器の開発状況はどうか、その兵器の性能はどうか、我が方に対抗できる技術はあるか、どのくらいのスピードでどこに配備されるのか、敵の将軍、将校は誰か、能力はどうかなどといった情報である。日本でも、最近、ようやく密度の濃い軍事的なブリーフィングがなされるようになってきた。

(2) インテリジェンスサイクルとは

最近、政治主導が進んできた日本では、政治指導者——総理大臣や官房長官——が数多くの重い政治的決断を引き受けるようになってきている。特に、国家安全保障会議、国家安全保障局創設後、安全保障に関する政策が、総理官邸で大きく決まるようになってきた。

実際に政策を自分の手で決めるとなると、政治指導者は、政策部局の意見だけではなく、インテリジェンスサイドの意見を聞きたがるようになる。そこで初めて、インテリジェンスサイクルという意思決定のサイクルが回りはじめる。

それは簡単なことである。インテリジェンスブリーフを受けた最高指導者は、自分の政策遂行に関して、「もう少しこの辺を調べてほしい」とか、「ここはどうなっている」などと質問や調査の要請を出しはじめる。

情報組織は、基本的にはセンサーである。人間で言えば目耳鼻舌肌に相当する感覚器官である。センサーは、脳につながれて初めて活性化する。特に、危機的状況で活性化する。情報組織は、最高指導者が何を求めているかを知らなければ、漫然とした情報収集になってしまうことが多い。

インテリジェンス部局がフルに活動するためには、最高指導者から情報収集の指示が出ることが必要である。これがインテリジェンスサイクルの起点となる。指示が出れば、情報が収集され、統合され、総合的に分析される。そして最高指導者に再度報告される。

最高指導者とインテリジェンス部局の連絡が良くなると、このインテリジェンスサイクルがくるくると毎日のように回りはじめる。指導者と情報部門の間で、お互いに何を聞けばよいのか、そして何を調べればよいのか、相互の関心事項について理解が進むからである。世界中どこでも、最高指導者と政府の情報責任者は、強い個人的な信頼で結ばれているものである。

(3) インテリジェンスサイクルが機能しはじめた理由

最近の日本でインテリジェンスサイクルが機能しはじめた理由は、政治主導の確立に加えて、内閣官房機能の拡充、時に、国家安全保障会議、国家安全保障局ができたことが大きい。国家安全保障会議では内閣情報官によるブリーフも行われるし、また、国家安全保障局からは、定期的にインテリジェンス部局（内閣情報調査室）への情報提供要請がなされるようになった。

筆者は総理官邸で国家安全保障局と内閣情報調査室の双方の次長職を経験する機会を与えられたが、そこで痛感したことは、総理直轄の国家安全保障局および内閣情報調査室の連携がとても重要だということである。

内閣情報調査室は、日本のインテリジェンス・コミュニティを束ねているが、インテリジェンス・コミュニティは機密の壁が高く、通常の政策官庁とは付き合わない。安全保障に関連する外務省、防衛省であっても、両省のインテリジェンス部門は、同じインテリジェンス部局同士か、あるいは直接に安全保障のコア業務に関連する部局以外の部局とは付き合わない。

したがって、霞が関の政策担当諸官庁とインテリジェンス・コミュニティの双方に顔を向けている国家安全保障局が、情報部門と政策部門の蝶番としての役割を果たすことが期待される。インテリジェンス部局がまず国家安全保障局にブリーフし、そのブリーフを踏まえたうえで、国家安全保障局が関連する一般の政策官庁と話をする。

実際、米国をはじめとする多くの国では、NSCがインテリジェンス・コミュニティの意見を聞き、それをスクリーニングしたうえで、一般業務を司る政策部局にインテリジェンス・コミュニティの立場を代弁することが多い。

6　外交情報とインテリジェンス情報

外務省の情報は、インテリジェンス情報の重要な一部を占める。しかし、それは、情報機関の情報とは異質である。情報機関は、外交のみならず、テロ、治安、軍事といった国家の安危にかかわる情報を幅広く取ってくる。また、情報機関の情報は、ソースにこだわりがない。

たとえて言えば外交情報は、大新聞の新聞記者の取材に似ている。誰が誰から聞いたかが決定的に重要である。

普通、新聞記者の取材では、ある程度以上の政府高官から聞いた情報であれば、裏を取る必要がない。最高指導者の言質が取れれば、その部下に確認をすることはしない。政策を決める人が話しているからである。

日本のマスコミでは、大体、霞が関（官界）の次官以上の言質が取れれば、政府の方針として裏付けなしで報道する。総理、官房長官から言質が取れれば、政府首脳の発言として報道する。どれだけ高い情報ソースに食い込むことができるかが、新聞記者の腕の見せ所である。

情報機関は異なる。最高指導者などの高位の人間から直接話を聞ける人間や、秘匿度の高い情報に直接接することのできる人間なら、誰でも情報ソースになる。たとえば、最高指導者の運転手でも、お手伝いさんでもよい。彼ら自身に政治的な価値はなくても、彼らが最高指導者の生の言葉を聞いていることに価値がある。

肩書は要らない。情報ソースは、普通、コードネームで呼ばれる。サクラでも、ウメでもよい。最高指導者の生の発言を聞いたということに意味があり、誰が聞いたかということに意味があるのではないからである。この点、情報機関は、新聞記者というより私立探偵に似ている。

したがって、情報機関の情報には、いつも不確実性が付きまとう。裏の取りようがない話が多いからである。

外交情報であれば、たとえば、在米国大使館の政務公使が国務省の国務次官補から取った情報であれば、情報の真偽について、その政務公使が全責任を負う。

これに対して、情報機関の場合には、自らの情報がそもそも不確実であることを前提にして、自らの情報ソースに格付けをする。つまり、信頼度を保証する。優良可の成績がつくのである。サクラの情報は良質で、ウメの情報は3割程度の確率だなどという評価が付く。この評価の当たり外れが、情報機関の責任となる。

最高指導者は、それしか情報がなければ、確度7割のインテリジェンス情報をもとにして政策を決定する。それでも情報がまったくないよりは、はるかにマシなのである。国家の危機管理、安全保障は、100%確実でなければ決定を下さないという悠長な世界ではない。相手がテロリストであれ、敵対する国の政府であれ、軍隊であれ、情報は秘匿されるし、だまし討ちもある。危機はいつも不意打ちでやってくる。政府の意思決定は、いつも五里霧中なのである。暗闇のなかを手探りで進んでいるようなものである。確度7割、6割という情報をもとに意思決定をせざるを得ないのである。

映画「ゼロ・ダーク・サーティ」を見た人は気づいたと思うが、9・11同時多発テロで数千人の米国人の命を奪ったテロリスト、オサマ・ビン・ラディンの隠れ家を米海軍特殊部隊が急襲した時、オバマ大統領に上がった情報の確度は6割とされた。それでもオバマ大統領は急襲を決断したのである。

7　内閣情報調査室とオールソースアナリシス

（1）インテリジェンス・コミュニティの宿痾

最高指導者は、一人で国政全般にわたる事項について責任を持って総合判断をする。それが最高指導者である。外交、軍事、治安、財政、金融、科学技術等のすべての情報が流れ込み、すべての事項に国家として総合的な優先順位を付ける。最高指導者の判断とは、国政全般にわたり配慮するべき優先順位の決定なのである。それが総理の判断であり、総理しかできない判断である。

情報機関は、最高指導者に奉仕する。したがって、政府の業務全般に関し、優先順位の高い情報を総合して報告することがまず求められる。優先順位の高い情報とは、国家の安危にかかわり、国民の生命と財産の安全に直結する情報である。

どこの国でもそうであるが、対外的な安全保障に関する外務省と防衛省、そしてテロおよび治安に関する警察（内務省）、法務省公安調査庁および同出入国在留管理庁、海上保安庁、水産庁、経済犯罪に関する財務省国際局および関税局、経産省貿易管理部、総務省、金融庁等がインテリジェンス・コミュニティを形成する。

インテリジェンス・コミュニティの宿痾は、縦割りの弊害である。また、犯罪取り締まりを所掌する官庁が多いせいもあり、手柄争いの競争心も結構ある。情報組織にとって、縦割りの弊害は死病である。必要な情報が必要なところに回らない。縦割りが激しいとインテリジェンス・コミュニティのデジタル統合が進まない。筆者の友人の米国人は、サイバーインテリジェンス時代にデジタル化の進んでいない日本のインテリジェンス・コミュニティの現状を「石器時代」と呼んでいた。

また、秘密保全の観点からは、ニードトゥノウ（need to know）の原則といわれ、必要のない人に回してリークの可能性を上げてはいけないといわれる。しかし、同時に、情報をあまりに厳しく秘匿すると、今度は必要なところに回らなくなる。情報は、回して使ってもらわなければ、集めるだけでは意味がないのである。これをニードトゥシェア（need to share）の原則という。

このバランスが重要なのである。日本では、インテリジェンス・コミュニティ

図表5　日本のインテリジェンス・コミュニティ

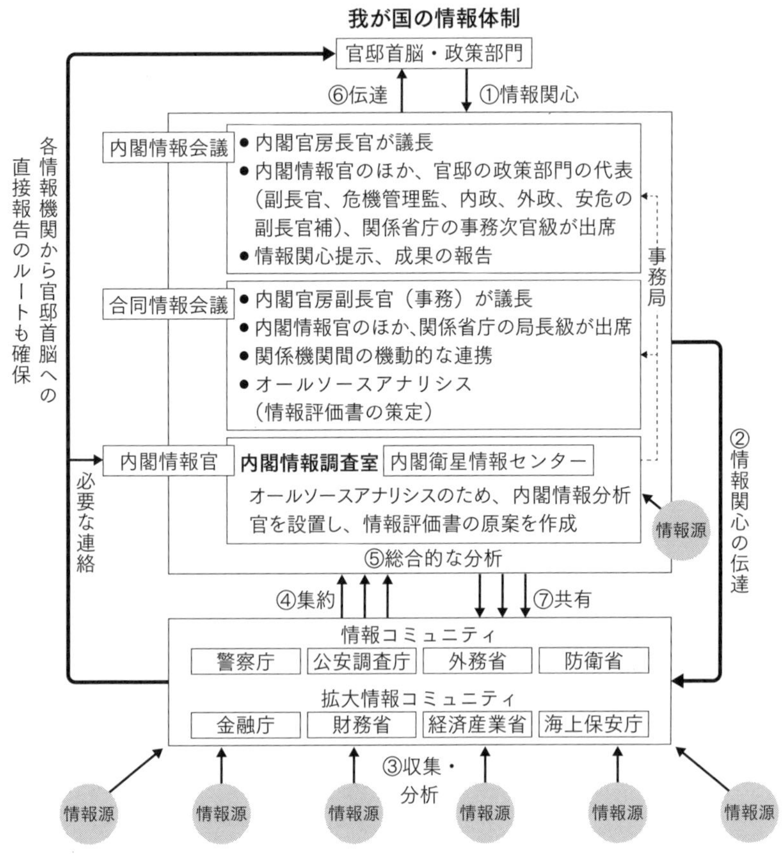

出所：小林良樹『インテリジェンスの基礎理論』（第2版）立花書房

の縦割りが厳しく、ニードトゥシェアの原則が軽視される傾向があった。まるで、伊賀、甲賀、根来の忍者衆が互いに競い合っているかのような風情であった。その現状は、今もあまり変わっていないであろう。

(2) オールソースアナリシス

様々な官庁が入手する情報を、縦割りを排除して風通し良く流通させることが、インテリジェンス・コミュニティの最大の課題である。すべての情報源の情報を一網打尽にして総合的に分析し、一枚の絵にして考える。それがオールソースアナリシスである。日本語に意訳すれば縦割り排除に他ならない。

たとえば、沖で荷物を積みかえている怪しげな密輸船が漁船に目撃されたとしよう。当該漁船から、水産庁の監督船に通報があったとしても、それが海上犯罪取り締まりを担当する海上保安庁に伝わらなければ、臨検したり逮捕したりできない。海上保安庁が間に合わなければ、陸に上がったところで、警察、税関、入国管理、麻薬取り締まりの各当局が待ち構えねばならないが、情報が行っていなければ、密輸業者が素通りすることもあり得る。

このような連携は一日でできるものではない。常日頃から、縦割りを排除した風通しの良さを求め、信頼関係を醸成しておく必要がある。

そうは言っても言うは易しである。どの官庁でも、やはり手柄は自分のものとしたい。先陣争い、一番槍争いは、日常茶飯事である。自衛隊、警察、海上保安庁、税関、出入国在留管理庁、水産庁といった実力組織を束ねるのは容易なことではない。そのためには、総理官邸の強力なリーダーシップが要る。常に連携を良くするよう、口を酸っぱくしていなければ、特に、力の官庁の取りまとめは難しい。

日本政府のなかで、オールソースアナリシスに責任を持っているのは、内閣情報調査室である。内閣情報調査室は、自前の情報収集の手段は偵察衛星以外には持たないが、その強みは、すべての官庁からの情報を横並びで吸い上げることができることである。縦割りの情報分析は、隙が多く脆弱である。どこの役所も自分の所管の省庁の関心事項しか見ていないから、その他の大事な情報が抜け落ちることが多い。すべての情報を縦横斜めにつなげてみる内閣情報調査室のような部局は必須である。

特に、総理大臣のように、国政全般に目を光らせ、危機対応において国家と政権の命運を一瞬の判断ミスで失い得る最高指導者に、各省庁がバラバラの情報を上げることは不都合であることは、自明であろう。オールソースアナリシスの結果を頻々と総理に報告するのが、内調のボスである内閣情報官の仕事である。

なお、定期的にインテリジェンス・コミュニティは総理官邸で会合を開く。官房長官が主宰の内閣情報会議と副長官主宰の合同情報会議である。

8　政策部門と情報部門の連携

情報部門と政策部門は、常に連携しつつ、かつ、相互に独立して総理に判断を上げるのが、普通の国の仕組みである。総理は、最高責任者として、情報部門の判断と政策部門の判断をそれぞれ独立に聞いたうえで、統合判断を下すことになる。情報部門と政策部門がなれあったり、あるいは、情報部門の判断が政策部門に影響されて曇ることがあってはならない。

しかし、同時に、総理官邸の事務レベルで、総理に上がる以前の段階で、政策部門による情報の要求と情報部門による情報提供という双方向の連絡協議が、緊密に行われていなければ、政策部門も情報部門も、総理や関係閣僚に対して、適宜適切な議論の材料を提供することは難しい。

たとえば外務省には、政策を担当する北米局、欧州局、アジア局などの地域局があり、国際情報統括官組織という情報部門がある。地域局は多忙であり、情報部門から整理された情報を求める。同時に、情報部門は、地域局の政策的優先事項に敏感である。外務大臣、外務次官への情報部門からのブリーフには、地域局から局長や課長などの政策担当幹部が同席する。

大切なことは、情報部門の情報ブリーフに対して、政策部門からその情報は上げるなとか、こういう上げ方をしてくれというような注文をつけてはいけないということである。

防衛省には、内局に政策部門として防衛政策局があり、情報部門として巨大な情報本部が存在する。内閣官房には、情報部門として内閣情報官が統括する内閣情報調査室があり、安全保障政策部門として国家安全保障局長が統括する国家安全保障局がある。両者は緊密に連携している。

国家安全保障局のなかにも情報班がある。その仕事は、内閣情報調査室との窓口であるが、それだけではない。情報の流れは、インテリジェンス・コミュニティから元締めの内閣情報調査室への流れを太い動脈としているが、それ以外にも毛細血管のように政府のなかを入り組んだ形で流れている。

たとえば関係省庁の情報は、必ずしも内閣情報調査室を経由しないと国家安全保障局に来ないということではない。国家安全保障局は法定の情報請求権を認められており、外務省、防衛省、自衛隊、海上保安庁、警察、公安調査庁他、インテリジェンス・コミュニティの諸官庁から直接に情報を提供してもらうことも多い。

国家安全保障局が設置されたことによって、総理官邸内で、政策サイドの国家安全保障局と、情報サイドの内閣調査室の間で強力な連携が図られるようになった。これまでは総理に情報が上がっても、総理には指示を下ろす安全保障政策サイドの組織がなかった。今は、政策と情報が両輪となって総理を支えている。これはおそらく、明治以来、初めてのことである。

9 デジタルトランスフォーメーション時代のインテリジェンス

(1) 塵の山からダイヤモンド

現在、サイバー空間の登場によって、インテリジェンスの世界は激変している。現代インテリジェンスを論じるには、サイバー空間でのデータの大量収集、窃取のリスクも十分に認識する必要がある。

最近のインテリジェンスは、クジラが水を飲むように膨大な電子データを収集する。かつては、「プロのインテリジェンスオフィサーは、塵の山から宝物を探すようなことはしない。塵を大量に集めても仕方がない。直接に金庫のなかのダイヤモンドを狙うのだ」と言われたものである。

しかし、今のインテリジェンスは異なる。まず、何でもいいから天文学的な量の塵の山を収集するのである。塵の山とは、電子化されたデータや情報のことである。そこに優れたアルゴリズムを持った人工知能を投入すれば、あっという間に、関連情報が抽出され、総合され、分析され、整理された結果が出てくる。

塵の山から人工ダイヤモンドがボロボロと出てくる。それが現代のインテリジェンスである。電子化された情報はすべからく収集される。スノーデンが暴露した通りであろう。

生年月日、性別、住所、本籍、経歴、マイナンバー、社会保険番号、クレジット番号、車両番号、健康情報、位置情報、銀行預金口座、出入国記録、航空券予約記録、会話記録、監視カメラの映像等、何でもよい。誰のものでもよい。とにかく、電子情報として集めることができるすべての情報を集めておいて、そこに人工知能を投入する。

たとえば、甲という国でテロ事件があったときに、人物Aが甲という国にいたか、それ以前に甲国に頻繁に行っていたか、人物Aと同時期に甲国にいた著名なテロリストは誰か、そのテロリスト（Bとする）は、人物Aと甲国で会っていないか、同時期に出入国していないか、同時期に飛行機に乗っていた記録はないのか、人物AおよびBが甲国で頻繁に会っている人物は誰か、AとBの間に資金の流れはないか等々。

優れたアルゴリズムを持った人工知能にそういう捜査のツボを学習させて、膨大な情報のなかに突っ込めば、瞬く間に人物Aに関連する詳細な情報ファイルができあがる。

(2) サイバー空間のなかでのデータの奪い合い

このようなデータの使い方は、昨今、官民を問わず、いろいろな組織で常識となっている。民間会社の市場調査も、著名なコンサルタント会社やシンクタンクの資料作成も、同じようにデータを活用している。

デジタル化の遅れた日本はかなり劣っていると言わざるを得ないが、世界のインテリジェンス・コミュニティでは、サイバー空間におけるデータの奪い合いに鎬を削っているはずである。昨今、あちこちで、何者かに大量に個人データを窃取される事件が起きている。今やデータこそが宝だからである。

データは、こそこそとハッカーによって窃取されるだけではない。普通にネットを使っても大量に収集できる。たとえば、TikTokが米国で問題になっているのは、非常に多くの米国人がこのソフトを使い始め、TikTokが収集した膨大なデータ、即ち、姓名、生年月日、位置情報、音楽の好みなどが、まとめて中国に渡るかもしれないからである。

中国では、官も民もない。共産党が官民を一括管理している独裁体制国家である。そして、中国の国民、民間企業は、政府の情報収集要請に応えねばならない法的義務を負っている。また、中国政府は、西側の政府と異なり、個人情報保護という縛りを気にせずに普通に大量に個人データを集めることができる。それが大きな脅威となる時代になっているのである。

これから私たちは、デジタルトランスフォーメーション（DX）の世界に突入する。スマートフォンだけではない。すべての電子機器がネットで結ばれる。サイバー空間が、物理的な空間を呑み込むのである。

監視カメラ、アップルウォッチ、様々な家電、ビルの自動ドアやエレベーター、銀行のATM、株式の取り引き、鉄道、航空、自動車等の乗り物、工事現場の重機の一台一台、病院の医療機械の一つひとつが、無線、有線によってネットで結ばれる。将来、自動車の自動運転が実用化されるであろう。ネット銀行、ネット証券は、既存の銀行や証券会社と入れ替わるかもしれない。フィンテックは、既に、サイバー空間の重要な要素である。

サイバー空間を通り抜ける情報量は、天文学的な量であり、かつ、幾何級数的に伸びている。このままでは光ファイバーが焼け焦げるとさえいわれている。また、データを処理する中央のスーパーコンピュータの消費電力は凄まじい。実は、データ通信の上限は、コンピュータのデータ処理容量にあるのではない。光ファイバーの物理的限界と日本の発電量の物理的限界にある。それほど流通しているデータの量は多いのである。

それは、同時にサイバーインテリジェンスが対象とする世界が、超新星爆発後のガス状の星雲のように、急激に広がっていることを意味する。膨大な量のデータの収集と人工知能による分析が、今や、インテリジェンスの最先端の課題なのである。

(3) 日本の覚悟

日本のインテリジェンス・コミュニティは、データ活用では他の先進国はもとより、中国、ロシアの後塵をも拝している。オシント（公開情報）とゲオイント（偵察衛星の地理情報等）を含めて大量の電子情報をコンピュータ処理して様々な用途に役立てるということは、まだ十分になされていない。膨大な量の公開情報でも、強力な検索エンジンで関連情報を拾い出し、人工知能によって傾向を読み取れば、貴重なインテリジェンスになる。

たとえば、ある国でおきた暴動の時間と場所を10年間分地図上にプロットすれば、どの地域でどれほど抗議活動が起きているかを知ることができる。暴動の理由も推測がつくようになる。

あるいは、偵察衛星の情報でも得られた画像を眺めるだけではその用途は限られるが、光学画像、データ画像、他の商業衛星の画像を重ね合わせ、その他のソースの情報を総合して書き込んでいけば、すべての情報が入ったスクリーンが一枚できる。それは、資源探査、環境調査から軍事的用途まで様々な利用が可能なのである。

　サイバーインテリジェンス、データ活用の遅れは、インテリジェンス・コミュニティの縦割り問題と並んで、日本がファイブアイズ（米、英、カナダ、オーストラリア、ニュージーランドなど5カ国による機密情報共有の枠組み）に加入する際の大きな障害になるであろう。ファイブアイズは、政治的に象徴的なパートナーシップではない。第二次世界大戦中にやむにやまれず始まったシギント（主に傍受を利用した諜報活動）を中心とするインテリジェンス協力である。今や、それはサイバーインテリジェンス協力の世界へと変貌（へんぼう）している。それは紛れもないプロの世界である。入れてもらってから勉強するわけにはいかない。まず十分な準備をして足腰を鍛錬することが、先決であろう。

第 II 部

国家安全保障戦略論

第Ⅱ部では、国家安全保障戦略論に移る。日本は、「自由で開かれたインド太平洋」という構想を打ち出した。米国も賛同した。米国太平洋軍は、インド太平洋軍と名前まで変えてしまった。

「自由で開かれたインド太平洋」構想は、冷戦時代の「冷たい平和」を予言したジョージ・ケナンの「X論文」のように、世界史を演出する壮大な戦略的、歴史的コンセプトであり、これから安全保障、経済的繁栄、そして普遍的価値観のすべてのレベルで政策的な肉付けをせねばならない。それは、冷戦終了後から徐々に形を取ってきた、普遍的価値観にもとづく日本の能動的、積極的な国家安全保障戦略にふさわしい命名であった。

国家安全保障戦略は、守るべき国益に合わせて、3つのレベルに分けて考えることが便宜である。孔子は『論語』のなかで、国家が守るべきものとして、「信」「食」「兵」を挙げた。現在の言葉で言えば「価値観」「繁栄」「安全」である。孔子は、もし迫られれば何から捨てるかと問われ、「兵」「食」「信」の順に捨てると述べた。

孔子の言う通り、最後まで、守るべきものは、私たちの自由主義的な価値観である。絶対的に平等である個人の良心に従い、共同体のルールが生まれ、法が織りなされていく。ここでいう法とは、倫理、道徳を含む広い意味の法である。平たく規範意識と言ってもよい。天意でも国民の一般意思でもよい。法は「神の見えざる手」のように人間の社会に対して働く。法は人間の共同体を包み込み、権力を拘束する実在である。

人の社会のあるところ、必ず法がある。人は、良心を通じて、真実を見、神を見、仏を見る。法は、個々人の良心から生まれる。法の前に個人はすべて平等である。個人の尊厳は平等であり、肌の色、目の色、宗教、人種、政治的信条を問わない。人は、皆、幸せになるために生まれてくる。政府は、法を執行することによって、国民の幸福を守る道具にすぎない。人々を虐げることは許されない。これが自由主義的なものの考え方である。

人類は、19世紀以来、独裁政治、共産革命、世界戦争、植民地支配、人種差別等の多くの過ちを克服して、やっと今日の自由主義的な国際秩序へと向かいはじめた。自由主義的国際秩序は、日本の中核の国益として守るべき価値である。

敗戦国となった日本は自らの価値観を主張することに臆病だった。しかし戦後3四半世紀が経つ。自らの正しいと信じることを堂々と述べてリーダーシップを取る時代に来ている。そこで、第Ⅱ部では、まず第7講で自由主義的国際秩序をなぜ守るのかという価値観の問題を取り上げる。その後、第8講で国家の安全の問題、即ち、戦略的均衡による安定の維持と、国家の安全について説明する。第9講では、日本の国家安全保障戦略の柱である日米同盟の変遷について説明する。第10講では、経済的繁栄の問題、即ち、自由貿易の重要性と投資国家、海洋国家としての戦略の必要性について述べる。第11・12講では、中国と韓国という隣人とどのようにつきあうべきかを考えてみたい。

第7講 自由主義的国際秩序と自由主義、民主主義

1 自由主義的国際秩序とは何か

冷戦の終焉により、日本国内のイデオロギー的分断が終わり、その後30年を経て、日本でもようやく自由主義的な価値観が普遍的なものであり、守るべきものだという議論が出てきた。その前に、一度、私たちがいま立っている場所、思想的な立ち位置を確認してみよう。

今、私たちが住んでいる自由主義的国際秩序は、どのようにしてできたのか。なぜ、自由主義的な秩序が重要なのか。個人主義、自由主義、民主主義がなぜ大事なのか。これらの諸点を説明したい。日本の国家戦略となり、米国の国家戦略ともなった「自由で開かれたインド太平洋」を実現するとは、アジアに自由主義的国際秩序を広げるということである。

それは、どういう意味であろうか。

自由主義的国際秩序が言われ始めたのは、つい最近のことである。それは、産業革命以降、200年以上続いてきた地球的規模での工業化の歴史と、それに伴う人類社会の道徳的成熟の結果である。

世界秩序を根本的に組み替えて今日の国際秩序をつくってきたのは、産業革命後の一握りの国だった。今日、その多くが先進工業民主主義国といわれている。

英国という欧州の辺境にある小さな島国で産業革命が始まったとき、それが人類社会をどう変えるか、予想できた人はいなかった。ちょうど、四半世紀前にインターネットが登場したとき、誰も今日のネット社会が予測できなかったのと同じである。

産業革命後の工業文明は、石炭を燃やして始まった火の文明だった。それ以前の大文明は、水の文明だった。1万年前に氷河期が終わり、ヒマラヤの雪解け水がユーラシアの大地を潤した。黄河、揚子江、ガンジス河、インダス河、イラワジ河、メコン河のほとりに治水に優れた文明が花開いた。ナイル河のほとりに

も、チグリス・ユーフラテス河のほとりにも華やかな大文明が花開いた。

日本は、大河こそないが、雨水に恵まれ、産業革命当時には、おそらく中国、インドに次ぐ人口を抱える豊かな国だった。しかし、農耕文明は、地球的規模で覇権を唱える文明を生み出すことはなかった。

産業革命によって初めて、地球的規模で影響力を行使できる国が登場するようになった。先に述べた先進工業民主主義国家である。彼らは、世界史のなかでは新参者である。

18世紀末に英国で始まった産業革命以来、世界史を牽引してきたゲルマン系の西部ヨーロッパ人は、それ以前、世界史の主人公となったことはない。オーストリアやドイツは、神聖ローマ帝国を名乗り、ローマ帝国の末裔を自称するが、彼らはローマ文明を滅ぼした蛮族の人々であり、ローマ人ではない。そもそもライン川の東にあるドイツは、ローマ帝国領でさえなかった。

西欧人の文明的開花は、古代のメソポタミア文明、エジプト文明、インド文明、中国文明は言うに及ばず、6世紀に花開いた日本文明、朝鮮文明、7世紀に花開いて大きな影響力を持ったイスラム文明よりも遅い。

彼らは、産業革命の後に、突然、地球を分割するほどの力を持つようになった。やがて彼らが唱えはじめた自由、平等、民主主義、法の支配といった価値観の普遍性が認められるようになり、今日の自由主義的国際秩序の基盤を提供することとなった。しかし、それは決して一日にして成ったものではない。

今日、私たちが言う自由主義的国際秩序（liberal international order）、あるいは、ルールにもとづく国際秩序（rule based international order）が地球的規模で登場したのは、実は、つい最近のことである。それまでに200年かかった。

その間、様々な紆余曲折があった。多くの過ちもあった。特に、西欧の外側にある異文明に対する西欧人の道徳的成熟には時間がかかった。彼らが人間の尊厳の価値が同じであることを認めるまでには、数百年を要したのである。本講では、特に、3点に絞って話したい。

（1）第一の過ち――権力闘争、世界戦争と平和の制度化

第一に取り上げるべきグローバルな工業化時代の初期に現れた大きな過ちは、先行諸国の激しい権力闘争と世界戦争である。工業化に先行して、巨大な国力を手に入れた一握りの国々の間では、激しい権力闘争が起きた。

人間は、生存のために群れをつくる。リーダーが現れ、権力がつくられる。序列がつくられる。リーダーシップと序列のための権力闘争は、人間の本性であり、業であって変えられない。国際社会も同じである。そして大きな闘争が起きるたびに勝者と敗者が入れ替わり、国際社会の戦略的枠組みが大きく変貌する。

工業国家の権力闘争は、同時に、国民国家間の権力闘争である。先行した工業国家では、産業技術により伝統的社会が激変し、国家や軍隊の規模も大きくなり、交通通信手段の発展と国民教育の実施により、近代的な国民が登場して、規模の大きな国民国家が生まれた。

近代的な国民は、国家に自分のアイデンティティを重ねるようになる。近代的民族意識が生まれる。国民総動員と総力戦が可能となる。戦争は、民族意識、国民意識を加速度的に凝固させる。産業技術と国民意識が、20世紀前半の戦争をとてつもなく残虐な総力戦に変えた要因である。

不思議なことに、近代的国民国家の誕生に際し、多くの国が、古代の英雄をアイデンティティの核に据える。旧家の家系図と同じで、人間は、古今東西を問わず古い国の方が格が高いと思うのである。

また、多くの場合、国力の伸長は、拡張主義的なナショナリズムを生み出す。それは、おそらく勢力の強い群れが領域を広げようとする動物的な本能から出てくる衝動であり、英国、フランス、ドイツ、米国、ロシア、日本などに見られた現象である。同じような強い衝動が、今日の中国に見られる。今世紀中盤にはインドもそうなるかもしれない。

不幸なことに、産業革命の起きたころの欧州では、ペストの大流行によってカトリック教会の権威が地に堕ち、教皇の支配を離れた英国、ドイツ、フランス、スペインなどの絶対王権が並立し、過酷な権力闘争の時代が長く続いていた。20世紀後半まで、欧州では、ほとんど、どこかで戦争をしていた。日本でいえば、室町戦国時代が大正、昭和前期まで続いたようなものである。

欧州型権力政治（power politics）の時代とは、日本でいえば戦国時代のことである。アジア人に比べてヨーロッパ人が特に優れていたのは、実は、戦争の技術や武器である。彼らは戦う人々であった。そもそもドイツやフランス人の祖であるフランク族とは、勇猛果敢な人々という意味である。

この欧州諸国の権力闘争の途中で、産業革命が起きたのである。日本の戦国時代の最中に、産業革命が起きたようなものだ。中国の花火用の火薬を鉄砲に利用したのは、ドイツ人である。鉄砲の発明は世界を変えた。鉄砲は瞬く間に戦国日本に伝来した。鉄砲を騎馬兵に対して一斉射撃に使ったのは、世界でも信長が最初といわれている。伊達政宗も鉄砲隊をつくった。日本はこの後、秀吉の天下統一と長い徳川の泰平の時代に、武器の発展が止まってしまった。しかし、欧州では、銃や大砲の性能はどんどん良くなっていった。

産業革命以前には、南北アメリカ大陸やカリブ海諸島やインドネシアの香料諸島等の島々を暴力的に席巻した欧州勢も、ユーラシア大陸を支配していたオスマン帝国、ムガル帝国、大清帝国、徳川幕府にはおいそれと手が出せなかった。皆、騎馬民族系のモンゴル・チュルク族の支配する大国であり、武闘派で鳴らした武門の国である。

しかし、産業革命は欧州勢に大きな国力を与え、19世紀にはムガル帝国が英国の一部となり、大清帝国はかつお節のように次々と領土を削られて半植民地となった。租界が林立した上海は、欧米植民地のショウウィンドウとなった。日本とオスマン帝国が、かろうじて20世紀まで生き残った。

20世紀に入り、産業機械を戦場に持ち込み、国民国家化した欧米を中心とする国々が、国民を総動員して戦う世界的規模の戦争が始まった。それは、人類史上比類のない大量の死をもたらし、残虐を極めた。第一陣として先行した工業国家は、数千万の命を奪った2度の世界戦争を引き起こした。

第一次世界大戦では、英国、フランス、イタリア、米国、日本に、ドイツ、オーストリア、オスマン帝国が敗れた。ドイツは、普仏戦争の後、明治維新に3年遅れて統一を果たした国である。ドイツ統一の主役となったプロイセンは、13世紀にポーランド領内に招かれたドイツ騎士団を建国の祖とするドイツ国外の植民国家であった。

17世紀の30年戦争後、フランスのリシュリュー卿によって分断され、19世紀にはナポレオンによって蹂躙されたドイツであるが、ひとたびプロイセンの下で統一すると、欧州最大の人口を抱えた強国になった。なお、ドイツ帝国を誕生させたプロイセンは、今は、西側がポーランド領に復し、東側はスターリンに奪われてカリーニングラードと称し、ロシアの飛び地になっている。

このドイツの急激な台頭を抑え込んだのが、第一次世界大戦である。第一次世界大戦の膨大な犠牲は、戦争慣れした欧州諸国を呆然とさせ、不戦条約への動きが出てくる。米国のウィルソン大統領は、国際連盟創設を訴えた。戦争の否定、平和の制度化の始まりである。

しかし、孤立主義の伝統の強い米国は、既に超大国の片鱗を見せつつあったにもかかわらず、自らの不戦の理想に自らの力をコミットしなかった。実力の裏付けのない理想は、結局、無力であった。敗戦国となったオスマン帝国は解体され、英仏両国はアラブ圏を委任統治の美名の下で勢力圏として分割した。

第二次世界大戦では、英国、フランス、米国に、現状打破組のドイツ、日本、イタリアが挑戦して敗退した。ヒトラーの攻め込んだソ連と、日中戦争を戦っていた中国が、反射的に連合国に回り、勝ち組に入った。勝ち組は、戦争中はみな民主勢力を自称したが、その内実は、米英仏といった自由主義の国々と中ソといった共産主義諸国の呉越同舟であった。

この戦争で、日本は軍民を併せて300万人の命を失い、広島、長崎へ原爆を投下され、最先端の科学と産業機械を戦場に持ち込んだ総力戦の悲惨さを初めて経験した。そして皇居の所在する首都東京を占領され、初めての亡国を経験した。

第二次世界大戦の悲惨さは、人間の良心を活性化させた。米国の主導で戦勝国を中心にして国際連合がつくられ、再び平和が制度化された。今度は、米国がその力をコミットした力のある国際連合であった。

しかし、国際連合で安全保障に責任を持つこととなった安保理常任理事国は、ただちに分裂した。米国、英国、フランスといった自由主義諸国と、ソ連（ロシア)、中国（中華人民共和国。国連創設当時は台湾の中華民国政府が中国を代表していたために、北京の中華人民共和国政府は国連に議席を有していなかった。中華人民共和国の国連加盟と台湾の脱退は1971年のことである）といった共産圏諸国の間で、ただちに冷戦が始まった。

ソ連は、東欧諸国を無理やり共産圏に取り込んだ。しかしもともと、オーストリア（ハプスブルク王朝）の下でロシアよりも西欧に近かった東欧の一部の国々は、粗暴なロシアの統治に反発した。ハンガリー動乱、短かった「プラハの春」が起きた。両者とも、ソ連赤軍が武力で押しつぶした。ソ連は、共産圏のなかでの武力行使は、あたかも家庭内のしつけの問題であり、国連憲章の枠外であるという風を装った。悪名高い「ブレジネフドクトリン」である。

自由主義諸国の方は、米国という植民地から身を起こした自由主義的新興国家と英仏蘭のような収奪的な帝国主義国家が混在していた。当時の英仏の自由主義には、人類総数の大半を占めていたアジア、アフリカの植民地住民に、同じ人間としての尊厳を認めないという大きな留保が付いていた。次項に述べる民族自決の波が始まると、英仏の凋落は速かった。

米国では、植民地支配に忌避感が出はじめ、フィリピンを早期に独立させ、国連を通じてインドネシア側に立って独立戦争に介入していたが、冷戦が始まると、共産主義の浸透を恐れて、英仏の植民地回復政策に巻き込まれていく。英国にそそのかされたイランのモサッデク政権の放逐や、フランスに引きずり込まれたベトナム戦争はその例である。また、米国は、自らの勢力圏である西半球でチリのアジェンデ政権を倒壊させた。この3つの事件は、その後の米国外交に大きな傷となってのしかかってくることになる。

核兵器の登場で第三次世界大戦こそ起きなかったが、半世紀にわたる地球社会の分断が起きた。第二次世界大戦負け組の日本、ドイツ（西ドイツ）は、経済復興の後、西側の自由主義圏に加わって復権した。中国は途中でソ連（ロシア）と袂を分かって米国につき、政治は共産主義、経済は資本主義という国家資本主義のような体裁の国になった。個人の自由を封殺し続けたソ連の独裁体制が生命力を失って倒れ、冷戦が終わったのは、わずか30年前のことである。

今、西側から離れつつある中国の戦略的方向性の転換と独自の勢力圏確立を目指す拡張主義が、国際社会の大きな懸念となりつつある。冷戦終了後、30年を経て、国際社会の権力構造が、地殻変動のように大きく変わりつつある。

しかし、20世紀の後半に、自由に戦争をしてよい、弱いものは隷従させてよい、弱い者の領土は奪ってもよいという19世紀的な弱肉強食の欧州型権力政治は、野蛮な棍棒外交として否定されるようになった。平和が制度化され、国際社会にも法の支配があるという考え方が定着してきた。

人類は、その教訓を得るまでに1世紀以上を要した。その間、数千万人の無辜の命が闇に消えた。同種の動物が、このように大規模に殺し合うのは人間だけである。人類は、平和の制度化に向かってようやく歩み始めた。

（2）第二の過ち
——植民地支配、人種差別と人間の尊厳の絶対的平等への覚醒

第二に、グローバルな工業時代の初期の過ちとして、植民地支配と人種差別を取り上げたい。19世紀に入ると、産業革命で力をつけた西欧諸国の植民地支配が、地球的規模に拡大する。

もともと西欧諸国の植民地主義は、16世紀の大航海時代から始まっており、産業革命とは無縁である。後ウマイヤ朝をイベリア半島から追い出し、レコンキスタ（国土回復運動）を終えて意気の上がるスペインは、新大陸のインカ、アステカの文明を滅ぼし、ペルーのポトシ銀山でインディオを奴隷として大量の銀を収奪し、その銀の力でマゼランやバスコ・ダ・ガマが切り開いたアジアとの貿易を取り仕切り、一気に欧州の大国の座を射止めた。

「インディオは動物か人間か」という今に残る神学上の大論争がラス・カサスとセプルベダの間で繰り広げられたのは、スペインが中南米の文明を滅ぼしたときの話である。西半球で出会った中南米の人間は、欧州人にとってアラブ人以外で初めて見る異文明の人間であったのである。残念ながら、ラス・カサスの良心の叫びは封じられ、現地人は家畜のように鉱山や農場での労働に狩り出された。

ポルトガル、スペイン、英国、フランスは、カリブ海と新大陸で大量の奴隷を動物のように使役して奴隷制プランテーションを経営し、大きな利益を上げた。インディオの人口が激減した後、奴隷としてアフリカ人が目をつけられた。残虐な奴隷貿易が始まる。これらの国々はまた、喜望峰を回ってインド洋に進出して、インド、マレー沿岸の貿易拠点を押さえた。日本の隣のフィリピンがスペイン領となり、台湾が、オランダ人に占拠され、美麗島（イル・フォルモーサ）と呼ばれはじめたのは、このころである。オランダはインドネシアの香料諸島の住民を虐殺して、香料貿易を独占した。

しかし、当時の彼らには隣接するオスマン帝国はもとより、大清帝国の中国やムガル帝国のインドや屈強なサムライが支配する日本のようなアジアの大国を制覇する力はなかった。アジアの諸帝国も、ヨーロッパ人のことは、欧州とアジアの間の貿易独占を試みる海賊もどきの商人としてしか見ていなかったのである。

ところが、彼らの植民地支配は、産業革命による爆発的な国力伸長後、一気に地球的規模に拡大する。アジア、アフリカの国々は、ことごとく植民地、半植民地に貶められ、宗主国による収奪の対象となった。世界は、天上の欧米世界と、地上ないし地獄の植民地世界という2層に分かれたのである。19世紀中葉のことである。

インドはヴィクトリア女王に主権を奪われ、中国は孫文の言葉を借りれば「半植民地」となり、アフリカ大陸は物理的に分割された。中東のオスマン帝国のアラブ圏は、第一次世界大戦敗戦の後、英国、フランスによって分割された。アラブ人の民族自決など考慮されなかった。第一次世界大戦後の時点で、アジア、アフリカでかろうじて生き残っていたのは、日本とタイだけである。

植民地にされた多くの国々では、モノカルチャー（単作）の奴隷制プランテーション農場が多数つくられ、奴隷的な使役によって鉱山が開発され、伝統社会は破壊され、国民的規模での教育は与えられず、近代化の芽が摘まれた。

プランテーション経営を支えた奴隷貿易は、先に述べた通りアフリカ人を奴隷として輸入して苦役に従事させるものであったが、その実態はあまりにも残虐で、良心の痛みに耐えかねたキリスト教徒の反発を呼び、さすがに19世紀中葉には姿を消した。

米国では、アボリショニストと呼ばれる奴隷解放運動家が数多く出現した。福音主義者（乱立した新教各宗派の垣根を越えて聖書に帰ろうとする宗教運動家）のウィリアム・ロイド・ギャリソンは、その典型的な人物である。米国社会に伝統的な宗教的覚醒の精神的伝統は、米国のアボリショニストたちに奴隷解放の強い使命感を与えた。

また、米国の建国の理念となったルソーに代表されるフランスの啓蒙思想は、黒人差別に対する拒否感を生み出した。福音主義と啓蒙思想は、恒常的に米国の強い自由主義への傾斜を生み続ける思想的な原動力である。米国が、奴隷貿易、人種差別といった多くの過ちを犯しながら、自由と平等を掲げて世界のリーダーになったのは、聖書と啓蒙思想を国民的アイデンティティの核に持っているからである。この点、無神論のマルクス・レーニン主義は、ソ連、中国、ユーゴスラビアにおいて共産主義的人間というアイデンティティを創出して、多民族を糾合することに失敗している。霊性に蓋（フタ）をするものは、人間の集団をまとめる力を生むことができない。

聖書と啓蒙思想は、愛に覚醒し本当の自分を見つける契機を与える。それが米国の真の強さである。余談になるが、かつて政府主催のシンポジウムで東大寺の森本公誠長老が、戦前の日本が大きく道を誤ったのは、日本は神も仏も共に受け入れて心をみがいてきたのに、明治に入り神道を国家が政治的に利用し、廃仏毀釈（仏教を捨て釈迦を冒瀆すること）を行ったからだと述べられたことがある。

その後日本人は、マルクス主義の無神論に染まり、あるいはナチスドイツの躍進に目を奪われ、個人の良心を無視する全体主義に浮かれた。愛と真実に覚醒しない者は魔にはまり、鬼になり、自分を見失う。理性と霊性は常に裏腹である。

それが世界史において米国と日本の明暗を分けたのではないだろうか。ちょうど明治維新のころ、米国にはリンカーン大統領が出て、悲惨な南北戦争で勝利して、黒人奴隷を解放した。米国は、奴隷解放をめぐるこの戦争で数十万人の命を失った。米国が最大の犠牲者を出した戦争は、2度の世界大戦ではなく、南北戦争である。19世紀における人類最大の戦争は、実は米国の内戦である南北戦争であった。神がかった奴隷解放論は、幾分、宗教戦争の匂いがする。

しかし、解放後の黒人奴隷は決して自由ではなかった。遺伝子に優劣があるという社会ダーウィニズムの似非科学が流行しており、また、白が純潔や神の色で、黒が悪の象徴の色だという愚かな偏見は根強かった。奴隷制度が廃止された後も、米国には厳然として社会制度のなかに厳しい人種差別が残った。解放奴隷のアフリカ系アメリカ人は、奴隷解放後も、ほぼ1世紀の間、厳しい隔離政策の下で暮らすことになった。

たかが100年程度工業化に先んじただけで、自分たちの遺伝子が他民族、他人種の遺伝子より優れていると考えるのは、まったく非科学的であり、はなはだしく愚かな傲慢である。しかし人類は、奴隷制廃止から制度的人種差別廃止までさらに1世紀を要したのである。

なお、ヒトラーは似非科学に依拠したアーリア人至上主義者で、最悪の人種差別主義者である。600万人の無辜のユダヤ人がヒトラーに虐殺された。今から思えば、黄色人種として蔑まれながらヒトラーについて行った一部の日本人の気が知れない。

第二次世界大戦後になると、アジア、アフリカの人々が政治的に覚醒して、怒涛のような民族自決の運動が始まった。尊厳を踏みにじられたと感じたガンディーやネルーは、インドの独立を達成した。インドの独立を皮切りに、1950年代、60年代に、ほとんどのアジア、アフリカの国々が独立した。世界の国の数は、約50から約150になった。今は約200である。

ガンディーは、ズールー戦争、ボーア戦争や第一次世界大戦に、大英帝国臣民の義務として医療兵となって参戦している。しかし、その後、ガンディーは、人種差別や植民地支配が、人間の真実に反すると確信するようになり、非暴力不服従運動を起こした。

ガンディーに影響を与えたのは、トルストイの『神の国は汝等の衷にあり』という本である。トルストイは、先に述べた米国の黒人奴隷解放家のウィリアム・

ロイド・ギャリソンの影響を受けていた。愛の力と非暴力によって社会の根源的な不正を除去するというギャリソンの思想に、トルストイが感銘を受けたのである。良心が活性化して、霊感（inspiration）が響き合うとは、こういうことである。通信事情の悪い時代に、大陸を飛び超えて、聖なる魂が響き合っている。

同じ1950年代に、米国のなかで大きな変化が現れる。マーティン・ルーサー・キング牧師が率いた公民権運動が始まり、国家制度としての人種差別を終わらせた。奴隷制度廃止後の黒人隔離政策に終止符が打たれたのである。キング牧師も、徹底した非暴力主義者であった。アラバマ州のモントゴメリーのバスのなかで、ローザ・パークスというアフリカ系アメリカ人の女性が、白人の席から離れることを拒否したとき、全米に人種差別反対の狼煙が上がった。

キング牧師は、自分と家族の暗殺におびえる夜、自分は閃光を見た、そしてイエスの「戦い続けよ」という声を聞いたと後に記している。良心が活性化した人は、自己犠牲をいとわない。無限の愛と奉仕に向かう。それが本当の自由である。そして、弱者の尊厳が踏みにじられたとき、その愛が激しい怒りに変わるのである。愛から出てくる怒りは消えない。そのとき、人は戦い続ける。

米国は、アジア、アフリカの国々が独立を果たしたちょうどそのころ、公民権運動によって人種差別を終わらせたのである。それは、米国の世界的なリーダーシップにとって幸運であった。人種差別撤廃によって、米国憲法に込められた自由、平等といった理念は、普遍的な輝きを手に入れたのである。米国は、人種を超え、大陸を越え、世界のリーダーとなる資格を得た。欧米諸国は、皆、米国にならった。

ネルソン・マンデラは、最後に残った制度的人種差別である南アフリカのアパルトヘイトを終わらせた。100年後、20世紀の真の偉人として名前が残るのは、ルーズベルト、チャーチル、ド・ゴールではなく、ガンディー、キング、マンデラかもしれない。

20世紀末には、肌の色に関係なく、宗教にも、信条にも、性別にも、障害の有無にも関係なく、すべての人間には平等に尊厳があるとされ、多様性が尊重されるようになった。なお、驚くべきことに、女性差別撤廃は、奴隷解放や人種差別撤廃よりもはるかに遅れてきた。1980年代以降になってようやく、欧米で女性差別がなくなりはじめた。この点、日本はまだまだ遅れている。

そして、1990年代に入り、ソ連邦が崩壊して、帝政ロシア時代に植民地となった中央アジア、コーカサスの国々が次々と独立し、世界の植民地がほぼ独立を果たした。それも、つい30年前のことである。

今日、チベット、ウィグル、モンゴルなど、毛沢東が征服して回った中国周辺の少数民族の人権問題が急速に浮上してきつつある。毛沢東は、遅れてきた最後の帝国主義者だった。中国は、習近平体制の下で、強力に少数民族の漢民族化を強行しようとしている。それは戦前、日本植民地で行われた異民族の皇民化政策と同様に、やがて激しい反発を招くに違いない。今世紀、中国の少数民族問題は、中国のアキレス腱となるであろう。

(3) 第三の過ち
——全体主義と独裁政治（共産主義、軍部独裁、ポピュリスト独裁）

第三の過ちは、全体主義と独裁政治である。工業国の初期には、富が社会上層部に偏在し、社会格差が大きな問題となる。それは普遍的な現象である。

特に、労働組合の発達していない段階では、都市労働者の貧困が問題となる。英国やフランスの都市労働者の悲惨さは有名であった。日本では、産業革命の初期に『女工哀史』が書かれ、最近の中国では「農民工」（都市戸籍を有さない地方からの出稼ぎ労働者）の悲惨さが話題となっている。

西洋社会では、日本のように企業が家父長的に従業員の面倒を見ることは少ない。労働者は原材料と同じコストの一部であり、同じ人間とはみなされない。それが、労働市場の流動性を担保し、経済の生産性を担保すると考えられている。

しかし、子どもに教育が与えられず、自分だけではなく家族や一族郎党が社会の底辺に固定されれば、人間の倫理的感情が爆発する。破壊と分断の動物的衝動が出る。社会格差は一定限度を超えると不正義とみなされ、強権的な工業社会再編の動きにつながるのである。民主主義が進んだ国では、合法な労働運動を通じて、また、議会政治を通じて所得を再分配する穏健な社会主義が根づいた。

しかし、民主的伝統がない国では、社会全体を人為的、強権的につくりかえるという全体主義の思想が流行した。後発の資本主義国家では、急速な工業化を求めて、そもそも独裁的な体制が生まれやすい。そこで社会格差が固定され、生活水準改善の向上が否定されると、多くの場合、公正な社会を求めて、強権をもって一撃で社会全体をつくりかえようとする動きがでる。

それが近代的な全体主義の起源である。工業化の過程で伝統社会は激変する。

人々は思想的拠りどころを失う。まるで倒壊するビルのなかであがきながら、しかし、自らがつくりだそうとする新しいビルの姿がはっきり見えないようなものである。人々は不安になり、何かにしがみつこうとする。

そこに革命家が現れ、人々の不安と不満を吸収し、理想的な社会を理屈で考え、既存の社会を暴力で破壊し、性急に社会全体を改造しようと主張する。それが全体主義である。それは、個々人の良心を否定し、独裁的手法で社会構成員全員の思想改造を、そして社会や共同体全体の急激な改造を目指す。

たとえばロシアは、議会開設および憲法制定が1906年である。日本の帝国憲法制定が1889年、帝国議会の開設が1890年であるから、日本よりだいぶ遅い。日本では、その後、大正時代に向かって政党政治が花開くが、ロシアでは、第一次世界大戦中にロシア革命となり、ほとんど民主主義を経験せずに共産党独裁に移ってしまった。ロシア革命によって生まれたソヴィエト連邦では、労働者を主人公とした人為的な理想社会が語られ、急激な伝統社会の破壊と共産党一党独裁下での工業化が推し進められた。ロマノフ王家の多くは虐殺された。

それは共産主義国家だけの話ではない。全体主義は、工業化を目指す後発国家に様々な形で伝播した。全体主義は、一気に社会をつくりかえようという衝動に駆られているから、強権的な独裁を求める。

独裁政治には大まかに3種類ある。ロシアや中国のように、マルクス・レーニン主義に忠実に共産党一党独裁を実現しようとした国もあるが、戦前の日本、戦後の韓国やミャンマーのように、軍人たちが政治化し、強い影響力を持って軍部独裁に近い政治体制を敷く場合がある。

あるいはまた、ドイツのヒトラーのようにワイマール憲法体制下の民主的な議会政治の肚から生まれたポピュリスト政治家による独裁もある。ヒトラーも労働者の味方のふりをして大衆を先導し、議会を通じて独裁的権力を奪取した。ナチスの正式名称は、「国家社会主義ドイツ労働者党」である。日本の近衛文麿首相や中国の蔣介石も、同じ全体主義的な思想的流れのなかにある。

このような全体主義、独裁体制は、戦前、戦後の双方を通じて、世界中で工業化の初期に見られる病理である。今から振り返れば、この三者ともに、はしかのように工業化の初期にかかる病気のようなもので、開発独裁として一括りにしてよいのではないかと思う。

日本の右翼も左翼も、昭和前期には革新勢力を名乗った。世界恐慌の余韻が数年続き、社会格差が特に強く感じられた時代の話である。ロシア革命の思想的衝撃は、まだ世界に木霊（こだま）していた。成金時代と呼ばれた大正デモクラシー時代を代表する真の自由主義者には、肩身の狭い時代であった。

しかし、いかなる体裁を取ろうとも独裁は独裁である。独裁権力は必ず腐敗する。多くの国の独裁体制は、内側からむしばまれ、時間とともに消えていった。1991年にソ連邦が崩壊し、東西冷戦下で世界を二分する勢力を誇った共産圏が消滅した。冷戦が終結した後、中国や北朝鮮やキューバなどの一握りの国を除いて、東欧、コーカサス等の国々が次々と民主化した。

その一方で、アジアでは、冷戦終結と前後して、フィリピンを皮切りに、韓国、ASEAN諸国の多くが、経済成長を遂げ、中間層の台頭を経験し、軍人やポピュリストによる開発独裁を捨てて民主化に舵を切った。中間層は、ものを言う政治階層である。経済成長と民主化は双子である。台湾の李登輝総統による国民党独裁から民主化への移行は、経済成長を遂げた近代的共同体による見事な民主化の成功例である。

アジアの民主国家は、まだいろいろな問題を抱えている若い民主主義国家であるが、みな、一様に自分たちの民主主義に強い誇りを持っている。地球社会全体として工業化が展開し、各地に太い中間層を生み出し、徐々に自由民主主義が根を下ろしつつある。たったこの30年の話である。

ただし、残念なことに、経済発展著しい中国は逆方向に舵を切り、西側を去りつつある。中間層の声は電子的監視社会のなかで窒息し、人々は決して政治に口を出さない飼いならされた小市民になりつつある。唯一、自由の息吹の感じられた香港では、2020年、中国が英中香港返還協定を反故にし、一国二制度を否定して国家安全法を施行し、公安警察を投入して民主主義運動家を圧迫しはじめ、思想統制の時代に移った。

2　普遍的価値観とは何か

続いて、普遍的価値観とは何かということを話したい。産業革命後の200年で、2度の世界大戦、地球的規模の植民地支配、人種差別、全体主義、独裁政治など、多くの過ちが犯された。しかし、その過ちは、人類を突き動かす「何か」によって必ず是正されてきた。そして、今日、私たちが自由主義的な国際秩序の礎石ともいうべき普遍的価値観が登場してきた。筆者が普遍的価値観と呼ぶものは、個人の尊厳の平等（原理的個人主義）、自由主義、民主主義、そして法の支配である。

20世紀の間、戦争、革命、おびただしい流血、差別、独裁という経験を経ながら、人類を普遍的価値観に向かって突き動かした力の正体は何だろうか。

（1）良心の力――愛と真実への理性と霊性の覚醒

人類社会には、暴力を伴う裸の権力闘争や、強欲で収奪的なカネまみれの経済活動を、道徳という言葉の繭で包み込み、抑制していく実在の力がある。私たちはその力に操られる。政治的な意味での「神の見えざる手」と呼んでもよい。それは、人の善意の営みを守る法の支配力である。弱者を守る公正な秩序をつくりだす力である。人間社会のあるところ、必ず法がある。

私たちは、21世紀の今、私たちを包んでいる道徳の繭を、普遍的価値観にもとづく自由主義的秩序と呼んでいる。そして、道徳という言葉の繭を吐き出すのが、一人ひとりの良心である。欧米人にとって良心とは神の愛の泉であり、それは日本人が大切にしてきた温かい心、仏教徒なら御仏の心と呼ぶものと同じものである。

現在、私たちが普遍的価値観と呼ぶ言語化された価値体系の源流は、西欧にある。西欧諸国の精神的覚醒の原点は、ルネサンスと宗教改革である。世界のどのような文明でも起きることであるが、人間の理性が活性化して、既存の秩序を意識的に改変しようとするとき、哲学的な理性と宗教的な霊性がともに活性化する。両者は不可分の精神的営為だからである。そのとき、人は自分のなかの「何か」に触れる。人はそれを神と呼び、仏と呼び、真実と呼び、愛と呼ぶ。個人が自己の良心に目覚めるとは、そういうことである。

西欧の人々は、ビザンチン帝国滅亡の際に、西欧社会に流れ込んだ豊かで人間性あふれるギリシャ、ローマの古典に大量に触れることになった。西欧で失われたローマ帝国の学問的遺産は、ギリシャ語でコンスタンチノープルに生き残っていたのである。西欧人は、その後、間を置かずして宗教改革により霊的に覚醒し、こうして、鋭くも実り多い聖と俗の緊張関係を生み出した。

聖人は神への帰依を求め、帰依を拒むものは俗界にとどまり哲学を求める。しかし、両者の求める人間の真実は同じものである。聖と俗の緊張関係のなかで、西欧人は、己の理性と霊性を磨いてきた。この聖と俗の対立構造が、西欧人の知性の強靭さと人類愛への傾斜を担保している。

先に述べたように、理性が活性化して、最高存在と直面した人間は、すべての既成概念を振り払って自己を実現しようとする。それを幸福追求と呼ぶ。そのとき人は完全に自由になる。既成の概念がすべて取り払われ、何ものをも恐れなくなる。『般若心経』にいう「無有恐怖遠離一切顛倒夢想究竟涅槃」の境地である。そして必ず万人に奉仕しようとする気持ちがあふれ出す。心の深いところで、他人の幸福と自分の幸福がつながっていると感じるようになる。仏教でいう無我の境地、我も彼もない梵我一如の境地である。

ルターは、『キリスト者の自由』のなかで、自分は絶対的に自由であり、かつ、万人の下僕であると述べた。法然は、阿弥陀の誓願を一筋に信じることで、己のなかに仏の光を見た。そして衆生の救済に人生を捧げた。宗教経験の本質に東西の差はない。

霊的覚醒も理性の覚醒も、おそらく人間の種としての生存本能に深くかかわっている。人は、個体として生存しようとすると弱い。だから、集団として、群れとして、よりよく生存を図ろうとする。弱者をいじめるものに対して強い怒りが湧くのもそのせいである。人間は、他人の幸福を奪うことを苦しみと感じる。それが善悪にかかわる道徳感情である。その道徳感情を生み出すのが、良心という機能である。良心が、道徳を生み、法を生む。その精神的な営みは、ガンディーやキング牧師に見られるように宗教的な覚醒と連続する。ガンディーもキング牧師も、非暴力の抵抗を訴えて、厳しく暴力を禁じた。

善悪の判断は、理屈ではない。釈尊が『ダンマパダ（法句経）』で述べられているように、良心から噴き出してくる道徳感情が教えてくれる。人は、良いことをしたと感じるとき、静かな哀しみと憐れみの入り混じった喜びの感情が出てくる。それをぴったりくる日本語で、一言で言うのは難しいが、おそらく「優しさ」なのだろう。インド哲学の泰斗である中村元東大教授は「温かい心」と呼ばれた。英語では「love and care」というフレーズが一番ぴったりくる。

それは、世界中で、いろいろな言葉で呼ばれてきた。キリスト教ならば「愛」、仏教ならば「慈悲」、孔子ならば「仁」、孟子ならば「惻隠の情」、ガンディーならば「真実」と呼んできたものである。トルストイは、「神は愛である」と言った。西欧哲学者が専門の方は、「実存」とか「人類愛」とか言うのであろう。

いろいろな名前で呼ばれているが、同じものを指している。若い人は、良心と言われてもピンと来ないかもしれない。心が真っ白な若者は、まだキリキリと突き刺すような良心の疼きを感じる年ではない。しかし、これから人生でいろいろな困難に直面するとき、自分のなかからもう一人の自分が出てきて道を指し示す。それが良心である。若いころに、頭で理屈をこねるだけで良心を理解しようと思っても難しい。

面白いことに、釈尊は「悟り」の中身を決して言葉で説明されなかった。孔子も儒教至高の価値である「仁」の定義をしていない。「仁とは愛だ」と簡潔に述べただけである。トルストイは、人は愛を与えられているが、愛に気づく力を与えられておらず、にもかかわらず人は愛によって生きると書いた。

良心が覚醒するまでは、良心が見せてくれる愛と真実の世界を見ることができない。覚醒には人格の倫理的成熟を必要とする。だから、覚醒の後に得られるものを、覚醒していない者に対して、あらかじめ言葉で定義したり、説明することができないのである。

しかし、良心は実在である。そこに触れた人間は、自分自身の定点を持つことができる。イエス・キリストは、自分の教えを聞くものは巌の上に家を建てることになると述べ、釈尊は、心のなかに、欲望の洪水に押し流されない中洲をつくらねばならないと述べられた。ともに自分自身の善悪の判断を生み出す原点、即ち、良心を素手でつかみ取れと言われているのである。

良心は、自分のなかの神や仏を映す鏡であり、すべての人にもとから平等に与えられている。人は良心の窓から人間の真実をのぞき見る。真実は、一人ひとりが自分の良心を通じてつかむしかない。だから個人の尊厳は絶対的に平等なのである。魂の底を凝視して、常に自分に正直に、自己を実現して生きることを、本当の意味で自由と呼ぶ。自由は、良心に根差した根源的、絶対的なものである。だから思想の自由、良心の自由は絶対なのである。

良心とは愛につながる扉である。愛に目覚めた人は絆を求める。絆をつくり、それを国民の一般意思という巨大な〆縄にして権力を縛る。そのために言論の自由、報道の自由が大切なのである。

コミュニケーションは、人間という動物が群れで生存を図るために与えられた最も優れた資質である。人はコミュニケーション能力を使って社会をつくり、社会に貢献し、認められることを求める。それが自己実現である。自己実現とは自己満足ではない。「人の役に立ちたい」という気持ちは誰もが持っている。その実現の仕方は人による。だから職業の自由が大切なのである。

日本国憲法の権利章典に掲げられた様々な自由も、そういう観点から読み返すと面白い。権利章典のなかにあるいろいろな自由にも序列がある。最も重要なのは、良心の自由、思想の自由、言論の自由である。

(2) 自由主義、民主主義がなぜ大切か

筆者の言うことは、性善説に聞こえるかもしれない。確かに、筆者は根源的な性善説論者である。しかし、善悪は簡単に分かるものではない。その時は絶対に正しいと思っていたことでも、後に誤っていたと激しく後悔することもある。初めは他人から「おかしい」と批判されても、後に「やっぱりやってきてよかった」と思えることもある。

一人ひとりの良心は先天的に与えられているが、良心は一人ひとりのなかで成熟する。成熟の仕方は社会環境に依存する。人の社会は流転する。変わりゆく社会環境と自らの積み上げた小さな経験に応じて、一人ひとりのなかで、少しずつ異なった価値観が形成されていく。それが民主主義的手続きで確認されて、民意(国民の総意、一般意思)を形成する。民意が成熟する。そして、民意は時代によって、世代によって変遷する、流転する。

誰も皆、自分の心の奥底をのぞくことによってしか、善悪の判断はできない。数学の問題の解答は一つであるが、社会問題の解答は社会構成員の数ほどある。人は、自分が本当に納得するものしか正しいとは思わない。他人には自分と同じ価値がある。自分の意見を押し付けることはできない。だから言論の自由は大切であり、熟議の末の妥協と多数決に意味がある。

一人ひとりが同じ良心のうずきを感じていれば、熟議の末に必ず一定の方向性が出る。一人ひとりの価値が同じなのだから、意見が異なれば妥協するしかない。妥協に論理は要らない。妥協は妥協である。妥協が共通の方向性を生む。そうしてルールがつくられる。人間社会のルールは、話し合いによってつくりだすしかない。話し合いは不断に行われなければならない。だから民主主義的な手続きが大切なのである。

(3) 西欧の啓蒙思想とアジアの王道思想、仏法思想が持つ普遍性と共通性

ところで、覚醒した精神は、「存在自体が至高の価値である」と自らを飾り立てる政治権力から、一切の虚飾を取り払う。政治権力は、社会構成員の総意から生まれた政策を執行する道具にすぎない。覚醒した者には、王様の耳が「ロバの耳」に見える。そうして、権力者の放逸を戒める制度が発達する。権力は常に国民の総意に仕える。国民の総意こそが法の源であるからである。それが、本当の法の支配の意味である。

ただし、権力を統制して、国民の総意を権力行使の目的とするには、そのための制度が要る。「王は残酷である」というイメージの強い西欧諸国が育ててきた近代的民主主義制度は、権力を民主的に統制することを目的としている。それは、偉大な人類への思想的、制度的貢献である。特に英国の議会制民主主義の発展、米国の独立革命とフランスの革命は、人類史に残る出来事である。

これに対して、東洋社会は、家父長的で、王の聖人君子たることを求める。東洋社会では、王の修身の必要性が説かれるだけで、王権を制約する制度をつくるという発想が希薄であった。

私たちは、西欧の啓蒙期の政治思想のお蔭で定着した権利章典、言論の自由、議会政治、普通選挙、複数政党制、司法の独立を手にした。このような制度が整った近代的な政治体制を、今日、自由民主主義体制と呼んでいる。西洋政治思想の私たちへの最大の貢献は、この権力の民主的制御のための諸制度の必要性に気づかせてくれたことにある。

逆に、民主主義的制度の前提となっている普遍的価値観の基本的な考え方それ自体は、仏教や儒教の伝統が長い日本では、古来、決して珍しいものではない。暴虐な王は天命を失い匹夫に戻るので誅殺してよいという、欧州では18世紀以降に広まった啓蒙思想、革命思想と同じ内容の思想が、東アジアでは紀元前から語られていた。孟子の王道思想である。

また、聖武天皇が国分寺とともに広めた金光明最勝王経には、仏の教える法に従わない王は滅びると書いてある。政治の経典である儒教と異なり、個人の霊的覚醒を目指す仏教の聖典には政治的な文書が少ないが、金光明経は日本思想史における法の支配の始まりとして重要である。

日本人も、長い歴史のなかで、真の個我を確立している。日蓮、法然、親鸞な

どの名だたる鎌倉の高僧は、みな、己の心のなかに仏を見た人々である。鎌倉の高僧たちは、素手で仏に触った人たちであり、その経験は、宗教改革を指導したルターやカルヴァンの経験と同じものである。鎌倉の名だたる高僧たちのなかで、すべての既成概念が否定され、個人が仏の前に屹立したのである。だから、彼らは僧院の快適な学究生活を捨て、寒風のなかでぼろを着て、ひもじさをこらえて、衆生救済への道に進んだのである。

裸の自分が己の良心とありのままに直面する。これが本当の個人主義であり、近代的思考の始まりである。人は自分の良心を通じて仏を見る。神を見る。神の国は自分のなかにしかない。繰り返すが、だから個人の尊厳は絶対的に平等なのである。

明治維新の曙光も見えない暗闇のなかで斬首される前、吉田松陰は、萩の野山獄や松下村塾で孟子を講義した際に、天の定義に触れ、天は耳を持たず、目を持たず、民の耳を通して聴き、民の目を通して視る、したがって民意こそ天意であると述べている。そしてその孟子は、天意に逆らうものは滅びると教えている。

その意味するところは、国民こそが主権者であり、憲法制定権者であり、国民の一般意思は存在し、それを具現し執行するのが議会であり政府である、という西欧の政治啓蒙思想と同根である。

また、孟子の暴虐な王を誅殺してよいという考え方は、圧制に対する革命の権利というフランス革命の考え方と同じである。実際、中江兆民はルソーと孟子が似ていることに驚いている。

啓蒙主義時代の西欧政治思想の本質は、実は、私たちには馴染みの深い王道思想、仏法思想と通底している。だから、私たちも、何のてらいもなく、それを西欧の価値観ではなく、また、白人のキリスト教徒の価値観ではなく、私たちが共有する普遍的な価値観と呼ぶことができるのである。

産業革命後の世界秩序の大変換のなかで、裸の権力闘争や世界戦争や、剝き出しの富の集中や、都市労働者の貧困や、有色人種の差別や植民地の収奪といった悪が、次々と是正されてきた。それは、人類に等しく良心が与えられているからであり、良心が、今日私たちが普遍的価値観と呼ぶものをゆっくりと言葉にして、洋の東西を問わず共有することを可能としてきたからである。

21世紀に入ってようやくジャングルのような弱肉強食の権力政治が終わり、19世紀的な国際法に代わって、ルールにもとづく自由主義的な国際秩序が地球的規模で成立した。それまで、実に200年がかかっているのである。

日本が冷戦後に唱えはじめた「価値の外交」とは、この自由主義的な国際秩序を守り、育てることを意味している。自由主義は、本家の欧米ではトランプ前大統領のアメリカファースト政策や、英国のブレグジットや、反移民感情や、いまだに噴き出す人種差別をめぐる衝突等で危機に瀕しているなどといわれる。

しかし、アジアでは、共産圏の消滅と開発独裁の消滅で、新しい民主主義国家が様々な困難に直面しながらも、たくましく立ち上がりつつある。

1986年にフィリピンが民主化した。1987年に韓国が民主化した。1990年代には多くのASEAN諸国や台湾が民主化した。アジアでは、多くの国々が植民地支配を打ち破り、人種差別を乗り越え、独裁政治の辛さを経験し、工業化への様々な困難を克服してきた。そしてアジアの自由主義的国際秩序が、今まさに、創造の瞬間を迎えつつあるのである。自由アジアは、その曙光を迎えつつある。

日本が「自由で開かれたインド太平洋」構想を打ち出したのは、偶然ではない。日本は、自由主義的な国際秩序創造のリーダーシップを取ろうとしているのである。

令和の日本人の立ち位置は、ここにある。

第8講
戦略的安定と国家の安全

1　戦略的思考とは何か

(1) 人間は、言葉を使って、力を合わせて生き延びようとする動物である

戦略とは、生存のため、あるいは、よりよく生きるための目的と手段の組み合わせをいう。目的が高次のものであれば戦略といわれるが、戦略目的を実現するためにより低次の目標を設定する場合には戦術という。戦術は、戦略を支えるためのものである。

人間は、一人では弱い生き物である。人間は、個として生き延びるとともに、力を合わせて集団で生き残ろうとする。個としてだけではなく、集団で力を合わせてよりよく生きようとする。生きるために共同で困難を克服しようとし、そのために何らかの手段で意思を疎通し、目的と手段を集団の構成員の間で共有しようとする。

ところで、ともに生き、ともに戦うのは、人間だけではない。それは、群れで生きるすべての動物に備わっている能力である。蟻であれ、蜂であれ、狼であれ、イルカであれ、ともに生き抜くためのコミュニケーションの能力を持っている。しかし、人間は、格段に優れたコミュニケーション能力を持っている。コミュニケーションから掟が生まれる。法が生まれる。そうして人は力を合わせる。それが、人類をこの星の覇者にしたのである。

自然災害、疫病、犯罪、戦争等の様々な困難に対して、人は一人ではなく、力を合わせて立ち向かい、生き残ろうとする。そのためにコミュニケーションの能力を、非常に高い水準にまで発展させてきたのが、人類である。人類だけが、言葉を用いて巨大な共同体をつくり、ともに生存を図ることができる。日本人の倫理性が高く、民族性が高潔なのは、地震、台風、津波に頻繁に襲われる災害列島のなかで、数千年間、肌を寄せ合い、助け合って生きてきたからである。

人間は、楔形文字、象形文字、漢字等の書き文字をつくってから、コミュニケーション能力を飛躍的に向上させた。パピルスや紙の発明は記録を容易にした。また、活字印刷技術が発明されてから、さらにコミュニケーションが向上した。19世紀には電信と海底ケーブルが登場した。20世紀前半の航空機の発展は、人の移動だけでなく書かれた記録を迅速かつ容易に伝達できるようにした。

20世紀後半の最大の発明は、インターネットと光通信海底ケーブルである。サイバー空間という距離感と時間の感覚がまったく異なる特殊な空間が、地球を覆った。コミュニケーション手段の発達は、文字通り、地球を一つにした。

今世紀中葉には量子コンピュータが普及し、さらに膨大な量の情報処理が可能になる。今世紀後半のコミュニケーションの様相は、想像することも難しい。動物が生き延びるために形を変え、牙や爪を鋭くしたように、人間は生存のためにコミュニケーションにかかわる技術を著しく発展させている。それはとどまるところを知らない。

コミュニケーションは、人間が、生き延び、かつ、よりよく生きようとする衝動にもとづいている。人はコミュニケーションによって掟をつくり、法をつくり、社会の秩序をつくる。人間がつくる社会秩序は、小さな集落から民族国家へ、そして地球的規模の人類社会へと、その規模を拡大してきた。人は、何に突き動かされて、次々と規模の大きな社会秩序をつくろうとしてきたのか。人をコミュニケーションに駆り立てる衝動は、何から出てくるのか。

それは、決して弱肉強食の闘争本能ではない。逆である。それは他者に対する優しさ、思いやり、「love and care」という素朴な感情、人間として裏切れない道徳感情から生まれる衝動である。

一人ひとりの人間には、互いに支え合って、守り合う力が与えられている。それは、DNAに書かれている人間に生まれた時から備わっている能力である。人間の良心がそこにある。古来、聖人、哲学者が、「仁」「愛」「慈悲」「惻隠の心」「真実」などと名前をつけてきたのは、この良心から生まれてくる善に向かう温かい感情のことである。この温かな心を生む機能を、良心と呼ぶのである。

良心が働くから、社会秩序は、弱者に対する共感を常に含んでいる。共同体として生き残ることを本能が命じるから、社会秩序は、弱者に対して包摂的でいたわり合う姿になる。社会秩序は、弱肉強食の収奪的なものになってはいけない。収奪的で乱暴な社会秩序は、しばしば短命である。共同体としての生命力が薄いからである。それは、集団で生き残ろうとする人間の生存本能に逆行する。

社会秩序はどのようにしてつくられるのか。社会秩序は、組織化され独占された暴力や、序列化された権力や、巨額の資本だけでできているわけではない。社会は、言葉と信頼によってできている。社会は、話し合いによってできる。同意によってできる。信頼によってできる。

良心から噴き出す言葉をしゃべる人間一人ひとりの価値は同じである。良心から出てくる言葉は、その人にとって、真実の言葉である。だから言葉を発したものが、自分の言葉を裏切ることは許されない。人間の語る言葉は、初めから規範の色を帯びている。

ここから「合意は拘束する（pacta sunt servanda）」という人間社会の第一ルールが出てくる。人間社会は、約束事の総体である。それが法である。人間社会のあるところ、必ず法がある。善意の人の営みを守るのは、この法である。

言葉は、よりよく生きようとして力を合わせるために、一人ひとりが出し合う知恵の一片である。武士道が発達し、陽明学の影響の強い日本人には、「武士に二言はない」「言行一致」と言われるように、西洋人の「合意が拘束する」という原則は分かりやすい。自分の言葉を裏切ることは、自分に対する裏切りであると同時に社会に対する裏切りであるから、そういう人間は信用されない。そういう人間の言葉も信頼されない。

社会秩序とは、個々人の真実の言葉が積み重なって時間をかけて凝固したものである。フェイクニュースのように多くの腐った欠片が入り込むと、社会全体が腐ってしまう。国家の関係も同じである。国際法においてすべての国が納得している根底の原理は、「合意は拘束する」という大原則である。国際秩序もまた、銃弾と黄金の上にだけではなく、同意と信頼の上に成立するものである。

（2）戦略とは、人間が力を合わせて生き延びるための「実践的思考」

人間は、よりよく生きるために力を合わせようとする。そのためには、共同体の構成員で分かち合える言葉が要る。論理が要る。まず、どういう危機が目前にあるのかという問題の認識が要る。問題設定が要る。次に、何のために力を合わせるのかという目的が要る。最後に、どうやってこの困難を克服するのかという手段が要る。

問題の認識、目的の設定、方法の考案という三者を組み合わせて論理にして、共同体構成員でシェアする。それが戦略的思考である。実践主義といってもいい。要するに「戦略的に考える」とは、多くの人に一番分かりやすい論理の立て方をいっているだけなのである。困難を克服するために、よりよい生活をするために、実践的に考えるというだけのことである。

戦略的思考の論理は、他人から理解されやすい。シェアしやすいのである。それは、多くの人が様々な問題に直面し、何を守るか、何を実現するか、どう問題を解決するかという同じような順番でものを考えて生きているからである。国家間のコミュニケーションでも同様である。まるで科学者が世界語である数式をともに読むように、外交官にとって戦略的思考の論理はすっと頭に入りやすい。

数学の真理は一つであるが、社会正義の定義は社会の構成員の数ほどある。人の良心に優劣はない。おのおのの良心の底には、普遍的な真実が横たわっている。仏がいる。神が見える。しかし、人の知性は限られている。その見え方、つかみ方は人による。社会による。だから、国民の議論は、初めは百家争鳴である。しかし、議論を続けていると、だんだんと方向性が出てくる。同じものを見ているからである。

なかには頑固な人もいる。生まれてくる時は真っ白で柔軟な心も、年を取るにつれて、ものの見方も固まってくるものである。自分の周りの社会の常識に縛られはじめる。人間は、半分は生まれたままの資質で、残りの半分は社会性のなかで身につけた資質でできているからである。

しかし、人は話をしているうちに、必ずいくつかの方向に議論が収斂する。人が議論をするのは、よりよい生存の確保という同じ目的を志向しているからである。大きな方向性が見えてくると、民意がはっきりしてくる。それを西洋では「国民の一般意思」と呼ぶ。東洋では、民意、即ち、「天意」と呼ぶ。それを吸い上げて、明確な言葉に置き換えるのが、議会や政治家の仕事である。

どうしてもまとまらないほどに意見が分裂すれば、人間は妥協をする。そうして合意をつくる。それが民主主義である。妥協に論理は要らない。相手の言い分にも自分の言い分と同じ価値があるのだから、どうしても互いに納得できなければ、足して二で割って痛み分けするしかない。それが民主主義である。それが分からない人たちは、暴力をふるう。神の名を騙って殺し合ったりする。それは既に神ではなく魔の領域、鬼の領域である。

国家戦略も、同じようにして生まれる。自由な討議を通じて、国益を定義し、それを守る手段を考える。私たちはどういう困難に向かい合っているのか、何をせねばならないのか、どうやって対処すればよいのか、出口はどこにあるのかを説明し、説得して、国民を引っ張っていけるのが、本当の政治指導者（リーダー）である。

ただし、困難に臨んで政治指導者が常に敏感に反応する保証はない。政治には潮時というものがある。時期尚早と考えれば、政治家は動かない。政治家はサーファーに似ている。大きな世論の波が来ないと新しい考え方に乗ろうとしない。大抵、政治家より先に、思想家といわれる人たちが現れる。その多くは志を遂げる前に無為に斃れることが多い。しかし、彼らの言葉が、情熱が、人々を動かし、やがて大きな世論のうねりを生んでいく。

また、良心は、危機に輝く。良心は、集団の生存のための本能と直結しているからである。国民が政治に関心を向けるのは、危機的状況においてである。危機的状況になければ、人間は、日頃の習慣の通りに生きていける。家族と一緒にご飯を食べ、会社で働いて、うちに帰ったら好きな本を読んで、風呂に入って寝る。鼓腹撃壌の世界である。それが人の幸せである。

しかし、危機的状況ではそれが当たり前でなくなる。厄災は平然と人々の日常を壊していく。次々と大量に人の命を呑み込んでいく。そのとき、人間は、戦略的にものを考えなければならない。生き延びるために、よりよく生きていくために、いろいろなことを考えなければならない。時間はない。目の前で多くの人が、愛する人が次々と犠牲になっていく。老人も妊婦も子どもも、差別なく命を奪われる。それが危機である。地震、津波、パンデミック、戦争が良い例である。

危機に臨むと、多くの人の良心が一度に活性化する。団結、協力、助け合い、弱者の保護、自己犠牲という人間に与えられた高潔な本能が、心の底から剝け出てくる。

政治指導者には、国を団結させ、困難を克服する戦略的思考が求められる。平時のリーダーは、誰でも務まる。有事のリーダーには、戦略を立て、説明し、説得し、実行する能力と資質が要る。孟子は、国家は憂患に生き、安楽のなかに死ぬと述べた。危機にこそ、国民レベルで生き延びようとする意思が働き、良心が活性化する。

国家的危機には、強烈な個性を持った思想家が現れる。元寇時の日蓮上人、幕末の吉田松陰である。日蓮、松陰のなかで弾けた人類愛は、ほとんどの日本人が亡国の業火に包まれた火宅のなかで無邪気に遊ぶ子どものように振る舞っているとき、激烈な孤高の危機感に焦燥した。そして、その焦燥感が激しい孤独な行動に結びついた。日本人すべてを救わなければならないという情熱が、たった一人の人間のなかから噴き出したのである。その情熱が多くの他の人たちを覚醒させた。危機における良心の覚醒の典型を、日蓮と松陰の二人に見ることができる。優れた戦略的思考は、危機や国家的な困難に臨んで生まれることが多い。

2　国益とは何か、どうやって守るのか

国家という大きな共同体を考える時、私たちが直面する危機とは、パンデミック、大地震、津波、台風や洪水、原子力災害、大規模テロ、戦争などである。安全が第一の国家の利益である。それは、外交、防衛、治安、防災といった広い意味の安全保障および危機管理の範疇である。

対外的な安全保障を考える際には、安全を図るために、まず地域の、あるいは地球的規模の安定を考える。第一の国益は、国家の安全と、その前提となる戦略的安定である。これは本講で扱う。

また、危機には経済的なものもある。バブル経済の崩壊やパンデミックの後に現れる大規模な景気下降は、おびただしい数の倒産と失業を生む。それは人々の生活に大きく影響する。万の単位で自殺者が増える。繁栄が、第二の国家の利益である。第二の国益については第10講で扱う。

また、第三の国益は、私たちの価値観である。敵対する外国政府から大量のフェイクニュースが流されたりすると、自由や平等や個人の尊厳にもとづく私たちの民主主義がおかしくなる。選挙にも介入される。2008年の米大統領選挙への外国機関らしきものの関与は、米国で大きな問題となった。

選挙に外国が介入すれば、私たちの自由主義社会のルール自体が歪んでいく。また、民主主義国家といえども、民主主義は所与ではない。常に磨いていかないと退廃し、権力が自己目的化して腐敗する。

私たちは、この自由社会、自由主義的国際秩序を守らなければならない。なぜ自由主義を価値観として守るのかという点については、第7講で既に述べた。

現代国家の役割は、以上3つの国益、即ち、国民の安全と繁栄と自由主義的な価値観を守ることである。国益の具体的な中身は、民主主義国家では、話し合い

によって決まる。また、自由主義的な国際秩序が確立した今日、私たちの安全と繁栄と価値観は、国際社会の仕組みと大きくかかわり合っている。

日本の国力は大きい。むしろ、日本が一つの柱となって、自由主義的な国際秩序を支えていると言ってもよい。日本のように国力のある国は、国際社会全体の利益を考えながら、自国の国益を考えねばならない。

本講では、まず国家の安全をどう確保するかについて話そう。

3　戦略的均衡の維持をどう図るか

(1) 戦略的安定の維持が、自国の安全の前提条件

人間が集まって力を合わせて生きていくのは、まず、身の安全を守るためである。国家安全保障論で、安全を守るというとき、第一に考えねばならないことは、自分の国の安全を守ることである。つまり、しっかりと自国の防衛態勢を整え、自国を侵略する国がないようにして、戦争が起きないようにするということである。

天災にはいろいろあるが、大地震では数千人、大津波では数万人、パンデミックでは数十万人の犠牲者が出ることがある。戦争は、天災ではなく人災であるが、数百万人、時に数千万人の死者を出す。第二次世界大戦の欧州戦線では、核兵器こそ使用されなかったが、それでも数千万人の人が死んだ。太平洋戦争では日本だけでも300万人の死者を出した。これだけの死者は、隕石でも地球にぶつからないと出ないであろう。人間にとって、一番恐ろしいのは人間である。

国家安全保障では、自分の国の安全をどうやって守るか、戦争をどうやって防ぐかということを最初に考えなくてはならない。日本侵略が起きたらどう戦うか。どう敵を抑止するか。隙を見せないような即応体制をどう構築するか。このような論点は、軍事戦略の話である。

しかし、その前に大切なことがある。敵が大勢で、自分が孤立していては、そもそも戦う前から負けてしまう。多勢に無勢では話にならない。まず、外交で勝つことが先決である。外交で勝てば戦争に勝てる。戦場で勝っても、外交で負ければ、必ず戦争に負ける。

国家戦略の第1章は、軍事戦略ではあってはならない。外交戦略が先に来なくてはいけない。外交戦略によって、安定的な同盟網を築き、自国の周辺を中心に

国際関係を大きく安定させることが、先決なのである。国際社会は分権社会である。国際社会では、安定それ自体が保障されていない。国際社会の力関係が大きく崩れると、国際秩序全体が不安定化する。また、孤立すれば、それはしばしば破滅を意味する。日本にとって大日本帝国の教訓は重い。

国際関係のバランスが自国に不利な形で崩れ、外からの力が大きくなり過ぎると、自分で自分の運命が決められなくなる。波にのまれたようになり、周りの力に引きずられる。沖に流され、渦に巻き込まれる。国際社会の安定が崩れれば、自国の安全も危うくなる。国際関係においては、安定の維持それ自体が守るべき一つの大きな国益であり公益なのである。

国内秩序は、治安確保に典型的に見られるように、権力の一極集中によって安定が実現されている。人は、共同体をつくるとき、必ず権力装置をつくる。リーダーを決める。序列ができる。それは本能にもとづく。リーダーは優れた資質を持たねばならない。リーダーは、常に挑戦を受ける。人間社会では、リーダーの座を争って派閥ができる。序列をめぐり闘争が起きる。派閥間の抗争が起きる。それは、一般の会社でも国際社会でも変わらない。

国内では、権力が一極に集中される仕組みが整っており、権力闘争が民主的な手続きで制度化されている。共同体は安定している。

しかし、残念ながら、現在の国際社会において、一国で世界全体を牛耳れるような力のある国はいない。一極支配が成立しなければ、複数の国のグループが互いにバランスを取るようになる。それは、会社のなかの派閥闘争でも、動物界の縄張り争いでも、国際社会でも同じである。勢力均衡は不自然な現象ではない。人間の社会でも動物の社会でも、そして、国家間の関係でも、普通に見られる現象である。

近代以降の地球的規模の力関係の変遷をもう一度簡単におさらいしてみよう。国際社会は力関係の均衡を前提にして安定している。今日のような主権国家並立型の国際社会を、ウェストファリア体制と呼ぶ。16世紀の西ヨーロッパは、日本の室町時代に似た戦国時代である。17世紀に入り、新教徒と旧教徒が入り乱れる宗教戦争となったドイツ30年戦争のあと、ウェストファリアの講和で、現在に続く主権国家並存型の欧州型権力政治の原型ができあがった。

欧州諸国は、その後も一国がヨーロッパ全体を支配するのを嫌い、合従連衡と戦争を繰り返した。欧州近現代史は、勢力均衡と戦争の連続である。それが、

20世紀前半までの欧州型権力政治の基本形となった。

近代欧州で武器が異様に発達したのもうなずける。半一千年紀も戦争をしていれば、戦争上手になるのは当たり前である。ちなみに、鉄砲は発明されてすぐに日本に来た。しかし、技術の進歩は速い。鎖国して300年経った幕末のころには、日欧の武器の差は歴然としていた。馬関戦争では、関ヶ原で使っていたような長州藩の青銅の大筒に、英国軍艦のアームストロング砲が撃ち返した。負けるはずである。

19世紀、世界の勢力均衡図は激変する。18世紀末の英国で始まった産業革命は、西欧諸国の国力を飛躍的に向上させた。産業革命は、近代工業国家群を登場させた。アジア、アフリカの国々はほとんどが植民地に貶められ、世界は植民地帝国という天上と、植民地という地上（あるいは地獄）に分断された。産業革命の結果、突然、欧州型権力政治における勢力均衡図は、西欧というローカルな枠組みを超え、あるいは、西欧諸国が大航海時代に呑み込んだ新大陸を越え、ユーラシア大陸を呑み込んで、地球的規模の勢力均衡図に置き換わった。

その結果、19世紀に入ると、北西ヨーロッパの辺境にあった島国の英国が、突然世界帝国になって君臨した。フランス、ドイツ、米国、日本、ロシアがその後を追いかけた。産業化と戦争は、国民に近代的帰属意識を生み、国民国家、民族国家が誕生する。そして、国家に帰属意識を持った国民は、政治にものを言いはじめる。時に長い独裁との闘いを経て民主主義が始まる。工業化、国民国家化から民主国家まで、100年以上かかることも稀ではない。

産業国家、国民国家、民主国家は、三位一体である。まず、産業革命と工業化が始まり、国民が国家と自分を一体視しはじめて近代的「国民」が登場すると、やがて民主化が胎動しはじめる。第一陣となった先行工業国家は、ロシアを除き、今日、先進工業民主主義国家と呼ばれている。

工業国家の栄枯盛衰は激しい。世界の勢力均衡図は、10年おきに定点観測すれば激しく動くことが分かる。ドイツの興隆によって不安定化したヨーロッパでは、第一次世界大戦が起きた。その結果、敗戦国のドイツのみならず、戦勝国の英国やフランスも疲弊し、徐々に新興の米国に世界の覇権が移ることになった。

第二次世界大戦では、19世紀後半に国家統一を成し遂げた新興国家であるドイツ、日本、イタリアといった新興国家が、広大な植民地を先に獲得した現状維持勢力である米英仏蘭に対して、世界秩序の組み換えを求めてチャレンジして敗れた。権力関係の変容は、権力闘争を招き、国際秩序の不安定化を招き、2度の世界戦争に結びついた。

戦後は、米ソ対決の冷戦時代に入る。核兵器の登場で第三次世界大戦が戦われることはなかった。冷戦の初期に、戦勝国となった英国、フランスは、世界各地に沸き上がった民族自決の波に襲われ、植民地が独立したために国力を大きく落とした。英仏は米国と結んで自由主義圏を構成した。敗戦国の日本とドイツは、自由主義陣営に加わって復権した。米英仏日独を中心とする自由圏と、中ソを中心とする共産圏が厳しく対峙した。軍事的な衝突はなかったが、体制の生命力を競い合う長い戦いとなった。ソヴィエト連邦は、共産革命から70年経った1991年、自らの独裁体制の政治的生命力が枯れ果てて、内側から崩落した。

今、中国とインドが、将来の超大国として駆け上がってこようとしている。この目まぐるしく変転する国家間の力関係のなかで、どうやって自国に有利なように戦略的な安定を図っていくかが、外交戦略策定の要諦なのである。

(2) 日米同盟と戦後北東アジアの勢力均衡図

それでは、日本周辺地域の戦後の勢力均衡の変遷を、もう一度、たどってみよう。冷戦中の日本の外交戦略は、日米同盟を基軸にして大陸側の共産圏の強大な軍事力と均衡を図るというものだった。そしてそれは、著しい成功を収めた。

戦後、米国は、ユーラシア大陸の両側に戦力を前方展開し、敗戦国ではあるが大国であったドイツ（西ドイツ）および日本を牙城として米軍を前方展開し、ユーラシア大陸東西の周辺を守るという態勢を取った。これを、米軍の前方展開戦略という。敵の本拠地（アウェー）で戦いたがるのは、巨大な戦力投射能力をもつ米軍の特性である。

敵がユーラシア大陸を制覇することを防ぎ、かつ、敵がユーラシア大陸を出てくるときには米大陸ではなくユーラシア大陸の外縁で叩くという戦略である。太平洋、大西洋を巨大なお濠に見立てて、本丸の新大陸を守るという構想である。

同盟国は、地理的に重要な場所にあり、かつ、国力のある国が選ばれた。最重要な出城となったのは、かつて米国が主導する連合国を大きく苦しめた日本とドイツである。欧州側にはNATO（北大西洋条約機構）が立ち上がり、太平洋側には日米、米韓、米豪、米比、米泰という米国をハブとする二国間同盟網が立ち上がった（ニュージーランドは、非核化政策を掲げて脱落）。

北東アジアでは、米国は、日本の米軍基地を拠点として、かつて大日本帝国を構成していた韓国、台湾（終戦当時は米国は中華民国を承認していた）を守り、米国の植民地であったフィリピンを後背地としていた。

実際、朝鮮戦争では、日本は米軍の作戦を支える最重要な後背地となった。韓国へなだれ込んだ北朝鮮軍は、マッカーサー将軍の仁川上陸作戦で壊滅するが、朝鮮半島への影響力奪回を目指す毛沢東が参戦して、最終的に朝鮮半島は分断された。冷戦の半世紀、朝鮮半島の現状は北緯38度線で分断されたまま凍結された。それは今も続く。米国は、ベトナム戦争で、宗主国であるフランスの後を引き継いだが、ベトナムから手酷い反撃に遭うことになった。ベトナムは、米国をインドシナ半島から叩き出した。

しかし、朝鮮戦争でも、ベトナム戦争でも、幸いにも戦火が日本に及ぶことは一度もなかった。日本は、日米安保条約第５条で、日本侵略に対する共同対処を定め、さらに、同第６条で韓国、フィリピン、台湾の安全のために米軍に日本基地の使用を認め、米国を北東アジア全般の安全にコミットさせた。そうすることで、北朝鮮、中国、ソ連という強大な大陸側の赤軍と対峙して、北東アジアの勢力均衡を実現してきたのである。日米同盟は、冷戦中のアジアにおいて、自由圏と共産圏の勢力均衡を支える西側の脊椎であった。

ベトナム戦争で米国の国力は一時陰りを見せるが、中ソ対立で焦った中国が米国との国交正常化を果たした。その結果、敵としての中国軍が突然、日米同盟のレーダーから消えた。中国が西側に寝返ったことで、日本の安全保障環境は大きく好転した。中国が立ち位置を変えたために、戦略的均衡の秤が、突然、日米同盟側に有利に振れたのである。北東アジアの戦略環境は劇的に好転した。その後、冷戦の終了まで、米国、日本、韓国がソ連、北朝鮮と向き合い、中国が戦略的に米国に加担するという勢力図が続くことになった。

そして、1991年、ソヴィエト連邦は、極端な独裁体制の故に、社会体制としての生命力を失い、21世紀を見る前に自滅して消滅した。東欧諸国は一斉に民主化に舵を切ったが、北朝鮮は、世界に珍しいレニニズムの国として残った。

中国は、民主化するかという希望もあったが、1989年、天安門で自由を求める学生を人民解放軍が虐殺して以来、民主化への扉を固く閉ざした。鄧小平という優れた指導者を得た中国は、そのまま経済面だけの改革開放を進めていった。

(3) 米中大国間競争時代の始まり

改革開放の波に乗った中国は、1990年代には自由貿易の恩恵を最大限に利用して工業化に成功し、今や、昔日の大きさと重さを取り戻しつつある。再びアジアの勢力均衡は、大きく形を変えつつある。

今日、中国と米国は、大国間競争の時代に入りつつある。中国は、政治的には共産党独裁を残したまま、国家資本主義のような国家体制となり、成長を続けている。しかし、米国も中国も、一国で地球を支配する力はない。国際政治の役者は代わっていくが、19世紀に地球的規模へと拡大した勢力均衡の骨組みがそのまま現代国際関係の骨格であるという事情は、今日も変わらない。これからは、米中両国が国際政治の主役になる。米中両国の競争の結果が、再び地球的規模の勢力均衡図を書き換える。

この米中大国間競争の時代に、日本はどのようにして戦略的安定を実現すればよいのだろうか。中国のサイズを考えれば、勢力均衡は、地域的なレベルにとどまらず、地球的な規模で考えねばならない。

外交の基本は、大きな国益（安全、繁栄、価値観）を同じくする大国と同盟し、周辺国と可能な限り友誼を保つことである。この教訓は、藤原鎌足が愛読したといわれる『六韜』に出てくる。そして、利害を同じくする国、利害の対立する国、中立国をよく見極めて、利害を同じくする国を増やして孤立を避け、利害の対立する国の同盟を切り崩し孤立させ、中立国の好意を勝ち得て、戦わずして勝つことである。外交上手の国にとって、それが一番大切なことである。『孫子』にある通り「百戦百勝は善の善なる者にあらざるなり」であって、無手勝流こそが外交の極意である。実は、これは広大な大陸で四方八方に目配りしながら生き延びてきた中国の方が得意とする外交である。

戦略的思考に長けた中国と対峙するには、日本としても彼我の国力をよく見極めることが必要である。二国間関係だけを見て国力を比較するのでは子どもの喧嘩である。関ヶ原の戦いのように、東軍、西軍の全体の総合力をよく比較する必要がある。『孫子』には「敵を知り、己を知れば百戦危うからず」とある。諸外国の戦略を知らないものには、外交も戦争もできない。

残念ながら、伝統的二国間外交が主流の日本外交は、連立方程式や鶴亀算で全体のマトリックスをつかむのが苦手である。味方の味方や、敵の敵など、第三国間の複雑な関係にまでなかなか目が行き届かない。

たった150年前まで、鎖国をしていたという事情もあるであろう。いかなる権謀術数を凝らしてでも生存を図ろうとした室町戦国武将の厳しい戦略感覚は、泰平の世が続いた江戸時代にすっかりまどろんでしまった。江戸時代後期には、戦国の血糊の匂いが消え、虚飾の武士道が発達する。しかし、戦国の武士道は、剝き出しの生存本能と直結していたはずであり、優れた武将は権謀術数の粋を凝らしていたはずである。

さらに、戦後は日米同盟の分厚い被膜が、日本人の生存本能を深い眠りに落とした。また、東西冷戦のイデオロギー対立は、日本人の現実主義的外交感覚、戦略的思考を麻痺させた。360度、周囲に敏捷に目配りしながら、千数百年、生き延びてきた欧州人や中国人の戦略感覚に比べると、日本の外交感覚はナイーブである。少々、見劣りがするのも仕方がないのかもしれない。

(4) 日本一国では中国に対峙することは不可能――総合国力比較

しかし、中国の急速な台頭を目前にしている今日、もはや、そんなことは言っていられない。今、世界は、米中大国間競争の時代に入った。米中が本格的に四つに組み始めた今日、クリミア併合後、西側の制裁に苦しむロシアは中国にすり寄らざるを得ない。米国の独自制裁の下にあるイランも同様である。中国、ロシア、イランという枢軸が姿を見せつつある。逆に、インドがゆっくりとソ連寄りの非同盟という立ち位置から、西側寄りの非同盟へと立ち位置を変えつつある。まるで星座を作る星々がゆっくりとその位置を変えるように、今世紀に入ってから、国際的な権力関係は、再び大きく変貌しつつある。

台風の目は急速に国力を上げる中国である。中国は、日本一国の手に余る大国である。日米同盟以外に、中国との戦略的均衡を維持する方法はない。それは、総合国力の比較から明らかである。

まず、軍事力を見れば、中国軍は、陸軍98万および海兵隊2.5万、海軍艦艇760隻、189.9万トン、空軍作戦機2,890機の規模である（『防衛白書』2020年版、以下同）。これに対して、自衛隊は陸上兵力14万、海上自衛隊艦艇135隻、48.8万トン、航空自衛隊作戦機400機であり、在日米軍は海兵隊2.3万人、在日米空軍作戦機150機、第7艦隊艦艇30隻、40万トンおよび作戦機50機（艦載機）である。軍事費（購買力平価換算、2019年世界銀行）は、中国が4,660億ドルで、6,500億ドルの米国の7割、510億ドルの日本の12倍である。

極東正面に展開されている軍事力を単純に比べる限り、域内では中国軍が圧倒的に優勢である。中国軍に対処するには、米本土の米軍全体を数に入れなければ、軍事的な均衡を実現することは難しい。

経済力に関しては、GDP（名目、2018年IMF統計）で、中国が13.4兆ドルであり、5兆ドルの日本の3倍弱で、20.5兆ドルの米国の7割弱である。中国の成長率は7%を切ったがいまだ成長中である。中国政府の発表する数字は信じられないが、おそらく新型コロナウィルスが広がる前は、実際は3%か4%の成長だったのであろう。中国人の言う「新常態」である。それでも日本の3倍の経済規模を考えれば、相当な成長規模である。2030年までには、中国の経済規模は米国を抜くといわれている。

人口については、中国が13億、米国が3億、日本が1億2,700万である。平均年齢は、日本49歳、中国と米国は10歳若い39歳。しかし、米国は、毎年100万人の移民を受け入れ続けているために、人口動態に独特のバイタリティがある。日本と中国は、これからも都市化と高齢化が進んでいくであろう。

面積は、大陸国家である米国（98億ヘクタール）と中国（96億ヘクタール）がほぼ同じ大きさである。ロシアに次ぐ大陸国家である。日本の領土は縦に長く島嶼が多いので、排他的経済水域と領海からなる海洋面積は世界有数であるが、陸上面積は小さく世界第61位である（3,800万ヘクタール）。

国際通貨に関する限り、いまだにドルの信認は厚い。米国の経済制裁の切り札は、今もドルの世界からの放逐である（ニューヨーク連銀経由のドル決済の停止）。米国の金融制裁は、中国には脅威であろう。

中国は、必死にドル離れを実現しようとして、世界に人民元決裁を広げたいとの思惑だが、うまくはいっていない。依然として世界の外貨準備高のうち、ドルは62%、ユーロは20%、円は5.7%、元は2%。為替市場取引のうち、ドルは44%、ユーロは16%、円は8%、元は2%。国際決済のシェアでは、ドルは39%、ユーロは36%、円が3.5%、元は1.9%にすぎない（2020年9月時点）。通貨の信用は国家の信用であり、現実は甘くない。

こうやって裸の数字で日米中の力関係を見てみれば、先に述べた通り、日本一国で中国と対峙することはもはや不可能であることは、自明であろう。米中が横綱となり、日本は大関ないし関脇でしかない時代になったのである。

日本は、日米同盟を基軸とするしか台頭する中国との間で戦略的均衡を維持する方法はない。日本が米国と手切れに及べば、日本の歴史が始まって以来、朝貢を拒み続けてきた日本が中国の支配権に入り、屈服するしかなくなる。国際社会における力関係は、物理の法則に従う。力関係は残酷である。

日米同盟についてはさらに第9講で、また対中関与政策については第11講で詳しく述べる。

4　日本の守り——どう守るのか

(1) 日本の戦略的要衝と軍事戦略

ここまで、戦略的均衡による安定の確保について説明してきた。戦略的均衡の確保のためには、同盟論を中核とした外交戦略が中心となる。

外交戦略の背後を固めるのが防衛戦略、軍事戦略である。現在の日本の国家安全保障戦略は、軍事戦略（どういうシナリオでどう戦うか）が欠落している。

本来、国家安全保障戦略は、日米同盟という外交戦略と、それを支える強靭な自衛隊を実現する防衛力整備のための防衛戦略、そして自衛隊の運用を記した軍事戦略から成り立たねばならない。これらがセットになって、国家安全保障戦略の体系が完成する。米国では外交戦略を組み込んだ国家安全保障戦略の下に、きちんと国防戦略と軍事戦略がぶら下がっている。それが普通の国家戦略である。

第5講で触れた「第一次帝国国防方針」は、日英同盟という外交戦略を前提に、所要兵力（今の防衛計画大綱および中期防衛計画に比肩）と用兵綱領（今の日本にはない統合軍事戦略）が組み合わせられていた。米国の現在の国家安全保障戦略体系と、基本的に同じ論理の組み立て方である。

しかし、前に述べたように、今の日本には、防衛戦略に相当する「防衛計画の大綱」はあるが、政治レベルに上げて、万が一の場合に、この国をどう守るのかということを国民に説得できるような作戦運用面の概要を書いた文書が、存在しない。政治指導者がイメージできるような戦い方を簡潔に記した軍事戦略が、欠落しているのである。51防衛大綱（1976年）で「基盤的防衛力」構想を打ち出し、敵はいないが最低限の防衛力を持つという非現実的な考え方を導入したためである。敵がいないと言ってしまえば、どう戦うかという思考は停止する。

日本は、明治の元勲たちが死んで以来、外交と軍事をバランスよく組み立てた国家戦略の策定に失敗し続けてきた。戦前は、統帥権の独立の下に軍が暴走し、戦後は、政治が軍事を忌避してきた。昭和以降の政軍関係は一貫していびつであった。

第二次安倍政権が策定した国家安全保障政策は、帝国陸軍の田中義一（後に総理大臣）が、日英同盟の枠のなかで「第一次および第二次帝国国防方針」（第二次国防方針は残っていない）を策定して以来、初めて外交と防衛を組み合わせて本物の国家安全保障戦略をつくろうとした試みである。それは、およそ100年ぶりのことである。しかし、そこには依然としてかつての用兵綱領、即ち、軍事戦略が欠落している。最近、ようやく脅威対抗型の考え方が復活してきてはいるが、いまだに基盤的防衛力の考え方（敵はいないという考え方）の亡霊に強く縛られているのである。

外交は万能ではない。外交が崩れても戦争にならないように敵を抑止するのが軍の役割である。力を無視した外交はない。日本では、往々にして、たとえば中国を刺激するから軍事活動を控えるべきだ、軍事的議論を控えるべきだというナイーブな議論が出る。中国は逆である。しっかりと軍事態勢を敷いたうえで、尖閣への公船派遣などの攻勢に出る。国際的には、それが当たり前なのである。

外交は、利害を調整し、紛争を予防する。軍は、外交がうまくいかなくなったとき、相手方が軽々に武力に訴えないように抑止を利かせる。外交と軍事は、一連の光のスペクトラムのようにつながっている。虚飾の武士道に耽溺しがちな日本人にはなかなか理解できないが、戦争は独立したイベントではない。あくまでも外交の延長上に出てくるのである。そして、軍がしっかりしていれば、外交の失敗が、戦争に結びつかずに済むのである。

もとより、軍は、柄に手をかけた居合抜きの達人のように、「抜いたら怖い」と静かに思わせることが重要なのであって、平時から「仮想敵は誰だ」だの、「ちょっと脅かしてやろうか」だの不埒なことを考えて、公に挑発的な発言をすることは許されない。それはチンピラのやることである。

日頃は堅気の真面目なお父さんで、近所付き合いもマメで愛想笑いの絶えない人だが、夜になると黙々と素振りをして剣道の練習をしている。家に呼ばれると剣道師範の証書が壁に飾ってある。こういう人が尊敬され、愛され、不良が商店街で暴れているようなときには頼りにされ、不良も怖がって大人しくなる。国家関係も同じなのである。

本節では、日本の戦略的要衝に関連して、日本の守り方を素描してみたい。

図表6　日本周辺の安全保障環境

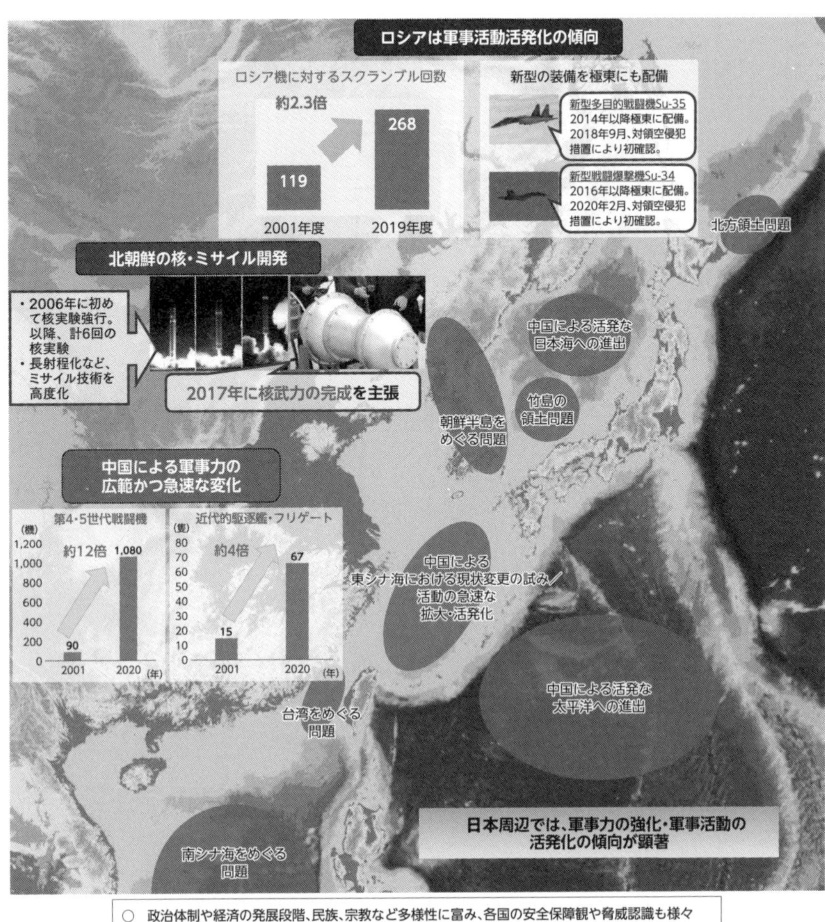

○　政治体制や経済の発展段階、民族、宗教など多様性に富み、各国の安全保障観や脅威認識も様々
　・十分に制度化された安全保障面の地域協力枠組みがない(⇔欧州、NATOによる集団防衛)
　・未解決の統一問題や領土問題(例：朝鮮半島、台湾、南シナ海等)
○　近年、政治、経済、軍事にわたる国家間の競争が顕在化
　・いわゆるグレーゾーンの事態が増加・拡大する可能性。より重大な事態へと発展していくリスク

注：中国の「近代的駆逐艦・フリゲート」についてはルフ・ルーハイ・ソブレメンヌイ・ルーヤン・ルージョウの各級駆逐艦およびジャンウェイ・ジャンカイの各級フリゲートの総隻数。このほか、中国は42隻（2020年）のジャンダオ級小型フリゲートを保有
出所：『防衛白書』2020年版

日本は四面環海である。日米同盟を締結しており、日米海軍の実力は太平洋随一である。日本は巨大な濠をめぐらせた城のようなもので、歴史上、大陸から渡海して日本を征服しようとした外国勢力は元寇しかない。日本は建国以来、遂に中国の属国にならなかった。常に外国勢力の影響から自由な海上の王国であった。海は日本の守護神である。

日米同盟下の日本が攻撃されるとすれば、ロシアが北海道に南下してくる場合、朝鮮有事に巻き込まれる場合、台湾有事に巻き込まれる場合であろう。剝き出しの長大なシーレーンは日本の最大の弱点の一つであるが、それを除けば、北海道、北九州および山口県、南西諸島が、日本の3大戦略要衝である。

ただし、最近は、宇宙空間とサイバー空間という新しい次元が、戦闘様相に加わってきた。この新しい戦闘様相に備えることも、日本の喫緊の課題である。この点は章を改めて詳述する（第13講）。

（2）北の守り――北海道

日米同盟の生誕から冷戦終了までの約半世紀、同盟運営の焦点は、ソ連の脅威（ロシア）を念頭に置いた北の守りであった。冷戦中、核兵器を有し、40万の勢力を誇る極東ソ連軍は、日本の自衛隊にとって最も恐ろしい存在であった。

しかし、ロシア太平洋艦隊は、米国第7艦隊、日本の海上自衛隊と張り合って、海上を長距離にわたってロシア陸軍を輸送する実力はなかった。ロシア軍が日本を攻めるとすれば、樺太島南端から最短海上経路で陸上兵力を投入し、北海道から侵略してくるというのが、常識的な考え方であった。もともとスターリンは、終戦直後、留萌・釧路線より北側の北海道をソ連領として日本に割譲させ、ソ連領土でオホーツク海を環状に囲みたがっていた。日本は、陸上自衛隊と航空自衛隊の精鋭を北海道に集中し、ソ連軍を迎え撃つ態勢になっていた。

日米同盟の最大の弱点は、1万キロに及ぶ米本土と日本の距離である。極東ソ連軍は40万であり、動員がかかれば北海道とは目と鼻の先の樺太に集結するであろう。米本土から米陸軍第Ⅰ軍団や第Ⅰ海兵遠征軍を投入するには時間がかかる。また日本への海路では、米軍の輸送船はソ連潜水艦の攻撃にさらされる。

海上自衛隊の任務は、第7艦隊とともに、米陸軍、海兵隊の太平洋渡海の安全を確保し、米陸軍、海兵隊の来援を確実なものにすることであった。それが、中曽根総理が打ち出したシーレーン一千海里防衛の真の意味である。

北海道を守り切れず、米軍来援前に極東ソ連軍が津軽海峡を渡って本州に攻め込めば、東京までは地続きである。そのまま首都東京が落ちれば、日本は征服される。傀儡政権が立てられ、親米派の政府幹部は殺害ないし監禁されるであろう。

果たして米軍は間に合うだろうか。冷戦中、ソ連が日本と戦端を開くときは、先に欧州正面のNATOとの戦端が開かれているはずであった。ソ連は、大陸国家の宿命で、欧州とアジアの二正面作戦を余儀なくされる。米陸軍は、当然、欧州方面に主力を振り向ける。冷戦中の日米安保条約関係者が抱いた最大の危惧は、米陸軍が、日本防衛のために必要な兵員数をアジア太平洋正面に振り向ける余裕があるかどうかであった。

かつて筆者は、旧友の在欧米軍勤務経験のある米陸軍退役将校に「冷戦中、日本は常にNATOのせいで、有事には十分な陸上戦力が極東に送られてこないのではないかと危惧していたんだよ」と述べたら、「それはこっちのセリフだよ」と言って笑っていた。冷戦中、強大な赤軍を前に、NATO軍もまた米陸軍力の不足を懸念していたのである。

冷戦が終了し、極東ロシア軍の実力は8万となった。現在、太平洋艦隊の規模は、向かい合う舞鶴の護衛艦隊と同じ規模である。しかし、ロシアの軍事力、軍事技術力は、依然として端倪できないレベルである。ロシアのミサイルは非常に優秀であり、極超音速で成層圏を滑空して飛行経路を複雑に変え、ミサイル防衛網を突破する力がある。

ロシア軍は、数多くの戦術核を保有し、かつ、先制核攻撃をドクトリンとして認め、核弾頭の小型化が進む。ロシアは、限られた国力で米国の2倍ある広大な領土を守るために、小型核を使用することで紛争のエスカレーションを防ぐという独自の考え方を採用している。核の敷居が低いのである。これは危険な核戦略である。

また、ロシア軍のオホーツク海に配備された戦略原潜は、核の第二撃能力を確保するロシア軍の最重要アセットであり、オホーツク海の防衛態勢は固い。ただし、全体的には、ロシア軍の態勢は、国力の凋落を反映して、一層明確に守勢に転じているように見える。

(3) 朝鮮有事への警戒——北九州、山口県

1990年代に北朝鮮の核兵器開発により、第二次朝鮮戦争が現実味を帯びて以

来、米韓同盟に任せきっていた朝鮮半島が、再び日米同盟の関心対象に入ってきた。第1講で見た通り、小渕総理は、日米ガイドラインを改訂し、(旧)周辺事態法を制定して、朝鮮有事のように日本の安全に重要な影響を及ぼす事態に際して、日本は、在日米軍基地の使用を許すのみならず、自衛隊による米軍への後方支援を可能とした。

現在では、第二次安倍政権による平和安全法制の制定によって、北朝鮮が再び韓国と戦火を交えるとすれば、日本は、事態の深刻度に応じて、対米軍兵站支援を越えて、集団的自衛権を行使することができるようになっている。

北朝鮮は、将来の朝鮮有事に際しては、在韓米軍の後方基地となる日本を直接攻撃する可能性がある。北朝鮮は、自衛隊、米軍の継戦能力破壊を目指して軍事攻撃を行うであろうから、日本が狙われるとすれば、ミサイル攻撃、サイバー攻撃、EMP攻撃、特殊軍投入による電力供給の阻止などであろう。まず発電所、変電所が狙われる。そのほか、交通手段、水道、ガスといったライフラインや、ジュネーブ議定書で禁止されているダムや原子力発電所へのテロ攻撃、金融中枢や産業コンビナートの破壊、要人暗殺によって、日本に混乱と厭戦ムードをつくろうとするであろう。

北朝鮮有事に際して、日米同盟と米韓同盟をどう調整するのかというのは、頭の痛い問題である。既に北朝鮮の核ミサイルは、韓国と日本とアメリカの一部(グアム)を射程に収めている。日米韓は既に「一つの戦域」化している。1990年代の北朝鮮核危機以来、日本は、米国の要請に応えて、徐々に朝鮮半島有事への対米軍支援の態勢を強化してきた。しかし、左派イデオロギー色の強い文在寅政権の下で韓国は、日米韓協力とは真逆の方向を向いており、韓国の戦略的方向性は著しく混乱している。

韓国は依然として、本来は韓国の死命を制すると言ってよい日本との軍事協力に忌避感が強く、文在寅政権のような左翼政権の場合には、それが特に強く出ている。さらに驚いたことに、文在寅政権の康京和前外交部長は、中国の圧力に屈して「日米韓関係は決して同盟化しない」と公言していた。

これは日本でも時々出てくる典型的な米中二等辺三角形論と同様の議論であり、小国に特有の戦略的立ち位置を一方に取らない逃げの中立志向である。自らの戦略的重さを理解し、自らの立ち位置が北東アジアの安定に貢献するという大国らしい戦略的発想を欠いている。

図表7　北朝鮮の弾道ミサイルの射程

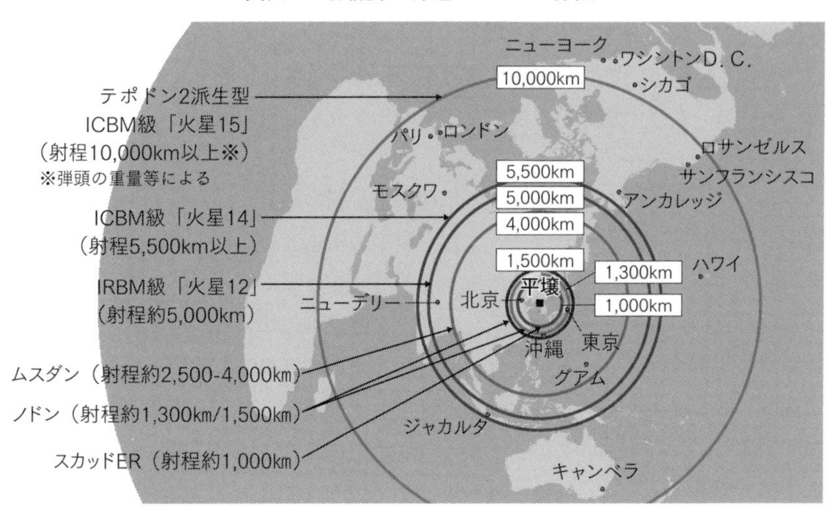

注1：上記の図は、便宜上平壌を中心に、各ミサイルの到達可能距離を概略のイメージとして示したもの
　2：「　」は北朝鮮の呼称
出所：『防衛白書』2020年版

なお、現在の朝鮮半島情勢を前提とすれば、北朝鮮による韓国侵攻は考えにくい。中国やロシアは、21世紀の今日、もはや、冷戦初期のように、共産主義イデオロギーの共有を理由として北朝鮮を支援することはない。もはや、中朝露の間にイデオロギー的な団結はない。地政学的な利益があるだけである。

仮に北朝鮮が再び韓国を侵略しても、中露両国は、侵略戦争に加担して米韓軍と衝突することは避けるであろう。北朝鮮が孤立して敗北すれば、その後は、米韓連合軍による平壌占領と武装解除、責任者の処罰が待っている。また、敗戦後の北朝鮮が何らかの形で韓国に吸収されることは中国が許さないから、中国が先に平壌に中国軍を入れて傀儡政権をつくる危険さえある。

したがって、北朝鮮の方から全面的な対韓戦争を開始することは不合理であって、実際には考えにくい。

（4）南の守り——尖閣列島

近年の中国の台頭および拡張主義的な傾向を目の当たりにして、日米同盟の関心対象が、その創設以来、北海道、北九州および山口県から、初めて南西諸島にまで膨らみつつある。実際、日米同盟の歴史のなかで、1970年代の米国のベトナム戦争敗退、米中国交正常化および日中国交正常化以来、台湾防衛やフィリピン防衛が真剣に検討されたことはない。

中国は、尖閣諸島に関しても独自の主張をしているが、中国が、米国の同盟国である日本の尖閣諸島をめぐって実力行使に出るとは、誰も想像しなかった。

しかし、日本の民主党政権下で日米関係が冷却化した2012年から、海警（中国海軍所属の海上警察）の巡視船が尖閣周辺の接続水域に常駐し、定期的に領海に侵入するようになった。2012年当時、たった40隻だった1,000トン以上の中国海警巡視船は、数年間で130隻を超える体制に膨れ上がり、中国はまた、フリゲート艦を白く塗って海警に投入したり、戦艦並みの巨砲を搭載した1万トン級の巡視船を就航させはじめた。

もとより、中国共産党中央軍事委員会隷下の海警の後ろには、海軍、空軍、ミサイル部隊等の中国人民解放軍が統合運用され、後衛を固めている。また、中国は、万の単位で海上民兵を動かすことができる。孫子の兵法通り、虚を突くことに長けた中国は、日米関係がきしんだり、米国が内政上の混乱に陥ったとき、米軍が手を出さないことを確認して、尖閣奪取に動くことはあり得る。

米国は、尖閣諸島は、日米安保条約第5条の共同防衛の対象となる「日本施政下の領土」であると公言しているが、実際のところ、第三国の領有権問題が絡む島嶼争奪戦には、米国はあまり動こうとしない。そこが中国の付け目である。

中国が最も気を使うのは、米軍の動きである。2012年以降、中国は、日本民主党政権下での日米同盟のきしみを利用して尖閣に手を出し、同じ米国の同盟国であるフィリピンのスカボロ礁にも平気で手を出すようになった。スカボロ礁は事実上奪われた。

グレーゾーンといわれる平時における低烈度の侵略行為で、ゆっくりと現状を変更していくのが、中国の最も得意とするところである。

日米関係が悪化すれば、中国はより大胆になる。現在、尖閣周辺の最前線では海上保安庁が中国海警に常時対峙を強いられており、海上保安庁の領海警備に非常に大きな圧力がかかっている。

2012年、中国海警が尖閣諸島周辺水域で恒常的な主権侵害行為を始めたとき、海上保安庁の動きは速かった。佐藤雄二海上保安庁長官の傑出したイニシアチブで、海上保安庁は、石垣島の分署を拠点として尖閣専従体制を築き上げ、巨大な

図表8　尖閣列島

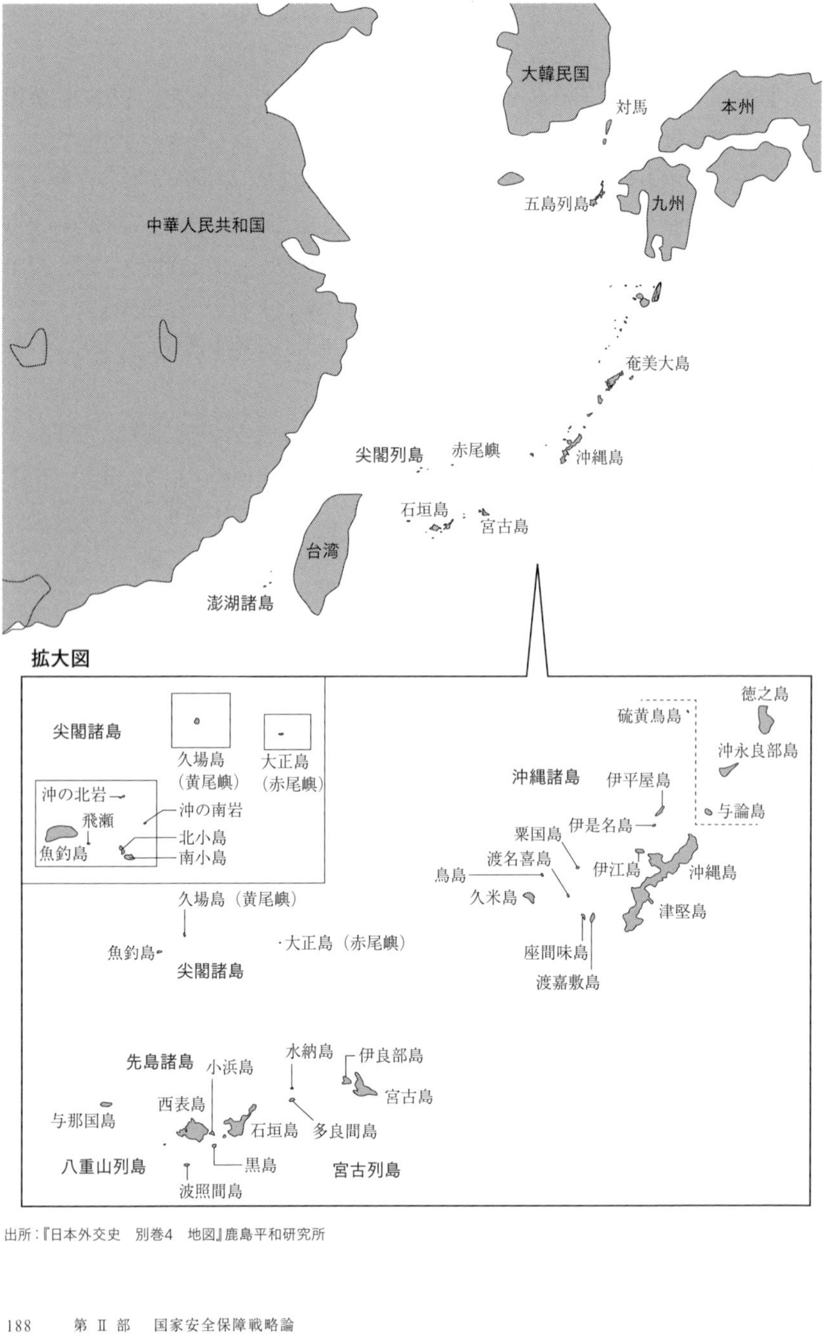

出所：『日本外交史　別巻4　地図』鹿島平和研究所

巡視船艦隊を誇る海警に一歩も引かない領海警備体制をつくりあげた。佐藤長官は、初代の制服組の海上保安庁長官であった。中国との終わらない軋轢に、国を思い、静かに立ち上がった海上保安庁の方々に、深く頭を垂れたい（佐藤雄二『波濤を越えて』文藝春秋）。

海上保安庁と中国海警の背後を自衛隊と人民解放軍が固めている。緊張は非常に高い。しかし、こうして日本が尖閣防衛に真剣にならなければ、万が一の時に米国が来援することはない。今日、米国が尖閣防衛に真剣になってきたのは、この10年、日本の尖閣防衛、領域警備努力が真剣なものとなってきたからである。

今、日本に必要なのは、中国の挑発に対して挑発し返すことではない。もはやその段階ではない。取るか取られるかのところまで来ているのである。東シナ海、南シナ海全域を見渡しても、中国のグレーゾーンにおける海警、海上民兵を使った間接的な侵略行為を押し返しているのは日本だけであり、後の国々は泣き寝入りしている。海上保安庁、自衛隊の守りを静かに固めていくことが急務である。尖閣諸島については、最後の講義（第16講）でさらに詳述する。

（5）台湾有事のリアル

ところで、近い将来、日本が最も心配せねばならないのは、台湾有事である。

現在の中国軍の実力では、いきなり台湾に侵攻することは考えにくい。現在の実力では、米軍来援を確実に阻止できないからである。しかし、既に2,000兆円の米国GDPに、1,300兆円まで迫っている中国である。10年の内に中国は米国の経済規模を抜くといわれている。ナチスドイツでさえ、第二次世界大戦時の国力は米国の3分の1だった。しかも太平洋の反対側にある米国は、距離的に極めて遠い。中国は、大陸国家として十分に地の利を生かして台湾を脅かすことができる。

日清戦争の雪辱を果たし、国共内戦を終わらせて、台湾を併合することは、中国共産党にとっては、党の正統性にかかわる譲れない核心的利益である。しかし、台湾は、李登輝総統が民主化を実現して以来、アジアの民主化のモデルとして、見事な政治的成熟を見せている。

台湾は、中国の非正統政府が治めている島という位置づけになっているが、その実態は未承認国家と変わらない。2,300万の台湾人が、自由で、民主的な政治体制の下で、幸せに暮らしている。2,300万の人口は巨大である。オーストラリアと変わらない。もし台湾を欧州にもっていけば、その人口はルーマニアと並び、英仏独西伊およびポーランドに次ぐ大国である。

また、台湾人は、かつて自分たちを台湾人であり中国人であると言っていた。今、ほとんどの台湾人が、自分たちは台湾人であるときっぱり明言する。新しいアイデンティティが生まれつつある。

しかし、住民の意思と民族自決の権利が、旧宗主国の権益に優先するという自由主義的な考え方は、共産党独裁下の中国にはまったく理解できないであろう。中国の台湾に対する立場は、香港と同様に、奪われたものを奪い返すだけだという力の論理以外にない。住民の意思など関係がない。民主主義も関係がない。むしろ、拡張主義的なナショナリズムに酔い始めた中国国民が、政府の背中を押す危険さえある。

中国の勝ち目は短期決戦にある。ソ連の北海道侵攻と同じである。中国が、米軍の来援を拒否しつつ、短期間で台湾を制圧できると考えれば、台湾有事は現実のものとなり得る。

台湾軍は総力を挙げて迎え撃つであろう。九州と同じ大きさの島であり、東部は3,000メートルを超える山々が並びそびえる島である。2,300万人の人口を抱えている。台湾軍は16万強であり、短期間で制圧することは容易ではない。

おそらく、中国は、指導者の暗殺あるいは殺害、大量のフェイクニュースの放出を行って台湾住民を激しく揺さぶった後、ロシアのクリミア併合のような奇襲型のハイブリッドウォーで、サイバー攻撃、EMP攻撃、特殊軍投入によって重要民間施設を破壊して継戦能力を奪い、既に1,000発を超える短距離ミサイルの飽和攻撃で軍事施設を破壊しつくしてから大規模な着上陸作戦に移るであろう。

このとき、中国は、日本に対して2つのアプローチがあり得る。

一つは、日本は必ず米国によって対台湾戦に巻き込まれると判断して、日本と全面的に戦端を開いて最初に思い切り叩いてくるアプローチである。山本五十六の真珠湾攻撃と同じ考え方である。これでは日台の二正面作戦となり、日米同盟第5条事態を発動して、米軍もフルに戦闘態勢に入ることになり、軍事的には不利であるので、おそらく戦略的思考に長けた中国は取らないであろう。無論、可能性は低くとも、最悪の事態は考えておかねばならない。

もう一つは、限定的に日本を攻撃して日本人の厭戦気分、継戦意思を挫くアプローチである。台湾直近の与那国島から石垣島、宮古島までの先島諸島は、中国軍が米軍に使用させないように奪取するか、あるいは、台湾と同様の方法で重要インフラを破壊することとなるであろう。本土の重要インフラ、特に、継戦能力の要である発電所、変電所も、サイバー攻撃、EMP攻撃、特殊軍による破壊活動が行われるであろう。ネットには、中国のフェイクニュースがあふれるであろう（元陸幕長岩田清文『中国、日本侵攻のリアル』飛鳥新社を参照）。

鹿児島から与那国までは1,000キロの海原である。特に、沖縄と石垣、宮古等の先島諸島の間には、約300キロに及ぶ海しかない。先島諸島は台湾の真横にある。南の守りは、海の守りである。第5世代の戦闘機で航空優勢を確保し、脆弱な水上艦を守り、帝国海軍時代から伝統のある潜水艦を中心にした守りを固める必要がある。

陸上部隊は、日頃、南西諸島には十分な兵力を常駐させていないので、有事になりそうな気配があれば、十分事前に機動展開して守りを固めねばならない。陸上自衛隊にかかる軍事的重圧は大きい。北海道以外で廃止してしまった戦車も初めから旅団規模で南西諸島に展開しておくべきであろう。さもないと、大きな隙を見せることになり、中国軍が、部分的にでも航空優勢、海上優勢を確保したときに、日本の島嶼奪取に動くかもしれない。奪われた島々は、北方領土や竹島と同様に、紛争終了後も日本に戻ってこないかもしれない。南西諸島を二度と戦火に捲きこまない、一発の弾も撃たせないという覚悟と態勢が要る。

5　残された課題——サイバー空間は日本のマジノ線

最後に、日本の民間防衛の遅れを指摘しておきたい。実際、日本の民間防衛態勢は遅れている。戦後、自衛隊は自衛隊を守ることに専念することになっており、民間防衛、国民生活への関与を事実上禁じられている。

しかし、日本の重要インフラは脆弱である。日本の原油備蓄基地は、ミサイルの格好のターゲットとなる青空の下の巨大タンクばかりである。また発電所、変電所、送電線を含めて、日本の重要インフラは、サイバー攻撃にも、EMP攻撃にも弱い。東日本と西日本は電力システムが違うことが、今ではシステムの強靭性を上げる皮肉な結果となっている。

戦後の日本政府は、民間防衛を安全保障の主要課題あるいは自衛隊の主たる任務としてこなかった。強い国民の平和主義に配慮したためであろうが、結果として国民の安全を軽視しているという点では、大日本帝国時代と何ら変わらない。

民間の重要インフラが破壊されれば、自衛隊の継戦能力も大きく損なわれる。たとえば、自衛隊は、電力なしでは戦えない。21世紀のハイブリッドウォーは、20世紀の通常兵力による正規戦と異なり、ローカルな正規軍の衝突から始まるわけではない。特に、サイバー空間は距離感がまったくなく、弱小な国でもハッカーさえ優秀なら、高価な長距離爆撃機も巡航ミサイルも使わずに、敵の中枢部の産業・金融中枢を破壊して、継戦能力をいきなり奪うことが可能になっている。特に電力の喪失が恐い。

有事に備えた高烈度のサイバー能力を持つのは、平成30年度防衛大綱で強化が認められた自衛隊だけである。自衛隊のサイバー能力を民間防衛に利用できるようにすることは、喫緊の課題である。

サイバーセキュリティの抜本的な強化を含めて、民間防衛、重要インフラ防衛の努力を開始しないと、「令和になっても日本には戦前と同様に国民を軽視した安全保障政策しかなかった」と後世の歴史家から批判されることになろうであろう。

とくに、今のままでは、サイバー空間は日本のマジノ線になる。フランス軍のマジノ線がヒトラーの迂回作戦でいとも簡単に破られたように、最も脆弱な部分を手つかずにして放っておくのは、安全保障政策としては怠慢である。

日本の民間のサイバーセキュリティ能力は決して高くない。有事には簡単に突き破られ、自衛隊の継戦能力は奪われ、早々と降伏することになるであろう。今後は、国家安全保障局を中心とした全省庁的な対応が必要である。サイバー戦については第13講で詳しく述べる。

それでは、次回の講義において、日米同盟が、地域の戦略的安定と日本の安全をどう確保してきたのか、そして、これから台頭する中国に対してどう日本の安全を守ることになるのかについて、戦後の日米同盟史を振り返りながら少し詳しく説明することとする。

第９講
日米同盟の変遷と成熟

1　日英同盟の教訓

日本が、インド太平洋地域で、あるいはさらに地球的規模で戦略的安定を図るために要の政策としているのが、日米同盟である。同盟とは、「血の契り」である。米国の国益と日本の国益がどのようにからむのかをきちんと理解しないと、同盟は機能しない。

なぜ、お互いの将兵が命をかけて守り合うのかを理解して、日頃から、同盟の維持管理に努力していかなければ、いつか同盟は荒れ、廃れ、やがて消える。自分の都合だけではなく、米国の利益がどこで日本の利益と重なっているかを考えて同盟を管理していく必要がある。『孫子』にある通り、諸侯の考えを知らずして、交わることは能わないのである。

敬愛する加藤良三元駐米大使は、常々、「同盟管理は、庭の手入れと一緒だ」と述懐しておられた。同盟も、庭も、努力をしなければ、その美しさは失われ、やがて荒れ放題になる。同盟は、あくまでも利益の共同が基盤である。それは、決して血縁でも、結婚でもない。自国の将兵の命を理由もなく他国の防衛に捧げるようなお人好しの指導者はいない。そこには、強固な国益の重なりがなくてはならない。

また、自国の防衛はあくまでも自分がやるという確固たる意志がなくてはならない。生殺与奪の権限はあくまでも自分が握っていなくてはならない。筆者のイスラエルの友人は、イスラエルも日本も米国の支援なくしては国家の生存を確保できないが、イスラエルは、万が一、有事になった場合には、米軍の介入前に戦争を終わらせることができるように常日頃から軍事力整備に努力していると述べていた。実際、イスラエルの軍事力は中東随一である。

自国の防衛を補うのが同盟である。初めから同盟国の支援に頼り切るような国は同盟国ではない。トランプ前大統領が言ったように、カネばかりかかるただのお荷物である。

日本もいつまでも敗戦国、被占領国のメンタリティを引きずって、米国におんぶにだっこではいけない。また55年体制時から続くイデオロギー的な反米感情に引きずられていてはいけない。終戦直後のような米国への甘えの構造は、日本人の戦略的本能を眠らせ、同時に米国国民の不公平感をあおり、同盟を腐食させる。日本人は、喪った戦略、軍事への国民的リテラシーをとり戻す必要がある。

この点、明治時代の日英同盟の歴史が参考になる。19世紀の大英帝国は、カリブ海、インド、アフリカ、中東、アジアのすべてを植民地として支配していたグローバルパワーであり、明治維新を終えて近代国家として立ち上がって間もなかったリージョナルパワーの日本が、どこまで英国と自国将兵の命をかけて守り合うのかという問題は、常に難しい問題であった。

日英同盟が締結されたのは、アジアの内陸部から膨張する帝政ロシアの脅威があったからである。英国は、ロシアと中央アジアでグレートゲームを戦い、ロシアのインドへの南下を恐れていた。また、第二次アヘン戦争（アロー号事件）後に締結された北京条約で、ウラジオストックを含む広大な中国領を割き取ったロシアが満州を経て中国に降りてくることに、警戒心を隠さなかった。

日本はといえば、ロシアが剥き身の貝のような朝鮮半島を突き抜けて、対馬、九州に降りてくることを危惧していた。日英の戦略的利益は合致していた。日英同盟の主敵がロシアであることは、間違いなかった。

英国は、欧州方面では、1870年にプロイセンを中心にして誕生したドイツ帝国の膨張を抑えねばならず、栄光ある孤立を捨てて、ロシアおよびフランスとの協調を始めていたが、その一方で、地球的規模では、ロシアがユーラシア大陸を内側から制覇することを危惧せねばならなかった。明治維新の後、アジアで唯一近代化しつつあった日本は、英国にとって格好の先兵だったのである。

既に、英国は、19世紀末までに現在のマレーシア、ミャンマー、インドなどを奪って支配下に置いており、エジプトを保護領化し、残る大国であるイラン、オスマン帝国、大清帝国を狙っていた。また、英国はアヘン戦争で、既に、清朝から香港を奪取していた。

英国は、もともとは通商で身を起こした海軍国家であり、独仏に比して人口が少なく、陸軍も比較的小さく、ロシア陸軍による大陸深奥部からの海浜部への南下には無力であった。ユーラシア大陸において、英国の頭痛の種は、海浜部で競合する仏蘭独よりも、ロシアの内陸からの膨張であった。

黒海、バルカン半島では、老いたオスマン帝国がロシアをぎりぎりのところで押しとどめていたが、極東では義和団事件の後、ロシアが満州に居座っていたのである。

日英同盟は極東における対露同盟として生まれた。日英同盟下での両国が共同防衛の義務を負う地理的責任範囲は、紆余曲折の末、最終的にシンガポールを越えてインドまでということになった。

日本は、明治当時、3,000万の人口を抱えた大国であり（おそらく中国およびインドに次ぐ人口を持つ大国だった）、鎌倉時代からサムライの伝統がある武門の国である。モンゴル族や満州族のように大規模な騎馬戦力を持たず、ユーラシア大陸を制覇したことこそないが、室町戦国時代を経験した武士の伝統を持つ日本は、富国強兵政策の下、瞬く間に強くなった。

日本の武士は、徳川300年の太平の世の間にサラリーマン化していた。しかし、近代国家となった日本は、厳しい帝国主義時代の国際社会に適応して、速やかに天皇に忠誠を誓う国民軍を育てあげ、アジア唯一の近代的軍事力を持つ国として台頭していた。

英国は、この日本軍を手足のように使ってインド亜大陸周辺に投入したかったのである。しかし、帝政ロシアと向き合っていた日本にその余裕はなかった。第一次世界大戦で参戦を促された日本陸軍は悩んだ。欧州方面は日英同盟の守備範囲外であったからである。一方、日本海軍は同盟の義務を越えて地中海に出陣し、マルタ島に基地を置き、連合軍の輸送に大きく貢献した。これに対して、結局、日本陸軍は、欧州方面への派遣を拒否し、ドイツが三国干渉の後に中国から奪った青島を攻撃して奪取しただけだった。

グローバルパワーとの同盟は、地球的規模での力関係に振り回されないようにするためには非常に有益である。グローバルパワーと組んでいないと、巨象のダンスパーティに紛れ込んだウサギのように、大国間の合従連衡が組み変わるごとに右往左往しなくてはならなくなる。小は大を振り回せない。大が小を振り回すのである。また、グローバルパワーとの同盟が成立すれば、その軍事的庇護は分厚く、政治的にも経済的にも利するところは大きい。

しかし、リージョナルパワーの日本とグローバルパワーの利益の重なる部分は限られている。同盟では、まず、共同防衛の地理的範囲が明確にされることが多いが、グローバルパワーは世界中に権益が展開しているために、リージョナルパワーの方が共同防衛範囲を越えて協力を求められることも十分あり得るのである。

2　日米同盟の変遷

（1）北東アジア共産圏

それでは、日米同盟はどのようにして生まれ、日米の役割分担はどのように変遷してきたのであろうか。これまで折に触れて説明してきたが、少し詳しく見ていこう。米国は、日本の敗戦後、日本の旧軍勢力復活に厳しい警戒の目を向けて、日本の完全非武装を目指した。しかし、1940年代後半に始まった冷戦を受けて、ジョージ・ケナン国務省企画部長の立案した対ソ封じ込め政策により、日本の再軍備が日程に上り始める。1950年に朝鮮戦争が始まると、日本の地政学的、戦略的重要性が決定的に明らかになった。

1952年のサンフランシスコ講和会議は、共産圏を排除した講和となり、吉田総理は、サンフランシスコ平和条約と同時に米軍の駐留継続を認める日米安保条約を締結して、戦後日本の立ち位置を明確に西側に取った。1954年、日本は自衛隊を創設し、NATO（北大西洋条約機構）の主力となった西ドイツとともに、自由圏の一員として呼び戻された。

第二次世界大戦終了時、スターリンは、戦勝国としてヒトラーのナチスドイツ崩壊に際して赤軍を進めた中東欧を共産圏として手中にしていた。それはもともと、モロトフ露外相がナチスのリッベントロップ独外相と合意のうえで分割し併合した東ポーランド、バルト三国、モルドヴァ等のみならず、さらに、東ドイツ、チェコスロバキア、ハンガリー、ルーマニア、ブルガリア、ユーゴスラビア、アルバニア等を共産圏として影響圏に組み入れた。ドイツ騎士団を祖とするプロイセン生誕の地ケーニヒスベルグは、飛び地のソ連領として組み込まれ、カリーニングラードと名前を変えた。

アジアでは、スターリンは、帝政ロシア時代に併合したグルジア、アルメニア、アゼルバイジャンのコーカサス諸国、ウズベキスタン、カザフスタン、トルクメニスタン、タジキスタン、キルギスタンの中央アジア諸国、および、19世紀に愛琿条約、北京条約で大清帝国から裂き取ったアムール川以北、沿海州といった広大なシベリアの大地を手元に残していた。

スターリンはさらに、ヤルタ協定で、南樺太、千島列島を対日戦争参戦の戦利品とすることで、ルーズベルト米大統領、チャーチル英首相の了解を取り付け、終戦後、どさくさにまぎれて北方領土を奪った。スターリンは北海道分割まで狙ったが（留萌・釧路ラインの北側）、さすがに米国の反対で果たせなかった。

スターリンの支援を得て中国から蔣介石を台湾に追い払った毛沢東は、疲弊しきった英国とソ連の力を見極めて、東トルキスタン（新疆）を押さえ、チベットを侵略し、内蒙古を押さえた。また、朝鮮戦争勃発後は、北朝鮮に加勢して参戦し、日清戦争まで千年以上中国の属領であった朝鮮半島の北半分に自らの影響力を再確立した。

北朝鮮では、金日成が共産主義の国を建てた。金日成は、国境を接するソ連と中国の間のバランスに腐心するようになる。北朝鮮の「主体」外交である。

これが冷戦初期における北東アジア共産圏の構図である。北東アジア大陸部を席巻したソ連、中国、北朝鮮の軍事力は強大であった。ソ連と中国は、戦後まもなくして核兵器の開発に成功して、米英仏と並んで核不拡散体制下で認められた正当な核兵器保有国となった。

(2) ハブ・アンド・スポークス

この情勢の変化に対応して米国がアジアに敷いた同盟網は、ハブ・アンド・スポークスといわれる。ハブは要という意味であり、米国のことである。スポークスとは米国という要から放射状に出る二国間同盟のことである。自転車の車輪のスポークのイメージである。

大陸地上戦が中心となる欧州方面と異なり、アジアでは、当時、米国の主要同盟国だった日本、台湾（中華民国）、フィリピン、豪州は海洋に囲まれた島である。ヨーロッパでは、NATO加盟国の軍隊は、米陸軍、ドイツ陸軍、トルコ陸軍を主力にして、欧州の中小国の軍隊がミルフィーユのように重層的に重なり合ってワルシャワ条約軍と対峙していたが、太平洋正面では、米陸軍は、島国である日本、台湾を守るために大規模な軍の前方展開は不要と判断し、戦後、米本土に撤収していた。

唯一、半島国家である韓国では地上戦が中心となるために、米陸軍が米空軍とともに大規模に残留した。地上戦を抑止するためには、日頃から、ラグビーのスクラムのように敵味方の陸軍同士ががっちりと組み手をしてにらみ合っている必要があるからである。米韓同盟では、有事に際しては、NATOと同様に米軍指揮官が米韓連合軍の統合指揮を執ることになっている（現在、この指揮権の韓国返還が交渉中）。在韓米軍司令官は、平時にはハワイのインド太平洋軍司令官の隷下にあるが、有事には大統領直轄となる。

これに対して、日本等の島嶼国は、米国と米国の同盟国がおのおの独立した指揮命令権を維持した緩やかな同盟である。海という天然の緩衝材が、巨大な濠となって戦略的なゆとりを与えているからである。ただし、それは、同盟の仕組みとしては脆弱であることを意味する。

現在、アメリカの同盟国は、日本、韓国、フィリピン、豪州、タイである。このうち、軍事的に存在感があるのは、日本、韓国、豪州である。ただし、かつて中華民国として米国と国交を有していた台湾と、マラッカ海峡を押さえシンガポールは、米国と特別な関係を有している。なお、ニュージーランドは独自の非核政策を取り、米国との同盟関係は事実上なくなっている。また、韓国は、国力を大きく増進させたにもかかわらず、現在、親北朝鮮路線にコミットした文在寅政権下で戦略的方向性が大きく混乱している。

（3）日米同盟の原型

日本は、初期占領政策下の1947年に制定された新憲法9条2項において武装を禁じられた。GHQ民生局主導の初期占領政策は、日本の武力だけではなく、重工業等の戦争遂行能力（war potential、「戦力」と訳されている）を奪うという過酷なものであった。GHQの初期の考え方は、日本が2度と軍事的に立ち上がることができないようにするというものだったのである。

冷戦開始および朝鮮戦争勃発によって米国の占領政策は180度転換し、米国から再軍備を促されて自衛隊が誕生した。自衛隊は、当初から日本の防衛のみを念頭に考えられた軍隊であった。なお、政府が国会で何度も答弁している通り、自衛隊は、国際法上は、国際人道法の適用を受けるれっきとした軍隊である。

自衛隊の発足は日本独立の2年後の1954年であるが、それまでは警察予備隊だったために、自衛隊の鎮台（陸軍方面隊司令部）や鎮守府（海軍地方基地司令部）といった帝国時代の軍隊用語が消え、方面「総監」等、警察用語が入ってきている。

旧安保条約は、1951年9月に吉田茂がサンフランシスコで全責任を負ってたった一人で署名した。共産圏を排除した片面講和に対する国内左翼勢力の反対が、非常に激しかったからである。

旧安保条約に対しては、米議会が、日本の同盟「ただ乗り」に反発したので、日米双方とも「憲法の範囲内で」相互防衛するという形になっている。しかし、実際には、米国が軍隊を前方展開して日本を守り、日本は及ばずながら自力でできるところまで強大なソ連軍を相手に頑張るというのが、日米安保体制の実態であり、原型であった。

日本は、敗戦の結果、財政難に苦しんでおり、吉田総理は重武装などする気もなかった。また、吉田総理は、旧軍人が政治勢力として復活することを恐れていた。当時はまた、米国の方も、終戦時1,000万人を動員していた強大な旧帝国陸海軍復活を恐れていた。現在、「非対称」とか、「片務的」と言って批判されることのある日米同盟であるが、初めから小さな日本を大きなアメリカが守るようにつくられているのである。

日本が重要な同盟国となったのは、冷戦勃発という政治的文脈に加えて、その地政学的な好位置と、敗戦国とはいえ潜在的に有していた国力の故である。日本列島は、北海道から鹿児島まで2,000キロに及ぶ弧状の列島であり、さらに、九州から台湾まで1,000キロに及ぶ南西諸島を抱える。

北海道、本州、四国、九州の四大島は、ユーラシア大陸の東部にあるソ連の海浜部を押さえ、特に、本州と北海道はソ連領沿海州に面している。ウラジオストックのソ連太平洋艦隊が太平洋に出るためには、日本列島は大きな障害となる。日本は、宗谷海峡、津軽海峡、関門海峡、対馬海峡、大隅海峡を押さえ、太平洋艦隊の動きを封じる絶好の地理的場所にあるのである。

また、沖縄は、米軍が南シナ海、インド洋、中東に展開するための最適な中継地点であった。何より、太平洋戦争当時人口7,000万を数え、負けたとはいえ太平洋戦争で米国を散々苦しめた日本である。冷戦が始まった時点で、日本は、西ドイツと同様、ユーラシア大陸で一大勢力となったソ連、中国と対峙するための最重要な同盟国に切り替わっていった。実際、当時、日本以外に北東アジアで軍事的実体となり得る西側の国はなかったのである。

米軍は、横田の航空基地に司令部を置き、横須賀、佐世保という旧日本海軍の2大拠点に海軍基地を置き、三沢に空軍基地を置いた。また、沖縄には、巨大な嘉手納航空基地を構え、海兵隊の第三遠征師団を配置し、沖縄を絶対にソ連に攻撃させないという意思表示のために戦術核兵器を持ち込んだ（核兵器は沖縄返還時に撤収された）。

（4）朝鮮戦争の勃発

問題は、大日本帝国の滅亡で力の真空となった日本の周辺地域の安全確保であった。ソ連、中国、北朝鮮の軍事力は強大であり、また、東南アジアでは、民族自決運動を利用して、反米主義や共産主義勢力の浸透が画策されていた。ベトナムでは、ホー・チ・ミン率いる独立軍がフランスを追い詰めていた。中国大陸近くの台湾領金門島は、毛沢東が激しく砲撃しており、毛沢東は台湾への野心を実現しようとするかもしれなかった。

1950年6月、朝鮮半島において、突如、北朝鮮軍が38度線を越えて韓国になだれ込んだ。その直前、米国は、アチソン（国務長官）・ラインを発表して、米国のアジアでの防衛圏を発表したが、そこに韓国は含まれていなかった。北朝鮮は、韓国を武力で併合して朝鮮半島を統一し、全土を共産化できると思ったのであろう。戦後米国外交の大失策である。超大国としての責任を負ったばかりの米国は、日本から独立させたばかりの韓国の防衛にまでは頭が回らなかったのである。

ソ連も中国も、19世紀的な勢力圏分割の発想を当然としている国である。国境の変更に際して住民の意思を尊重するという自由主義的な考え方とは、無縁の国である。米国が朝鮮半島を要らないと言えば、彼らが取りに来るのは当たり前であった。米国の国連を中心とした自由主義的な理想主義など、共産圏の国にとっては、最初から絵にかいた餅にすぎなかったのである。

朝鮮戦争が始まると、米国は韓国防衛に大わらわとなった。米国は、安保理におけるソ連のボイコットを奇貨として国連軍を糾合した。在韓国連軍の始まりである。韓国人部隊も整備された。朝鮮戦争の冒頭、北朝鮮軍が釜山（プサン）まで押し込み、山口県、福岡県は緊張した。対岸の戦乱を眼前にした田中龍夫山口県知事の活躍は語り草である。田中知事は陸軍大将を務めた田中義一総理の息子である。

北朝鮮軍の意表を突いたマッカーサー将軍の仁川（インチョン）上陸で、後方を襲われた北朝鮮軍は総崩れとなった。反撃に移った米軍が38度線を突破したところで、中国軍が参戦した。戦線は膠着し、朝鮮半島の分断が決定的になった。

朝鮮半島の地理や社会にまったく不案内だった米軍にとって、旧日本軍の有形無形の支援は貴重であった。また、数多くの日本の旧海軍人が新設の海上保安庁員として機雷掃海に出撃した。なかには現在の北朝鮮の元山（ウォンサン）まで出撃した者もいると言う。触雷した一名が殉職している。彼は本当は戦後日本の最初で唯一人の戦死者であるが、靖国神社に祀られることができず、吉田首相が四国に慰霊碑をつくり、そこに海上保安庁、海上自衛隊の幹部が毎年慰霊祭のためにお参りをしている。朝鮮戦争における田中山口県知事や旧日本軍人の人知れぬ苦労には、いつか歴史の光が当たってほしいと思う。

毛沢東は化外の地であった台湾に逃げ込んだ蔣介石に止めを刺すよりも、北京に近く、戦略的要衝である朝鮮半島での影響力奪還を選んだ。朝鮮半島は、遼東半島、山東半島、渤海湾という中国の戦略的要衝の真横にある。中国は思うほど広くはない。

毛沢東が、中華人民共和国建国直後であるにもかかわらず、朝鮮半島に参戦して強大な米軍と干戈を交えたのは、世界共産革命を朝鮮半島に押し広げるというイデオロギー的な野心もあったであろうが、中国の喉ぼとけに突き刺さるような朝鮮半島を、日本に代わって米国が手中に収めることが、戦略的に許せなかったためであろう。

また、満州、内蒙古、チベット、新疆を支配下にとどめた毛沢東には、千数百年以上中国の影響力下にありながら、19世紀末、日清戦争後に独立し、日本に併合されていた朝鮮半島を奪い返すという歴史的復讐心もあったであろう。

（5）日米安保改定と「極東」の安全

1960年、岸総理のイニシアチブで、日米安保条約が改定され、米軍による占領軍駐留延長協定の趣が強かった旧安保条約に比して、より平等な体裁を取った同盟関係が実現した。

改定後の日米安保条約では、第5条において日本と米国の共同防衛義務が定められている。日米安保条約上、日米両国が共同で守り合う責任を負うのは、日米の2カ国の施政下にある領域だけである。したがって、尖閣諸島は日米同盟の防衛対象であるが、日米安保条約締結時に既に奪われていた北方領土と竹島は、日米同盟による奪還の対象にはならない。

第6条では、日本周辺の「極東」地域（即ち、韓国、台湾、フィリピン）の安全のために、米軍は日本の基地を使用することが認められている。

なお、米軍が「極東」の安全のために直接戦闘作戦行動に入る時には、日本政府の了解が要る。「極東」とは、旧大日本帝国領のうち、西側に残った韓国、台湾（中華民国）と、米国の旧植民地であったフィリピンであり、北西太平洋にある米国の同盟国のことを指していた。要するにハワイのインド太平洋軍司令官隷下にある米軍の防衛対象である。

日本を要として、周辺の韓国、台湾、フィリピンを米軍が守るというのが、地域全体から見た日米安保体制の構図である。

余談ではあるが、「日本は基地を米軍に提供しており、米軍は日本を守ることになっているから、日米同盟は対等な同盟である」という説明が、21世紀の今も罷り通っているのは噴飯ものである。それは1960年に改定されたころの日米安保体制の形を説明しているにすぎない。それはまだ日本が貧しかった高度経済成長以前の話であり、また、終戦後わずか15年で米国の対日警戒心も強かったころの話である。

そもそも米国が在日米軍基地を使って「極東」（韓国、台湾、フィリピン）を守ることとされたのは、それがすべて日本の隣国であり、その安全が日本の安全に直結するからである。戦後75年を経て、日本の国力が上がり、国際的に復権し、国際社会から責任を果たすことを求められ、自らも能動的な外交を展開するようになった今、堂々と主張するような話ではない。逆に、米国は、今日、中国の急激な台頭に直面して、日本の防衛努力は少なすぎると不平を鳴らしているのである。

話を冷戦初期に戻すと、日米同盟の最大の脅威はソ連であり、40万を数える強大な極東ソ連軍と対峙したのは自衛隊と在日米軍であった。韓国軍と在韓米軍は北朝鮮軍と対峙し、その戦略的視野は朝鮮半島に限られていた。中国の狙う中華民国（台湾）以南は、米軍独りの所掌であった。

日本が対峙したソ連は、面積が米国や中国の2倍以上あり、国土防衛の負担が大きい。しかもウラル山脈の西側に心臓部のある国であり、ソ連の主敵は、日本ではなくNATO（北大西洋条約機構）であった。ソ連は、欧露部で、西ドイツ、トルコというNATOの陸軍大国と対峙し、米国、英国、フランスの核兵器と向かい合っていた。ソ連には、極東で大胆な拡張主義を取る余裕はなかった。

ウクライナ等の東欧諸国が緩衝材となっている東欧はまだしも、ソ連南翼は脆弱であり、黒海周辺からトルコ軍を中心にNATO軍が北上すれば、ロシアの心臓部が脅かされる。ソ連軍の戦略的関心は、スラブ国家発祥の地である黒海沿岸へ向かった。

また、第二次世界大戦中に、最初はナチスと握り、次いで連合国と握ったソ連は、一人勝ちとでもいうべき領土拡張に成功しており、領土的な野心を満足させていた。共産化した屈強の東ドイツやポーランドを先兵として、東欧部に巨大な緩衝地帯もできた。

領土を拡大しきったソ連の軍事態勢は守勢であり、むしろ外交によって中国、北朝鮮などの共産圏を手中に収め、先進国の共産党を通じて西側の内部から影響力を行使し、さらに、民族独立運動に肩入れして途上国の側から自由主義圏を切り崩すことに力を入れていた。

核兵器を保持し、40万の勢力を誇った極東ソ連軍であったが、ソ連の軍事態勢は基本的に守りであった。日米同盟は、極東において、ソ連抑止に十全な機能を果たすことができたのである。

(6) ベトナム戦争――民族自決と冷戦の交錯

東南アジアでは、宗主国として返り咲こうとしたオランダが早々にインドネシアで敗退し、英国はかつての英領マレーを一時期押さえたが、やがて撤収する。米国は、自らが植民地出身の国であり、自由主義的な哲学の色濃くにじんだ大西洋憲章の起草国として、アジアの植民地独立には好意的であった。フィリピンを早々に独立させ、インドネシア独立戦争ではインドネシア側に立って国連を通じた仲介をしている。

しかし米国は、冷戦の文脈では自由圏の英国やフランスといった宗主国側に立つことになった。典型例がイランとベトナムである。ベトナムでは宗主国のフランスがホー・チ・ミンの独立軍に敗退した後、ベトナム戦争を民族独立戦争ではなく冷戦の文脈で捉えた米国が、フランスの後を襲って参戦することになった。

ホー・チ・ミンが求めたのは民族自決と独立であり、必ずしもベトナムの共産化というわけではなかった。しかし、米国の参戦で、共産圏諸国はベトナムを積極的に支援することとなった。ベトナム戦争は、ベトナムの勝利で終わったが、ベトナム側は軍民双方で300万の犠牲者を出した。米国側の戦死者は5万人であった。

超大国に挑んだベトナムは、長いゲリラ戦の末に最終的な勝利を手にして世界を驚かせた。ベトナムは、民族意識に覚醒したアジア人を、かつての植民地勢力が押さえつけることはもはや困難であることを世界に見せつけた。

アジアの人口は巨大である。19世紀にアジアの国々がやすやすと欧州勢の植民地として組み敷かれたのは、国民国家化が始まっておらず、民族意識の低い家産国家（領主の所有物）のままであったからである。しかし、もともとは西欧諸国よりはるかに古くから華やかな文明を花咲かせた国々である。民族意識が覚醒したアジアの国々を欧米諸国が力で支配することは、20世紀後半にはもはや無理であった。

日米同盟の強固な抑止力で、ベトナム戦争の戦火は日本には及ばなかった。北東アジアが不安定化することもなかった。ベトナム戦争には、日本以外の多くの米国の同盟国が参戦した。アジアでは、米同盟国のほとんど、即ち、豪州、ニュージーランド、韓国、台湾、タイ、フィリピンが参戦している。参戦しなかったアジアの米同盟国は、日本だけである。

(7) 米中国交正常化

ベトナム戦争は1970年代に終結するが、ベトナム戦争終結を一つの契機として、北東アジアの戦略的構図が大きく変化する。米中国交正常化である。日本と西ドイツとの国交正常化を図ったフルシチョフ・ソ連書記長を、レニニズムの権化のようになった絶対的独裁者の毛沢東が修正主義者として批判し、両者の関係は険悪となっていた。両雄並び立たずである。

中国は、無謀にも1969年、極東シベリアのウスリー川で、ダマンスキー島（珍宝島）に攻め込んだ。ダマンスキー島は、ロシアの沿海州と満州の境であるウスリー川の川中島であり、ソ連の支配下にあった。1860年、英仏軍が北京を蹂躙したアロー号事件後に締結された北京条約において、ロシアが沿海州を中国から割き取ったときから、中国は不満だったはずである。毛沢東は、北京条約から100年後、その奪還に動いたのである。

ダマンスキー島事件では、中ソ双方で100万近い将兵が動員されたといわれる。北京はもともとモンゴル族のチンギス・ハーンが北方に築いた都であり、ソ連の支配下にあるモンゴルからは直近である。この後、中国指導部は、本気で極東ソ連軍の侵攻を恐怖することになった。

当時、米国もまたベトナム戦争で疲弊しており、地球的規模の軍事的なコミットメントに限界を感じ、中ソ分断という戦略的外交に転じた。ニクソン大統領とキッシンジャー安全保障補佐官・国務長官の時代である。米国と日本が中国と国交正常化したことで台湾の地位は不確定なものとなってしまったが、日本の防衛にかかるソ連の圧力は激減した。ソ連が勢力の一部を中国に向けたからである。

日中国交正常化当時の中国は、日本の敵意をソ連に向けようとして、日本の防衛費が少ないとか、北方領土を頑張って取り返せとか、節操がないほどの日本応援団だった。中国外交に伝統的な遠交近攻策である。中国は、日本とソ連の対立を望んでやまなかった。日本は応じなかったが、中国は、「ソ連のアジア覇権にともに対抗しよう」と一生懸命に日本に持ち掛けていた。

中国の切羽詰まった対ソ緊張感を横目に、この後しばらくの間、米ソ関係は安定し、「デタント」といわれた短い緊張緩和の時代が来る。

(8) 防衛計画の大綱、防衛費GNP1%枠、基盤的防衛力整備 ——三木内閣の負の遺産

1970年代、日本は、高度経済成長を謳歌していた。日本は、既に1960年代に、英国、フランス、西ドイツのGNPを凌駕しており、敗戦の傷跡を克服した「奇跡の復興」ともてはやされた。三木武夫総理は、初めて長期的な防衛力整備の方針を定めた防衛計画の大綱を策定した。三木総理は、同時に、日本の防衛費をGNPの1%に抑えるという政策を打ち出した。ここで持ち出されたのが、いかなる敵も想定せず、日本の保持するべき防衛力は、必要最小限度の基盤的防衛力でよいという考え方であった。

しかし、そもそも防衛予算や防衛力整備というものは、周囲の戦略環境の関数である。どういう敵と、どういうシナリオで、どう戦うかという軍事戦略を踏まえて、どういう防衛力を整備するか、どういう新技術を導入するかを考えるのが防衛戦略である。米国では、国家安全保障戦略の下に、防衛戦略と軍事戦略が両輪のようにして置かれている。

防衛計画の大綱とは、本来、防衛戦略となるはずの文書であったが、軍事戦略を欠落させたまま、事実上、高度経済成長期に防衛費をGNP1%枠内に収めるためだけの文書に成り下がってしまったのである。三木内閣の51防衛大綱（昭和51年大綱、1976年）は、防衛戦略の名に値しない。

ソ連、中国、北朝鮮という強大な軍事力を誇る共産圏と直面する日本が、GNP1％の防衛力しか整備しないということは、それ以上の能力を持つ敵に攻撃されたら、後は米国に任せるということに他ならない。それは、国家と国民の安全を第一の国益とする政府としては、無責任と言われても仕方のないものであった。それは、自らの生存のために最大限の努力をした後で、同盟国によって力の不足を補うということではなく、自らの防衛努力を途中で放棄し、日本の生殺与奪の権を米国に委ねきるということであった。

また、基盤的防衛力整備というのは、世界の軍事費の大半を占める米国のような超大国にとっては意味があろうが、日本程度の中規模な軍事力の国にとっては、中途半端な防衛力で我慢するという意味でしかない。それは、GNP1％以上の防衛努力を放棄するための概念でしかなかった。

当時はまた、基盤的防衛力をもって、限定的で小規模な侵攻に対処するのだ、ともいわれた。冷戦中に、ソ連が日本を攻撃するとすれば、欧州で戦端が開かれた後である。それは全面的な軍事衝突以外にない。ソ連が日本に侵攻するとすれば、まず北海道である。北海道侵攻が限定的で小規模な侵攻に止まる保証はない。北海道が落ちれば、首都東京が陥落するのは時間の問題であった。

結局、限定小規模対処とは、敵が全面攻撃をかけて、日本側が数で圧倒されたら、はじめから諦めて、国土を焦土とされながら米軍来援をひたすら待つということと同義であった。

玉砕の覚悟を強いられた現場の自衛官は本当に大変だったと思うが、政府としては無責任な話である。国民に対する裏切りである。当時の防衛計画の大綱、防衛費のGNP1％枠、基盤的防衛力整備という考え方は、シナリオも、敵の作戦も考えない、戦略的思考の欠落した文書であった。

三木総理が、当時まだ強かった絶対平和主義の世論に迎合した面があることは疑いがない。しかし、憲法9条2項が規定する日本の絶対的非軍事化は、米軍による日本占領初期の政策そのものであり、冷戦時代にはそぐわないものであった。それを冷戦時代に墨守しようとすれば、それは、もはや、ソ連の利益以外の何物でもなかった。

(9) ソ連のアフガニスタン侵攻と新冷戦

1979年、ソ連軍が、突如、アフガニスタンに侵攻した。ソ連が、共産圏以外に正規軍を投入するのは、アフガニスタンが初めてであった。アフガニスタンは、かつてインドを併合した大英帝国が、帝政ロシアの南下に対抗するための盾と位置づけていた国である。

レーガン大統領は、ソ連のアフガニスタン侵攻に強く反発し、新冷戦といわれる厳しい冷戦の最終章が始まる。デタントの和らいだ雰囲気は瞬く間に消えていった。

米国から武器の支援を受けたアフガニスタン人は、ソ連を泥沼の戦争に引き込んだ。山岳の民であるアフガニスタン人は屈強であり、山岳でのゲリラ戦はソ連軍を苦しめた。ソ連軍は、遂に1989年、撤退を余儀なくされた。10年に及ぶ戦争で、ソ連軍は1万4,000人の死者を出した。アフガニスタン侵攻は、ソ連のベトナム戦争といわれた。

新冷戦の厳しい雰囲気のなかで、中曽根総理は、日本の立ち位置を「西側の一員」と明言した。中曽根総理は、シーレーン一千海里防衛構想を打ち出して、海上自衛隊の対潜水艦戦能力を劇的に向上させ、実質的な日米同盟の強化を図った。岸総理以降、初めて日米安保体制の強化に傑出した業績を残した総理であった。中曽根総理は、レーガン大統領との蜜月を実現し、戦後の日米関係に一時代を画すことになった。

1991年になると、アフガニスタン侵攻で疲弊し、また、極端な独裁体制に政治的にも経済的にも疲弊していたソ連が内側から崩壊し、突然、冷戦が終了した。共産圏が消滅した。日本の戦略環境は劇的に緩和した。

（10）ユーロミサイル問題と中曽根総理の介入

中曽根総理の業績として、INF条約における中距離核ミサイルの全廃がある。1980年代には、ソ連が東欧部に中距離核弾道ミサイル（SS20）を配備しはじめた。ソ連から見れば、米国の戦略核ミサイルに加えて、英仏の核ミサイルがソ連を向いているわけであり、中距離ミサイルの東欧持ち込みは、「お互いさま」ということだったのだろうが、これに強く反発したのが、ヘルムート・シュミット西独首相である。

シュミットは、東西ドイツが戦術核の戦場になり、相互核抑止の利いている米英仏とソ連が紛争の途中で停戦に入るという悪夢のシナリオを危惧した。そうなれば、東西ドイツだけが核の廃墟となって戦争が終わってしまう。ドイツ民族は滅亡する。

SS20に対抗するために、米国からパーシングⅡ地上配備型核巡航ミサイルを持ち込むという計画が持ち出された。これが、1980年代の欧州を震撼させたユーロミサイル問題である。

当初、ソ連側は、妥協案としてSS20はすべて極東戦域に移転するという案を出すが、これに激しく反発したのが日本の中曽根総理である。加藤良三（後の駐米大使)、佐藤行雄（後の国連大使)、宮本雄二（後の中国大使）ら当時の外務省中堅幹部の貢献が大きい。中曽根総理の働きかけで、レーガン大統領は、地上配備の中距離核ミサイルの全廃をもってソ連と合意した（INF条約)。ゼロオプションと呼ばれる。

日本が米ソの核軍縮交渉に大きな影響を与えたのは、これが最初で最後である。なお、21世紀に入り、トランプ米政権は、ロシアが中距離核巡航ミサイルを配備しているという理由でINF条約を廃棄した。ロシアも応じた。実のところ、米露ともに自分たちが手を縛っている間に、中国の中距離ミサイル勢力が急激に増強されていることを危惧していた。21世紀に入り、中国の入っていないINF条約は不完全だと考えはじめたのであろう。

（11）第一次湾岸戦争への不参加と国連平和維持活動（PKO）への参加

冷戦終了直前の1990年、イラクのサダム・フセインが油田権益を求めて隣国のクウェートに侵攻した。湾岸地域は、日本がほとんどの原油供給を依存する地域である。しかし、米国を脅かすほどの経済力を持った日本が財政支援しかしなかったことで、米国では日本に対する「小切手外交」批判、「同盟ただ乗り」論が猖獗（しょうけつ）を極めるようになる。

当時、既に、日本は、世界第2位の経済大国であり、やがては米国を追い抜くとさえいわれ、戦間期以降、初めて「日米戦争」を題材とした物騒な本まで登場し、特に、日本が米国の対世界赤字の6割を占めていたことから、日米経済関係は、トランプ米政権下の米中貿易関係に似た非常に険悪な雰囲気となっていた。

米国は、石油危機以来、中東担当の中央軍を創設して、同盟国へのエネルギー安定供給を実力で担保してきていた。最大の湾岸原油依存国である日本への期待は高まる。しかし、日本は在日米軍に対するホスト・ネーション・サポートの大幅増額や、2兆円規模の財政的な貢献で、日米同盟の片務性批判を乗り切ろうとしていた。

黒白のはっきりしたイラクの侵略行為に対して国際社会全体が立ち上がったとき、カネで片付けようとしたと言われても仕方がない。世界第2の経済大国になっても、危機に及んで血を流さずカネで済ませようとする「卑怯な日本人」というイメージが、独り歩きしはじめた。

日本では、「一国平和主義」をやめて「普通の国」に戻るべきだという論調が出た。日本外務省では、対イラク戦争で自衛隊が米軍の後方支援に入るべきだという議論が高まり、国連平和協力法案が国会に提出された。外務省の突出したイニシアチブであった。

石油輸入のほとんどを頼る中東の安定は、日本にとって戦後の新しい国益である。日本人は、かつて大日本帝国の一部であった朝鮮半島や台湾の安全には敏感に反応する。戦後、膨大な量の石油をがぶ飲みする鯨のようになった日本にとって、中東からの石油の途絶は、経済的には死を意味する。

しかし、中東に自衛隊を派遣するという考えは、戦後半世紀間、太平の世を謳歌した日本世論が、ただちに受け入れるところとはならなかった。与党である自民党も半腰のままで、公明党は反対し、野党は政局化を狙って大混乱となり、外務省提出の法案はそのまま廃案となった。

政府はその後、国連平和維持活動への参加を目標とすることになりPKO法が制定される。湾岸戦争のトラウマは、逆に「PKO位やらなくてどうする」という気運を生んだ。モザンビークから始まった日本のPKOは、やがて大虐殺後のルワンダ（派遣はコンゴ民主共和国のゴマ）やカンボジアの国家再建など、大きな役割を果たすようになった。安全保障をめぐる国会論議は荒れに荒れたが、そのお蔭で国民世論が徐々に成熟していった。与党である公明党の理解も深まっていった。PKO法が成立したのはそのお蔭である。柳井俊二条約局長（後の内閣官房PKO局長、外務次官、国際海洋法裁判所長）の傑出した貢献があった。

（12）北朝鮮核開発危機と周辺事態法の制定

1990年代半ばに北朝鮮の核開発問題が表面化する。かつて北朝鮮と韓国は、ともに核兵器開発を目指していた。米軍は、カーター大統領時代以降、米韓連合軍が北朝鮮よりも通常兵力で十分対抗できるほど強くなったことを踏まえて、朝鮮半島から核兵器を逐次撤収した。韓国の朴正熙大統領は、1974年、核兵器開発計画「890」を正式に指示するが、ただちに米国の知るところとなり、強引に韓国の核開発を廃棄させた（2016年1月26日付「長崎新聞」掲載の太田昌克共同通信編集委員署名記事）。

しかし、中国は、北朝鮮の核開発を阻止できなかった。というよりも最終的には阻止しなかったのであろう。中朝間のやりとりは独裁国家らしく極秘のベールに包まれており知る由もないが、北朝鮮は、核兵器獲得に固執した。北朝鮮にしてみれば、強大になった米韓連合軍に対して、核兵器だけが唯一の頼りであったであろう。それはまた、北朝鮮の混乱時に中国が平壌に軍を進めて傀儡政権を樹立できないようにするための保険でもあったはずである。

冷戦終了後、ソ連の崩壊で対北支援は途切れ、北朝鮮では200万人の餓死者を出したといわれている。その様子は当時の脱北者の記録に詳しい（バーバラ・デミック『密閉国家に生きる』中央公論新社）。党の機能は停止し、軍だけが統治機構として残った。金正日による「先軍政治」の始まりは必然であった。しかし、北朝鮮軍は疲弊し、武器の更新も燃料の購入もままならなかった。核兵器だけが北朝鮮の安全を保障すると考えられたのである。

この疲弊した北朝鮮に対して、中国は、核放棄を迫り切れなかった。あるいは、迫らなかった。クリントン政権下の日米同盟の対北朝鮮基本戦略は、核放棄（拉致問題が表面化した小泉政権後は拉致問題解決も条件に含まれる）と引き換えに、大規模な経済支援を実施し、北朝鮮を東欧諸国のように経済的に復興させ、できれば民主化して西側に引き入れることであった。それは今も変わらない。

これに対し、中国は、表向き安保理常任理事国として、また、核不拡散条約後の「核兵器国」として、北朝鮮の核兵器保有に反対している。しかし、北朝鮮が西側を向き、米国の同盟国である韓国に吸収され、統一朝鮮となって国境を接することは、中国にとって地政学的に許せることではない。

中国は、朝鮮戦争でおびただしい犠牲を出して奪い返した朝鮮半島北部への影響力を失うわけにはいかない。中国にとって第二撃能力のない北朝鮮の核兵器など真の脅威ではない。逆に、北朝鮮の核兵器が残る限り、米朝接近や日朝国交正常化はない。中朝の奇妙な利害の一致である。

米国は、北朝鮮の非核化のために厳しい軍事的、経済的圧力を北朝鮮にかけた。クリントン政権下では、軍事的な解決策も模索されたはずである。当時、日本では宮沢政権が崩壊し、40年近く続いた自民党政権が倒れて細川日本新党総理による8党連立政権ができたころであった。内政上の大混乱の故に、日本では著しく緊張が高まったにもかかわらず、北朝鮮情勢に関する報道があまりなかった。しかし、1990年代中葉は、戦後日本が一番戦争に近づいたときであった。

北朝鮮の核危機は、日本の安全に密接な関係を有する真の危機であった。ウィリアム・ペリー米国防長官は、「日本核武装を容認せよ」という趣旨の意見（日米両国が米国の核を共同使用することとし、使用の際の承認権を持つという意味で「ダブル・キー」論と呼ばれる）まで米国の主要紙に投稿していた。

同時に、「日本は朝鮮半島有事に何をしてくれるのか」という厳しい問いかけがワシントンからなされるようになった。このような文脈のなかで、小渕総理は、「日米防衛ガイドライン」を改正して、日本周辺の有事においては、自衛隊が米軍への後方支援（兵站支援）を行うという戦略的決断をした。そして周辺事態法が制定された。

小渕政権下で、自衛隊の任務は、対ソ連侵攻に対する日本防衛から、日本周辺の有事における対米軍後方支援に拡大され、自衛隊は北方方面での日本侵略と朝鮮半島有事の際の対米軍後方支援という2つの主要任務を抱えることとなった。朝鮮戦争終結以来、初めて日本の安全保障上の関心として朝鮮半島が再浮上したのである。日米同盟史上の大きな転換点であり、小渕総理の遺した大きな業績である。

その後、北朝鮮の核危機はいったん収束する。米国と北朝鮮の間に、北朝鮮の核開発の中止と引き換えに、原子力平和利用を北朝鮮に認めるという合意ができたからである。日本と韓国の協力も得て、寧辺（ヨンビョン）に原子炉が建設される。しかし、北朝鮮の秘密裏の核兵器開発は続いており、それが暴露されて、ブッシュ（子）政権（第43代大統領）によって北朝鮮との原子力協力は白紙に戻る。

北朝鮮は、その後、核兵器開発に成功し、現実に核兵器を配備するようになった。北朝鮮は、同時にミサイル開発に力を入れ、今日では、北朝鮮は、日本をほぼ完全に破壊できるほどの核ミサイル戦力を保有している。

（13）9・11同時多発テロ後のアフガン戦争、第二次イラク戦争と自衛隊の後方支援

2001年9月11日、アフガニスタンに拠点を置くテロリスト集団「アルカイダ」が米国で大型旅客機を乗っ取って、ニューヨークの世界貿易センターのツインビル、ワシントンの国防総省に乗客もろとも自爆テロを敢行した。もう一機が、米議会かホワイトハウスに突っ込む予定であったらしいが、乗客の抵抗に遭い、途中で墜落した。死者は合計数千名にのぼる。

米ブッシュ政権は、「戦場は敵の本拠地だ（bring the war to the enemy）」と述べて、アフガニスタンに潜むアルカイダ掃討作戦がはじまった。国連安保理は、アルカイダの同時多発テロを「国際の平和と安全に対する脅威」と認定し、NATOは、史上初めて、第5条の集団防衛行動を取ることになった。

小泉政権は、NATOのように日米安保条約第5条の共同防衛条項を発動することは考えなかったが、独自に特別措置法を採択して、海上自衛隊の艦隊をインド洋に派遣し、アフガニスタンをトマホークで爆撃する有志連合軍海軍への給油等の後方支援を担当した。

護衛艦5隻を派遣した海上自衛隊は、有志連合軍のなかでは、英国艦隊の規模をも凌駕し、米国に次ぐ第2の規模の艦隊であった。後方支援のためとはいえ、国連決議で認められた米国の集団的自衛権行使を伴う有志連合軍の活動のために、自衛隊をインド洋に派遣したのは、これが最初である。後世、インド太平洋構想のはしりといわれるようになるであろう。

2003年、アフガニスタンでの戦闘に続いて、ブッシュ大統領（第43代）は、イラクのサダム・フセイン政権に対する「化学兵器を隠し持っているのではないか」との疑念を払拭するために、イラクに攻め込んだ。欧州は分裂した。ブレア首相の英国は米国の後を追って参戦したが、シラク大統領のフランスと、シュレーダー首相のドイツは、米国に追随することを正面から拒んだ。

戦争は、宇宙アセットを史上初めて戦術的に活用した米軍を中心とする有志連合軍の圧勝であり、サダム・フセイン政権はあっという間に崩壊した。しかし、結局、化学兵器は発見されなかった。

戦闘が終わったところで、小泉総理は、陸上自衛隊をイラクに派遣して人道復興支援に当たらせた。陸上自衛隊が第三国の領土内に派遣されるのは、戦後初めてのことであり、当時、大きなニュースとなった。イラク派遣部隊の初代司令官

は、平成の名将、番匠幸一郎氏（後の西部方面総監）であった。

残念ながら、その後のイラク情勢は混迷を深めた。米軍のイラク占領政策はずさんであった。イラク西方に生まれた力の真空に、フセイン政権の残党とテロリストの合体した「イスラム国」が誕生した（2014年)。「イスラム国」は、アラブの春以降、内乱状態に陥っていた隣国シリアの東方にも勢力を伸ばした。

「イスラム国」は、過激なネットの宣伝で、先進国の内部にも過激なテロ活動を広めた。ネットに反応して先進国内から「イスラム国」に赴いて従軍する若者や、先進国内で自発的にテロ行為を敢行する若者が出てきた。後者は、日頃、治安当局もマークしていないので、ホームグロウン・テロリストと呼ばれて恐れられた。イスラム国の最後の拠点であったラッカでテロリストとの戦いがほぼ終結するのは、2017年になってからである。

また、小泉総理は、武力攻撃事態法他の一連の法律を整備して、ジュネーブ条約追加議定書批准、武力攻撃事態法をはじめ、軍事法廷設置を除いてほぼすべての必要な各種有事法制を成立させた。

また、新規立法の下で、日本に対する武力攻撃事態に際して総理を本部長とする武力攻撃事態等対策本部が立ち上がり、防衛出動等の自衛隊の軍事行動に必要な政府の諸施策（国務）を執行する態勢が整えられた。

(14) イランとの核合意――アフガン戦争とイラク戦争の副産物

アフガン戦争とイラク戦争の副産物は、イランとの核合意である。「P5（米英仏露中）＋1（ドイツ)」とイランの間で結ばれた核開発凍結の合意は、実は、隣国のアフガニスタンとイラクの双方に侵攻した米軍を恐怖したイランが、米国との核合意に動いたのである。第二次イラク戦争で生じたブレア英首相とシラク仏大統領およびシュレーダー独首相との間の亀裂を修復しようと、欧州勢がイラン問題に取り組む姿勢を見せたことが触媒となった。

オバマ政権時に結実したイラン核合意であるが、続くトランプ政権は、イランの地域内不安定化（シリア、レバノン、イラク、イエメン）活動に業を煮やすことになる。また、イスラエルは、サンセット（合意終了）後のイランの核開発再開の恐れと、とどまるところを知らないイランのミサイル開発を真剣に危惧していた。

トランプ米政権は、イスラエルの働きかけもあり、イランの石油収入（年間ほぼ3兆円）を遮断するべく、イランとの核合意を単独離脱して、第三国を含めてイラン石油輸入を禁じる金融制裁を復活させた。米国の金融制裁を恐れる世界の多くの石油会社および石油会社と取引のある銀行が、イランからの石油輸入を止めることになった。日本も同様である。

米国の金融制裁を受けるということは、国際的な基軸通貨であるドル決済を拒否されるということと同義である。それは世界の主要な銀行にとって、即死を意味する。たとえ英仏独露中の政府がイランとの核合意に残留しても、これらの国々の民間銀行、企業はイラン原油の輸入から手を引く。米国の金融制裁は、それほど恐ろしいのである。

（15）第二次安倍政権下の「平和安全法制」の成立

第二次安倍政権下の平和安全法制制定で、自衛隊の活動範囲は大きく変わった。日本は、自らの存立が重大な危機に瀕する場合には、集団的自衛権の行使が限定的に認められた。憲法9条はそれ自体が至高の法理というわけではない。

どんなに精緻な論理も、それ自体に意味があるわけではなく、国民の命と財産を守るという安全保障の現実に当てはめて初めて生きてくる。その本質は、安全保障を目的とした制度、条項である。

集団的自衛権を行使することによって、自衛隊は、日本自体が攻撃されていなくても、日本の存立が脅かされるような事態であれば、米軍と武力行使を目的とした共同作戦に入ることができる。また、そこまで深刻な事態でなくても、周辺有事に代表されるように日本の安全に重要な影響が及ぶ場合には、自衛隊は、重要影響事態法（旧周辺事態法）によって米軍の後方支援に限り、支援ができるようになっている。

また、1990年のイラクによるクウェート侵略のような明白な不法行為に対して国際社会全体が立ち上がるときは、国際平和協力事態として、自衛隊が有志連合国軍への後方支援をすることが可能となった。

最後に小さな変化であるが、実は重要なことは、自衛隊に平時の米軍防護が認められたことである。これによって、日米共同で日頃の警戒活動をより安全に行うことが可能となった。

第10講 自由貿易体制、海洋立国戦略、投資立国戦略

前講では、日本の安全の確保、そのための戦略的均衡、軍事戦略、日米同盟の役割について述べた。今回は、もう一つの日本の国益である経済的繁栄について述べる。

1 自由貿易体制と日本の国益

(1) 貧しかったヨーロッパ

人間は、生き延びるために価値を生み、価値を保存し、交換する。貨幣を作り、信用を膨らませて、投資を盛んにする。リスクの高い事業には、保険という制度を考案してリスクを分散する。これらの経済活動は、人間がよりよく生きたいと願うから出てくる。つまり生存本能から出てくる活動なので止められない。

繁栄を考えるとき、政府と市場の役割分担が重要になる。政治の論理、即ち、主権や権力闘争の論理が前に出ると、貿易を独占し、自給自足型の閉じた経済圏をつくって、自分たちの経済的な営みを守ろうとする動きが出る。植民地時代の欧州諸国は、アジア貿易の独占を競い、続いてアジア自体を植民地に分割して、自らの帝国の内側に囲い込もうとした。

西欧諸国の世界的な交易は、後ウマイヤ朝のイスラム勢力をイベリア半島から追い出した15世紀のスペインとポルトガルから始まる。スペインとポルトガルは、オスマン帝国が取り仕切る地中海東岸経由のアジア貿易に参入できなかったのである。

14世紀に猛威を振るったペスト大流行の後の西欧地域は貧しかった。絹はわずかに古代より中国から入ってきていたが、インドの鮮やかな色とりどりの綿織物（キャラコ）、中国や日本の華麗な絹織物やお茶や陶器や漆器は存在しなかった。ブルボン家に嫁いだマリー・アントワネット王妃は、日本の蒔絵の漆器セッ

トをとても大切にしていた。中国で使われていた様々なスパイスは、当時のヨーロッパでは黄金と等価値で交換されたという。豊かなアジアとの貿易は、西欧の国々にとっては垂涎の的であった。

地中海帝国であったアラゴン王国のころから、スペインはヴェニスと組んでオスマン帝国と地中海の覇を争った。当時、イタリアの南半分はスペイン領であった。スペイン王家がハプスブルク家の一員となってからは、陸上でオーストリア・ハプスブルク家が、海上でスペイン・ハプスブルク家が、強力なオスマン帝国と対峙した。しかし、スペインは、海戦で時折勝利することはできたものの、中東から北アフリカに広がる強大なオスマン帝国を突き抜けてインド洋に出ていく力はなかった。

(2) 大航海時代と「一つの世界」――ヨーロッパ人のアジア貿易参入

スペインとポルトガルは、インドとの貿易を目指して地中海から大西洋に飛び出し、よく知られているようにインドではなく新大陸に到達した。その後、スペインとポルトガルはトルデシリャス条約を結んで、地球を二分した(つもりになった)。その結果、新大陸ではブラジルだけポルトガル領になった。ポルトガルはバスコ・ダ・ガマが喜望峰を回り、スペインはマゼランがマゼラン海峡を渡り、ともにアジアへの海路を開いた。歴史上初めて、地中海を経由せずに、大洋の海路によって西欧とアジアがつながった。

ペルム紀から三畳紀(2億5000万年前から2億年前の時期)にかけて地上の五大陸が一つであったころ、パンゲア(Pangaea)大陸と呼ばれていたことから、五大陸が再び海運でつながった大航海時代を、第二のパンゲア時代と呼ぶ人たちがいる。現在、サイバー空間が地球上の距離の意味を完全に喪失させつつある。将来、サイバー時代は、第三のパンゲア時代と呼ばれるようになるであろう。

ところで、スペインによって新大陸のインカ、アステカ帝国は滅亡させられた。スペインはポトシ銀山等を発見し、奴隷労働を強制してインディオの人口を激減させた。奴隷労働を補うためにアフリカ人が大量に連れ込まれた。その銀で一躍裕福になったスペインは、新興国家でありながらいきなり欧州で大国の地位に上り詰める。

当時、多くの国が交易を求めた中国との決済は銀であった。銀を制したスペインが、アジア貿易を制した。アジアでは、フィリピンがスペインに征服された。

フィリピンとは、スペイン・ハプスブルク家のフェリペ二世の名を取ってつけられた国名である。

ところで、70年に及ぶ宗教戦争を戦い抜いてカトリックを奉じるスペインから独立したばかりの新教国家であるオランダが、世界帝国となった宿敵スペインの後を追いかけ始める。この時のオランダの興隆は昇竜の勢いである。また、幸運にもスペインの無敵艦隊をドーヴァー海峡で打破した英国が、オランダの後を追いかける。

当時、北西ヨーロッパは貧しく、新旧教徒の宗教戦争、新興絶対王政国家の権力闘争などの戦争が絶えず、そのために発展した銃くらいしか売るものがなかった。西欧から半ば暴力的にアジア貿易に参入したヨーロッパ人は、絹、綿、茶、陶器、金銀細工、香料の貿易を独占することを目指した。彼らは、武力による交易独占を志向した。現地人への支配は、略奪的で、暴力的であった。

その主役は、国家というよりは、自前の兵力を持った私企業の東インド会社である。カルヴァン主義のオランダ人は商才に長けており、また70年に及んだスペインからの独立戦争は、オランダ人の戦闘能力を著しく高めていた。

当初は、オランダが英国を圧倒した。インドネシアに急速にオランダの勢力が伸長していく。このころ、台湾がオランダ領となった。また、哀れにもインドネシアのモルッカ（香料）諸島の住民は、スパイスを求めるオランダ人によって殲滅された。

当時、ユーラシア大陸は、オスマン帝国、ムガル帝国、大清帝国といったモンゴル・チュルク系、騎馬民族系の大帝国が制覇していた。モンゴル・チュルク族と言えば、日本人、チベット人、ミャンマー人と血を分け合う蒙古斑の出る民族である。日本では徳川幕府が国をまとめていた。

17世紀のヨーロッパ人は、アジアを支配していたこれらの騎馬民族系諸帝国に歯が立たなかった。島国の日本を除き、これら大陸国家は、かつてユーラシア大陸を制覇したチンギス家同様、騎馬軍団を先祖とする国々であり、海上交易に関心が薄かった。彼らにとって、ヨーロッパ人は、海岸をちょろちょろする野蛮な海賊といった程度の認識しかなかった。ヨーロッパ人から買いたいものもあまりなかった。大清帝国の乾隆帝は、英国の使節団に好きなものを買って帰ってよい、余の方は貴国から買うものはないと言い放ったと言う。

しかし、戦闘に優れた強大な王権を持たない南北アメリカ大陸の人々、アフリカ大陸の人々、そして、アジアではマレー系の人々、フィリピンの人々は、ヨーロッパ人に征服され、支配された。彼らにとって大航海時代は、20世紀中葉まで続く植民地支配と奴隷的労働のはじまりであった。彼らにとって、それは、長い隷従の時代のはじまりだった。

(3) 二重構造世界——天上の欧米宗主国、地上に堕ちたアジア、アフリカ

19世紀に入ると、18世紀末に英国で起きた産業革命によって欧州列強の国力が飛躍的に伸びた。その国力の伸長はあまりに急激であり、アジアの国々は警戒心を持つ暇さえなかった。ちょうど今の中国がたった10年で日本の3倍になったのと同じである。国家の視力は動態体視力である。あまりに早すぎる変化は、かえって人々の目に留まらない。

工業化の結果、欧州列強と米国は、自分たちだけがプレイヤーとなった地球的規模のチェスボードの上で、激しい覇権争い、権力闘争に入った。そして、既に衰退の始まっていたオスマン帝国、ムガル帝国、大清帝国、また、ベトナムの阮朝が、次々とヨーロッパ諸国にのしかかられ、主権を制約され、あるいは、主権を失っていった。

日本は、2度のアヘン戦争によって大清帝国が欧州列強によって解体されるのを見て、一気に覚醒した。当初は攘夷運動が盛り上がったが、やがて欧米諸国に追いつくべく急速に開国に舵を切っていった。

15世紀の大航海時代に海運でつながった「一つの世界」は、19世紀の産業革命によって、天上の欧米の宗主国と地上のアジア・アフリカの植民地という「二重構造世界」に変容した。アジアとアフリカは、欧米諸国によって分割された。

20世紀前半の米国発大恐慌（1929年）の後、英仏などの広大な植民地帝国が関税操作などを通じてブロック経済化した。米国は自らの勢力圏である南北のアメリカ大陸に籠った。植民地競争に出遅れたイタリア、日本や、第一次世界大戦で一敗地にまみれたドイツが反発し、現状打破勢力として立ち上がり、第二次世界大戦を引き起こしたが敗退した。

(4) 自由貿易体制の確立と復活

第二次世界大戦に参戦する前に、米国のルーズベルト大統領は、すでにナチスドイツと戦争に入っていた英国のチャーチル首相と大西洋憲章を発表し、自由主

義的秩序の到来を予見させた。そして、そのなかでルーズベルト大統領は、世界的規模の自由貿易体制の確立の必要性を訴えた。

第二次世界大戦の後、米国の主導の下で、多角的で開放的な自由貿易体制が実現した。第二次世界大戦をほとんど無傷ですり抜けた米国は、巨大な経済力をもって自由貿易体制を主宰した。それは明らかに米国の国益であった。半世紀後、20世紀末の共産圏消失によって、市場経済はさらに地球的規模に拡大した。

市場経済は、英国のアダム・スミスの言うように、創意あふれる企業家が一生懸命努力をすれば、需給のバランスを通じて、その生み出す商品の価値を評価してくれる。その会社の価値を評価してくれる。アダム・スミスは、市場に働く力を「神の見えざる手」と呼んだ。価値の高さは、基本的には需要と供給のバランスで決まる。それが市場原理である。

市場は、権力政治の論理とはまったく異なった論理で動いている。永田町（総理官邸、国会、自民党）と大手町（経団連、企業）の論理は、まったく異なる。永田町では選挙の得票で政治家の価値が決まるが、大手町では株価で会社の価値が決まり、価格で商品の価値が決まる。

日本では、明治以前、アダム・スミスのように市場経済を体系的に理論化した学者はいないが、織田信長の楽市楽座の奨励や、近江商人の三方得（売り手よし、買い手よし、世間よし）の考え方に見られるように、「市（マーケット）」の効用は古くから知られている。市場は、それ自体が公益を実現する社会装置なのである。市場は、世界中のどこにでも見られる。交換は、コミュニケーションと同様、人間がよりよく生きるための生存本能に直結した経済活動であり、普遍的に見られる活動である。

実際、交易の歴史は、人間の歴史と同じくらい古い。人間は、大陸を横断する陸路だけではなく、古代から船も使いこなして、驚くほど長距離を移動してきた。政府と同様、市場は、人間社会の不可欠な構成要素である。

アジアの大帝国は、多くが騎馬系の大陸国家である。オスマン帝国、ムガル帝国、大清帝国、徳川幕府は、海洋を支配し、世界的なレベルで海上貿易を支配することを考えたことがない。アジアの大帝国は、押しなべて海洋には関心が薄く、各国の海商は自由に交易していた。むしろ大航海時代のヨーロッパ人のように、海上交易を武力で独占的に支配しようとする人たちの方が稀であった。

ヨーロッパ人が出てくる以前、アラビア海、インド洋、南シナ海、東シナ海は、世界中の人々が行きかう開かれた交易の海であった。アジアでは、古来、海は人類に開かれた広大な交易ルートだったのである。スペイン、ポルトガルの大航海時代は、植民地支配のはしりであった。

19世紀アジア・アフリカは欧米諸国によって分割され、大恐慌（1929年）後ブロック経済化するが、アジアの自由貿易は、第二次世界大戦後、欧州植民地帝国が崩壊し、米国によるパックスアメリカーナの登場によって復活した。

地球的規模で市場の論理が前に出ると、国境を越えたグローバルな経済活動が活性化する。市場は最適な資源配分を求める。市場は大きいほど効率が良い。情報技術と交通手段の発達は、共産圏の消失とあいまって、文字通り地球的規模の市場を生んだ。グローバリゼーションである。

情報技術の発展は、グローバリゼーションを加速する。Amazonのような情報技術を駆使した世界的規模の流通を営む会社が生まれた。今日、Facebookは、27億人に同時に情報を送ることができる。これが第3のパンゲア時代である。

大きな市場では、スケールメリットが働く。比較優位の原理が働く。資本は利潤を生む場所を求めて、地球的規模で移動する。生産拠点は、優秀で廉価な労働力が存在し、基本的なインフラが整った国に次々と移っていく。

今日、あまりに急速なグローバリゼーションの結果に対する反省が出ている。2020年の新型コロナ禍で、急に各国の国境が閉じられて人の移動が止まり、また、新型コロナ禍の被害の大きな国で工場が閉鎖され、世界中に毛細血管のように張りめぐらされたサプライチェーンが寸断されるという事態が起きた。特に、マスクをはじめとする医療関係製品の品不足は、日本人を困らせた。

たとえば中国一国にサプライチェーンを延ばすのではなく、サプライチェーンを多角化し、強靭化することによって、供給の安定を図ることが大切だと考えられるようになった。これは、原油輸入先多角化の議論に似ている。

また、グローバリゼーションの結果、先進国の製造業はどんどん空洞化した。その結果、製造業と労働組合を通じて行われていた工業国家の富の分配機能が、弱体化している。富は、株の投資家やあるいはネット企業のベンチャービジネスに偏りはじめている。保守的、愛国的で、労働組合や左派勢力のスローガンに共感しなかった普通の労働者層に不満がたまりはじめている。

典型は、トランピアンと呼ばれるトランプ前米大統領の支持者であろう。彼らは、強烈な反エリート主義で、気候変動や女性の（中絶）選択の権利といった左派のスローガンに共鳴せず、自分たちの生活を経済的に守りたいという強い欲求を持っている。彼らは、民主党も共和党もこれまで自分たちに関心を向けなかったとして怒りを隠さない。それが熱狂的なトランプ支持に結びついた。

トランピアン現象は、実は、先進国のどこでも見られる。日本で、リーマン・ショック後、当時の民主党政権が脱原発などの左派のスローガンを掲げて右往左往している間に、日本経済はどん底に落ち込み、就職氷河期と呼ばれる若年層の就職難が起きた。既に1985年のプラザ合意後、製造業流出後の長い停滞に苦しんでおり、かつ、終身雇用制で労働市場の硬直した日本社会では、一度、正規社員になるチャンスを失うと、その後は長く厳しい人生が待っている。ロスジェネ（ロストジェネレーション）である。彼らは、自分たちが政府の経済政策における無策の犠牲になったと感じている。その怒りは本物である。

(5) 工業化初期における産業育成の功罪

工業化の初期には、政府が産業育成を支援し、経済を計画し、統制しようとすることが多い。その方が手っ取り早いからである。実際、大規模な工場を設置し、優れた外国の技術を導入し、工業化に不可欠な電力を大規模に生み出して、全国に送電線を張りめぐらせ、津々浦々に通信網と交通網を整備し、さらに国民教育によって国民の識字率を上げるなどということは、民間企業の手に余る。

初期の工業社会のインフラ整備は、利潤原理を無視して国家の力を使った方が圧倒的に速い。共産圏が工業化の初期に効率が良いのは、そのせいである。

確かに、明治日本の殖産興業、21世紀の共産中国の経済的台頭などを見ても、工業化の初期に政府の果たす役割は大きい。しかし、市場の力を無視して、政府が経済のすべてを計画しようとするとうまくいかない。

ソ連は、スプートニク衛星を打ち上げ、1950年代までは経済的に資本主義を凌駕するかとさえ思われたが、その後、すぐに計画経済の不効率さを露呈し、最後は、生活必需品の不足にさえ悩むようになった。モスクワの人たちは、冷戦後期、いつも買い物袋を持っていて、どこでもいいから行列があるとすぐに列に並んで、何を売っているかも知らないまま寒風のなか、長い行列の端で何時間も立っていたものである。それほど冷戦中のソ連（ロシア）は物がなかった。今、ブランド店が軒を並べる赤の広場の前の瀟洒なデパートも、冷戦中はガランとしていて、ショウウィンドウのなかには本当に何もなかった。

開発独裁経済は、いつか独裁政党の政治的腐敗と、市場の窒息によって減速する。長い目で見たとき、今、昇竜の勢いの中国経済が、非効率な共産党独裁体制を抱えて、今後、どこまで伸びるかが見ものである。

(6) 戦後の自由貿易体制と日本

第二次世界大戦後、国際社会は、大恐慌後の植民地帝国中心の自給自足型ブロック経済を卒業した。米国の主導で自由貿易体制が確立した。その半世紀後、冷戦終結によって、北朝鮮のようないくつかの例外を残して、共産圏と計画経済が消滅した。20世紀末から地球的規模で自由貿易が広がり、市場経済はグローバリゼーションに向かって変貌を遂げた。この半世紀の間、自由貿易の旗手は、20世紀に2度の世界大戦の傷を受けず圧倒的な経済力を誇った米国であった。

政府主導で殖産興業、富国強兵に邁進してきた戦前の日本人には、第一次世界大戦後、米国が中国市場で唱える「門戸開放」の意味がよく分からなかった。単純に、米国は欧州植民地帝国の亜流で、所詮、「門戸開放」とは経済侵略のカモフラージュだと考えがちだったのである。特に、大恐慌以降の自給自足経済圏の乱立という世界経済のブロック化が始まると、日本も大東亜共栄圏という自前の自給経済圏の幻想を抱いた。開かれた市場で競争をすることが、国際社会の公益だという発想は、なかなか根付かなかった。アダム・スミスの言う「神の見えざる手」も、よく理解できなかった。

戦後になって、米国主導の自由貿易体制が大きな成功を収めた。日本は、敗戦の傷跡から立ち上がり、自由貿易体制への参加を渇望した。自由貿易体制に加入を認められた日本企業は、水を得た魚のようになり、日本経済は素晴らしい成長を遂げた。もともと欧州諸国の2倍近い人口を持っていた日本は、経済水準で追いつくと、国民総所得が英仏独などの欧州諸国の2倍近くになった。1960年代には、日本は既に国民総所得で英仏独を抜いている。

1970年代の2度の石油危機の後は、ちょうどリーマン・ショック後の中国のように、日本と西ドイツが世界経済の「機関車」と呼ばれて、世界経済を引っ張ることになった。そのお蔭で日独両国は、敗戦国という汚名を雪ぎ、G7先進国首脳会合(米英仏独伊日加)の正規メンバーとなった。

しかし、良いものを安くつくって、世界市場を席巻し、自分は舶来の高い製品など買わずに粗悪な国産品で済ませるという日本のやり方は、貿易黒字の肥大化

図表9　日本の経済連携協定（EPA/FTA）の取組（2020年3月時点）

これまで21カ国・地域と18の経済連携協定（EPA/FTA）が発効済み・署名済み
・発効済み・署名済みEPA/FTA相手国との貿易が貿易総額に占める割合は51.6%
・発効済み・署名済みEPA/FTAに加えて交渉中EPA/FTA相手国との貿易が貿易総額に占める割合は86.2%

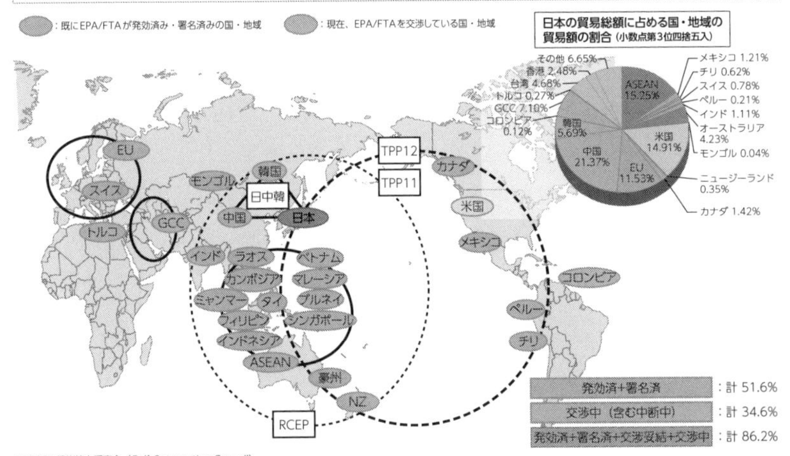

※GCC：湾岸協力理事会（Gulf Cooperation Council）
（アラブ首長国連邦、バーレーン、サウジアラビア、オマーン、カタール、クウェート）

出典：財務省貿易統計（2019年3月公表）（各国の貿易額の割合については、小数点第3位四捨五入）
出所：『外務青書』2020年版

を招いた。もともと日本は人口が多いので、一人当たりの国民所得が上がれば経済は肥大化する。昇竜の勢いで伸びた日本は、1980年代には「米国をも追い越すのではないか」とさえいわれた。

そこまできて、米国のリーダーとしての闘争本能が反応し、日米経済摩擦が本格化し、日本人はあまり感じなかったかもしれないが、日米経済摩擦が世界覇権をめぐる権力闘争の色彩さえ帯びてきた。リーダーシップ争いは一種の覇権争いであり、経済的自由競争の次元を超えて、権力闘争の色彩を帯びるのである。

経済大国として傲慢になり、米国に対する反発を強める日本を見て、米国は日本の戦略的方向性に疑問を持ち始めた。特に、最先端の軍事技術と直結する半導体産業における日本の突出した力は、米国の強い懸念の対象となった。その結果結ばれた日米半導体協定は、日本の半導体産業を腐食させ、衰退させた。突然の米側の反応の激しさは、日本を驚かせた。今の中国もきっとそうであろう。

当時、米国の対日赤字は、米国の貿易赤字総額の6割に達していた。円の為替はもともと1ドル360円で取引されていたが、徐々に円が吊り上がり、1985年のプラザ合意、2010年代の1ドル70円台を経て、今では1ドル100円前後が相場となった。日本は、プラザ合意で円が大幅に値上がりした結果、突然、ドル換算で資産が約2倍に膨れ上がった。突然、ドル建てで2倍の金持ちになったのである。逆に世界中の商品の価格が、ドル建てで大幅に下落した。

そのお蔭で、日本は、急速に輸出国家から投資国家へと変貌を遂げ、貿易摩擦を生き延びた。日本企業は日本を出て、米国、欧州、中国、ASEAN諸国に展開してサプライチェーンを伸ばし、グローバル企業に変貌した。外を見ず、内にこもり、日本を拠点とし続けた企業は競争力を失った。製造業は生産拠点を日本から賃金の低い海外に移していった。また、途上国の資源（鉱山等）を買い込んだ日本商社は、その後の中国、インドなどの新興国経済の成長によって多額の利潤を得ることになった。消費者にとっても、世界の商品がドル建てで、突然、バーゲンセールになった。石油燃料も、鉱物資源もドル建てで半額以下になった。日本の観光客がロンドンやパリにあふれた。万事、塞翁が馬である。

その結果、日本は、貧しいながら一生懸命物をつくって世界に売るだけの輸出国家から、グローバリゼーションの進んだ地球的規模の市場に組み込まれ、世界を相手に消費も投資も輸出もする本物の経済大国となった。為替が上がっても下がっても、損も得もする為替中立な国になった。

たとえば、今や米国への日本の直接投資累積額は、トップの英国と並ぶ勢いであり、米国に毎年80万人以上の雇用を生んでいる（2019年時点）。日米経済関係は一つの経済となって融合した。今や、日本の対米直接投資は、緊密な日米関係を支える巨柱の一つとなった。激しかった日米貿易摩擦を思うと、隔世の感がある。

第二次安倍政権になって、日本が世界のメガ自由貿易協定を率先して引っ張るようになった。TPP11（米国抜きのTPP）や日EU・EPAがその例である。21世紀に入ってから、メルコスール（南アメリカ諸国の関税同盟）とEUの自由貿易協定以外では、リーダーシップをもってメガ自由貿易圏を創出したのは日本だけである。2020年に菅義偉政権に変わってからも、日中韓、ASEAN、豪州およびニュージーランドを含むRCEP（地域包括的経済連携協定）をまとめ上げた。今や、日本は、自由貿易体制そのものが、日本経済という巨魚が生きていくために必要な水槽であることを、理解しはじめている。

日本経済は500兆円規模であり、今でも8,000兆円規模の世界経済の7%弱を占める。日本は、戦後75年経って、ようやく「門戸開放」の意味が腹に落ちた。

これからの日本は、自由貿易体制によって世界経済を日本経済に組み込んだ（逆もまた真である）、という自覚を持つべきである。多くのグローバルな日本企業は、海外でたくましく活躍している。

地球的規模で公正な自由貿易、さらに直接投資を守っていくことは、日本の国益である。これからの日本には、投資国家、海洋立国国家としての世界戦略が求められる。それは、大航海時代のオランダや英国がやったことである。

海洋立国論は、戦前、マハンの海軍論を学んだ佐藤鉄太郎海軍中将が考えた戦略であったが、日本は、満州事変、日中戦争と大陸に足を取られた陸軍にひきずられて、海洋立国型の国家戦略は根を下ろさなかった。

令和の時代には、地球的規模の投資戦略が要る。サプライチェーン、エネルギー、海運、海洋の安全保障を踏まえた日本の対外投資戦略を考案する人に出てほしい。そのためには、自由主義経済体制のなかで、国際経済全体をどう発展させるか、日本企業はどこでどうやっていけばよいのか、日本がどう裨益（ひえき）するのかといった視点が要る。

残念ながら、知恵袋の経済産業省は対外投資よりも通商に重きがあり、投資担当の財務省は対内投資規制に目が向いているが、対外直接投資にはあまり関心がない。外務省は、対外経済協力（ODA）には関心が強いが、民間企業の対外直接投資の戦略を書こうとはしない。

政府のなかに、対外直接投資を戦略的に展開できるよう世界経済の仕組みを考えてやろうという野心的な部署が必要である。投資国家となった日本には、地球的規模で、近江商人のように「買い手よし、売り手よし、世界（世間）よし」のシステムを企画し実現する戦略が、要るのである。

(7) 米中貿易戦争の行方

今、中国が、米国の貿易赤字の5割を占めている。日本は、1980年代、米国の貿易赤字の6割を占めており、米国との激しい貿易摩擦を生んだ。日本は、プラザ合意を経て円が大幅に切り上がり、その後、ドル建てで名目上膨れ上がった資金をもって直接投資を急伸させ、工場を大量に米国などに移転させた。それは、日米経済を統合する道を選ぶということであった。

しかし、毎年、日本の10倍の子どもが生まれてくる中国が、国内の工場を大規模に米国に移転させることはあり得ない。米国も、もはや、技術流出防止の観点から、中国の投資を歓迎しない。したがって米中貿易摩擦には出口がない。しかも米中摩擦は、機微技術輸出規制という安全保障上の制約がからみはじめ、また、21世紀の覇権をめぐる米中両大国間の権力闘争の色彩を濃くしてきた。

日本の経済界は、冷戦中、米国の軍事産業のようにソ連と対峙する厳しい部分には目を向けず、ひたすら、自由主義経済圏のなかで経済成長に専心した。ソ連は市場として存在しなかった。今、中国が自由貿易体制のなかで大きく成長し、多くの日本企業が中国に深く入り込んでサプライチェーンを張りめぐらせ、利潤を上げている。しかし、これから米中関係の緊張が高まると、日本企業は、おそらく初めて安全保障問題と経済問題の交差する部分で悩むことになる。

対中政策は、次の第11講で詳述する。

2　日本の海洋国家戦略——ホルムズ海峡と南シナ海

(1) 日本の動脈としてのシーレーン

日本の繁栄の前提条件として、海運の重要性とシーレーンの安全に触れておきたい。日本の経済戦略、あるいは経済安全保障戦略では、海運の重要性に目を向ける人が少ない。シーレーンは、サイバー空間と並んで、日本の安全保障の最大の弱点と言ってよい。

たとえば、対外貿易やエネルギー安全保障のためには、海運は命綱であるが、貿易は経済産業省、エネルギーは資源エネルギー庁、海運は国交省、海上安全は海上保安庁、海上防衛は防衛省の担当である。内閣官房を中心に、官庁縦割りの弊害を除去して、国家レベルのシーレーン防護戦略、海洋戦略、海洋の安全保障戦略をつくろうとするのだが、官庁縦割りの弊害は大きく、依然として「言うは易し、行うは難し」である。

日本は、自由貿易体制と一体化して、繁栄を享受している国である。日本の貿易のほとんどは、海運に依存している。物は船、人は飛行機、金融と情報は光通信海底ケーブルに依存するというのが、日本の対外的なコミュニケーションの実態である。

輸出総額を世界三大経済大国の日米中で比較してみると、中国が2兆4,900億ドル、米国が1兆6,000億ドル、日本が7,400億ドル。輸入総額は、米国が2兆6,000億ドル、中国が2兆1,400億ドル、日本が7,500億ドルである。貿易依存度は、日本が29%、中国が33%弱、米国が20%である（UNCTAD、2018年）。日本は、1兆4,900億ドルの貿易のほとんどを海運に依存している。

四面環海の日本にとって、海は、古来、日本の守護神であり、元寇をはじめ外敵の侵入を許さない巨大な濠のようなものであった。しかし、逆に、海を取られると日本はあっという間に屈服せざるを得なくなる。日本のエネルギー自給率は5%程度である。日本の食料自給率は40%を切る。

日本周辺海域を機雷で封鎖され、日本商船隊を殲滅され、第三国と日本の貿易を敵対勢力にコントロールされるようになると、日本の経済活動は止まり、日本人は飢える。それは、私たち日本人が、太平洋戦争で経験したことである。

太平洋戦争では、米海軍によって、日本商船隊は全滅させられ、数万人の船乗りが命を奪われ、1万隻を超える商船が海の藻屑と消えた。帝国海軍は、戦争目的で政府に徴用された民間船舶であるにもかかわらず、日本商船隊（輸送隊）を真面目に護衛しなかった。帝国海軍が歴史に残した巨大な汚点である。政府は、徴用された船員の遺族に1円の年金も補償金も渡さなかった。

幕末の日本の人口は約3,000万であった。150年の工業化の結果、令和の日本人口は4倍の1億2,650万人になっている。工業化された日本は、シーレーンという動脈で、世界各地の市場や製造拠点や原材料供給地と結ばれている。狭い日本が海に向かって閉じられれば、1億2,650万人の日本人が豊かな生活を営むことはおろか、飢えずに生きていくことさえも難しくなる。

たとえば、一次エネルギー消費量（IEA統計、2017年、石油換算トンベース）を見てみよう。中国が30億トン、米国が22億トン弱、日本が4億3,000万強トンである。しかし、エネルギー輸入依存度（2014年、世界銀行統計）は、日本が94%、中国が15%、米国が9%である。エネルギーに関しては、対外依存度の低い米中が「がぶ飲み」している。

日本はエネルギーをほとんど対外依存しており、エネルギー効率はとても高いが、エネルギー依存率も非常に高い。逆に言うと、日本は、シーレーン攻撃、海上封鎖に対して極めて脆弱な国なのである。

日本は、剝き出しの動脈を数千キロ以上もインド洋や太平洋に張りめぐらして、経済の栄養分である原料、エネルギーと食糧を吸い取り、逆に、日本から資本を投資し、また、商品を売りに出して生命力を維持している国なのである。

残念ながら、戦後の日本において、日本が有事に巻き込まれたとき、日本商船隊をどう守るのかという戦略は、考えられていない。経産省資源エネルギー庁、国交省海事局、防衛省と自衛隊、汽船会社が緊密に連携せねばならないのだが、実現していない。そもそも汽船会社においては商船隊全滅という戦前の悲劇への恨みが消えておらず、いまだに政府からは独立不羈の気風が強い。戦前の教訓は生かされていないのである。戦争目的で民間船を徴用した戦前とは逆に、有事に民間の交易を守るために日本商船隊を守り抜くことが求められる。特にエネルギー安全保障のための官民連携が必要な時期に来ている。

(2) 日本の国益とホルムズ海峡の持つ意味

特に、原油は、日本はほとんどを湾岸地域に依存している。隣国のロシアの原油は硫黄分の少ない良質の原油であるが値段が高い。廉価で硫黄分の多い湾岸の原油を精油して売るという日本の精油業界の湾岸依存体質は、変わらない。日本には毎日15隻の20万トンタンカーが着岸する。年間3,400隻の日本関係船舶が、数珠つなぎとなって、湾岸の産油諸国と日本を結ぶホルムズ海峡を通る。

先にも述べたが、日本人は、歴史的に日本の一部であった台湾と朝鮮半島が日本の安全保障に直結していることは、皮膚感覚で理解している。しかし、湾岸地域とホルムズ海峡は、石油文明が発達した戦後に出てきた死活的利益であり、日本人は、その重要性についてはなかなか理解が進まなかった。

国会では、湾岸に自衛隊が派遣されるたびに大きな論争が巻き起こり、しょっちゅう政局に結びついた。第一次湾岸戦争時の海部内閣、第二次湾岸戦争時の小泉内閣がそうである。アデン湾の海賊取り締まりのための自衛隊派遣くらいから、世論が成熟し、ようやく国民の理解が進み始めた。最近のイラン、米国の緊張に合わせて、海上自衛隊が情報収集のために湾岸地域付近に派遣されているが、もはや、政局騒動にはならなくなった。

(3) 日本の国益と南シナ海の持つ意味

湾岸を出た日本のシーレーンは、インド洋を横切り、ベンガル湾を横切り、シンガポールのマラッカ海峡を通って南シナ海に入り、台湾の南にあるバシー海峡を抜けて日本に到達する。

21世紀に入って、中国は、南シナ海が歴史的に中国の海であるとして、南シナ海のほとんどを囲い込む九段線（破線）を記した地図を、国連に正式に通報した。「南シナ海が中国の海である」という主張は、スペインとポルトガルが紙の上で地球を分割したトルデシリャス条約と同じくらい荒唐無稽である。

図表10　南シナ海概観

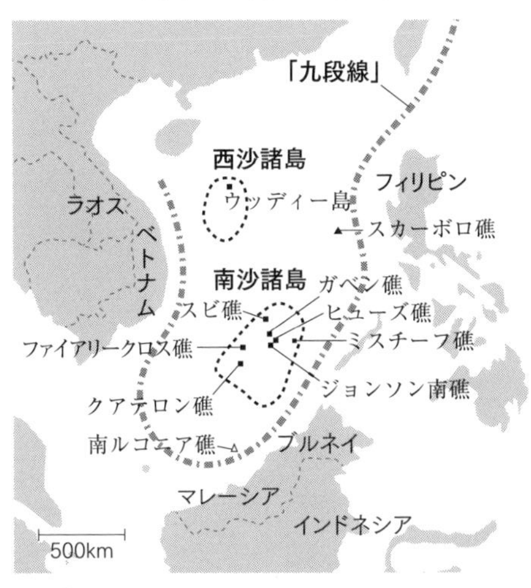

出所：『防衛白書』2020年版

南シナ海は地中海より広い。戦前は、南シナ海を指して濠亜地中海という言葉さえあった。そして地中海と同じくらい、古来、交易で栄えた海である。

中国が歴史的権利と主張する九段線の根拠も調べてみるが、どうもはっきりしない。九段線は、中国の古典に出てくるものではない。1930年代に国民党時代に作成された中国版図を示す地図の一部にすぎない。そこには歴史的根拠などない。

その地図では当時の国際情勢を反映して、日本、台湾、朝鮮半島は、中国版図に入っていない。だから南シナ海だけを切り取って外に出してきたのであろう。その地図では、シベリアから、インドシナ半島、西アジアまでの広大な領土を中国領土と記してある。壮大な歴史のフェイクニュースであろう。

歴史上、中国を含めて南シナ海を制覇した国はない。明の鄭和は朝貢相手を求めてインド洋まで出かけたが、鄭和の前からアラブ商人、ペルシア商人、インド商人、中国商人、日本商人が、インドシナ半島やマレー半島、インドネシア、フィリピン、沖縄を拠点にして活発な交易を行い、東シナ海、南シナ海は混雑していた。

ヨーロッパ人が暴力的に参入して植民地支配を確立するまで、アジアの海は、自由で開かれた海だった。逆に、何千年も諸国の交易船で混雑した南シナ海に、中国が鄭和一人しか著名な航海者を出していないことの方が驚きである。

そもそも中国は大陸国家である。その戦略的関心は、常に北方の騎馬民族に向いていた。明は朝貢しない国とは交易しないという海禁政策を取ったので、むしろ南シナ海は密貿易を行う海賊の中心地となった。倭寇である。大西洋でも、南シナ海でも、中世、自由貿易の守護者は必ずしも正当な英雄ではない。それは、独占貿易を押し付けてくる外国政府に抵抗した海賊たちであった。

近代において、南沙諸島の覇権を争ったのは、清仏戦争後ベトナムを押さえたフランスと日清戦争後台湾を押さえた日本である。フランスのナチスへの降伏後、南シナ海を制圧したのは日本である。南沙諸島は新南群島と名前を変えて日本領となった。日本が敗けて南シナ海から撤収したのち、周辺諸国がモザイク状に領有権を主張しているのである。

今も南シナ海は、欧州、湾岸と日本、中国、韓国を東西に結ぶシーレーンの要衝であり、かつ、豊かな資源を持つ豪州と日本、中国、韓国を南北に結ぶシーレーンの要衝でもある。混雑する公海を独占的に支配するというのは、明らかな国際法違反であり、国際秩序の現状を実力で打破しようという大日本帝国と同じ拡張路線である。

中国は、米海軍の反発を恐れ、正規軍使用を慎重に避け、「米国との軍事衝突のつもりはない」と米国の耳元で囁きつつ、海上民兵と海警という名の海上警察（制度上は海軍隷下）を用いて、域内の中小国を対象にして実力を行使している。

中国は、自らの主張を力で押し通すべく、一方的に現状を変更し、南シナ海の軍事化を急速に進めている。西沙諸島は、米国のベトナム撤収後、中国がベトナムから強奪した。西沙諸島を取られたベトナムは排他的経済水域が一気に西側に寄ることとなり、伝統的な漁場を奪われた漁民が、中国公船によって、毎年数百名拿捕されたり、実力で嫌がらせを受けたりしている。また、ベトナムがロシアと開発しようとする海底石油掘削現場にも中国船が大挙して押しかけて、ベトナムの活動を妨害している（ヴァンガード礁）。

南沙諸島では、92年11月の米国のスービック海軍基地撤収後、中国が力の真空を狙って、スビ礁、ファイアリークロス礁、ミスチーフ礁において、戦闘機や爆撃機が使用できる3,000メートル級の滑走路を整備し、兵舎を整備し、レーダーや迫撃砲などの武器を持ち込んだ。

中国の爆撃機の行動半径を考えれば、これらの島々を押さえば、中国は、海軍が脆弱な南シナ海周辺沿岸国を、軍事的に圧することができる。前述の通り南沙諸島は、戦時中は、新南群島と呼ばれ、日本領として台湾に編入されていた島嶼である。最大の太平島は、台湾領である。

驚いたことに2012年からは、米国の同盟国であるフィリピンのスカボロ礁、日本の尖閣列島にも実力を行使するようになった。中国外交はしたたかである。米国には恭順の意を示しつつ、米国の同盟国をいじめることによって、米国のコミットメントの信頼性を傷つけている。中国は、中沙諸島では、スカボロ礁をフィリピンから奪った。フィリピンは中国を国際海洋法裁判所に訴えて勝訴したが、中国はその判決を無視して、実効的な支配を続けている。

ベトナム戦争後の米国の太平洋同盟網の仕組みは、日米同盟にもとづく在日米軍の前方展開を要として、ロシアと北朝鮮の脅威に備えることを優先順位としており、日本列島、朝鮮半島南部の防衛に力点があった。

ベトナム戦争終了とほぼ同時期に実現した米中国交正常化の結果、台湾、フィリピン群島は、事実上、米国の防衛線上から消えた。特に、台湾から南の南シナ海は力の真空であった。そこを中国に狙われた。中国は、孫子の兵法の国であり、敵の虚を衝くことに優れている。

(4) ようやく気づいた米国

トランプ政権のポンペオ国務長官は、2020年に入って、南シナ海が「中国の海」であるという中国の主張は、国際法違反であると明言した。このまま中国の警察力や民兵を使った静かな侵略を放置することは、西側先進国の唱える海洋の自由、法の支配の信頼性、ひいては米国のリーダーシップを損なうことに気づいたのである。

強力な海軍を保有する西側先進国は、プレゼンスオペレーション、航行の自由作戦などを通じて、いかなる恫喝にも屈せず、南シナ海が開かれた公海であることを行動によって示し続けることが必要である。そこには、オーストラリアやニュージーランドのような大洋州諸国、また、英国やフランスのように太平洋に大きな海洋権益を持ち、海軍力を展開し得る国々とも協力し合うことが必要である。

逆に中国は、南シナ海沿岸国限定のCOC（行動規範、code of conduct）交渉を通じて、南シナ海のルールづくりから域外国を締め出す動きに出ている。中国は、南シナ海沿岸国に、域外国の海軍演習、海底資源開発を禁じるように圧力をかけている。ASEAN諸国は軍事的には脆弱であるが、決して、中国に圧倒され、朝貢国のように従属することは望んでいない。そもそも地中海より大きな南シナ海は公海であり、沿岸国が勝手にルールを決めてよいものでもない。

米国も日本も、当初は南シナ海沿岸国によるCOC（行動規範）策定を支援して、「当事者で話し合ってくれ」と言っていたが、中国が拡張主義的傾向を強めるにしたがい、COC協議は、ウサギの群れと狼の間の協議のようになってきた。米国も日本もいないCOC協議が中国の独壇場となることは、予想されたことではあった。

西側先進国が公海自由の原則を掲げて、南シナ海問題で声を上げてこそ、ASEANの国々もか細い声を上げることができる。日米をはじめとする西側諸国のリーダーシップが期待されているのである。

なお、当初、米国は、南シナ海の領有権争いに、無用に巻き込まれたくないと考えていた節がある。大国は、小国の喧嘩に巻き込まれることを嫌い、特に、他国の領土問題に巻き込まれることを嫌う。わずらわしいのである。

しかし、問題の本質は、南シナ海の島嶼の領有権ではない。南シナ海全体の公海としての地位がかかっているのである。また、紛争の平和的解決、実力による一方的現状変更の禁止という国際法の基本原則がかかっているのである。海洋大国、海運大国、海軍大国は、皆、声を上げねばならない。

中国は、2012年から、グローバルな影響力を有するブルーウォーターネイヴィ（大海軍）の国、即ち、「海洋強国」になるとの野心を隠さなくなった。

中国によるグローバルなインフラ輸出は、一帯一路構想として打ち出されたが、グローバルパワーとして、世界に軍事的展開拠点を設けたいという野心が見え隠れする。地球的規模での戦力投射が可能な超大国となる夢を見始めているのであろう。

中国は、既に、ブルネイ、カンタン（マレーシア）、チャオピュー（ミャンマー）、ハンバントタ（スリランカ）、グワダル（パキスタン）、ドラレ（ジブチ）等の戦略拠点を押さえて回っており、その他、空港や衛星通信のダウンリンク地上局等の設置も行っている。

また、中国は、対中警戒心の低い大洋州島嶼国やアフリカ諸国に対して、高利で貸し込み、借金漬けにしてしまう例もある（ポリネシア諸国）。スリランカのハンバントタ港は、借金の形に港全体の管理権を99年間中国に押さえられた。まるで香港の意趣返しのようである。

また、日本の安全保障に直結する中国の西太平洋進出に関しては、ミクロネシア、パプアニューギニア、ソロモン、バヌアツ、フィジー、サモア、トンガ等、太平洋戦争時の日本帝国海軍の進出をなぞって進出しているように見える。実際、筆者の友人のオーストラリア人は、「真珠湾攻撃後の大日本帝国海軍の南半球進出戦略を中国がなぞっているようだ」と話していた。その眼目は、米国と豪州の間の海路遮断であった。

(5) 日本の海洋国家戦略再考

①ブルーウォーターネイヴィとしての海軍戦略

最後に、日本の海洋国家戦略について述べたい。もともと明治日本は帝政ロシアの南下に引きずられて朝鮮半島に入り、陸軍を中心にした国内勢力によって大陸経営に引きずり込まれ、昭和の時代になって満州、華北、広州に手を伸ばし、帝国滅亡の悲運に遭遇した。大陸経営は、日本陸軍の見果てぬ夢であり、北進論と呼ばれた大陸攻略戦略である。

明治日本には、北進論に対抗して、東南アジアに貿易と移民で進出して、南方に国運を開くという発想もあった。南進論と呼ばれた海洋進出戦略である。大陸で周囲の国を押しのけて膨張することは難しい。国運の隆盛は海洋立国にある。ポルトガル、スペイン、オランダ、英国、フランスは、そうして世界を制覇したのである。

伊藤博文初代総理大臣は、日清戦争で勝った後、中国から朝鮮半島への侵略経路にあり、渤海湾の入り口を扼する遼東半島だけではなく、台湾島の割譲にこだわった。伊藤は日韓併合にも反対であった。南進を考えていたからであろう。

東シナ海、南シナ海は、地中海同様に、交易の海であった。15世紀の大航海時代に、ヨーロッパ人が大挙してアジア貿易に参入してきたころ、日本商人も同様にしっかりと根を張っていた。山田長政は、その良い例である。数千人規模の日本人町は、東インド会社に負けない立派な商業拠点であった。

しかも当時の日本人には戦国武士が多く、同じく武器と戦闘に秀でていたヨーロッパ人に引けを取らなかった。アユタヤ朝（タイ）の王の行列を描いた絵には、傭兵である日本人のサムライがたくさん描かれている。

徳川幕府が鎖国をしなければ、日本はスペイン、ポルトガル、英国、オランダと並んで、東南アジア貿易に深く食い込んでいたであろう。先に述べたように、明の海禁政策に反発して、アジアの海を荒らしまわっていたのは倭寇である（ただし、実際には日本人以外の海賊もたくさんいた）。日本の造船技術も優れていた。支倉常長は伊達政宗の命でローマに赴き、太平洋と大西洋を往復したが、その船「サンファン」号はスペイン人の指導の下に日本人が造ったものである。

交易拠点を守り、シーレーンを守り、世界の海で航行の自由を守るのが、海洋国家戦略である。海軍は、陸軍と異なり面の支配を求めない。平時には開かれた海を求め、有事には自分の行動の自由を確保し、敵の海洋利用を否定する。しかし、軍艦の時速は50キロである。太平洋は1万キロある。地球の赤道付近の胴回りは4万キロである。

畳百畳の間をミニカーで制覇しろと言われれば、面を押さえるという発想にはならない。敵のミニカーを潰すしかない。海軍戦略も同じことである。海戦とは、互いの海洋使用能力の否定、即ち、敵海軍戦力の殲滅とその根拠地の覆滅である。

中国のように排他的に南シナ海を面で支配することを求めるのは邪道である。それはブラウンウォーターネイヴィ（沿岸海軍）の沿岸防護の発想であり、中国は、それを広大な公海に持ち出したところに誤りがある。

ブルーウォーターネイヴィにとっては、五大洋のすべてが活動場所であり、艦隊決戦が正攻法である。しかし、いかなる国の海軍にとっても、五大洋の航行の自由を確保することは、一国の力を超える。自由貿易を支持する海洋国家、優秀な艦隊を有する海軍国家との協調が必須になる。

世界の海を開かれたものにすることは、日本の死活的な利益である。日本こそ、地球的規模の海軍戦略が求められるのである。日本でこのような海軍戦略を唱えたのは、前に述べた通り佐藤鉄太郎中将である。マハンに学んだ人で、戦前は著名な戦略家であったが、戦後は忘れられてしまった。もう一度、佐藤中将に学ぶ時代が来ていると思う。わが海上自衛隊は米海軍はもとより、友好国海軍との連携強化に熱心である。伝統を重んじる海上自衛隊らしく帝国海軍の衣鉢を継いでいるのであろう。

②自由貿易と地域経済統合の促進

上記の自由貿易を促進する海軍国家間の連携は重要である。それは、公海の自由を確保することによって地球的規模で市場経済にもとづく経済統合を促進する。それは、特に、これからさらに発展するインド太平洋地域の経済統合の促進のために重要である。

市場経済統合が促進されるために大切なことが2つある。

①公正なルール　日本は、米国の抜けた環太平洋経済連携協定（TPP11）を実現

し、日EU・EPAを実現した。巨大な自由貿易圏が創出された。米国とは日米物品貿易協定（TAG）を締結した。日本はまた、RCEP交渉をまとめた。自由な交換は、人間の生活を豊かにする。日本は、史上初めて、自由貿易促進の世界的なリーダーシップを取った。

逆に、強制的な技術の移転や国有企業への野放図な補助金提供のような、市場を歪曲する措置は、世界経済の発展を歪める。中国の市場歪曲型の貿易慣行は、厳しい目で見られるようになってきた。市場歪曲型の慣行には、西側諸国が団結し、腰を据えて是正を求めていくべきである。

②インフラの連結性向上　日本は、1960年代に高度経済成長を遂げ、世界市場に雄飛し、シーレーンのヘヴィーユーザーとなって以降、政府開発援助（ODA）をもとに、アジア地域のみならず世界各地の連結性の向上に努めてきた。具体的には、港湾、空港、道路、鉄道のインフラ整備である。

日本の開発哲学は、マトリックスのようにインフラをつなぎ、縦横斜めのコミュニケーションを良くして、物、人、金、サービス、情報の流れを自由にし、市場経済に経済統合に向けての最大限の力を発揮させるというものである。

最近の日本のインフラ支援は、日本の技術力を生かして、質の高いインフラに特化しつつある。アジア諸国の急速な経済成長の故に、アジアのインフラ需要は100兆円単位に膨れ上がりつつある。日本は、また、受益国の債務の持続性に十分配慮して、援助を進めてきた。

これに対して、最近、シーレーンのヘヴィーユーザーとなった中国が、一帯一路構想を唱えはじめた。中国のプロジェクトが、域内の連結性向上に資し、国際スタンダードに合致するものであれば、日本も協力を惜しまない。しかし、スリランカのハンバントタ港のように、高利の借款を選挙目当ての政治指導者に売り込み、借金が返せなくなると丸ごと99年租借するというようなプロジェクトには賛成できない。まるで19世紀の帝国主義国家のやり口である。マハティール・マレーシア首相は、中国のこのようなやり方を「新帝国主義」と呼んだ。

また、中国の連結性向上の哲学は、マトリックス型の連結性向上というよりは、自らがハブとなって二国間関係を放射状に張りめぐらせ、他国資源を吸収するためのタコ足配線型、寡占型のシステムを構築しようとしている。このタコ足型、寡占型のインフラ整備は、市場原理よりも売り手市場での二国間交渉を好むロシアのパイプライン敷設方針に似ている。

第 11 講 対中関与大戦略と自由主義社会

1 中国台頭の何が問題なのか

（1）中国の工業化は歴史の必然

日本および西側諸国全体にとって、今世紀最大の戦略的課題は、中国の台頭にどう対応するかという問題である。中国の台頭は、歴史の必然である。

18 世紀の末、英国に始まった産業革命は、一陣の先進工業国家を生み出した。工業がもたらす国力の増大は幾何級数的であり、それまでユーラシア大陸に覇を唱えていたオスマン帝国、ムガル帝国、そして大清帝国は、一気に凋落した。

みな、日本人と同族で、騎馬軍団でユーラシアを制覇したモンゴル・チュルク族（トルコ族、モンゴル族、満州族）の帝国であった。ちなみにムガル帝国のムガルとはモンゴルのことであり、中央アジアのチャガタイ汗国から出たチムール帝国の末裔という含意がある。

産業革命の結果、ユーラシア大陸の片隅にあった西欧諸国が、いきなり世界史の前面に躍り出て、世界史を牽引しはじめた。アジア、アフリカの国々は、植民地に貶められた。根拠のない人種差別がはびこり、奴隷のような苦役がプランテーション農場や鉱山で強いられた。世界は、欧米の宗主国という天上とアジア、アフリカの植民地という地上に二分された。マルクスもウェーバーも、アジアは永遠に停滞すると信じて疑わなかった。

20 世紀は革命と戦争の時代であった。人々の思想は混乱した。第一陣の工業国家は、2 度にわたる世界大戦を引き起こした。また、工業国家の内部における格差の拡大は、社会全体を強権でつくりかえるという全体主義の思想的潮流を生んだ。それは資本家階層、銀行、私企業の暴力的破壊を意味した。

破壊の衝動は、共産主義独裁の思想を生み、ロシア革命を生み、ムッソリーニのファシズムを生み、ヒトラーの国家社会主義ドイツ労働者党を生み、日本の軍人を政治化させた。そして中国では、毛沢東という類い稀な独裁者を生んだ。

第二次世界大戦で、植民地帝国、先行資本主義国家のつくった国際社会の「現状」を打破しようとした日独伊の全体主義国家が敗退した。しかし、もう一つの全体主義国家であったソ連は戦勝国となり、その後、半世紀続いた冷戦の間、核の均衡の下で、自由主義圏と厳しく対峙した。20世紀の末、ソ連共産党独裁が内側から崩落したとき、人々は工業化の矛盾から生まれた最強の独裁体制が倒れ、産業革命以降の人類史の混乱に一区切りついたと思った。21世紀の始まりに、「歴史の終わり」(F. フクヤマ)が来たと思った。

だが、それは幻想だった。

産業革命は、西欧、米国、ロシア、日本を越えて、地球的規模で野火のように拡がり続けていた。第二次世界大戦後、独立を回復したアジアの国々の工業化が始まったのである。

1980年代から、新興独立国のアジア諸国が次々と離陸し始めた。韓国、香港、シンガポール、台湾というアジアの四虎から始まった経済発展は、やがて、海洋に面したASEAN諸国に広がった。フィリピン、インドネシア、マレーシア、タイである。工業化の火は、ベトナム戦争で一度は疲弊したベトナム、ポル・ポトに完全に破壊されたカンボジア、山国のラオス、そして、最後に軍部独裁が続いていたミャンマーにも飛び火している。

巨竜、中国の離陸は、時間の問題であった。中国の台頭は、地球的規模で展開する産業革命史のエピローグなのである。次は、中国より平均年齢が10歳以上若いインドが離陸するであろう。中印両国は、産業革命以前、圧倒的な存在感を誇る世界的大国であった。この両国が工業化し、元の大きさを取り戻すことは、歴史の必然なのである。

(2) 毛沢東と鄧小平

21世紀を迎える30年前、1970年代の日中国交正常化、米中国交正常化の時代、中国は病んでいた。イデオロギー的に過激で狭隘な独裁者であった毛沢東は、日本陸軍と戦い抜いて疲弊した蔣介石をスターリンの手を借りて中国大陸から駆逐し、権力奪取に成功した。中華人民共和国が建設された。毛沢東が蔣介石に勝てたのは、米国が腐敗した国民党と蔣介石を見捨てた後も、ソ連が毛沢東への支援を続けたからである。ソ連の勝利であった。

一時期、清廉な共産主義者が、腐敗した資本主義者の蔣介石を駆逐したというイメージが、中国共産党の宣伝で広く世界を覆った。そう信じた西側の人間も多かった。しかし、その内実は地獄だった。日本軍の華北制圧によって蒋介石軍が駆逐されたことを契機として、華北の地下で命脈を保っていた中国共産党は、日本敗退後、地表に飛び出して南方の征服に向かい共産革命を中国全土に押し広げた。

その内実はまごうことなき中国全土での共産革命である。ロマノフ王家を虐殺したロシア革命と同様、地主、資本家などの典雅な富裕層は破壊された。いまだ中国全土を覆った共産化の過程は歴史的に明らかにされていないが、凄惨な現場も数多かったであろう。

続いて「大躍進」と名付けられた急激な工業化と集団農場化は、中国に大飢饉を引き起こして、千万単位の人々が餓死した。毛沢東には経済経営の才能がなかった。共産主義の教科書通りに経済を集団化、計画化しようとして大失敗した。

国の進路を誤った毛沢東を引きずり降ろそうとする良識派を一掃するために、毛沢東は青少年を熱狂させて「文化大革命」を引き起こす。またしても、数百万の命が失われた。文化大革命に関しては、多くの写真や文献が流出している。三角帽子を被らされた教師たちが子どもたちにつるし上げられている光景は、西側でもよく知られている。

劉少奇、鄧小平等、心ある人々は、中国近代化への道を模索し続けた。鄧小平は、毛沢東の死後、実権を手にすると、中国経済の改革開放へと一気に舵を切った。東西の「雪解け」を演出したフルシチョフ・ソ連共産党書記長を「修正主義」と批判した毛沢東の時代に、中ソ関係は冷え切っていた。ウスリー川の中州のダマンスキー島で強力なソ連軍との軍事衝突を起こした毛沢東は、米国との関係改善、日本との関係改善を焦った。鄧小平は、毛沢東の遺した米中国交正常化、日中国交正常化という外交的遺産を最大限活用しようと思ったのである。

かつて、ジンバブエのムガベ大統領が、中国の低開発状態を見て、これからどうやって発展していくのだと鄧小平に聞いたら、鄧小平はにやりとして「心配は御無用だ。日本がやった通りにやればよい」と答えたという。大量の廉価で優秀な労働力を武器に、外国の技術を導入、習得して自家薬籠中の物とし、世界市場に打って出ることを考えたのであろう。

鄧小平の読みは当たった。「ジャックと豆の木」を彷彿とさせる成長を遂げた中国の背丈は、天を衝く勢いとなり、工業化した中国は、今や、巨竜となって、

図表11　中国のGDPの推移

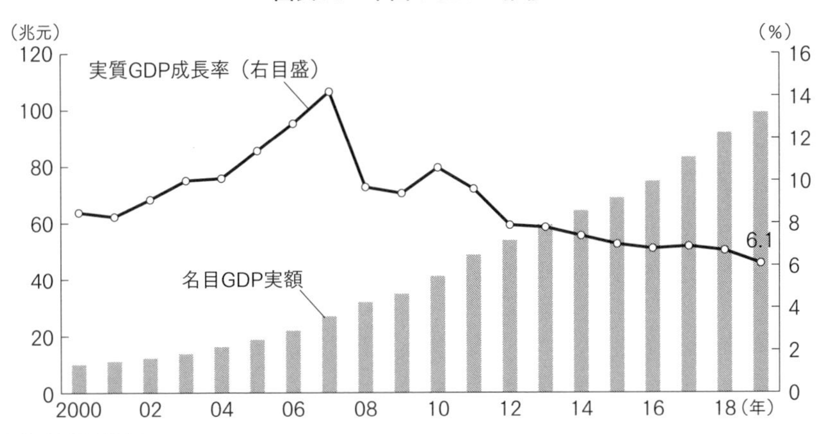

出典：中国国家統計局
出所：『外交青書』2020年版

自在に天を駆けめぐる存在となった。

2020年の時点で、既に中国の経済規模は日本の3倍であり、米国の7割に迫っている。さすがに人口ボーナスが利く初期工業化時代の2ケタ高度成長は止まったが、まだまだ中成長の時代は続く。中国の統計は必ずしも全面的に信用できないが、「新常態」といわれる中成長の時代でも、恐らくまだ数%の成長は続く。2030年までには、中国経済の規模は米国を抜くといわれている。

また、中国の軍事費は2ケタ成長を続けており、その総額は名目値で日本の4倍であり、日本と英国とフランスとドイツを足したよりも多い。もはや、米国以外に、中国とサシで戦える国は存在しない。台湾であれ、日本であれ、誰であれ、一国で中国に立ち向かい、総力戦になれば、必ず負ける。中国の軍事力は、その規模だけからしても、もはや誰の目から見ても明らかな脅威と映るようになった。

(3) 日本の対中関与政策

1970年代の日中国交正常化のころ、日本は、「中国がいつか私たちのようになる」と信じた。1937年以降の日中戦争で残した傷跡を癒やさねばならないという思いも強かった。中国が、西側の一員となり、責任ある国となり、ソ連と対峙し、経済的に離陸し、いつの日か民主主義への扉を押し開けるだろうと信じたか

図表12　中国の公表国防予算の推移

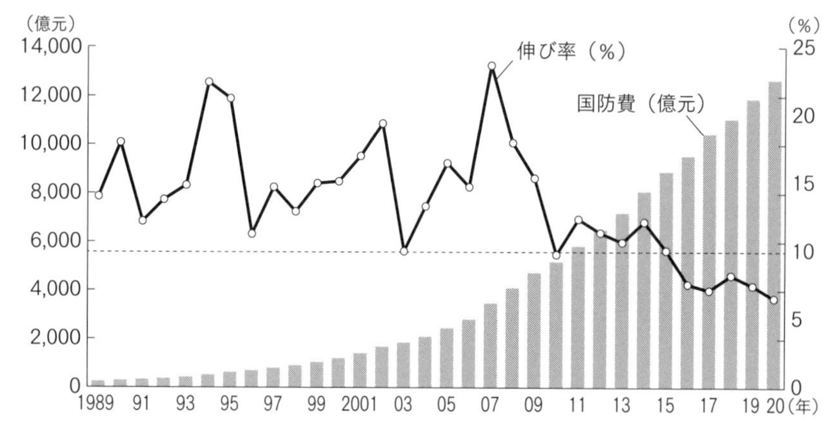

注：「国防費」は、「中央一般公共予算支出」（2014年以前は「中央財政支出」と呼ばれたもの）における「国防予算」額。「伸び率」は、対前年度当初予算比。ただし、2002年度の国防費については対前年度増加額・伸び率のみが公表されたため、これらを前年度の執行実績からの増加分として予算額を算出。また、16年度、18年度、19年度及び20年度は「中央一般公共予算支出」の一部である「中央本級支出」における国防予算のみが公表されたため、その数値を「国防費」として使用。
出所：『防衛白書』2020年版

った。実際、日本外務省が公開した中曽根首相と胡耀邦総書記の会談録には、胡耀邦の話のなかに中国民主化への一縷の光が見える。

鄧小平は、対米関係を改善し、対日関係を改善した。ソ連と切れた鄧小平は、やっとの思いで米国に勝利し、疲弊しきっていたベトナムを背後から突き刺して、米国への忠誠の証を見せた。当時のベトナムは、中国よりもソ連に近かった。鄧小平は、ソ連から米国へと連携相手を乗り換える際に、ベトナム侵攻を手土産にしたのである。

怒ったベトナムは、侵略してきた中国軍を実力で叩き出した。鄧小平はすぐに兵を引いた。それ以上対越戦争に深入りする理由はなかった。当時の中国外交は、戦略的で、したたかで、狡猾だった。中越両軍で数万人が死んだ。

しかし、中国は大きな過ちを犯す。1989年6月4日、北京の天安門に自由を求めて集まった学生たちを、人民解放軍が虐殺したのである。天安門事件を描いたロウ・イエ監督の中国映画「天安門、恋人たち」（原題「頤和園」）は、当時の北京のリベラルな雰囲気を余すところなく伝えてくれる。

天安門事件を契機として、中国では、国粋主義的でゴリゴリのイデオロギー的左派（保守派）の発言力が増すが、それを抑えて、一層の経済開放に向かったのが鄧小平である。

天安門事件の後、日本だけが中国の肩を抱いた。国際世論は中国の人権蹂躙に激高した。しかし、日本は、ようやく極端なイデオロギーにとらわれた毛沢東が死に、冷戦末期に手を携えてソ連と対峙し、西側に向かって歩を進めていた中国を、再び過激な左派（保守）路線に押し戻してはならないと考えたのである。中国はまだ貧しく、小さく、近代化に向かって悪戦苦闘している最中だった。

天皇陛下の中国御訪問も実現した。陛下の中国訪問が時期尚早ではなかったのかという点は、これからも論争の種になっていくであろう。本当の意味での日中両国国民同士の和解が未成熟なまま、政治的に過早に実現された訪中に、陛下が得心されていたという話は聞かない。逆に、銭其琛外相は、後に回顧録で、天皇訪中を利用して中国は国際的孤立を脱したと誇らしげに書いた。

その後の中国の世界貿易機関（WTO）への加入も、日本は熱心に後押しした。WTO加入の結果、中国に世界中から、大量の資金と技術が集まり始めた。中国は、1960年代の日本を彷彿とさせる世界の工場となった。多くの日本人が、「中国は、いつの日か必ず日本のようになる。責任ある大国となる」と信じた。信じたかった。共産主義という回り道は、日本の軍国主義と同じ一時の寄り道で、やがては中国もアジアの王道である自由主義秩序へと舵を切りなおすと信じたかったのである。

(4) 歴史的復讐主義の淵源と鄧小平の改革開放

しかし鄧小平は、西側の一員となるつもりなどなかった。19世紀的な富国強兵こそが目的であった。天安門事件の後、鄧小平は、民主主義への扉を固く閉ざした。同時に経済の改革開放に舵を切った。共産党独裁下で資本主義化していく中国では、剝き出しの裸の権力闘争と汚職と拝金主義が横行し、純正共産主義イデオロギーの魅力は廃れていった。代わりに、鄧小平が共産党の正統性根拠として持ち出したのが、歴史的復讐主義と愛国心である。

中国は、アヘン戦争、アロー号事件、清仏戦争、日清戦争、満州事変、日中戦争、太平洋戦争（日本は戦時中、両方をまとめて「大東亜戦争」と呼んだ）と続いた国辱の歴史を克服して、蔣介石を台湾に叩き出し、世界の強国の地位に上り詰めたのは、中国共産党の指導のお蔭だという自画像を描いてみせた。

中国共産党は、日欧米の帝国主義者を中国大陸から駆逐し、チベット、ウィグルを再度征服し、満州、内蒙古を手元にとどめ、朝鮮戦争に参戦して朝鮮半島の北半分に確固たる地盤を築いた。清朝の版図のほとんどを確保した。中国共産党政権樹立にまつわる歴史は、栄光に包まれて、中国共産党独裁の正統性根拠に据えられたのである。

同時に、19世紀から20世紀前半にかけての屈辱の歴史が強調されるようにな

図表13　日清戦争以後日露戦争まで（1895～1904年）の列強の中国進出

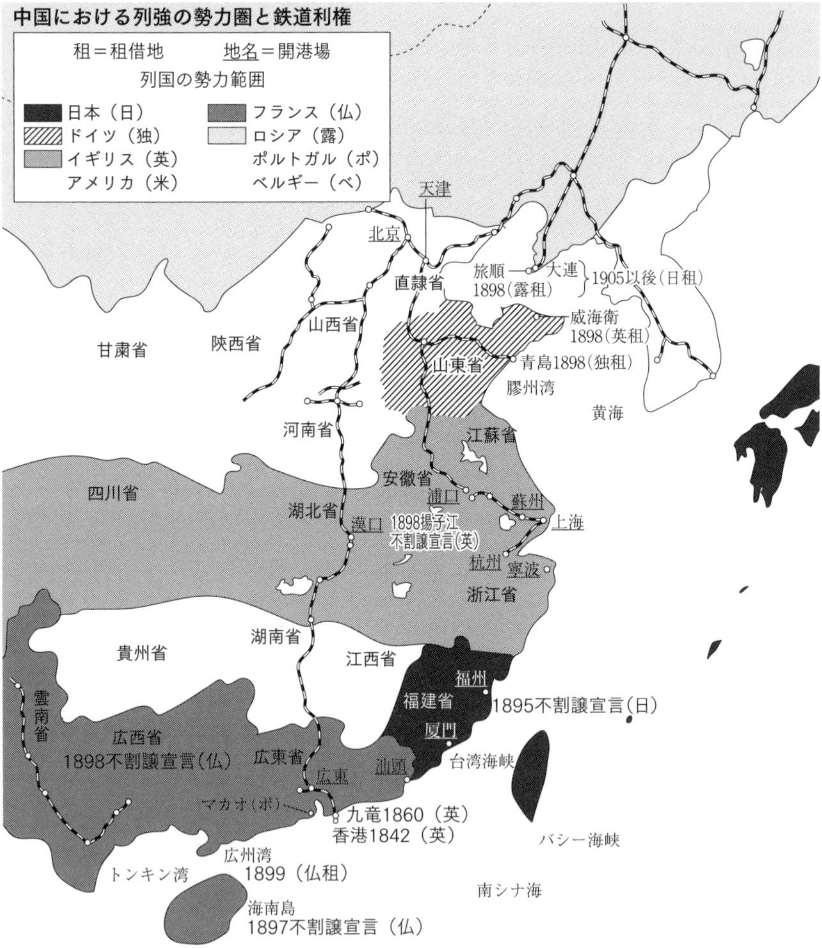

出所：『日本外交史　別巻4　地図』鹿島平和研究所

った。第二次世界大戦を勝者として終え、国連安保理に常任議席を勝ち得ている中国が、被害者の顔を表に出すのは、皮肉なことに中国の成長が軌道に乗る鄧小平時代からである。

誇り高い中国には、韓国のような「恨(ハン)」の伝統はない。日中戦争の傷跡が深かった毛沢東の時代でさえ、勝者となった毛沢東は、蔣介石を苦しめ抜いた日本軍のお蔭で中国を統一できたと、余裕たっぷりに誇らしげに話していたのである。

その中国が、19世紀以来の歴史的屈辱の記憶を増幅して発信しはじめた。愛国教育を通じて子どもたちに刷り込みはじめた。実際、盧溝橋記念館、南京事件記念館、林則徐(アヘン戦争)記念館、円明園史跡(アロー号事件史跡)ができるのは、1990年代に入ってからである。

鄧小平は、屈辱の歴史を強調して前面に出し、その屈辱を終わらせ、中国をまとめて強国にのし上げたのは共産党であるという建国神話をつくった。この建国神話から、中国の近代化は中国共産党の成果であり、共産党の統治、指導は優れているという理屈が出てきた。

こうして官製の歴史は、金科玉条となり、中国共産党の正統性を確保する不可欠の思想的安全装置となったのである。

(5) 蹂躙された記憶の再生

中国を蹂躙したのは日本だけではない。まずは英国である。麻薬の売人が警察に戦争をしかけたかのようなアヘン戦争で、英国は香港を割き取った。続く、広東でのアロー号事件では、些細な臨検事件に難癖をつけた英仏両国が、渤海湾まで北上し天津からいきなり北京を急襲した。北京に駆け上がった英仏軍によって、名園であった円明園は凌辱された。日本でいえば、横浜からペリー提督の軍勢が東京に乗り込んで、江戸城周辺を焼き討ちにしたようなものである。

アロー号事件の後の平和交渉には、米国とロシアが悪乗りして参加した。ロシアは、1858年に結んだ愛琿条約で既にアムール川(黒龍江)の北側を中国から裂き取っていたが、さらに、1860年に北京条約を締結してウスリー川以東の沿海州を割き取った。ウラジオストックが建設される。ウラジオストックとは「東方の征服」という意味である。

ベトナムの阮朝を滅ぼしてインドシナ半島を手に入れようとしたフランスは、広州にも手を伸ばす。清仏戦争が勃発し、中国南部や南シナ海にはフランス勢力が扶植される。

さらに、中国は、日清戦争で台湾を失った。大清帝国は、1662年に鄭成功が台湾に建てた明朝の末裔による海上王国を1683年に滅ぼし、台湾を併合するが、もともと北方騎馬民族である満州族の清は、南の果てにある台湾島にはさほど関心を持ってはいなかった。だから香港同様に、敗戦の後、簡単に手放したのである。もともと清朝初期にオランダが台湾に勢力を扶植することを黙認したのも、台湾に関心がなかったからである。

中国にとってより大きな痛手であったのは、日清戦争の結果、朝貢国であった隣国の朝鮮を失ったことであろう。統一新羅以来、朝鮮は、中国側の王朝変遷にかかわらず、常に忠実な朝貢国家であった。

北京に真近の渤海湾の入り口を閉じるのは、西の山東半島と東の遼東半島、朝鮮半島である。日本にとって朝鮮半島が「利益線（山縣有朋）」に見えるように、中国にとっても朝鮮半島は戦略的要衝であった。その朝鮮が、日本の庇護の下で大韓帝国として独立したのである。中国の影響圏は、釜山、済州島から、一気に遼東半島の付根の鴨緑江にまで下がった。

日清戦争での中国の弱体化を見て、独仏露の欧米諸国は日本に干渉（恫喝のことである）した。ロシアは日本に遼東半島を返還させたが、ただちに自分の勢力下に収めている。英国は、遼東半島の向かいにある山東半島の威海衛を、ドイツは山東半島の付け根にある青島を略取した。日露戦争後、日本は大韓帝国を併合し、鴨緑江まで日本軍が迫った。遼東半島の旅順にはロシア軍に代わって日本の関東軍が居座った。

誰も見向きもしなかった漁村の上海は、開港と同時に、欧米列強のプチ植民地である租界が林立した。租界には、一部の例外を除いて、中国人は下働きの人間しかいなかった。中国内に生まれた植民地都市空間であった租界は、太平洋戦争まで続く。

1911年の辛亥革命で大清帝国が倒れる。このころの中国の志士たちを助けた日本人の話は広く知られている。たとえば、日比谷公園の松本楼で梅屋庄吉が孫文と宋慶齢を結び付けた話は、あまりに有名であろう。その後の中国は、中華民国政府による統一とは程遠い、軍閥による群雄割拠と国共内戦の時代を迎える。

中国の支配体制は、徳川幕府が武威により室町戦国時代を平定し、欧州封建制度に似た各藩と幕府の間の関係を築いた日本とはかなり趣を異にする。中国は巨大であり、征服民族の満州族は、明王朝から引き継いだ漢民族の支配機構の上に載るしかなかった。

共産党登場以前の中国の支配機構は、日本にたとえれば徳川幕府よりも平安時代のそれに近い。中央からきた国司は、地方の豪族と結託して税金を徴収して中央に送るだけが仕事である。日本では、その後、荘園を守るためのサムライが実権を奪い、サムライ集団同士の権力闘争を勝ち抜いた徳川家が幕府を建てた。

これに対して、中国では首都さえ取れば、天命を受けた皇帝になる。皇帝は漢人でも、モンゴル人でも満州人でもよい。京都を取って天皇家になり代われば、日本全体が平伏するようなものである。しかしながら、この仕組みでは、中央の権力が形骸化して地方で戦乱が続くと、日本の平安時代末期と同様に、自然と土豪の自衛軍団が立ち上がるのである。

それは清末も同じであった。白蓮教徒の乱、太平天国の乱等の宗教反乱に苦しめられた末期の清朝では、李鴻章、曽国藩等が地元で立ち上げた土豪軍が戦ったのである。清朝が崩壊すれば、これら土豪の軍隊が割拠するのは仕方のないことであった。

(6) 中国の主敵に据えられた日本

混乱する中国のなか、中国を引き裂いた欧州列強ではなく、日本が中国の主敵としての地位を占めはじめた。第一次世界大戦の最中に、対華21カ条の要求を出して、帝国主義の真似事をはじめた日本であったが、民族意識の高まりつつあるアジアで、欧州列強の帝国主義を真似たのは決して賢明ではなかった。

決定的だったのは、1930年、関東軍の暴走で始まった満州事変である。塘沽(タンクー)協定で一応の停戦を見たものの、1937年には日中戦争が火を噴く。知将の蔣介石は、欧米のプチ植民地であった上海を戦場に選び、ドイツの技術で要塞化したうえで満を持して日本軍との対決に臨んだ。小規模な海軍陸戦隊が守備していた日本租界は、ひとたまりもなかった。関東軍はソ連への備えで動けず、日本は新兵を組織して急ごしらえの上海派遣軍を投入した。上海戦は激戦であった。

蔣介石は、上海になだれ込んだ日本軍を横暴な侵略者に仕立て上げて、残虐なイメージを世界中に流布した。上海で瀟洒な租界生活を楽しんでいた欧米人は、いきなり上海で日中間の戦闘に巻き込まれた。蔣介石の宣伝戦は優秀で、口下手な帝国陸軍を圧倒した。日本のイメージは劇的に悪化した。しかし、世界軍事史上初の帝国海軍の渡海爆撃が奏功し、蔣介石軍は潰走した。そのまま日本軍は東京の指示を待たずに一気に首都南京を落としてしまう。こうして泥沼の日中戦争が始まった。日本人将兵は終戦までに、中国大陸で40万人が落命している。

この屈辱の大混乱を収拾し、中国をまばゆいばかりの一等国に仕立て上げたのが中国共産党であるという「歴史」が、中国では繰り返し子どもたちに教え込まれる。屈辱の度合いが大きいほど、中国共産党の栄光が輝く。ここに屈辱の19世紀、20世紀前半に被った日米欧の仕打ちに対する雪辱を果たすという歴史的復讐主義が混ざり込む。それがさらに膨れ上がるナショナリズムと混ざるとき、「西洋人は、王道を踏みにじり、自らの秩序を力でつくった。今度こそ、自分たちが現状を一方的に変更してよいのだ」という誤った大国主義に冒される。

近代的ナショナリズムは、健全な愛国主義の次元を超えると猛毒となる。特に、工業化初期、国民国家形成期に、欧州列強に圧迫された屈辱の思い出と、その反動としての過剰なナショナリズムを国民教育に注入すると、子どもたちの近代的アイデンティティに憎悪と怨恨を刷り込むことになる。そこから、西洋人が力でアジアに押し付けた世界秩序への復讐主義が芽生える。自分の手で自分が主宰する影響圏をつくりたいと思うようになる。それは、1930年代の日本が経験したことである。

(7) 驕りと自信過剰

21世紀に入って、中国は変わった。特に、2008年のリーマン・ショックで、日欧米の経済が不況の底に沈んだとき、中国は、4兆元（60兆円）の大規模な財政出動によって世界経済を牽引した。ブッシュ米大統領は、苦境に苦しむG8首脳会合（日米英仏独伊加露）に見切りをつけて、G20首脳会合を開催した。主役は中国であった。中国の自尊心は膨れ上がった。

ちょうど、1970年代に、2度の石油ショックに沈んだ世界経済を救うために、日本や西ドイツがもてはやされて世界経済を牽引したころの日本に似ている。

敗戦国として、戦後、国際社会の日陰で生きてきた日本は、西ドイツとともに、G7という国際政治の表舞台に復活した。ブレジンスキー米大統領安全保障補佐官が核兵器も強大な軍隊も持たない日本を「ひよわな花」と揶揄していたにもかかわらず、日本人は、経済大国という夜郎自大の自己イメージに陶酔した。経済（だけの）大国という歪んだ自尊心は、1980年代のバブル経済で、醜いほどに膨れ上がった。

同じ驕りが中国に出てきた。中国高官から「これまでの中国と思うなよ」という本音が小声で聞こえるようになった。「本来、中国は、日本と同列に扱われるような国ではないのだ」「本来、中国は、西側諸国から上から目線であれこれ指導をうけるような国ではないのだ」という抑えつけていた感情が、膨れ上がりはじめた。

それを笑うことはできない。それは、工業化の初期に国力が急速に膨れ上がり、新しい近代的なナショナリズムが噴き出す過程で、誰もが経験する一種の自信過剰、自己愛、あるいは、青年期の自己主張のようなものである。それが、伝統的な愛国心とは異なる、近代的ナショナリズムといわれるものの正体である。

(8) 必要とされたアイデンティティの核

工業化の初期、近代化の過程で、国家は巨大化し、大きく変質する。国民が国家という抽象体への帰属意識を持つようになる。そして新しいアイデンティティを求める。それは古代にさかのぼって民族の誇りを鼓舞するものでなくてはならない。この初期段階を通り過ぎると、国のアイデンティティもまた、国民がコンセンサスとしてつくりだすものであり、個々人の良心に従った判断が社会のなかで積み上げられて、自分の国のイメージができあがっていくということに気づく。アイデンティティが成熟し、国際社会のなかで、他国、他文明と相対的になり、多様性の価値に気づく。

しかし、近代国家形成の初期に当たっては、指導者がそのイメージをつくりだし、国民教育や報道を通じて、急激に国民をまとめようとすることが多い。「自分たちは優秀な民族だ」という根拠のない優越感と差別意識が顔を出す。急激な工業化の過程で伝統的な社会が壊れると、自分が誰だか分からなくなった国民の方が、それを欲する面もある。

今、「共産主義的中国人」というアイデンティティの創出に失敗した中国共産党がつくりだそうとしている自己イメージは、漢民族を中心とした「中華五千年の栄光」という大帝国のイメージである。それは、明治の日本人が皇紀二千六百年を唱え、天皇家の古代神話を近代に持ち出して、急激に大日本帝国臣民のアイデンティティをつくりだしたのと同じ営為である。

もとより、中華五千年も、皇紀二千六百年も、歴史の実証に耐えられる代物ではない。しかし、近代国家が生み出す近代的「国民」がまとまっていくうえで、古くて、しかも、新しいアイデンティティの核が必要なのである。それは歴史から掘り出されたものではない。近代国家創成期に人工的につくりだされるものなのである。

(9) ナショナリズムという虎を乗りこなせるか

工業化によって急速に国力が増大すると、ナショナリズムは一時的な陶酔現象を生むことがある。猫にマタタビ、初期工業国家にナショナリズムである。往々にして、それは拡張主義的、一方的な力による現状変更の欲求と結びつく。特に、屈辱の歴史を下敷きにしている国では、指導者がよほど注意をしないと、ナショナリズムが猛り狂う。戦争が国民を熱狂させる。

残念ながら、ナショナリズムを鼓舞することは、ポピュリスト政治家の常道である。また、独裁者はしばしば外敵をつくりだし対外的な脅威をあおる。世間と妥協して生きている大人の生活と同様、国際社会では、主権国家が外交を通じて他国と妥協することによって平和な秩序が維持されている。そういう大人の考え方は、勃興するナショナリズムに陶酔する国民には受けが悪い。ナショナリズムを鼓舞する方が、統治には有利であり容易なのである。

しかし、ナショナリズムは虎と同じで、その背にいったん乗ったら降りられない。降りれば、自分が虎に食われる。こうして国を誤った指導者は数知れない。ドイツのアドルフ・ヒトラーは、その典型である。

現在の中国の愛国主義は、典型的な近代的ナショナリズムである。鄧小平以来、それは共産党の統治の道具となり果てた。鄧小平は、その虎の背に乗った。虎は成長し猛虎となった。果たして習近平は、この虎を乗りこなせるのだろうか。

習近平主席のスタイルは独裁的、強権的であり、国内外に敵をつくりすぎた。もはや、退任すると言えば一気に政局は流動化し、共産党内部で激しい権力闘争が起きるであろう。習近平は、自らを脅かすナンバー2をつくらず、自分の任期を無期限とした。自分の地位を守るためには、権力に固執せざるを得ない。

しかし、習近平も不死身ではない。いつの日か、権力を譲る日が来る。国家は半永久的でも、権力は必ず倒れる。人は老いる。権力者とは、コマのようなものである。初めは勢いよく回っていても必ず倒れる。それを否定すれば、ますます、強権的にならざるを得なくなる。

昭和前期の日本では、実際には戦争を知らない軍人が、国力の伸長に酔った。戦前の日本にも外務省や経済界に、国際協調派は数多くいたが、その声はどんどん小さくなっていった。明治天皇も昭和天皇も、皇室を危殆に瀕するような戦争はお嫌いだった。日露戦争に従軍した軍人たちも戦争に慎重だった。

血と硝煙の匂いのする日清戦争、日露戦争の経験者が退役した後、国力増進に酔い、ナショナリズムに酔った軍人の暴走で、大日本帝国は道を踏み外した。習近平の後の中国が、大日本帝国のようにならないことを願う。

中国は、すぐには国際的な協調路線に戻らないであろう。もしそうであるとすれば、私たち自由主義陣営には、中国がピークアウトする今世紀中葉まで、いかにして中国と向き合い、中国との関係を安定させるかという大戦略を考えなければならない。

（10）中国が求める秩序とは何か

今、習近平主席の下で、中国は、西側を去りつつある。私たち西側諸国の中国関与政策は、うまくいかなかった。習近平は、共産革命、文化大革命、毛沢東教育の落し子である。習近平は毛沢東時代、鄧小平時代の中国しか知らない。仁政を旨とした典雅な近世以前の王朝貴族政治も、20世紀にくっきりと地球的規模で姿を現した自由主義的国際秩序も知らない。

習近平主席の世代は、悲惨なことに、毛沢東の文化大革命によってほぼ10年にわたり高等教育の機会を奪われた世代である。濃厚なイデオロギーを吹き込む教条的な共産党による初等中等教育のなかで、自分たちのアイデンティティを形づくってきた世代である。彼らは、個人の良心にもとづくルールの形成、コンセンサスの形成こそが、社会秩序形成の原点であるという自由主義の神髄を知らない。

そういう意味では、習近平は毛沢東に似ている。外国に長期間留学して、自由社会の息吹を肺の奥まで吸い込んだ経験がない。どうして個人主義の横溢するちゃらんぽらんな自由社会が長い命脈を保ち、国民を幸福にし、国民の信頼を勝ち得ているのか、おそらくまったく理解できないであろう。

習近平は、権力を握ったとき、自分は中国のゴルバチョフにはならないと言ったといわれている。ソ連に「新思考（自由主義的思想）」を吹き込んで、結果としてソ連をはじめとして世界の共産党独裁体制を数多く壊滅させ、人々を自由に向けて解き放った偉人として世界史に名を遺したゴルバチョフ・ソ連共産党書記長は、習近平にとってはただの駄目男に見えるようである。

習近平の中国は、電子監視技術を駆使し、共産中国の統治手段を徹底した中国になる。そして、対外的には自らの秩序と勢力の拡大を求め続ける中国になる。

今の中国は、明治日本の「富国強兵」、昭和日本の「先進国に追いつけ追い越せ」の段階にある。しかし、その後に何を目指すのかが明らかではない。一つ明らかなことは、少なくとも今の中国は、自由主義社会の責任ある一員となろうとは考えていないことである。

習近平外交のスローガンである「運命共同体」も何のことか分からない。欧米人からアジアを取り戻し、自分がそのリーダーになるというだけなら、日本の戦前の「八紘一宇」と変わるところはない。誰もついて行かないであろう。

自由主義は、西欧啓蒙思想に淵源するが、それは中国では古来「王道」と呼ばれてきた政治の理想と普遍的に通底する思想である。孟子は、権力は目的ではなく、民の幸福のための道具にすぎないと喝破し、孔子は、民の信を得る仁政こそが政治の至高の価値であると教えた。

しかし、中国共産党は、祖法というべき王道思想を捨てて、無神論のマルクス・レーニン主義を選んだ。それは、社会格差是正のために暴力を是認する全体主義思想であり、資本家と労働者で社会を分断し、資本家階層を暴力で破壊し、労働者を代表する共産党が独裁を樹立するべきだと主張する異端の思想であった。中国共産党は、人類史に輝き続ける父祖の孔子を否定し、20世紀末には廃れてしまう共産主義思想をもって12億の民を「精神改造」することを選んだ。

しかし、天安門事件後、鄧小平の時代に、中国は、冷戦の終了と共産圏の瓦解を目の当たりにして、本来の共産主義思想を捨てた。今、勃興する中国に出てきているのは、古来の中国の世界観である。

残念ながら、そこには孔子、孟子の王道思想はない。日本の「八紘一宇」に似た中国を中心とするアジアの秩序への憧憬が、そのままアジア新秩序として未来に投射される。それは、欧米人を追い越した中国人がつくりだす新宇宙である。そこでは、中国の朱子学に伝統的に見られる中国の道徳的優越にもとづく、中国を頂点とする垂直的な朝貢秩序が前提とされている。

(11) 中国人の世界観

中国人の世界観は、荒っぽくたとえれば、ビザンチン帝国のそれに似ている。

キリスト教を正教としたビザンチン帝国では、皇帝は神の代理人であった。西欧では、王権神授説がカトリック教皇の法権の凋落に伴い、ただのフィクションとして廃れていくが、ビザンチン帝国ではそうではない。皇帝は最後まで神の代理人であった。

皇帝が神の代理人であれば、地球も、万物も、宇宙も皇帝の物である。したがって国境という概念はない。神の愛が及ばない化外の民がいるだけである。自らの教化が及ぶ人間のいるところは、すべからく自らの版図である。

近代以前の中国人の考え方も同じである。中国人が世界を天下と呼ぶのは、天の下にある物はすべて、天から命を受けた中国皇帝の物だからである。中国は、有史以来常に匈奴、五胡、契丹、遼、元、金、清という北方騎馬民族の武威に悩まされ続けてきた。朱子学は、儒学の本家である中国の道徳的優越性を論証することによって、中国による世界支配の正統性と北方騎馬民族に対する優越性を学問的に固定した。

実際、中国は、自らがアジアの序列のなかで最高位にあることに常に執着した。それは徳川家のような武威による支配ではなく、王朝貴族らしい形式的な序列の問題であった。何を与えてもよいから、中国皇帝を父であり、兄と呼べというのが、中国歴代王朝の伝統的な外交方針であった。だから美女、王昭君が匈奴に与えられたのである。

中国の世界観は、儒教最高の徳である仁を体現する中国皇帝が、皇帝の徳を慕って帰順した周囲の蛮族を諸侯として封じ、朝貢を求めるというものである。皇帝は漢民族でなくてもよい。モンゴル族の元でもよいし、満州族の清でもよい。すべからく中国の皇帝は、朝貢システムの頂点に立つ。朝貢国の方は、「三跪九叩頭拝」という三回跪いて九回土下座する儀式を強要される。

17世紀に大清帝国に交易を求めてやってきた英国のマッカートニー使節は、三跪九叩頭拝を拒絶した。日本も正式な朝貢をしたことがない。貿易だけのために中国に来る国は、「互市」と呼ばれ、「朝貢国」のさらに外側に住む化外の民として扱われた。日本と欧米諸国である。

逆に、朝鮮は、紫禁城のなかにおける自らの序列を国家のアイデンティティとした高位の朝貢国家であった。中国が目指す中華秩序とは、この朱子学的な中国中心の縦型秩序、垂直秩序である。この世界観は、今、私たちが支えようとしているフラットで自由主義的な国際秩序とは真逆の異質なものである。

ちなみに、19世紀後半、大清帝国の衰退の後、西欧列強は中国皇帝に謁見する機会を得た。清の宮廷は、西欧列強に三跪九叩頭拝を強制することを諦めた。西欧諸国の使節は、5度頭を下げただけだった。ところが日本の副島種臣外務卿は、3度しか頭を下げなかった。明治日本の宮中では、天皇陛下へのお辞儀は3回と決まっていたからだという。

なお、13世紀以降、欧州と分断されてモンゴル支配下に入ったロシアのリューリック朝は、モンゴル帝国の正式な朝貢国家となった。キプチャック汗国の首都サライで、あるいは、モンゴル帝国の首都カラコルムで、ロシア人は三跪九叩頭拝を強要されていたのだろうか。

2　中国への関与は可能か

(1) 対米持久戦の覚悟をする中国

2020年7月、ポンペオ米国務長官は、ロサンジェルス郊外のニクソン大統領顕彰館で対中政策を大きく転換する演説を行った。中国を西側に引き込んだニクソン大統領の記念館で、米国の対中関与政策は失敗したとぶち上げたのである。

底流はあった。2000年を越えたころ、既にペンタゴンの奥深く、万巻の書物に埋もれた天才戦略家、アンドリュー・マーシャル・ネットアセスメント部長は、中国の研究に没頭していた。

マーシャル部長は、20世紀後半を代表する米国の戦略家である。誰の話でも可能な限り幅広く聞こうという貪欲な知的好奇心の持ち主で、筆者も2000年代中頃の在ワシントン日本大使館政務公使時代に、何度か執務室に招かれた。とりとめもなく中国の話をする筆者に、マーシャル部長は、にこにこしながら聞き入っておられた。懐かしい思い出である。今では誰もが耳にしたことのある「真珠の首飾り」(中国のインド太平洋における海軍拠点づくり)は、ネットアセスメント部の人たちが、当時、既に言い始めていた表現である。

しかし対中懸念を深めるペンタゴンの外側では、ホワイトハウスも、ゼーリック国務副長官がアジア外交を取り仕切る国務省も、強大化する中国に随分と気を使いはじめていた。また、中国の急成長に目がくらんだ米経済界が中国との蜜月を謳歌していた。それは米国だけではない。日本も欧州諸国も同様である。

特に、ドイツは、NATOの枠内でしか軍事活動が事実上できない憲法体制となっており、アフガニスタン以東には経済的関心しかなかった。フォルクスワーゲン社をはじめとして、ドイツ企業は対中投資に余念がなかった。国力の接近した日中両国の関係はきしみ始め、小泉総理と江沢民主席は犬猿の仲となるが、米国側は、「日本が中国を歴史問題で刺激したからだろう」と、にべもなかった。

米国の風向きが変わり、「潮目が変わった（sea change）」と言われはじめたのは、オバマ政権の末期である。それまで親中派の要だった米国の経済界が、中国の知的財産の侵害や不公正な競争に不平を鳴らしはじめたからである。米経済界が対中強硬路線に傾くと、米国の対中政策の秤は大きく振れる。

中国との関係維持に腐心する米経済界と、対中強硬派のペンタゴン、人権活動家、労働組合が綱引きをしてバランスを取っていたのが、米国の対中政策である。経済界が中国に対して態度を硬化させると、中国を代弁する勢力が米国内で著しく小さくなった。続くトランプ大統領は、国家安全保障の観点から中国との技術覇権競争への勝利を明確な政策目標に掲げた。

これに対し、中国人は、燃えるような愛国心に火がついた。習近平の中国は、毛沢東が日本の帝国陸軍を相手にするかの如く、じっくりと腰を据えて対米持久戦争への備えに入ったように見える。

（2）関与政策の出口——中国はいつか民主化するのか

中国は、このまま西側と対峙し続けるであろうか。それとも価値観を異にしたまま、西側と共存を図ろうとするであろうか。最終的に、中国の民主化は可能なのだろうか。

18世紀の英国における産業革命は、米国の独立革命戦争、フランス革命と同時期であり、欧米諸国の近代化と工業化は、欧州大陸における自由主義思想や共和政の伝播と同時期であった。初期資本主義の社会格差覚醒を原因として、20世紀の初頭には自由主義が廃れて共産主義やナチズムのような全体主義が横溢するが、ナチズムは第二次世界大戦で敗れ、20世紀末には共産主義のソ連が倒れた。その間、多くのアジア、アフリカの植民地が独立し、やがて次々と民主化した。結局、世界を呑み込んでいったのは、共産主義によって歴史の彼方に追いやられたと思われた古典的な自由主義思想であった。

産業革命から200年の間に見えてきた社会事象は、近代化と工業化は、共同体を活性化させ、経済を巨大化させ、その結果として人々は国家に帰属意識を持ち忠誠を誓う近代的「国民」となるということである。そして物を言う中間層が太くなってくると、「国民」はやがて必ず民主化を求めるということである。このプロセスが完遂するには、ほぼ1世紀かかる。

日本も、とりあえず19世紀の末に帝国議会を開けてはみたものの、議会制度を主権者たる国民が自家薬籠中の物として使えるようになるまでに100年以上かかっている。明治以来、政党弾圧、全体主義の浸透、軍部の政治化、政党の大政翼賛化、戦後は、官僚の専横、金権腐敗政治等、様々な紆余曲折はあったが、ようやく日本民主主義は、平成デモクラシー、令和デモクラシーと呼びうるようなダイナミックな議会政治の時代を迎えつつある。民意が反映される国政が実現しつつある。残る課題は、議会の政策形成能力の活性化である。

1949年に濃厚なイデオロギー色の漂う共産主義独裁国家を立ち上げた中国は、まだ、民主化までの長い長い道のりの入り口にいる。

独裁色の強い習近平の後の指導者が、同じ独裁タイプであると決めてかかる必要はない。国内に数多くの敵をつくりだし、国際社会の大宗を敵に回した習近平は、次の指導者にとって反面教師となるかもしれない。習近平とは逆のタイプの国際協調派の指導者が出てくることもあり得る。しかし、燃え上がる愛国主義と夜郎自大気味の大国主義に冒された中国を指導するのは、難しいであろう。これから私たちは、気難しい巨体の隣人と向き合うことになる。

今の中国は、昭和前期の日本を彷彿とさせる。成熟した国民は必ず民主化する。問題は、そのためには時間が必要であり、民主化以前に大きく道を踏み外して、対外的な冒険主義に出たりするかもしれないということである。西側諸国は団結して、百年の計を持って中国に備えねばならない。

(3) 中国の弱点①――人口減少、社会格差、ゾンビ企業

もとより中国は、無敵のジャガーノート（止めることのできない巨大な力）ではない。すべての工業国家、国民国家がそうであるように、やがてピークアウトする。都市化が進み、都市人口が増えると、出生率は低下する。国際経済競争で、中国の強みであった優秀で廉価な労働力を支えてきたのは、人口である。その人口もピークアウトしつつある。

中国専門家の津上俊哉氏によれば、高齢化と少子化に苦しむ日本との時差は15年程度にすぎない。2020年時点で日本の平均年齢は49歳、中国は39歳であ

る。インドの29歳に比べると東アジアの高齢化が早いことが分かる。米国の平均年齢は39歳であるが、年間100万人の移民を受け入れる独特の人口動態を持っており、通常の工業国家とは比べられない。

また、先に共産化し、その後、経済開放に舵を切って工業化した中国は、共産主義体制の下で、富の格差や金権腐敗という資本主義社会の矛盾を抱えこんだ皮肉な「特色ある社会主義体制」となった。

初期資本主義の最大の弱点は、富の偏在と貧富の差の固定である。中国は、今、皮肉なことに初期資本主義の矛盾に苦しみ始めている。同じく津上俊哉氏によれば、中国の富は、一部の党官僚、政府官僚に偏在しており、中国人が保有する4,550万の銀行口座のうち、68%は10万元（150万円）以下の預金残高しかないが、10億元（150億円）以上の預金残高を持つ自然人が4,300人、法人が9,800社あり、その銀行口座だけで中国の総資産の3分の2を占める。

中国には民主的な議会がない。議会を通じて税制や社会給付を調整して富の偏在を解消する手段がない。赤いブルジョワ貴族が山を覆う虫の群れのようにして党や政府にむらがり、甘い汁を吸っているのが、今の中国である。中国官僚社会は、骨の髄までしみ込んだ汚職という数千年の宿痾から抜け出すことができていない。

さらに、共産党一党独裁の中国では、国有企業に市場原理が働かない。特に、地方では地方政府が潰せないゾンビ企業が多い。仕方なく地方政府が債務を保証すれば、ゾンビ企業は生き残る。しかし、ゾンビ企業は、やがて経済全体の生産性の足を引っ張ることになる。同時に、ゾンビ企業の延命に資金をつぎ込む地方政府の債務は膨れ上がる。債務保証を無限に行うことはできない。国や地方政府の信用にも、いつかは限界が来る。

(4) 中国の弱点②——少数民族と中国人というアイデンティティ

中国の抱えるもう一つの大きな弱点は、少数民族問題である。多民族国家である中国が「国民国家」になれるかという問題である。毛沢東は、第二次世界大戦終了間際、ソ連の意向をうかがいつつ、清朝版図にあった朝貢国を征服して回った。新疆、チベット、内蒙古等である。

彼らは満州族とともに大清帝国の皇帝を頂いた民族であり、大清帝国が滅べば、独自の民族自決権を行使して漢民族の下を去っても何ら不思議ではなかった。しかし、実際は、中国とソ連の影響圏画定作業および中国共産党による革命事業の拡大のなかで、民族自決権も、個人の尊厳も否定されて、共産主義独裁体制のなかに次々と呑み込まれていった。毛沢東は、近代以前の朝貢国家を、中華人民共和国という近代国家、共産国家の枠組みに押し込んだのである。

問題は、近代国家は国民国家であるということである。国民は、新しい近代的アイデンティティを求める。毛沢東は、過激で狭隘な共産党イデオロギーという強権によって寄せ集めた少数民族に、「共産中国の国民」というプラスチック製のアイデンティティを押し付けた。徹底した思想教育によって中国人は、「共産党的人間」に思想的に「改造」されていった。

民族の統合に血脈は必要ない。血の神話はフィクションにすぎない。一緒に住み、愛し合った時間によって一つの家族が成立するように、国民国家形成には、短くてもよいから共通の歴史と共通の価値観があればよい。

たとえば米国は、歴史の短い雑多な移民の国である。しかし、米国憲法と星条旗に忠誠を誓う米国人のアイデンティティは確固としている。多くのアジアやアフリカの植民地で、欧州の宗主国が現地の諸部族間の境界を無視して勝手に引いた国境のなかで、20世紀後半に独立を果たした新興諸国は、ゆっくりと部族意識を超えた国民国家意識を育みつつある。

逆に、共産主義イデオロギーの下で他民族を統合していたソ連やユーゴスラビアは、冷戦の崩壊と共産主義イデオロギーの退潮とともに、少数民族の分離独立が起きた。洗脳された機械のような「共産主義的人間（アパルチク）」は、国民国家統合のためのアイデンティティの核にはなれなかったのである。

アイデンティティの核には、人間の良心が据わる。そこには理性の輝きがあり、宗教的覚醒への入り口がある。そこを塞いだ無神論の全体主義思想は、必ず立ち枯れる。共産主義的人間は、国民国家のアイデンティティにはなれなかった。

今、中国は、共産主義的人間に代えて、「中華五千年の栄華」という漢民族の神話をアイデンティティの核に据えつつある。しかしそれは漢民族の栄華にすぎず、多くの少数民族には違和感がある。そもそも中国王朝の多くは、北方騎馬民族の征服王朝である。純正漢民族王朝といえば、漢、宋、明くらいのものであろう。

中国の本当の姿は、黄河、揚子江の河畔に花開いた優雅な文明の中心に座った漢民族に、周囲の諸民族、特に、ユーラシア大陸を東西にまたいで移動する騎馬民族がひっきりなしになだれ込み、元や清のように中国を支配し、インド文明やペルシア文明とつながり、世界的に花開いた大文明である。

漢民族による「中国」民族国家が3000年も続いていたわけではない。そもそも「中国」という名の王朝があったわけではない。元も清も異民族支配の王朝であり、隋も唐も鮮卑の血を引くといわれる。現代中国人が誇りに思っている大唐帝国も純粋な漢民族の血脈を継いでいるかといえば大いに疑問が残るのである。

1億の少数民族を数える中国で、漢民族の文化だけを押し付けて新しい「中国人」をつくろうとすれば、失敗することは目に見えている。今も、モンゴルやウィグルやチベットでは、伝統文化の抹消が始まっている。日本の植民地時代の皇民化政策と同様、強権的な民族アイデンティティの置き換えは、かえって少数民族の民族意識を高めるだけであろう。

3　西側の対中大関与戦略

(1) 台頭する中国との戦略的安定

中国はゆっくりと国力のピークに向かって進んでいる。中国の経済規模は世界経済の約16%である。米国（24%）と欧州連合（19%）と日本（6%弱）にインド（3.2%）、さらにはASEAN（3%）を加えれば、その経済規模は優に世界経済の半分を超える（『世界国勢図会2020/2021』より）。

中国は米国経済の規模に迫り続けるであろうが、西側全体の経済規模に追いつくことはあり得ないであろう。それは、中国の覇権が地域的なレベルにとどまり、地球的規模のものとなることはないことを意味する。したがって、西側諸国が団結すれば、対中関与は依然として可能である。

関与は懇願ではない。日本の国力は既に中国よりもはるかに小さい。世界第3位の経済大国といっても、その規模は中国の3分の1にすぎない。大国となった中国は、格下の日本の言うことは聞かない。媚びを売り懇願することが関与なのではない。関与とは、対等な立場からの説得である。

関与は、上から目線の教育でもない。ポンペオ米国務長官は、対中関与政策が失敗したと述べたが、それは米国がかわいい中国という名の少年を教化し、教育し、自分のようになるように育て上げるという意味での関与が失敗しただけである。

中国は、屈辱と混乱のなかから銃を持って建国した共産党の国である。鉄と血の大切さが骨身にしみている。上から目線の善意にほだされるほどヤワではない。上目遣いに米国を見ていた中国の心のなかには、「いつか見返してやる」という暗い情熱が燃えていたはずである。

関与のためには、戦略的安定が必要である。西側と中国の関係が安定すれば、最低限の信頼と、最低限の透明性と、利害の調整が可能となる。米中対立とは比べ物にならないほど厳しかった米ソ対立の時代でさえ、米ソ両国は核の均衡という安定化装置の上で、最低限の信頼と透明性を確保し、核軍縮を実現し、誤解にもとづく紛争の勃発を防いだ。中国と同じことができないはずはない。

西側が団結するには、米国のリーダーシップが不可欠である。明確な対中戦略を持たなかったオバマ大統領時代に比べ、トランプ大統領ははっきりとした強硬姿勢を打ち出した。しかし、それは激しい独り太鼓だった。トランプ大統領は、日本との関係こそ安倍総理のお蔭で良好だったが、大西洋をはさんだ欧州との関係は冷え込んだ。

欧州諸国は、ロシアこそが第一の脅威であり、ドイツに典型的に見られたように、中国を単に経済的なチャンスと見る傾向が強かった。欧州諸国の目をアジアに向けさせ、中国の動静に関心を持ってもらう必要がある。この点、今年(2020年)、ドイツがインド太平洋戦略を打ち出したことは、注目に値する。

実は米国も欧州諸国も、アジアのこと、中国のことをよく知らない。日本の助言とリーダーシップが必要である。

(2)「自由で開かれたインド太平洋構想(FOIP)」と「クアッド(Quad)」

激しく台頭する中国の関与という観点から重要なことは、まず第二次安倍政権下で打ち出された「自由で開かれたインド太平洋構想」の具現化である。

自由で開かれたインド太平洋構想は、冷戦初期のジョージ・ケナン国務省政策企画本部長の「X論文」のように今世紀前半の西側が目指す世界像を大胆に描いたものである。それは戦略的均衡のみならず、経済、貿易、価値観のレベルにまたがる大戦略で、日本、米国、ASEAN、豪州、インド、さらには、アフリカ東岸、中南米西岸にまたがって、自由主義的な国際秩序を守り育てることを目的としている。この構想は、米国をはじめ多くの国々の賛同を得た。日本が、世界史的なレベルで大戦略を描いたのは、これが初めてである。

自由で開かれたインド太平洋構想を内心不愉快に思っているのは、中国とロシアである。中国は、自由主義的な価値観を共有できず、反中包囲網だと誤解している。しかし、自由で開かれたインド太平洋構想は、いつの日か中国が民主化して参加することを期待する包摂的な構想であり、また、中国が共産主義体制を続けようと続けまいと、アジアにおいて自由主義国際秩序は成熟していくのである。

ロシアは、盟友のインドがロシア離れを起こすのではないかと危惧している。しかし、インドがロシアに接近したのは、米中接近の反動である。米中関係がきしめば、インドが米国との間合いを詰めてくるのは当然である。それはロシアには止められない。

自由で開かれたインド太平洋構想を推進するに当たっては、これまでアジアにおける多国間外交の要となって、域内の対話を積極的に推進してきたASEANが王冠の宝玉として座る。ASEANが国の大きさや、民族や、宗教や、人種や、政治経済体制の相違にかかわらず、主権平等の原則の下で、市場経済を推進し、相互の寛容と尊敬を軸に東南アジアをまとめてきた歴史は重い。自由で開かれたインド太平洋構想は、それをさらに拡大しようというものである。

その石垣、足腰になるのが、クアッド（Quad、四大国：日米豪印）である。クアッドの戦略的枠組みは、第一次安倍政権時に打ち出されたものであるが、当時は幅広い理解と支持が得られず、第二次安倍政権によって、ようやく米国、豪州、インドの了解を得て花開いた。クアッドは、英仏独や韓国、インドネシア、タイ、フィリピン、ベトナム等にも広がりを見せるとよいのだが、未だその段階には至っていない。

アジア太平洋地域の戦略的均衡を語るとき、自由で開かれたインド太平洋構想の脊椎となる日米同盟に加えて、南太平洋に位置する米国の同盟国である豪州がまず取り上げられる。豪州は、面積では米国に匹敵するが、人口は2,500万強である。GDI（名目）は1兆4,000億ドル強で、世界第13位ないし第14位を占める。

広大な国土は、鉱物資源に恵まれ、ウラン、銅鉱石、ボーキサイト、コバルト、ダイヤモンド、石膏、鉄鉱石、鉛、亜鉛、ニッケル、パラジウム、レアアース、銀等の生産量では、常に世界ランキングの上位に位置する。また、石油の生産量はそれほどでもないが、石炭、天然ガスが豊富である。畜産も盛んである。

そして、豪州は、20世紀初頭の建国以来、すべての米国の戦争に参戦してきた最も忠実な米国の同盟国である。小兵ではあるが、米軍との統合は自衛隊よりも進んでおり、仮に極東で有事があれば、米国の一番槍として駆けつけるであろう直参旗本のような国である。

日米同盟、米豪同盟に、将来の超大国であるインドが加わってクアッドとなる。インドの人口（13億8,000万人、『世界国際図会2020/2021』より）は、既に中国（14億3,900万人、同上）の規模に迫り、GNP（名目、IMF統計、2018年）で2兆7,000億ドルと日本の半分を超える世界第7位の経済大国である。平均年齢は29歳未満で、世界一の高齢国日本の49歳はもとより、40歳弱の米中露より10歳も若い（国連統計、5年平均の直近値）。軍事費は、購買力平価ベースで660億ドルであり、米中およびサウジアラビアに次いで4位である（SIPRI統計、2018年）。

地球的規模の産業革命は、中国の工業化で終わるのではない。続いてインドが工業化し、その巨体が離陸する。規模の大きな中国とインドは、19世紀の第一陣の工業国家群には入れなかったが、工業化の波は、英国に2世紀遅れて中印両国に届いた。21世紀初頭に中国が巨竜となり天に翔け上がった後、今世紀中葉には、巨象のインドが巨軀を震わせて立ち上がるのである。

地球的規模のパワーバランスを考えれば、サイズからして、米中両超大国のバランスを変える大きさを持ち得るのはインドだけである。

今世紀中葉の地球的規模のパワーバランスは、米中印の3横綱の後に、日欧露、ブラジル、メキシコ、さらにはインドネシアなどASEAN内の諸大国や豪州、カナダが並ぶというラインナップとなるであろう。

インドは、ガンディー、ネルーの建てた生まれながらにしての民主主義国家である。いまだに非同盟の哲学に引きずられがちなインドの好意を獲得し、インドとともにインド太平洋地域の自由主義圏を支えていくことが、日米同盟にとって戦略的要請である。

モディ印首相は、明らかに戦略的重心を、これまでの非同盟、親ロシア路線から、親日へ、そして親米へとゆっくりと舵を切り直している。インドの路線変更の隠れた要因は、中国の台頭である。中国はネルー時代にインドを侵略し、いまだに中印国境を侵している。また中国は伝統的な遠交近攻外交を実践して、インドの宿敵であるパキスタンと親密な関係を築いている。インドの対中警戒感は深い。

かつて1970年代にキッシンジャー米大統領安全保障補佐官が画策したニクソン大統領訪中は、その結果、ソ連包囲網として、ワシントン、東京、ソウル、北京、イスラマバード（パキスタン）、リヤド（サウジアラビア）という枢軸を生んだ。それは、中国およびパキスタンと反目するインドをソ連側に追いやった。

自由主義圏のリーダーである米国が、20世紀最大の独裁者の一人である毛沢東の中国と手を組み、偉大な聖人であり自由主義者であったガンディーのつくったインドを共産圏のボスであるソ連側に追いやったのである。キッシンジャー博士が実現したデタント時代の勢力均衡は、没価値的で冷酷な欧州型権力政治の延長であり、米国流の自由主義的な思想的立場から見れば歪んだものだった。

米国外交は、ヒトラーと戦うためにスターリンと手を握り、ソ連と対峙するためにマオ（毛沢東）を抱きしめた。独裁者と戦うために、独裁者と握ったのである。しかし、自由主義的な国際秩序を構築するためには、ガンディーのつくったインドと手を握ることが自然である。インドの親西側路線を定着させることは、日本の国益であり、日米同盟の利益であり、自由主義社会の利益である。

インドには非同盟の伝統がある。また、私たちはあまり強く意識していなかったが、インドは中国とパキスタンを敵視しており、日米同盟が中国と蜜月の間、インドは日米両国を半ば敵側陣営とみなしていた。インドが、日米と軍事的な同盟関係に入ることは当分ないであろう。しかし、中国の台頭を前にして、インドとの戦略的連携は、物理学でいう反作用のようなものであって、インド太平洋地域に戦略的安定をもたらすための歴史的必然である。

なお、今世紀中葉以降は、今、人口10億を数え、平均年齢19歳のアフリカ大陸が大きな姿を現すであろう。

自由で開かれたインド太平洋構想は、この戦略的な骨組みの変化を、自由主義秩序という大きな法と道徳の繭で包み、自由貿易という毛細血管を張りめぐらせ、一つの大きな人類の共同体をつくりだす試みなのである。

（3）自由貿易と地域経済統合

自由で開かれたインド太平洋は、繁栄する自由主義圏でなくてはならない。そのためには、市場経済原理による地域経済統合を促進する必要がある。日本は第二次安倍政権の下で、牽引役であった米国が抜けた後の環太平洋パートナーシップ協定（CPTPPまたはTPP11）をまとめ上げた。日本、ニュージーランド、オーストラリア、シンガポール、ブルネイ、ベトナム、マレーシア、カナダ、ペルー、メキシコ、チリの11カ国が参加している。現在（2020年秋）、英国の参加も話題となっている。

強烈な反エリート主義で、アメリカ人の生活第一主義を掲げるトランプ主義者の影響力が内政上に強く残る米国がTPPに復帰することは、バイデン民主党新政権下でも難しいかもしれないが、TPP11は自由主義圏を中心とした環太平洋の海洋国家が多く、その戦略的重要性は自明である。米議会が、TPPの戦略性に気づいて批准を承認する方向に進めば、米国の復帰したTPP12は不可能ではない。

中国がTPPに関心を示しているが、共産党の統制下にある社会主義経済の下では、ハイレベルの自由主義経済を前提としたTPPに入ることは容易ではない。むしろ、中国は、政治的思惑から、TPPが中国包囲網とならないように牽制しようとしているのであろう。

また、第二次安倍政権は、日本と欧州連合の経済連携協定（日EU・EPA）をまとめ上げた。米国と並ぶ経済規模の欧州連合との経済連携協定の締結は、TPP11と並んで、日本が初めてつくりあげたメガ自由貿易圏である。2020年には、RCEP（地域包括的経済連携協定）もまとまった。

日本は、1985年のプラザ合意で円の価値が跳ね上がって以降、輸出国家から投資国家へと変貌を遂げた。今や、貿易収支は赤字であるが、海外にたくましく展開した日本企業からの送金で経常収支を黒字にする国に生まれ変わった。

日本にとって、世界市場が公正で自由で開かれたものであることが国益である。日本の対外直接投資は日本の資本と技術の移転を促し、ASEAN、中国、中南米等の途上国の経済発展に大きく貢献してきた。

また、日本は、世界インフラ市場を中国や韓国の建設会社に譲り、質の高いインフラの輸出に特化しつつある。日本のインフラ輸出の戦略は、地理的障害を克服して、地域の交通網、通信網を縦横斜めに結んで、人と物と情報の流通をマトリックス型に連結し、地域経済統合を進めるという哲学にもとづいている。市場経済を、地形の障害を越えて機能させようとしているのである。

これに対して、先にも述べたが、中国の一帯一路は、ロシアのパイプラインのように自国が中心となってヒトデ型に足を延ばし、二国間関係を束ねることによって寡占型の市場を形成しようとするものである。また、支払い能力超過の貸し込みや、その担保に99年契約で海軍基地化が可能な港湾を差し押さえるなど(たとえばスリランカのハンバントタ港)、地域経済統合とは別の意図を持った開発案件もある。

西側諸国としては、投資資金を渇望する途上国に対して関心を払い、中国以外の選択肢を積極的に提示することが求められている。

(4) 中国が民主化するまで続く関与政策——百年の根比べ

最後に、中国関与において、最も重要なことは、西側諸国が自由社会の強靭さを見せつけ続けることである。個人の良心にもとづいて、個人の尊厳の絶対的平等を尊重し、権力を国民意思実行の道具と弁えて、合意とコンセンサスによって社会のルールを形成する自由社会こそが、国民を幸せにできることを証明し続けていくことである。

中国は、国際社会が、強い国が弱い国の領土を奪い、主権を奪い、住民の尊厳を奪い、戦争もし放題であった19世紀的な弱肉強食の世界から、人間一人ひとりの尊厳に同じ価値が認められ、人と人の合意だけがルールをつくりだしていくという自由主義的な秩序に転換してきたことを理解していない。自由主義的な世界史観に共鳴しない。いまだに19世紀的な富国強兵、弱肉強食の発想から抜け出せていない。今日の自由主義的な国際秩序を、やがては自分たちも溶け込んでいく秩序だとは思っていない。西側から押し付けられた秩序だと思い込んでいる。

世界のなかで少数派であった共産主義国家として、自由主義社会に対する信頼がそう簡単に芽生えないのは理解できなくもない。習近平が言うように、ソ連崩壊の轍を踏んではいけないと真剣に考えている中国共産党員も多いであろう。

しかし、時間は中国の味方ではない。西側の味方である。なぜなら、私たちが共産化することは決してないけれども、いつの日か、たとえそれがいかに遠い将来であっても、王道政治の伝統を持ち、権力を冷笑する中国人が自由主義思想に共鳴し、民主化に向かうことはあり得るからである。

第12講
日本と韓国——アイデンティティのアジア政治

1　日本にとっての韓国の戦略的重要性

(1)　大陸との「陸橋」

日本にとっての韓国の戦略的重要性は明白である。韓国は、古来一衣帯水の半島で、かつ、大陸勢力であるロシアと中国と日本を結ぶ陸橋であり、歴史的にも、現在においても、日本にとって地政学的、戦略的要衝である。

日本は、海上に孤立した王国であり、漢民族と騎馬民族が攻防を繰り返す大陸の経営にはほとんど関心がなかった。栄光ある孤立を掲げた英国と同様に、あるいは、モンロー主義を掲げた若き米国と同様に、本能的に大陸諸国の権力闘争に巻き込まれるのを嫌がったのである。

朝鮮半島の歴代王朝や渤海は、たびたび日本に使者を派遣し、中国王朝や北方騎馬民族（契丹、遼、元、金等）とのバランスを取るために島国の日本を利用しようとした。渤海の親日ぶりはよく知られている。

7世紀の新羅の金春秋（武烈王）の訪日もよく知られている。冷淡な日本を見限った金春秋は、唐・新羅同盟を結んだ。その後、新羅は百済を滅ぼして朝鮮半島統一に向かうことになる。百済滅亡後、九州対岸に居座ったのは、唐の軍勢だった。

天智天皇は、九州対岸への唐勢力の伸長に焦燥したであろう。滅亡した百済復興のために、当時、日本に人質として来ていた百済義慈王の遺児豊璋を助けて対唐・新羅戦争を起こした（白村江の戦）。

万葉集に収録された多くの防人の悲歌が詠んでいる通り、天智天皇の半島出兵は、日本を疲弊させた。その後、近代まで、日本が積極的に朝鮮半島にかかわったのは、豊臣秀吉の朝鮮出兵だけである。

逆に、日本にとって朝鮮半島は、大陸勢力による至便な日本侵略用の陸路を形成しており、千年以上に及ぶ中国の朝鮮政策によって朝鮮半島が力の真空であったことは、中国の北方に強力な騎馬民族国家が出てくるたびに、日本に緊張を強いる結果となった。

実際、元のクビライは、鎌倉時代に2度にわたる元寇を引き起こした。この時、既に高麗朝は征服されて元の一部として組み込まれており、元朝の顕臣に上り詰めた高麗の忠烈王は、積極的に日本侵攻に加担したといわれている。李氏朝鮮自身も対馬の侵攻を試みている。応永の外寇である（1419年）。元寇の際も、朝鮮による対馬侵攻の際も、対馬防衛に死力を尽したのは、対馬を治めていた宗氏であった。

近代に入っても、日本にとって朝鮮半島の戦略的重要性は変わらない。朝鮮半島に、安定し、繁栄し、友好的な国が存在することは、日本の国益である。それが、ロシアの南下を恐れた明治政府以降、近代日本の朝鮮半島政策の原点であった。今日、自由主義的国際秩序を支える大国として、韓国が朝鮮半島の南側に存在することは、まことに幸運である。

（2）3つの戦略的価値

現在、韓国の戦略的価値はますます高い。その理由は明白である。

第一に経済力である。現在の韓国は、朝鮮戦争の荒廃で最貧国に転落した経済を見事に立て直し、今やG20の主要国として、ロシアの経済規模と並び、インド、ブラジルの経済規模より少し小さい程度の経済規模を誇り、分断国家というハンディを抱えながら、世界10大経済大国の地位を保っている。

1990年代後半のアジア通貨危機を乗り越え、強力に国内産業の統合（一産業一企業）を果たして、国内競争を止めさせて国際市場の制覇に特化させた。その産業戦略は奏功して、製造業では、家電、携帯電話で、日本を抜き、半導体の受注生産でも、台湾と中国とともに、かつての日本および米国の地位を奪っている。

第二に、軍事力である。韓国の軍事力は陸軍を中心に約60万である（『防衛白書』2020年版）。海軍、空軍の増強にも余念がない。しかも米国と同盟している近代的軍事力である。特に、徴兵制を持つ韓国の陸軍は、巨大な中国陸軍、ロシア陸軍、インド陸軍より、少し小ぶりではあるが、大陸軍であり、堂々たる陸軍国家である。わが15万の陸上自衛隊よりはるかに大きい。

韓国陸軍は、北朝鮮抑止のため戦略的柔軟性が低いとはいえ、ベトナム戦争に

「猛虎師団」として投入されていることも忘れてはならない。さらに、アフガニスタン派兵にも見られるように、韓国陸軍は、政治指導部が決断さえすれば（かつ、台湾有事のように中国と敵対しないのであれば）、米韓同盟の友誼のために一定の戦略的柔軟性を示すことも可能である。韓国は防衛産業も優秀であり、アジア有数の武器輸出国の地位に上りつめた。

第三に、民主主義である。韓国は、日本の敗戦と光復（独立回復）後、4・19民主化運動（1960年）の後に朴正熙大統領の下で長い独裁時代を経験するが、全斗煥大統領時代の悲惨な光州蜂起事件（80年）を経て、87年に民主化を実現した。アジアでは、1986年のフィリピンに次ぐ民主化である。冷戦後のアジアの民主化の波頭に立った国である。

このような韓国の総合国力を考えれば、韓国がいずれアジアのリーダーの一つとなることは間違いない。

（3）日本外交における韓国の重要性

ところで、日本外交の国益は、日本の安全と繁栄を維持し、現代日本が拠って立つ基本的人権と民主主義という普遍的な価値観を守り広めることである。その最大の課題は中国である。中国は、残念ながら、習近平政権の下で、今や民主主義は共産党独裁の敵であると明確に割り切っている。

また、中国は巨大化した国力を背景に、実力をもって一方的な現状変更をすることをいとわなくなった。さすがに米国には正面からぶつからないが、周辺の国々に対しては、グレーゾーンといわれる低烈度の紛争をいとわず、海上警察力や民兵を駆使して主権侵犯や他国が領有する島嶼を奪取しはじめた。日本の尖閣にまで押しかけてくるようになった。まるで19世紀的な棍棒外交に戻ったかのようである。

日本の戦略は、同じ戦略的利益と価値観を有する米国との同盟を基軸として、アジア太平洋地域の友邦、即ち、米国の同盟国である韓国および豪州、さらには、ASEAN諸国、インドとの戦略的連携を深め、かつ、隣国ロシアとの関係を改善していくことにある。そうすることで、中国と対等で安定した関係を築くことができる。このような日本の大戦略のなかで、その総合国力からして、韓国が有する重要性は改めて指摘するまでもない。

しかし、韓国を説得することは容易ではない。それはなぜだろうか。

2　韓国が克服すべき課題――外交における現実主義と戦略性

日本としては、韓国がアジアのリーダーの一国としてともに生き、ともに進む友邦となるように努力するべきである。そのように韓国が大国として成長し、自覚と責任感を持った外交を実践することを助けることが、日本の国益である。

中国とは、第一次安倍政権で、首脳レベルにおいて、日中間の「戦略的互恵関係」を確認し、アジアの平和と繁栄の実現が日中両国の責任であることを確認した。同じ米国の同盟国である韓国とは、なおさら、そのような戦略的関係を築いていかねばならないはずである。

しかし、韓国外交は、いまだ戦略的に成熟する途上にある。韓国の近現代外交の歴史は短い。日本から独立したのが1945年、冷戦後、国連に加入し、自由度の高い外交を展開しはじめてから、わずか30年である。日本統治の前は、日清戦争後の短い大韓帝国の独立時代（1897―1910年）を除いて、独立した外交と大規模な軍隊の保持が許されない中国の封土（自治領）であった。朝鮮王は、朝鮮の支配者であると同時に、紫禁城の高官だったのである。

朝鮮は、外交的、軍事的自由を享受するには北京に近すぎた。中国で王朝が交代するたびに、猜疑心の深い新中国王朝に対し、時には屈辱を忍んで忠誠を誓い、生存を確保してきた。

これに対し、元寇を押し返した日本は、中国の影響圏に入ったことがない。中国と正式な朝貢関係を結んだことがなく、欧州諸国と同様、「互市」の関係（貿易だけの関係）にとどまっていた。朝貢国家の臣下の礼である三跪九叩頭拝などしたこともない。また、戦前は欧州列強と厳しい帝国主義時代を何とか互角に渡り合い、戦後は冷戦期の後半以降、西側の一員として、様々な国際責任を果たすべく努力してきた。

韓国外交は、正に今、歴史上初めて、国際政治に大きな影響を与え得る責任ある大国の次元に達しようとしているのであり、克服するべき課題が多いことも事実である。

その特徴は、次のようなものである。

（1）克服すべき課題①——小国意識と絶対的無力感

第一に、心の内奥に潜む徹底した小国意識と絶望的な無力感である。筆者の友人の米国人外交官は「absolute and desperate sense of helplessness」と表現していた。それは、半島の民族として、剝き身の貝のように重武装と独立外交を禁じられたまま中国の歴代王朝に臣従させられ、しかも、しばしば中国北方の騎馬民族に蹂躙され続けてきた歴史に根差すものである。

韓国外交は、外国勢力の介入と運命に翻弄されることを、諦念を以て受け入れざるを得なかった恨（ハン）の外交である。

現在、韓国は、急速に大国化が進み、若い世代が自信をつけてきている。とはいえ、全体的には、いまだに「日米露中という四匹の鯨に囲まれた海老」という自己イメージが強く、自分たちが国際政治を能動的に主導できるとは考えていない。韓国には、「鯨が争うと海老は死ぬ（コレサウメ、セウトチンダ）」という韓国の地政学的な宿命を言い表すことわざがある。韓国の人々は、心のなかに「常に周りから踏まれ続けている」という強いストレスと被害者意識を膨らませている。

この誤った小国意識は、自国の国力を正確に認識し、大国間の権力体系のなかでの立ち位置を決め、自国の安全を確保すると同時に、国際社会全体の安定を図るというような戦略的なバランス感覚の成熟を妨げている。

実際には、韓国は、米国の西太平洋同盟網のなかで、日本に次ぐ国力を持つ。しかし、アジア太平洋地域の平和と繁栄に責任を持つというところまで、いまだ大国としての自覚が進んでいない。この辺りの政治感覚は、ちょうど、国際秩序の「フリーライダー」と揶揄され、ようやく自覚と責任感を持ってPKO等の国際貢献を語り始めた第一次湾岸戦争前後の日本に似ている。

（2）克服すべき課題②——事大主義外交

第二に、韓国独特の「事大主義外交」である。かつて盧武鉉大統領が、韓国をバランサーと呼んだが、それは、19世紀に栄光ある孤立を唱えた英国や、キッシンジャー博士と手を握った中国のように、「自らの立ち位置を変えることによって戦略的均衡を左右し、世界あるいは地域の安定を図る国」という意味ではない。それは、自分を守るために、常に一番強い国に寄り添うという小国的な生存本能の発露である。

韓民族は、古来、中国大陸勢力が分裂するたびに、巧みな外交で生き延びてきた。漢の崩壊から三国（魏呉蜀）、五胡十六国、南北朝の時代を経て隋・唐帝国の時代に至るまでの400年間、高句麗は、楽浪郡を滅ぼし、あるいは、隋・唐とさえも矛を交え、朝鮮半島の独立と独自の文明を守り抜いた。

隋による中国統一は、朝鮮半島に強い緊張をもたらしたが、高句麗の乙支文徳将軍は、累次の隋の侵略を跳ね返し、隋の滅亡を早めた。

高句麗の後背にあった新羅は、はじめ日本と結ぼうとしたが果たせず、唐と結んで百済および高句麗を滅ぼし、その後、朝鮮半島を統一した王朝として生き延びた。ただし、武門の誉れ高い高句麗滅亡後の朝鮮半島に、唐の強い影響力が及ぶことは避けられなかった。新羅は唐の強い影響力の下で生き延びていく。唐が滅び、五代十国時代を経て、漢民族の宋と北方騎馬民族の遼や金が対峙したときには、新羅の後を襲った高麗は、漢民族の宋と結んで北方勢力を牽制した。

このような独特の小国的バランス感覚は、北朝鮮に健在である。北朝鮮が「主体思想」を掲げたのは、1950年代中葉に端を発する中ソ対立以来、ソ連（ロシア）と中国いずれか一方の独占的影響力の下に置かれ、もう一方からいじめられることを避け、かつ、中ソ間の対立に巻き込まれることを嫌がったからである。

現在、北朝鮮が、中国にあれほど依存しながら、対米関係改善を求めてやまないのも、また、ロシアから進んだミサイル技術を熱心に導入しているように見えるのも、中国に押しつぶされないように、米国をはじめとする周辺の大国の関心を引こうとしているのである。

しかし、中国大陸に突出して強大な国が現れると、陸続した半島国家は翻弄されるしかなくなる。したがって、朝鮮半島の住人は、常に最強の為政者の庇護を求めてきた。それは、ビザンチン帝国皇帝のように、アジア世界に精神的、物理的に君臨した中国皇帝であった。中国皇帝が、モンゴル人であれ、漢人であれ、満州人であれ、韓国の方で選択する余地はまったくなかった。それが「事大（大国に仕える）主義外交」である。

中国王朝が入れ替わるとき、前王朝の忠臣であった朝鮮王が、新王朝皇帝の猜疑心を避け、信用されるまでには大変な苦労が伴ったであろう。実際、李成桂が朝鮮王朝を建国したとき、元から明へと宗主国を変えるに際し、明の朱元璋に新王朝の国名を付けてほしいとへりくだっている。朱元璋が「朝鮮」を選ばなければ、李氏王朝は「和寧」という国名になるはずだったのである。また、朱子学的儒教秩序の下で見下していた満州族が建てた大清帝国には、初めに臣従を拒否したため、攻め入った清軍に手酷(ひど)くはずかしめられ、屈辱的な思いをしている。

今でも、中国と地続きの韓国が持っている対中恐怖心は、日本とは比較にならないほど大きい。遼東半島から海岸伝いに朝鮮半島まで、特に、天然の障害となる大きな山脈もなく、中国陸軍の大規模侵入も容易である。事大主義は、韓国外交に染みついていると言ってよい。

ただし、事大主義は、韓国人の対中イメージが良いということを意味しない。今日、韓国史を習う学生が、秀吉の倭乱（16世紀末）とホンタイジ（清の太祖）の胡乱（17世紀初頭）を同時に学ぶように、中国からの頻繁で屈辱的な侵略の記憶は、韓国人の心のなかに刻まれている。日本の場合と異なり、その記憶が対中恐怖心の故に、心の水底から浮かび上がってこないだけである。

日本は、植民地支配の過程で韓国に大きな圧迫を加えた後、太平洋戦争で米国によって完全に屈服させられたので、韓国では「日本には、もう我慢しなくてもいい。何を言ってもいいんだ」ということになっている。しかし、中国に対しては、依然として、そうではない。

韓国人は、革命戦争の色彩のあった朝鮮戦争で、百万単位の韓国人を、軍民を問わず北朝鮮軍とともに殺戮した中国軍に対する恨みを心の奥に封印し、今では、無理やり忘却の淵に埋めてしまっているように見える。

その一方で、中国自身は、400年に及ぶ楽浪郡支配、元による高麗朝の支配、歴代王朝の宗主国意識などの歴史的経緯から、現在も、非常に高圧的な態度で韓国に接しがちであり、韓国人も、それを心から不愉快に思っている。しかし、韓国人が中国に対して感情を爆発させることはない。

中国の朝鮮半島に対する戦略的関心は本物である。毛沢東が、戦後、蔣介石が逃げ込んだ台湾を深追いせず、朝鮮戦争に参戦して北朝鮮になだれ込んだのは、中国から見ても遼東半島から北朝鮮への回廊が、外国勢力による北京侵略の一本道に見えるからである。

中国が北朝鮮の衛星国家化、韓国の中立化に見せる意欲は、半島を千年支配したという歴史的経験からだけ来るのではない。戦略的縦深性を確保するという自らの安全保障上の利益から来るのである。

中国の朝鮮半島への関心は、中国から見れば、明治日本が帝政ロシアの南下を恐怖し、朝鮮半島にくぎ付けになったのと同じことである。日本が対露恐怖から朝鮮半島への影響力を求めたように、中国は対米恐怖から朝鮮半島を手放すわけにはいかない。強大な米軍の怖さは、日本のような同盟国にはかえって分からない。中国が米軍の鴨緑江以北への進出を恐れるのには、理由がある。米軍は、中国が核抑止力を完成させるまでは、その巨大な火力をもって、実際、やろうと思えば何でもできたからである。

したがって、中国が北朝鮮を手放すことはあり得ない。そして、中国は韓国の中立化と、日米両国との離間を求め続ける。それは、中国の国家として生存本能から出てくる戦略であり、米国と対峙する中国共産党の支配が続く限り終わることはない。当分の間、韓国外交は、米韓同盟の必要性という理性的認識と、伝統的な対中事大主義の恐怖心の間で引き裂かれ続けることになる。

(3) 克服すべき課題③――米中間での中立志向

第三に、米中間での中立志向である。これはASEAN諸国の中立志向と同根である。また、終戦直後の日本の中立志向とも同根である。「大国間の争いに巻き込まれたくない」という小国の生存本能の発露である。

今日の韓国外交を見ると、米韓同盟を基軸としながらも、中国へも著しく強い配慮を見せる。それは、米国に無制約に振り回されることを拒むと同時に、中国の怒りを買わないようにするという独特の生存本能が働いているからである。

韓国外交は、日本のように米国との同盟によって台頭する中国との戦略的均衡を図るという発想を取らない。むしろ、米韓同盟に深くはまりすぎて、中国を刺激してはならないと考える。

そこには、「自分のような小さな国は、何時、超大国である米国に見捨てられるか分からない」として、米国を信用しきれない小国の悲哀がある。韓国を軽んじるトランプ前米大統領の言動は、その恐怖を十二分に増幅する。

その故に、韓国では、米韓同盟を補完する日米韓三国安保協力を忌避し、日韓安保協力にも消極となり、同時に、米国を排除した日中韓の枠組みでの協力を熱心に促進して中国の心証を和らげようとする。というよりも、そもそも日米同盟のバックアップなくして、米韓同盟は機能しないという基本的な軍事的現実さえ見えていない。ここから、戦略的には不可解な韓国の二股外交の方向性が出てくる。

また、中国との関係が緊迫し得る台湾有事や、南シナ海の海洋紛争に関しては、韓国は、一貫して「巻き込まれたくない」という強い拒絶対応を見せている。

さらに、韓国は、南北統一問題においてさえ、日米韓の戦略的枠組みを梃にして中国と渡り合おうとするよりも、逆に、中国を刺激しないように、細心の注意を払うという方向に頭が働いてしまうのである。残念ながら、上述の通り、中国は戦略的理由から北朝鮮を衛星国家化しており、中国こそ、朝鮮半島統一のための最大の障害である。いくら中国に配慮しても、中国が韓国主導の朝鮮半島統一を認めることはあり得ないのだが、その見極めができない。

この韓国外交の中立志向は、大国化した韓国に生まれた若い人たちが政治の中心に来て、戦略的な思考が成熟するまでは、当分、変わらないであろう。

しかし、利害の異なる大国間で、自らの戦略的立ち位置を決めない全方位外交は、20世紀初頭の朝鮮王朝の例を引くまでもなく、本来、非常に危険な外交である。韓国のような大国がふらふらすれば、地域は不安定化する。そのような韓国外交は、むしろ米国の太平洋同盟網の力を殺ぐことになり、結局は韓国の利益にならない。

アジア太平洋の平和と繁栄を支えているのは、米国の西太平洋同盟網（日米韓豪比）である。特に、日米同盟、米韓同盟、米豪同盟である。韓国は、そこから大きく裨益している。韓国が、自らの国力と戦略的比重をわきまえて、しっかりと米国の西太平洋同盟網の一翼を支えると決意する方が、韓国および地域の安全にはるかに大きく寄与し、さらに言えば、朝鮮半島統一問題においても中国に対する韓国の発言権を大きくすることになる。

残念ながら、現在、広い意味での韓国エリート、即ち政治家、官僚、ジャーナリストのなかで、そのような戦略眼を持っている人は、ごく少数に限られる。李明博大統領の韓国外交は、現実主義に立った立派な大国外交であり、鳩山、菅民主党政権下の日本外交を圧倒して、当時のオバマ米大統領の信頼を勝ち得た。しかし、その後は一貫して迷走が続いている。特に、強い親北朝鮮路線を掲げる文在寅左派政権になってからは、戦略的方向性に関する混迷が深い。

（4）克服すべき課題④——過剰な名分論と現実主義の軽視

第四に、武門の国の日本には分かりにくいことであるが、韓国外交には、名分（建前・理屈）にこだわり、実利、特に現実主義的な安全保障上の利益を軽視する傾向が根強いことである。経済に関しては、サムスン等の世界的大企業を出し、厳しい国際競争に勝ち残るために優れた才能を発揮している韓国人であるが、軍事的、戦略的な思考においては、依然として空想的な原理主義に縛られる面がある。それは、日本のイデオロギー的な空想的平和主義の比ではない。

日本は、武門の国、刀の国、サムライの国であるが、韓国は、儒者の国、筆と書物の国、学者（ソンビ）の国、貴族（士大夫）の国なのである。義理人情の厚さや、仏教、儒教の浸透や、ウラル・アルタイ系の言語など、共通点の多い日韓両国であるが、武威の徳川幕府と儒教の朝鮮王朝は、両極端・対照的と言ってよいほど異なる政治体制であった。

この点は、あまり知られていない。日韓の国民性が、庶民のレベルで似すぎているので、支配層の政治文化の違いに気づかないのである。日本側では、近代化に失敗した朝鮮王朝に対する評価が長い間低かったが故に、一般に朝鮮王朝に対する関心が薄く、特に、冷戦初期の日本では、一部左派メディアが、一方で北朝鮮を理想の共和国として称え、他方で韓国は残虐な独裁国家として喧伝し続けたために、韓国の政治社会の実態や、その豊かな歴史や深い文化があまり知られてこなかった。近代的手法で朝鮮研究を進めた朝鮮総督府時代の方が、今の日本より、はるかに朝鮮半島の歴史や文化についての理解は深かったであろう。実は、戦後の日本人は、併合前の韓国人のことをよく知らないのである。

500年続いた李成桂の朝鮮王朝は、暫定的といえども武人政権を経験した高麗王朝と異なり、その初期を除けば一貫して武士の気風が薄く、日本の平安朝を思わせる手弱女風の典雅な貴族文化を発展させた。

さらに、王朝建設期に、李成桂を支えた鄭道伝という傑出した儒者が、退廃した高麗仏教を排し、儒教を国学の根幹に据えた。そのために、科挙を通じて採用された学者官僚集団（両班。文班と武班からなるが、文班が圧倒的に上位であった）が生まれ、彼らが神官と行政官を兼務しつつ、独裁的なテオクラシー（神権政治）の政治文化を育んだ。

これは、武威を以て天下を統一し、帯刀したサムライが政治を担当し、独立性が高く独自に武装していた各藩を抑えつけて統治した徳川幕府と大きく異なる点である。日中韓越といった東アジアの主要国のなかで、唯一、科挙制度と士大夫階層を持たない日本では、士大夫（儒教学者官僚）政治の実態は、なかなか理解しがたいところである。

韓国における両班の世界は、宗教として、かつ、学問としての儒教を中心とする世界であったが、それは、中国を中心とし夷狄をさげすむ傾向の強い、朱子学一辺倒の狭い結界であった。趣味で唐詩を読んだりしたものの、戦略論の『孫子』、法治論の『韓非子』などは異端とされ、蔑視された。儒教的正義と論理整合性を重んじる空理空論が外交・安全保障政策を支配したのも、無理はない。

この神官兼学者集団が、500年の間、国政を牛耳ったがために、後世、文弱と揶揄（やゆ）されるような、軍事、戦略といった実利を無視した学術的な抽象論を弄ぶ政治風土となった。日本の憲法業界の安全保障論に似ていなくもない。

もとより、神官と学者と貴族を兼ねる両班の権力闘争が、サムライの権力闘争よりつつましいということはない。特に、平時においては、より熾烈で陰湿である。朝鮮王朝時代には、「東・西」「南・北」「老・少」と学閥に分かれた熾烈な権力闘争が、常時宮中で展開されており、国王の服喪期間の長さといった些末な問題をめぐって、学閥全員の生死をかけた論争が行われた。論争における言葉使い一つが咎（とが）められ、一族郎党が全員死刑になることも稀ではなかった。悪名高い士禍である。

派閥間の権力闘争と一体化した学術上の熾烈な理論闘争が、朝鮮王朝における陰惨な政治闘争の実態である。そのためか、今でも韓国では、議論を通じてまとまるというよりは、議論が先鋭化して集団が分裂し、徹底して名分（建前・理屈）にこだわる傾向が残っている。

問題は、そこで、実利、特に、軍事や安全保障が軽視される傾向にあるということである。過去には、倭乱の際に、秀吉の50万軍勢に対して実勢数千名程度の王宮軍（警察に近い）しか持たなかった朝鮮王朝が、廟議で軍備増強を否決している。日本に送られた使者の内、有力学閥出身の使者が、正しく秀吉の脅威を評価した対抗派閥の使者に対抗して、ひたすら「秀吉は攻めてこない」と言い張ったからである。

また、大清帝国建国に際して清軍が朝鮮半島に攻め込んだ胡乱の際には、逆に、圧倒的に優勢であったホンタイジの騎馬軍団の侵入に対して、「蛮族で朝鮮より下位の清ふぜいに頭を下げられるか」という議論が廟議を制し、無謀な主戦論が和平論を退けている。派閥争いがからんだ権力闘争のなかで、空理に近い正義をふりかざし、朱子学の理屈だけを先行させて、不合理なまでに実利（国家安全保障）を無視した結果である。このような儒教政治・学者政治の伝統は、今も韓国の政界、官界、学会に根強く残っている。

逆に、軍事・戦略に対する疎さは、実際の有事に際して過剰反応を生みやすいことにも注意が必要である。緊急時には、武人より文人の方が焦りやすいし、激しやすい。

かつて、日本政府による竹島周辺の公海における海洋科学調査に対して、盧武鉉政権が、韓国海軍の艦艇を派遣して、日本を牽制したことがあった。盧武鉉政権には、当時の韓国海軍の4倍の規模を誇り、世界屈指の海軍である海上自衛隊を刺激すればどうなるかというような合理的な判断はまったく見られなかった。そこには、「名分は我にあり」という思い込みしかなかったのである。

そのうえ、韓国では、歴史的に一貫して軍人の地位が低い。諸葛孔明のように学者が上に立って軍を動かすのも、中国にならった朝鮮王朝時代からの伝統である。しかし、軍事に習熟していない文人の軍事的采配は、往々にして危険である。在韓米軍が、ときとして北朝鮮の挑発に対する韓国軍の過剰防衛を警戒するのも、理由のないことではない。

ところで、最近、韓国海軍が増強を続けている。韓国海軍は、北朝鮮との有事にはあまり必要がない。誰を仮想敵としているのかが判然としない。将来、韓国が日本と海洋問題や竹島問題で対立したとき、韓国の指導者が再びキレてしまうことはないかと、日本の安全保障関係者は密かに心配している。

(5) 克服すべき課題⑤——日本に対する甘えの構造

第五に、日本に対する甘えの構造である。戦略的な視野が限られていると、自分が裨益している戦略的枠組みを誰が支えているか分からないものである。自らが享受している平和と繁栄の枠組みは、ただ乗りしてよいものだと勘違いしてしまう。あるいは、そもそもただ乗りしていることにさえ、気づかない場合が多い。

それは、ちょうど、米国の支える国際秩序のフリーライダーとして、米議会から激しく批判された第一次湾岸戦争前の日本と同じ心理である。甘えの構造である。

日本は、日米同盟によって、韓国の後背を戦略的に支えている。特に、米海軍第7艦隊の2倍の規模を誇り、米海軍第7艦隊とともに西太平洋を威圧する海上自衛隊の存在は、朝鮮半島有事の際の米陸軍による太平洋渡海を確実なものにしている。

米韓同盟の最大の弱点は、日米同盟同様、米国をはるか遠くに隔てる太平洋の距離である。米陸軍の太平洋渡海が安全に行われなければ、韓国は米陸軍の来援を得ることができない。また、在韓米軍をはじめ、韓国国連軍は、日本に後方基地を有し、巨大な兵站作戦は、その多くが日本を経由することになる。

実際のところ、日本抜きでは、在韓米軍も、また、韓国軍も戦えないのである。1950年の朝鮮戦争においても、日本が米軍の後方基地となり、また、武装解除中の旧日本軍人たちが陰に日向に支援しなければ、米軍が勝てたかどうか分からない。

しかし、今の韓国には、自分たちが日米同盟にただ乗りしていることが分からない。日本は、1990年代に周辺有事での対米後方支援を可能とし、今世紀に入って集団的自衛権の限定行使を可能にしたが、それが韓国にとってどれほど価値があるのかということも、恐らく考えたことがない。韓国人は、この現実に目を向けようとしない。

1990年代にノドンミサイルが開発・配備されて以来、日本は朝鮮有事における安全地帯（safety heaven）ではなくなった。朝鮮有事に日本がかかわれば、北朝鮮からの軍事的攻撃により、ただちに日本国民の安全は脅かされる。北朝鮮の核爆弾が1発でも東京に命中すれば、数百万の日本人が死に、日本は壊滅する。

それでも日米同盟は、米韓同盟を裏から支え、韓国の安全保障に貢献している。小渕総理は周辺事態法を整備して対米軍後方支援体制を敷いたし、安倍総理は平和安全法制を整備して集団的自衛権行使を可能にした。もはや、北朝鮮のミサイルは、韓国、日本、米領グアムおよびハワイを射程に収めており、日米韓は「一つの戦域」を構成するに至っている。

しかし、韓国では、日本に軍事的負担をかけているという意識はほとんどない。万が一、朝鮮有事が再発すれば、日本の自衛官が命をかけて在韓米軍を支援することになる、という意識がない。依然として、親が子を守るように、日本が韓国を守るのは当たり前だと考えている。

このような韓国人の姿は、米軍による抑止力が、どのようにしてソ連から日本列島を防衛しているかを考えようとしなかった55年体制下の日本人を彷彿とさせる。当時の日本は夜郎自大だった。特に、経済規模が大きくなってからは、米国に安全保障を委ねながら、反米感情が噴き出して、「米国何するものぞ」という思い上がりが出た。

経済大国となって突然ぶいぶいと威張り始めた日本だったが、ブレジンスキー米大統領安全保障補佐官は、軍事的には極東ソ連赤軍に一ひねりにされかねない日本を「ひよわな花」と呼んだ。今の韓国の繁栄もまた、日米同盟という温室のなかに咲いた大輪の花なのであるが、韓国側にその自覚はない。

また、海軍力と並んで、日本が韓国を圧倒しているのは金融の力であるが、日韓首脳会談直前に野田総理が決断した700億ドルのスワップ合意は、韓国の全ユーロ資産引き上げの影響を相殺するといわれた巨額の金融支援であった。日本財務省は、一部EU加盟国の放漫財政に起因するユーロ危機に対して厳しい態度をもって臨んだが、韓国に対しては戦略的重要性から、即断で金融支援を決めた。

にもかかわらず、韓国側がそれを恩義に感じている節はない。あたかも、親からお年玉をもらったかのような、当然といった雰囲気がある。韓国財務省が、いつもスワップ協定については「日本から頼んできたことにしてくれ」と言うのは、自尊心の域を越えている。まさに「甘えの構造」に他ならない。なお、今日、このスワップ協定は消滅している。

このような戦略的な視野狭窄から来る甘えは、実は、戦後、日本が長い間、超大国である米国に対して持っていたものと同じである。韓国だけを責めることはできない。国家も人間と同様に、心より体が先に大人になる。物理的に大国化した後に、成熟した戦略的思考が出てくるのである。

韓国の甘えは、韓国の大国化に伴い徐々に消滅していくと思われる。米国が、半世紀にわたり忍耐強く日本の自立と自覚を促し続けたように、日本もまた、戦略的に忍耐をもって、韓国の自立と自覚を促し続けていくことが必要である。

戦後、日本から民族主義とイデオロギーの入り混じった反米気運が消え、日米同盟の維持が国民のコンセンサスとなるまで半世紀かかった。日本も、韓国と渡り合うには、その位の長期戦の覚悟が必要である。それが、日本の国益である。

3　対日関係の改善と歴史問題の克服

(1) 日韓の歴史問題を外交利用する中国

先に述べた通り、日本外交の優先順位のなかで、日韓関係改善の持つ重要性は大きい。しかし、日本が拠って立つ米国の西太平洋同盟網のなかで、その主要な一辺をなすはずの日韓関係は、依然として脆弱である。その最大の原因は、歴史問題である。

日韓両国間では、1998年の小渕総理・金大中大統領の合意にもとづき文化交流が大きく開放され、KPOPや韓流ドラマが日本のテレビ番組にあふれ、さらに、年間数百万人を超える旅行者が往来するようになっている。両首脳は、戦後日韓関係の黄金時代を築いた。

金大中大統領は、日本の国会で、未来志向の素晴らしい演説を残した。筆者もテレビで金大中大統領の演説を聞きながら感動したものである。残念ながら、その後、今日に至るまで、歴史問題というとげが、両国の間に突き刺さったままとなっている。

日韓の歴史問題は、二国間問題にとどまらない。中国が外交的に利用しようとしていることを常に念頭に置く必要がある。中国は、米国の強大な太平洋同盟網に直面し、その膝元に台湾問題を抱え、さらに、経済的に破綻した北朝鮮をバッファーゾーンとして固守しなければならない。戦略的に劣勢にある中国から見れば、日韓関係の脆弱さは、米国の西太平洋同盟網のアキレス腱であり、日韓間の歴史をめぐるあつれきは、願ってもない幸いである。

ソウルを訪れる中国の学者は、自らが朝鮮戦争に参戦して韓国で大規模な侵略、殺戮、破壊を行ったという歴史的事実には口をぬぐい、また、韓国主導の南北統一など決して支持しないという本音を隠し、朝鮮分断が中台分断と同様に日本の責任であって、中韓両国がともに日本の軍国主義の犠牲者であったという歴史的事実を強調する。

2012年、筆者がソウルで接した中国の知識人（人民解放軍出身）は、公の議論の場で「日韓が民主主義で連携するのなら、中韓は歴史問題で団結する。中国と韓国が分断国家なのは日本軍国主義の結果である」等と言い放っていた。

日韓の歴史問題を考えるに当たっては、まず、日韓間のパーセプション・ギャップを認識する必要がある。そのためには、

（イ）韓国内政における歴史問題および反日意識の構造を理解し、

（ロ）日本側の1980年代以降の現実主義化（韓国では「保守化」といわれる）を韓国側がどう見ているかを知ることが有益である。そのうえで、

（ハ）日韓間の歴史問題を克服する方途について、辛抱強く考えるべきである。

(2) 近代国民国家としての韓国のアイデンティティ形成

それでは、韓国内政における歴史問題および反日意識の構造は、どうなっているのであろうか。

少なくとも、昨今、ソウルの街を歩いても、反日のからんだ嫌がらせで不愉快な思いをすることはない。中華料理店はあまり見ないが、日本食の店は街にあふれている。実は、人口1,000万以上の都市近郊に中華街がないのは、世界でソウルだけである。

日本の一部メディアが1990年代からあおってきた慰安婦問題も、朝鮮半島出身労働者（いわゆる「徴用工」）問題も、韓国では99%内政問題であり、左翼による保守の攻撃材料にすぎない。多くの韓国人の頭のなかでは、決して大きな比重を占める問題ではないのである。

2011年の東日本大震災の後は、一日一億円の義捐金が40日間途切れることなく集まり、街中に「日本頑張れ！（イルボン、ヒムネラ！）」と日本語と韓国語で書いた大きな横断幕が張られた。このようなことは、李明博大統領時代前半に久々に好転していた韓国の対日感情を物語る。

しかし、歴史問題は文在寅大統領時代に、再び、間欠泉のように噴出してきた。私たち日本人は、韓国人の提起する歴史問題をどう捉えるべきであろうか。

まず、留意しなくてはならないことは、歴史問題は、韓国人のアイデンティティと密接に絡んでいることである。韓国は、日本と異なり、いまだ、国民国家として形成の途上にあり、そのアイデンティティは脆弱である。北朝鮮という分身も抱えており、分断国家特有の不完全感に苛まれている。この感覚は、冷戦中の西ドイツに似ている。ちなみにドイツ人は、分断国家である韓国への親近感が根強い。

だからこそ、却って感情的にならざるを得ない面がある。韓国は、2000年の間、中国とも日本とも異なる独自の民族文化を育ててきた。しかし、欧米を中心に近代的な民族国家が立ち上がりはじめ、明治維新の影響で、韓国にも近代的なナショナリズムがでてきはじめた20世紀初頭、朝鮮半島は日本統治時代を迎え、日本統治の下で急激な近代化を遂げた。そして、韓国は、戦後、北朝鮮と分断されたまま独立を果たした。いまだ韓国は国民国家として成熟している最中なのである。強烈なナショナリズムは、近代国家としてのアイデンティティの脆弱さの裏返しである。なおそれは、今の中国人にも当てはまる。

本来、明治維新のように、近代的アイデンティティの根幹に座るべき輝かしい近代化の序章が、韓国の場合、屈辱的な植民地化の歴史に置き換えられている。それ以前にさかのぼれば、500年の命運が尽きて硬直し、退廃した朝鮮王朝の苦い思い出が出てくる。

しかも、朝鮮王朝は、中国を中心とし頂点とする中華秩序を受け入れてきた国であり、紫禁城にて高位の序列を与えられ、中国を祖とする儒教文化、中国文明の一部であることを誇りにしていた国であった。近代的主権国家としての大韓民国として求められているアイデンティティとは、相容れない側面がある。

さらに、中国の影響力が朝鮮半島から撤退していた新羅の三国統一以前の時代は、高句麗、新羅、百済の鼎立時代であり、もともと民族的同一性など存在していなかった。これらの点は、島国であり、ほぼ自然に国民国家化し、明治維新以降、自力で近代化を遂げた日本と大きく異なる。

また、戦後、韓国左派がアイデンティティの中核に据えようとした理想の共産国家という夢は、冷戦崩壊とともに無残にも崩れ落ちた。彼らは、価値観のロストジェネレーションになった。

韓国は、今、急激に変貌する新しい韓国という近代国家に、また、アジアを代表する大国の一つとして、国民を統合するために新しいアイデンティティを確立する過程にある。韓国では、近代的国民国家への変貌が、いまだ続いているのである。その過程で、「史上初めて、地球的規模の大国となった」という目のくらむような民族の誇りが、膨れ上がる。

(3) 大韓国主義と克日の心理

韓国は、150年前に日本が明治維新で成し遂げた国民国家化を、今、完成させつつあるのである。おそらく、それは、千年を超える中国支配、近代化の序章となった日本統治時代を通じて、国を失うという悲劇を体験し尽くした韓国人の見果てぬ夢であったはずである。

そこでは、日本から完全に自立したことを実感できるような、新しいアイデンティティが求められる。主権国家・大韓民国としてのアイデンティティである。それは、短命に終わった主権国家・大韓帝国の場合と同様に、強い民族主義に裏付けられている。

現在、韓国が掲げる自らのイメージは、昂揚するナショナリズムに彩(いろど)られた大韓国主義というべきものである。今、韓国人が、祖国の起源をたどる際に、唐の傘下に入って半島統一を果たした新羅ではなく、中国東北地方（満州）の広大な土地を支配した高句麗が人気を集めたり、あるいは、渤海を朝鮮族の国と規定して、統一新羅と渤海の並立時代を「南北朝時代」と呼んだりするのも、その表れである。

そこには、中国東北地方（満州）やロシア沿海州のかなりの土地が、古来、朝鮮族の土地だったのであり、いつか取り返すべき土地であるという見果てぬ夢が潜んでいる。

今世紀に入ってから、高句麗問題が中国を刺激し、中国が「高句麗は中国の（満州の）地方政権である」と唱えはじめたのも、理由のないことではない。中国は、韓国の唱える大韓国主義が中国国内の朝鮮民族に与える影響に神経をとがらせたのである。逆に韓国は、中国が高句麗を満州の（中国の）一部だと述べたことに激高した。その時の怒りは、竹島問題で韓国が日本に対して見せたものよりも激しかった。

韓国における反日感情は、戦後韓国の国民国家化の過程のなかで、韓国人の精神的自立とアイデンティティ形成に大きな役割を果たしてきた。「日本に支配されなければ、立派な立憲君主国家になっていたはずだ」「韓国は、日本に奪われた時間と進歩と発展を取り返すのだ」「日本にできたことが、韓国にできないはずはない」という強い信念が、韓国の戦後の成長を支えてきたからである。克日（クギル）である。この日本への反発と高いプライドこそが、戦後韓国人のアイデンティティの核なのである。

そこには、日露戦争に日本が破れていれば、朝鮮半島全体が、満州や遼東半島とともにロシア領となったであろうという怜悧な分析はない。そうなれば、朝鮮半島全体がロシア革命の際に共産化したであろう。しかし、そのような真実を認めることは、韓国人にとってあまりに残酷すぎるのである。

そのため、韓国では、日本の敵であったロシアの野心が見えなくなる。むしろ、ロシアは善玉であり、桂・タフト協定で、フィリピンの米国領有と朝鮮半島の日本領有を認め合った米国こそ悪玉であるとして、米国へ批判の矛先が向いたりする。

米国は、当時、メキシコからテキサスを奪い、実力でハワイを併合し、フィリピンの独立を武力で押し潰して併合したまごうことなき帝国主義国家であった。

だから米国は、日本と朝鮮半島とフィリピンをおのおの日米の勢力圏として分割することに応じたのである。韓国人には、戦後の自由主義圏のリーダーとしての米国しか見えていないのである。

4　韓国における世代間のアイデンティティの相違

韓国人のアイデンティティは、いかなる民族のアイデンティティもそうであるように、時代に応じ、また、世代によって変遷する。当然、その核にある反日も、世代による差が出てきている。歴史問題は、韓国の左翼世代によって、それ以前の保守世代に対する攻撃材料となっている面が強い。歴史問題は、対日外交問題である以前に、韓国の内政問題であり、特に、世代の問題、あるいは、左右勢力のイデオロギー対立の材料という面を持っているのである。

(1) 日本統治を経験した世代

第一に、植民地化を直接経験した人々の反日である。民族差別によって、心に深く傷を負った人も多い。その経験は現実のものであり、当然ながら反日意識は根強い。しかしながら、同時に、この世代の人々は、日本が韓国の近代化に果たした役割を認識していることも多い。

左派の強くなった最近の韓国の歴史書は、韓国近代史を「独立運動の血史」一色に書きたがるが、近代化の本質は、人間性を解放された近代的個人による旧弊の刷新である。

韓国では、数百万人いたといわれる奴婢（一種の奴隷。朝鮮王朝には、南北戦争前の米国と同様に、近代まで巨大な奴隷市場が存在していた。ただし、奴婢は同じ朝鮮族出身の奴隷であり、1,300万人の総人口に占める奴婢比率の高さは国際的に見ても異例なほど高かった）の解放や、両班を頂点とした厳しい身分制度の解体や、ほとんど神権政治と化して韓国の政治や学問を窒息させていた両班による儒教政治の解体や、実利的な西洋学問の導入や、大学教育および国民教育の普及や、土地所有制度の整備や、産業基盤の育成など、日本統治時代に、いわゆる近代化の実態がどのように進められたのかをきちんと説明する歴史書は、いまだ少ない。最近になってようやく、経済史の専門家が統計にもとづいて客観的な論考を発表し始めた（木村光彦『日本統治下の朝鮮』中公新書）。

手を動かして労働することを嫌い、儒学の空理をもてあそび、コップのなかの権力闘争に終始して、欧米の帝国主義が猖獗（しょうけつ）を極める19世紀のアジアで、国富の増大や国軍の増強に関心を払わず、血縁だけで固定された厳しい身分階層に安住した両班が支配した国を、どうやって今日の市民の国・韓国の姿に変えていったのか。

韓国の近代化には、日本が少なからぬ貢献をしている。もとより自由主義的な国際秩序が確立した今日、主権を奪い民族を差別する植民地支配を肯定することは、いかなる意味でも許されない。ただし、韓国で暮らしていると、公の立場を離れれば、日本の植民地時代がもたらした近代化が、今日の韓国のなかでいまだにひっそりと息づいていると思っている人が多いことに気づく。

決して憎悪だけが残っている訳ではない。近代化の先達である日本に対する賞賛の気持ちもひっそりと残っている。だからこそ、韓国は、戦後、必死になって日本の後を追いかけてきたのである。

明治維新を心からうらやみ、「日本にできたことは、自分にもできるはずだ」と信じ、歯を食いしばって努力してきた結果が、今日の韓国なのである。

それを牽引してきたのが、貧農に生まれながら日本に渡り、高木正雄の日本名で陸軍士官学校を卒業し、満州国で陸軍中尉を務め、額に汗せずして人々の上に君臨した両班政治を否定し、あたかも日本の武士のように質素な生活をしながら、韓国の近代化に大きく貢献した朴正熙大統領である。朴正熙大統領は独裁者ではあったけれども、朝鮮戦争で破壊されつくした韓国に、「漢江の奇跡」と呼ばれた経済成長を成し遂げた指導者でもある。

(2) 386世代

第二に、かつて386世代といわれた世代の反日である。386世代とは、30年前の用語である。韓国の民主化が進んだ1990年代に30代を迎え、80年代に学生運動を経験し、60年代に生まれた世代である。今まさに文在寅政権中枢に陣取る韓国学生運動世代である。

韓国と日本では、韓国における朴正熙大統領の独裁期間が長く続いたが故に、学生運動、労働運動の主力を担った世代が、ほぼ20年以上ずれることを知らねばならない。

1960年代の日本で、反安保闘争で火を噴いた学生運動、労働運動には、世界的な広がりがあった。1960年代といえば、ロシア革命から40年あまりで、依然として共産主義や社会主義イデオロギーが、西欧や日本で強い影響力を持っており、同時に、ウィルソン米大統領の民族自決提唱からも40年あまりで、英仏のような大植民地帝国が崩壊しはじめていたころである。

このような世界的雰囲気を敏感に感じ取った先進国の若い世代は、フランスではパリの学生運動を引き起こし、日本では全学連、全共闘等の学生運動を引き起こし、米国ではベトナム戦争反対運動や公民権運動等を引き起こした。

日本では、学生運動が労働運動と結びついて、資本主義体制に対する反乱の狼煙を上げていた。高度経済成長が軌道に乗るまで、激しい労働争議が続いた。それらは、冷戦の文脈で日米同盟への反対に結びついた。

韓国でも、1960年に4・19事件が起き、李承晩政権が打倒されている。ところが、その後、短い張勉政権を経て、朴正熙大統領のクーデターによる軍政、独裁が始まる。先に述べた通り、朴正熙大統領は、「漢江の奇跡」と呼ばれた韓国の経済成長を実現した。

そのリーダーシップは、李王朝時代の典雅な両班階層の貴族的な政治手法とは程遠い、質実剛健で合理的な日本陸軍にならったものであった。朴正熙大統領は、青瓦台のクーラーを庶民が使うものではないとして使用を禁じ、下着のランニング一枚で執務していたという。かつての誇り高い両班が見たら、卒倒するか唾棄するような姿であろう。

経済的に大成功した朴正熙の治世は、政治的には韓国の民主主義の成長を30年間凍結することになった。韓国の民主化運動が再び燃え上がるのは、1980年代に入ってからである。全斗煥大統領の下で1980年に多くの犠牲者を出した光州事件は、政治的地殻変動の始まりであった。

かつて韓国で大人気を博したテレビドラマ「砂時計(モレシゲ)」は、1980年代における韓国の雰囲気をよく伝えている。「砂時計」を見ていると、急激な民主化、財閥の成長、左翼学生の運動、警察と右翼の結託による労働運動の弾圧など、まるで昭和前期の日本にタイムスリップしたような錯覚に陥る。主題歌がロシア語なのも、1950年代の日本を偲ばせる。

1987年には、遂に、民主化の流れに抗し得ないと悟った全斗煥大統領、軍部・大企業といった既成勢力が、国民に大政奉還して、平和裏に民主化が実現した。全斗煥時代の重苦しい雰囲気は、民主化後に韓国で大人気を博したテレビドラマ「第5共和国」に生々しく描かれている。

この世代の特色は、1960年代の欧州や日本の学生運動の場合と同様に、強い民族主義と濃厚な左派のイデオロギーの合体にある。国際的な視野は狭い。現実主義からは遠い。

幸い、金大中大統領は、東京で拉致されて殺されかかった後、日本のリベラルな勢力の支援を受けたことに深い恩義を感じており、金大中大統領時代に反日感情が噴き出すことはあまりなかった。386世代の反日感情が噴き出したのは、盧武鉉大統領時代に入ってからである。文在寅大統領は、さらに、進んで反日色が強烈である。

386世代の反日には特色がある。それは、保守派を激しく攻撃する韓国国内政治と直結した、イデオロギー的で観念的な反日であるということである。内政の道具としての反日なのである。

彼らの反日は、日本と結託していた保守派を打倒した民主化運動と結びついている。それは、国内冷戦の文脈のなかで自らが左の極であることを鮮明にするためのものであり、反独裁、反軍部、反KCIA（大韓民国中央情報部）、反日、反米、反資本主義、親北朝鮮という直線的な立場の一環である。

そこでの日本のイメージは、「腐敗した資本主義国家で、米国の傀儡国家で、軍国主義の復活を目指す右翼勢力が跳梁跋扈し、韓国の独裁勢力と手を結んで、韓国の民主化を阻んできた」というものであり、古色蒼然とした固定観念に近い空想的なものである。

日本では、ソ連崩壊および冷戦終焉とともに、国内冷戦も、55年体制も雲散霧消したために、韓国国内のイデオロギー的分断の痛みが、もはや分からなくなってきている。しかし、北朝鮮が中国に（部分的にロシアに）支えられて厳然として存続する朝鮮半島では、国内冷戦は終わらない。多くの若い日本人が想像さえできなくなっている冷戦中のイデオロギー闘争が、韓国国内政治では、冷戦後30年経った今日も続いている。韓国の国内政治では、イデオロギーの断層は、いまだに巨大な政治的エネルギーを秘めた活断層なのである。

また、彼らは反日教育の申し子でもある。反日教育は、独立後の韓国がアイデンティティを取り返すために必要であった。李承晩大統領は、急激な近代化で深く日本化した韓国社会を脱日本化する必要があった。反日教育は日本との関係改善に舵を切った朴正煕大統領下でも行われていた。当時の韓国は独裁国家であり、日本からの情報の流入を閉ざされた知的空間において、愛国教育や情報操作は、国民のなかに強い反日感情を残した。

愛国教育は、近代国家のアイデンティティ形成過程に過度に注入されると、中毒症状を起こすことがある。それは日本が戦前に経験したことである。今の中国がそうである。冷戦の最中に日本との関係改善を求めた朴正熙独裁時代にも、そういう愛国教育重視の面があったことは否定できない。また、民主的正統性のない朴正熙大統領には、韓国国民の愛国心は、自らの権力の拠り所でもあった。

今日の韓国の内政状況は、まるで冷戦最盛期の日本の55年体制時代にタイムスリップしたかのような錯覚を起こさせる。韓国の政治状況は、あたかも日本で1990年代に終わった国内冷戦が息を吹き返し、60年代、70年代の日本社会党のアジェンダがそのまま韓国左翼に滑り落ちていき、息を吹き返し、日本に逆流しているように見える。

日本の左翼陣営の立場を踏襲した韓国左派の活動家が、いつまでたっても「日本は法的責任を取っていない」とか、「日本は植民地支配を謝罪していない」というかたくなな議論になるのには理由がある。

韓国が民主化した1987年から4年後、冷戦が終了した。ソ連が消滅した。中国は天安門事件の混乱に沈みその後、国家資本主義とも言うべき方向に舵を切っていた。日本の左派は拠り所を失った。そこに突如猛烈なエネルギーを持って出てきたのが韓国の左翼だった。

それまで韓国を独裁国家として批判し、北朝鮮と近かった日本の左派は、突然、韓国のなかに連携すべきパートナーを見出した。階級闘争を掲げる左派の人々からすれば、労働者階級の連帯は自然であった。

日本社会党は、日韓国交正常化合意の終わった1960年代後半から、北朝鮮を排除した日韓間の国交正常化合意を否定し、北朝鮮を含めて法的な責任を認めよとか、正式に謝罪せよとか、賠償金を払えなどという法的立場を取っていた。北朝鮮に関しては、国交正常化合意がないのであるから、北朝鮮との国交を正常化せよという日本社会党の言い分にも理がなくはない。

しかし、問題は、その立場が1990年代以降、そのまま韓国左翼に引き継がれていることである。確かに、北朝鮮に関しては国交正常化は終わっていない。しかし、韓国とは、国交正常化も請求権交渉も1965年に既に終わっているのである。

韓国の左翼世代の主張は、実際、日韓国交正常化や日韓請求権協定を認めない1960年代の日本社会党の立場に酷似している。しかし当時の日本社会党は、韓国ではなく北朝鮮の立場を代弁していたのである。ここに大きなねじれが生じている。

また、韓国の左派世代は、戦後、日本の左派メディアがこぞって報道した「日本軍国主義復活阻止」の議論を頭から信じ込んでおり、今でも高名な韓国の政治学者が、「日本の国旗、旭日旗の掲揚はけしからん」とか、「日本の君が代斉唱はけしからん」とか「政治家の靖国参拝はゆるせない」といったかつての日本社会党を思わせる議論を繰り返している。

自社連立政権となった村山社会党政権の後、日本では不毛なイデオロギー論争の終結が期待されたが、橋本政権後の自社決裂の後、左派の原理主義的なイデオロギー的立場はそのまま残ってしまった。それでも日本では、イデオロギー論争は徐々に減衰していったが、それが民主化後の韓国に輸出され、新しく大きなエネルギーを得て、日本に逆流してきたように見える。

386世代の反日は、植民地統治や民族差別等の実体験に根差した反日ではない分、根が浅いが、同時に、日本の近代化努力に対する隠れた賞賛もまったくないイデオロギー的な反日世代である。その反日は、日本の安保闘争時代の長髪の若者たちの反米や、イランのイスラム革命後のイラン人学生たちの「頭で考えたイデオロギーとしての反米」と似たところがある。

(3) ポスト386世代

第三に、新しい現象として、ポスト386世代が登場していることである。彼らは、韓国が大国化した後に登場したまったく新しい韓国人である。韓国経済躍進の恩恵を最も受け、国際的視野も広く、強い自信をみなぎらせている。

若い彼らは貧しい時代の韓国を知らない。本物の東西冷戦も知らない。日本統治時代など知りようもない。彼らにとって、日本は、もはや、かつてのような絶対的な存在ではない。サムスンが、ソニーやパナソニックを破り、現代自動車がトヨタ自動車を猛追する時代に物心ついた世代である。

彼らには、日本が、衰退の始まった老大国に見える。1998年の金融危機以降、経済運営、企業経営も、日本ではなく米国に範を取った影響もあり、国際的視野が広く、外国の文物にオープンで、先行する世代のやや国粋主義的な民族主義にも、共産主義イデオロギーにも共鳴することがない。彼らの目は外を向いており、グローバル市場のなかでたくましく生存競争に勝ち抜こうとしている。

同時に、彼らは、韓国経済躍進の影の部分である格差拡大を最も敏感に感じ取っている世代である。財閥によって構造化された富の格差が厳然と存在する韓国では、若い人たちは、既存政治勢力に対する敵意が強烈である。左右を問わず既成政党を忌避し、保守系の新聞であれ、進歩系の新聞であれ、活字をほとんど読まない世代である。

筆者がソウルの大使館で総括公使をしていたころ（2012年）、辛辣な政治批判で知られる「ナヌンコムスダ」という若者向けの政治風刺ラジオ番組が、200万の視聴者を誇っていた。このポスト386世代が主たる視聴者である。

この世代には、第一世代、第二世代（386世代）のような屈折した反日感情は薄い。むしろ、大国化した自信から、「日本に言うべきことはガツンと言えばよい」という強気の姿勢がうかがわれる。彼らの登場は、一方で、反日克服の機会を提供する。自信に満ちた世代は、初めて、韓国人としての安定したアイデンティティを持つことになる世代だからである。

心の傷から血を流している人と冷静な議論をすることは難しい。ポスト386世代は、日本と対等な視線で議論を行うことが可能な世代である。

他方で、この世代の漠然とした自信が、空虚に膨れ上がり、先行する世代の鬱屈した反日と結びついて、暫定的にではあるが、反日気運がより強くなる危険もある。

この辺りは、大国意識が芽生えた1980年代における日本の夜郎自大な反米心理とよく似ている。当時の日本人は、バブル景気におごり、米国製造業の凋落をあざけりながら、同時に、1960年代、70年代の民族主義およびイデオロギー的色彩の濃い鬱屈した反米感情を引きずっていた。新しい韓国世代が、おそらくこれから来る韓国の過渡期において、このような反日に転じないように注意せねばならない。

5　日本側の「保守化」と韓国の見方

(1) すれ違った日本と韓国

韓国が、1980年代末の民主化から急激に左傾化していくなかで、日本側にも、大きな思潮の変化があった。日本は、韓国から、どのように見えていたのであろうか。日本国内では、中曽根政権辺りから、日本国内の左派が中曽根政権を批判して「右傾化」という言葉を使い始めた。

しかし、1980年代、国際的には、保守化は大きな潮流であった。1979年、ソ連がアフガニスタンに侵攻して新冷戦時代が始まっていた。レーガン米大統領、サッチャー英首相が活躍した時代である。中曽根総理も、「日本は西側の一員である」と明言していた。

今日では、「日本は西側の一員」と誰もが当然のように思っているが、国内冷戦とイデオロギー対立が続いていた当時の日本では、まだまだ反発が強かった。まだ「同盟」や「国益」という言葉が政治的に使えなかった時代である。

先に、韓国では学生運動、労働運動、民主化運動が1960年から80年まで独裁政治の下で凍結されたと述べた。これに対して、日本では、欧米諸国と同様に、1960年から、学生運動、労働運動を中心に、民主化闘争、人権（米国では公民権）運動、反安保闘争、反ベトナム戦争運動等が盛り上がった。

そして、1980年代に、ソ連（ロシア）によるアフガニスタン侵攻および新冷戦開始を契機として、日本政治の振り子は、再び保守に振れたのである。日本は、世界的な保守化の波を追いかけていた。中曽根総理は、レーガン米大統領、サッチャー英首相と並ぶ「西側」を代表するリーダーとなった。

これに対して、韓国で朴正煕や全斗煥の長い独裁政治が終わり、民主化への胎動が始まったのが1980年代である。即ち、韓国は、1960年代に独裁へ、80年代末に左へ旋回し、日本は、国際的な思想潮流と連動し、60年代から左傾化し、80年代に保守回帰したことになる。このすれ違いが分からないと、日韓の政治摩擦が見えなくなる。

（2）国内冷戦が終わった日本、始まった韓国

日本は、1960年代、70年代に、戦前のロシア革命に淵源する全体主義的な左翼思想と、米国や欧州を覆った強い個人主義的なリベラリズムが混交して、大きく左傾化した。

日本の左傾化に特有の傾向は、戦前の軍国主義に対する強い批判的風潮のなかで、国家への幻滅に根ざした強い反国家主義、強烈な平和主義が見られることである。欧州諸国にも同様の国家への深い幻滅が生まれたが、特に、同じ敗戦国で

あるドイツにおいてそれは著しい。1945年を境にして世界観、歴史観が180度転換するのは、日本とドイツだけである。

ヨーロッパ人は、戦後生まれた主権国家への幻滅から生まれた政治的エネルギーを欧州統合に昇華させた。ドイツは欧州連合（EU）に組み込まれ、石炭、鉄鋼、原子力などの戦争遂行能力に結びつく産業を国際化された。EUとNATOの枠組みのなかでドイツは復権した。冷戦下、東西ドイツに引き裂かれたドイツには、敵対する東ドイツが掲げる共産主義への未練はなかった。

日本は、東西ドイツや南北朝鮮のように分裂国家になることは免れたが、国際冷戦がそのまま国内冷戦に持ち込まれ、分断国家となった西ドイツや韓国とは異なり、国内政治が左右のイデオロギーで分断された。敗戦国となり占領された日本には、フランスやインドのように独自の道、第三の道を選ぶ力はなかった。自由民主党と日本社会党は、資本主義と社会主義、あるいは、自由主義と全体主義というイデオロギー的対立を国内政治に持ち込み、日本は真っ二つに割れた。

55年体制の下で保守政権に呼び返された帝国時代の政治家、官僚、軍人と、戦後、日本の改造を担うと信じた左派の社会主義者、共産主義者の対立は、東西冷戦をそのまま反映して、安全保障政策、経済政策、社会政策、国民教育、歴史観、価値観のすべてにわたる全面的な対立であった。それは、戦中派と戦後派のアイデンティティ論争と重なった。その中心的テーマの一つが歴史論争であった。

筆者たちの世代から見ると、帝国軍人だった祖父と、労働運動に熱心だった左翼活動家の父を持ち、高度成長時代に強く個人主義が出た自分たちという3世代がいるように見える。その後には、冷戦も共産主義も既に乾ききって風化した歴史でしかない現実主義的なミレニアル世代が続く。

筆者たちポスト冷戦世代から見ると、祖父の帝国世代と、父の左翼世代は、互いにアイデンティティを全面的に否定し合っているように見える。しかし、いずれにも共感がわかない。ミレニアル世代に至っては、恐らく理解できない対立であり、関心すらないであろう。

1980年代以降、中曽根総理のリーダーシップはもとより、佐藤誠三郎、高坂正堯、猪木正道、岡崎久彦、北岡伸一等の一流の知識人の活躍によって、安全保障問題に関するイデオロギー的な禁忌が徐々に解かれていった。冷戦終結により、日本の外交の自由度が大きく上がったことも、日本外交が現実路線へ傾斜した理由の一つである。

このような日本における思潮の変化は、国内冷戦で深く分断された韓国では、日本の左派と連動する韓国左翼勢力から「保守反動・軍国主義復活」として捉えられやすい。韓国人は、いまだに「日本は保守反動勢力による軍国主義化、右翼化が進行している」と信じている。

1987年の民主化から国内冷戦が始まった韓国の国内政治は、いまだにイデオロギーで深く分断されたままであり、韓国政治における左派のプリズムを通して見た日本政治の解釈は、そうなってしまうのである。逆に、日本から見ると、韓国の国内冷戦は、国際冷戦終結期に終焉を迎えた日本の国内冷戦が、あたかも移植され蘇生した化石の森のように見える。

6 自由主義的国際秩序創設期における東アジア人のアイデンティティ

(1) 国民国家化という不可避の過程

それでは、日韓両国が歴史問題を解決するには、どのようにすればよいのであろうか。竹島問題、慰安婦問題、朝鮮半島出身労働者問題などの個別問題に関しては第Ⅲ部に譲るが、ここでは普遍的価値観にもとづいたアジア人の新しいアイデンティティ構築と、そのためのグローバルな歴史認識の構築が必要であることを指摘しておきたい。

先に述べたように、韓国は今、20世紀初頭に出てきた民族意識が国民国家という形を取りつつある。分断国家のままではあるが、韓国は近代的な国民国家として成熟しつつあり、新しいアイデンティティを求めている。多くの韓国人歴史家が、大国化した韓国国民の忠誠心を、国民国家としての大韓民国へ糾合するための歴史叙述を行っている。それは、19世紀以後、先行工業国が行ってきた「国民の歴史」のナラティヴの創造である。

そこでは、自国と他国を異化し、近代的大韓民族のアイデンティティを創出するために、古代にさかのぼって民族的なアイデンティティを模索し、自らの民族的優越性を賞賛し、歴代王朝の富国強兵政策が礼賛されている（たとえば、名著とされている韓永愚『韓国社会の歴史』明石書店）。

このような国民国家としての歴史叙述は、ナポレオンのフランスが、最初の典型的、近代的国民国家を創設した後に、ミシュレが『フランス史』を叙述して行った試みであり、アジアでは、日本の維新政府が国学思想を中心に行った国史編纂と同じ営為である。韓国は、今、その後を追いかけている。中国もそうであろう。

近代化、産業化、都市化が進むなかで、どこの国でも、旧来の村や血縁に縛られた狭い人間関係が溶解し、巨大な工業国家が登場する。その過程で、一人ひとりの国民が、直接国家に忠誠を誓うようになる。そうして近代的な国民国家が登場し、おびただしい数の国民の忠誠心を独占するようになる。そこから近代的なナショナリズムが生まれる。

それは、一過性であるとはいえ、近代化、特に、近代的国民国家形成における不可避の社会現象と捉えるべきである。

韓国人は、自分たちの歴史のナラティブを必要としている。日本と異なり正史と野史の区別が厳然としている韓国では、歴史観の相対化が難しい。韓国では歴史とは官製の歴史が一つあるだけであり、それ以外の歴史観は野史として一段低く見られる。

この韓国人の特殊な歴史観は、歴史とは見る人、書く人によって異なり得る相対的なものだと合理的に割り切れる日本人には理解が難しい。韓国人は、今、自分たちが正しいと信じる歴史観の叙述を、自分たちのアイデンティティの核に据える作業をしているのである。

それは、上海に亡命していた李承晩政権が、過酷な日本の植民地支配を覆すために日本軍と戦い続け、やがて米軍による韓国解放の日に合流して手を取り合って光復（独立）を祝ったというものであり、韓国を連合国の一員とするナラティブである。金日成の抗日戦争神話に対抗する意味もあるのであろう。

それは客観的な歴史ではない。しかし、韓国人が必要とし、既に神話化したナラティブである。だからソウル中心の南山（ナムサン）には、日本ではテロリスト扱いされている韓国解放の活動家の銅像が英雄の像として林立しているのである。

(2) 新しいアジア人の歴史観と日本の使命

しかし、日本は、昂揚するナショナリズムにおぼれ、国民国家の栄光を歴史として叙述することの危険を既に経験した国である。老成しているはずの日本は、今更、若い韓国や中国に刺激されて、いずれが民族的に優れているかというような不毛な議論をするべきではない。むしろ、日本は、将来を見据えて、東アジアの地域統合のためのアイデンティティを準備するべきである。

早晩、急速に進む少子高齢化によって韓国社会も成熟する。さらには、同様に中国社会も成熟するであろうし、中国の民主化も、長い長い葛藤の末ではあろうが、いつの日か実現するであろう。

そうなれば、アジア太平洋地域全体が、市場主義、民主主義を原理として統合され、平和と繁栄を享受することになる時代がくる。自由主義的国際秩序が、アジアに立ちあがる日は必ず来る。そこでは、長い伝統を共有する東アジアの地域主義が登場するであろう。

その新しいアジア主義は、グローバルな歴史のなかでアジア人が共有するアイデンティティが核となる。そのためには、アジアに共通の歴史叙述が必要になる。それは、バラバラに書かれた各国民国家の栄光の歴史を束ねたものではない。東アジアにおいて普遍的な価値観が、どのようにして磨かれ、確立していったかを記す歴史になるであろう。

では、東アジアの普遍的な価値観とは何であろうか。少なくともベトナム以北の東アジア（中国文明圏）においては、共通の政治的・倫理的遺産として、大乗仏教と儒教の長い伝統がある。その本質は、王道政治であり、仏法の政治であり、今日世界の主流となっている欧州の啓蒙主義時代の政治思想と同根である。人の良心を通じた霊性の覚醒、弱い人間の尊厳を大切にする優しさ、権力の横暴に対する怒りは、アジア人が長く大切にしてきた政治的感情である。

東アジアに広まった仏教は、インドが発祥である。仏教、ヒンドゥー教の説く愛と真理の前における人間の尊厳の平等は、その絶対性において、西欧型民主主義に根を持つ現代民主主義が唱える平等と同様である。だから、ガンディーの非暴力抵抗主義が、大英帝国を屈服させることができたのである。

また、第7講でも述べたように、代表的な儒者である2300年前の孟子は、民意を天意と規定し、君主は天命を受けて仁政を実現する義務があるとし、天意に背く暴虐な君主の誅殺を是認した。この孟子の思想は、ルソーとまったく同じく、革命権を肯定する過激な民主主義思想を内包している。それは、東アジアに広く受け入れられた王道思想である。

東アジアの人々が、狭隘なナショナリズムに引きずられて内向き、排他的になることなく、自らの有する長い政治的伝統が、現在の国際政治の主流である基本的人権や民主主義思想と同根の自由主義的、普遍的価値を持つものであることを認識することは、とても大切なことである。それを新しいアイデンティティの核にして、ポスト・モダンの新しいアジア人を生み出す必要がある。

それが、アジアで近代化に先駆けた日本の使命ではないだろうか。

韓国のなかにも、必ず偏狭な民族主義を超えて、そのような方向性に目を向ける人たちが出てくるであろう。実際、早くも1998年の時点で、日本の国会で演説した金大中大統領は、仏教の絶対平等主義と儒学の敬天思想に言及し、東アジアが共有する普遍的価値だと述べているのである。金大中大統領の熱い静かな言葉は、当時、多くの日本人の心を揺さぶった。

金大中大統領の政治思想の普遍性は、今日、文在寅大統領の過激な左傾化の陰に隠れてしまっているが、その精神的遺業は、やがてアジアの精神的な共通基盤となるであろう。

日本にも、アジアにおいて思想的、精神的リーダーシップのとれる大外政家が必要な時代である。

第III部

サイバー戦、歴史戦、日本の領土

第13講
サイバー戦、宇宙戦と科学技術・経済安全保障

1　現代戦の諸相

経済安全保障、科学技術安全保障という言葉が、最近、よく聞かれるようになった。しかし、その議論に入る前に、科学技術、特に、情報通信関連技術が、現在の戦闘様相をどのように変えているのかを理解せねばならない。その優位を勝ち得たものが、将来の戦争を制するからである。それが分からなければ、何が軍事的に機微な技術なのかが分からない。

(1) 情報技術が変えた戦争

現代戦の様相は、宇宙衛星情報の戦術的使用、ネットワーク化、サイバー兵器の登場で激変した。現代戦は、技術と情報の戦いである。

最先端を走っているのは米国である。米軍は、宇宙衛星と陸海空軍のセンサー群および各種戦闘能力をサイバー空間と人工知能で結びつけ、どこからでも敵を見ることができ、陸海空のいずこからでも、どんな遠方からでも、一斉に敵を攻撃できる。これがマルチドメインの戦争（多次元統合の戦争）である。兵器の無人化もどんどん進んでいる。たとえば、次の世代の戦闘機は無人機になる。パイロットの生物的限界を無視した機動が可能になる。

現代戦の特色は、人工知能を含む情報技術の急激な進展が引き起こしたネットワークによる軍全体の統合、機動性（マヌーヴァビリティ）の向上、敵勢力の動きに関する戦術情報の総合的把握と共有、味方の作戦情報の共有、無人兵器の加速度的進歩などにあると言ってよい。あたかも、陸海空軍が合体して一匹のメカゴジラになるようなものである。

もはや、人間が、10も20もある計器とにらめっこしながら、個々の兵器を操る時代は終わった。一枚の大きなスクリーンを前にして、ジョイスティック一本で戦う時代が登場している。

同時に、現代軍は、サイバー攻撃によって、神経系統であるネットワークを遮断されるともろい。個々の部隊がバラバラの部隊に戻る。したがって、多次元統合の戦争が進むほど、サイバー攻撃、サイバー防衛がますます重要になる。

(2) 想像力を超えるサイバー空間の恐ろしさ

サイバー空間をこれまでの常識で理解するのは難しい。光通信海底ケーブルは、世界の五大陸に無数にあるコンピュータとスマートフォンを結びつけた。これがサイバー空間の正体である。光は1秒間で地球を7周半する。光が運ぶデータやアプリ（ウィルスを含む）は、無数のコンピュータの間を瞬時に潜り抜ける。サイバー空間には、通常の空間と時間の感覚が通用しない。地球は光には狭すぎ、時計の秒針の運びは光には遅すぎるからである。

したがって、従来の国境の概念には意味がない。サイバー空間は、三次元の空間を超えた、まったく新しい第四次元の世界である。私たちは、サイバー空間という異次元の空間が地球を呑み込んでいるという現実をいまだに理解しきれていない。それがもたらす至便性だけではなく、安全保障上の脅威もいまだに理解しきれていない。第8講でも述べた通り、サイバー空間は、日本を含む多くの国にとって、その上に覆いかぶさる天空に等しい巨大なマジノ線なのである。

サイバー攻撃は、平時から非常な頻度で発生している。瞬時に敵が現れて瞬時に消える。それがサイバー空間である。大量のデータが、闇のなかに流出している。サイバー空間は光の届かない深海と同様であって、透明性が極めて低い。攻撃を仕掛けられても、敵の正体が不明なままであることが多い。

世界中の無数のコンピュータを経由してくるマルウェアは、誰から発せられたものなのかが分からない。無邪気な少年ハッカーなのか、プロの人民解放軍兵士、あるいは、北朝鮮軍兵士なのか。正体不明な「誰か」が飛ばしたマルウェアが、世界中の無数のコンピュータを経由して侵入してくる。これをアトリビューション（行為主体帰属）の問題という。

相手が誰か分からなければ、抑止が利かない。相互抑止は、核抑止に典型的に見られるように、敵味方相互の合理性と透明性を前提として、最低限の信頼関係の上に戦略的安定を築く手段である。耐え難い報復を予想させて、相手に攻撃を思いとどまらせるのが、抑止である。

相互に抑止が利けば、紛争は抑止され、安定が実現する。しかし、誰が相手なのか分からなければ、抑止のしようがない。したがってサイバー空間では、抑止が利かない。

マルウェアの侵入に対しては、積極的に防護するしかない。やられたら即座にやり返すしかない。この平時の努力を怠ると、マルウェアを国中に仕込まれ、有事が始まる前に軍事指揮通信系統のみならず、軍民の重要インフラがダウンする。軍事レベルの高度なマルウェアの検出は容易ではない。最近では、ハードディスクにまったく侵入の痕跡を残さないウィルスもあるという。

有事の本番には、サイバー空間を通じて、まず、軍事施設、重要インフラが麻痺させられるであろう。その直後に特殊軍等を投入されると、こちらは動きようがなく、戦争開始以前に勝敗が決してしまう。これが最近話題になっているハイブリッドウォーである。ロシア軍は、クリミア併合作戦において、このような現代ハイブリッドウォーを実践し、その決定的優位を見せつけた。その戦闘様相は、おそらく次のようなものである。

ある日突然ウクライナ軍のコンピュータシステムがダウンした。ロシア軍特殊部隊と思われる勢力の侵入を知らせる警報が鳴り、復活したコンピュータからウクライナ軍集結の命令が届く。集結場所に集合したウクライナ軍は、ロシア軍に殲滅された。なぜなら、その集結命令がロシア製のフェイクだったからである。

ロシア軍の特殊兵は、ピョートル大帝のつくった軍服にならって緑色の覆面をしていることで知られる。西側でリトルグリーンメンとして恐れられる兵士たちである。彼らは、既に要所に侵入して、ウクライナ軍を制圧していた。これがハイブリッドウォーである。

(3) サイバー空間での戦い

サイバー攻撃は、これまでの通常兵力、核兵力による戦争の考え方を変えた。

これまでは正規軍同士の局地戦から始まり、続いて全面的な相互の軍事施設の破壊が始まり、その後、相互の継戦能力を担保する民間インフラへの攻撃に移り、最後に大都市や政経中枢を破壊して敵の継戦意思を屈服させるというのが、伝統的な戦争の順序であった。

最後は核ミサイルの応酬になる。首都が壊滅しても深海の潜水艦から反撃できる第二撃能力を保持してさえいれば、自国が滅んだ後でも敵の首都を壊滅させられる。だから核戦争はやめようという自制が働く。続いて、核戦争に直結する通常戦争もやめようという話になる。それが、相互核抑止の世界である。

しかし、現在、私たちは、これまで親しんできた3次元の空間を超え、距離と時間の観念が通用しない特殊なサイバー空間を利用している。そこでは、ありとあらゆる国や人が結ばれてしまっている。その結びつきは、これからますます強まる一方である。その変化が速すぎて、私たちは、その危険に鈍感である。

幾何級数的に能力が向上していく通信関連のハードウェア、ソフトウェアは、今や情報産業社会の基本インフラである。その重要性は、電気、ガス、上下水道といった基本インフラと変わらない。唯一の違いは、サイバー空間は、世界の隅々までを電子的に結びつけてしまっていることである。

しかし、距離感がないサイバー空間で結びつけられた機器は、悪意ある攻撃に対して脆弱である。かつては長距離ミサイルや長距離爆撃機がなければ攻撃できなかった敵の軍事、産業、政経中枢が、クリック一つで壊滅できるのである。

サイバー攻撃に必要なものは、コンピュータと優秀なハッカーだけである。核兵器、化学兵器、爆撃機、ミサイルよりも、はるかに廉価である。何百億円もする爆撃機で編隊を組んで攻撃する必要はない。幼いころから鍛えあげた優秀なハッカーが数人いれば済む話である。その破壊力は、莫大な量の爆弾投下の火力に匹敵する。

サイバーセキュリティがしっかりしていなければ、有事になった際、あらかじめ仕組まれたマルウェアが活性化させられる。

たとえば、スマホのネットワークの最先端にあるローカル局が一斉にダウンすれば、スマホなどの電波を用いた端末間の通信が遮断される。緊急事態において国民は、最大のコミュニケーション手段を失う。

もっと恐ろしいのは、大規模停電、ブラックアウトである。たとえば、発電所、変電所が止まれば、電気が止まる。工場、家庭、病院、学校、会社のあらゆる電源が落ちる。スーパーコンピュータも止まる。電子化され、サーバーに蓄えられているすべてのデータが消える。ガソリン燃料で動くもの以外の交通機関も止まる。交通信号も止まる。ネオンは消える。スマホの充電もできない。医療機関も止まる。エレベーターには多くの人が取り残される。上下水道もポンプが止まるから、水が流れなくなる。あるいは、ハッカーに乗っ取られた鉄道、航空機が大惨事を起こす。

有事に際して、外部のインターネットと接続された重要インフラがすべてサイバー攻撃による破壊工作の対象となり得る。軍事施設はもとより、政治中枢、金融中枢、産業コンビナート、原発を含む発電所、変電所、航空機、管制塔、鉄道、ダム、ガス、水道等の基本インフラが狙われる。

ところで、外部からまったく遮断されたネットワークは存在しない。一見独立したネットワークでも、アップデート、メインテナンスのために必ず外部の一般ネットワークに接続される。あるいは、物理的に誰かがUSB一本を差し込むことで、独立したネットワークもマルウェアやウィルスに容易に感染する。

有事に際して、最も激しいサイバー攻撃を受けるのは軍隊である。特に民間部門との接触の多い軍の輸送部門は、サイバー攻撃を受けやすい。筆者が訪れたセントルイスにある米軍の輸送軍司令官は、仕事の半分がサイバーセキュリティだとこぼしていた。サイバー軍によるサイバー攻撃の烈度は、平時の少年ハッカーの比ではない。高度なサイバーセキュリティが必要である。また軍隊は、戦うために、弾薬と食糧と燃料だけではなく、電気を必要とする。電気が止まれば、軍は止まる。電気が止まれば、どんな国でも、継戦能力のみならず、産業国家としての存続自体が難しくなり、国民生活にも大きな支障が出るのである。

今の日本は、民間の重要インフラを、有事のハッカー攻撃の烈度に耐えるほどサイバーセキュリティで防護しているとは言えない。有事における民間の重要インフラのサイバーセキュリティは、実は、積み残された大きな宿題である。

これまでは、自衛隊のサイバー能力が小さかった。平成30年度に策定された防衛大綱で、ようやく自衛隊のサイバー能力の向上が指示された。有事の烈度の高いサイバー攻撃を研究して、自衛隊の能力を民間の重要インフラ施設防護に役立てるべきである。ただし、現在では、自衛隊が、平時から、自らの基地だけではなく、民間を防護するための法的な仕組みがない。自衛隊のサイバー部隊には、民間が守れないのである。一日も早く、自衛隊のサイバー能力を活用した重要インフラのサイバーセキュリティを確保する体制を、整えるべきである。

(4) 宇宙戦争時代の幕開け

また、現代戦には、宇宙アセット（各種衛星）が戦術的に利用されている。第一次湾岸戦争（1990年）以降、宇宙衛星の戦術的使用が本格化し、現代戦闘になくてはならないアセットとなった。

米軍は、米ソ軍縮管理交渉の結果、戦略核兵器の監察用に作った偵察衛星を、

図表14　安全保障分野における宇宙利用のイメージ

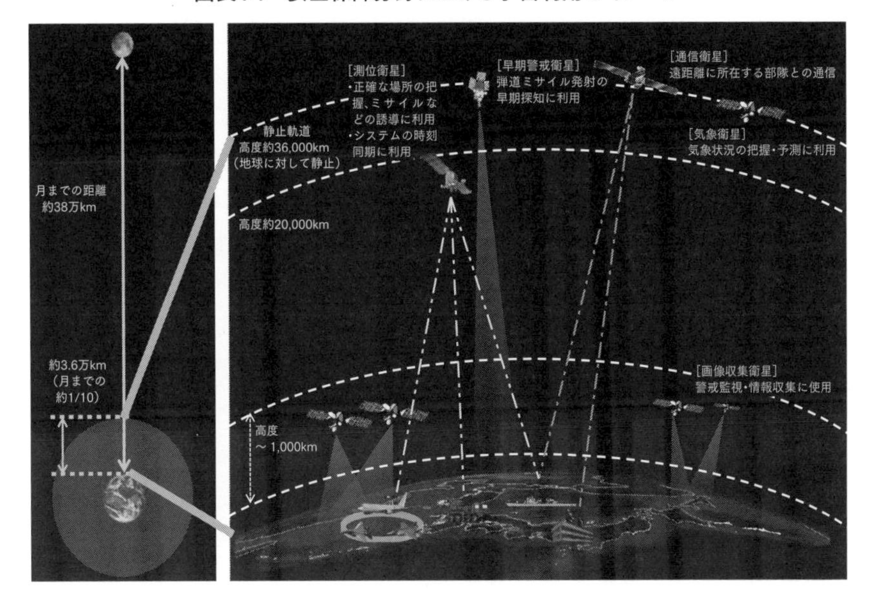

出所：『防衛白書』2020年版

戦術的にイラク軍のターゲット確定のために使った。偵察衛星は、静止衛星軌道の赤外線衛星から、低軌道の光学衛星、レーダー衛星と幾種類かある。この偵察衛星情報に陸海空軍の収集した情報を組み合わせて電子的に総合し、戦術的に利用したのである。圧倒的な情報優位が出現した。

米軍は、イラクのサダム・フセインの戦車軍団を一蹴して、世界をあっと言わせた。イラク軍は壊滅したが、米軍の犠牲者は100名程度だった。当時は、軍事革命（RMA、revolution of military affairs）とさえ呼ばれた。

また、軍事衛星は、通信、偵察だけが任務ではない。測位と時間同期という大切な役目がある。典型例が米国のGPSである。あるいは、欧州のガリレオ、中国の北斗などであり、ロシアも同様の測位衛星網を有している。

まず測位である。米軍は、GPSがなければターゲットを狙えない。巡航ミサイルがきちんと当たるのは、最終段階のホーミングを除き、目標までGPS衛星で導くからである。また、闇夜に米軍の戦車師団が砂漠を寸分たがわず機動できるのは、GPSのような測位衛星があるからである。

また、時間同期とは、軍事、民生を問わず、世界中の時計がGPSの回転速度から出てくる時間信号に合わせていることをいう。株式市場も放送会社も、GPS衛星に時間を合わせている。これがあるからペルシア湾やインド洋のはるか彼方にいる海軍のトマホークも、アラビア半島に上陸した地上軍の戦車師団の大砲も、寸秒違わず一斉射撃し、瞬く間に敵を粉砕できるのである。

ただし、宇宙衛星は脆弱である。宇宙空間は、透明性が高い。晴れていれば光学望遠鏡で、雨が降ってもレーダー望遠鏡で、人工衛星の所在把握は簡単にできる。真っ暗闇の深海やサイバー空間とは真逆である。人工衛星は、晴天の夜空の星と一緒ですぐに位置を把握できる。各国とも宇宙空間の状況把握に大きなエネルギーを割いており、敵のどんな宇宙衛星がいつどこを飛んでいるのかを把握している。

米ソ冷戦時代、宇宙空間での戦闘は相互の自制によって控えられていた。しかし、2007年、中国が宇宙空間の人工衛星攻撃実験に成功して以来、情勢は激変した。米露両国ともに、宇宙空間を戦闘補助空間ではなく、戦闘空間そのものだと発想を切り変えたのである。プロレスにたとえれば、この瞬間から、宇宙はリングの場外ではなく、リングそのものになったのである。

知人の米宇宙軍の将軍は、第一次世界大戦で英独空軍が初めて空中で出会ったときは、パイロットは互いに手を振ってあいさつしたものだ、しかし、次の遭遇からは撃ち合いが始まった、それからわずか100年で第5世代のF22ステルス戦闘機やB2ステルス爆撃機の時代になった、残念だが、宇宙もそうならざるを得ないだろうと述べていた。

この中国の人工衛星破壊実験は大量の宇宙ゴミをまき散らし、宇宙空間の安全の観点から国際社会の強い懸念を呼んだ。その2年後の2009年には、北シベリア上空789キロの宇宙空間で、米ソの人工衛星（米イリジウム33号と露コスモス2251号）が偶然衝突して大量の宇宙ゴミが宇宙空間に飛び散るという事件もあった。もはや、宇宙空間が戦場になるという流れは止まることがない。

将来、万が一、大きな紛争となれば、日本や米国のすべての宇宙衛星は速やかに敵に破壊されるであろう。スペースブラックアウト（宇宙での通信不能）が起きる。破壊の方法は、原始的なキネティック（何かをぶつける）なものもあるが、サイバー攻撃、ジャミング攻撃が最も手っ取り早い。サイバー攻撃では、軍事通信衛星の乗っ取り、偽情報や偽指示の発出さえ考えられる。

現在、米国では、主要衛星を破壊された後にも、宇宙空間の通信、偵察等の機能が継続的に使用できるように、小型の宇宙衛星を大量に打ち上げる能力の開発が進んでいる。その主力は民間企業である。

今後は、海上優勢、航空優勢に並んで、宇宙優勢を取ることが、安全保障の死命を制すると知るべきである。それは、勝利をもたらす情報優勢を確保するための前提条件なのである。

古来、戦場では、敵を知る者が勝つ。敵に見えないところから敵を見ている方が勝つ。クラウゼヴィッツの言う通り、戦場には「霧」が出る（不確実性が付きまとうというたとえ）。敵の動きを事前に十分に知ることは難しい。今日、優れた情報技術を駆使し、サイバー空間を駆使して、宇宙空間を巻き込んだ多次元での情報優位を手に入れたものだけが、この「霧」を晴らして勝利することができるのである。

2　米中技術覇権争いの始まりとその行方

(1) 中国の劇的な技術吸収力と軍民融合

中国の技術力は、宇宙、サイバーに関する技術を含め、この10年で急伸した。そこには、中国共産党や中国政府の強い国家としての意思が働いている。予算も潤沢である。

中国の技術者は、興隆する中国を誇りに思い、かつての帝国陸海軍の工廠で働いていた技術者と同様、「技術報国」とでもいうような愛国の情熱を有している。また、中国の経営者は、戦後経済成長期の日本企業のようなたくましい企業家精神を有している。皆、海外から技術を貪欲に吸収して自家薬籠中の物としている。

特に、中国は、5G等の情報通信分野において先進国を蹴散らして、国際市場を席巻し始めている。清華大学の紫光集団、ファーウェイの海思半導体（ハイシリコン）の半導体製造をはじめとして、中国の技術力は決して軽視できない水準にある。

また、多くの中国人留学生は海亀と呼ばれ、先進国で高度な技術を身につけて、祖国発展のために陸続と中国に戻っている。

今の中国人研究者は、戦前の富国強兵時代の日本軍技術者のメンタリティに近い。新しい国家建設に燃え、軍事大国化への献身を惜しまない。彼らは、愛国教育、歴史教育の浸透で、西側の圧力を跳ね返し、西側を追い抜いて、最先端の工業国家として中国の栄光を取り返すのだという、熱いナショナリズムに突き動かされている。

それだけではない。中国人留学生は、大使館に支配されており（中国人は国家に情報を提供する法的義務を負っている）、情報収集の重要な要員である。最近、米国では、中国人留学生が帰国した後に米国のものとそっくり同じ実験棟が中国に建設されるという事例（シャドウ・ラボと呼ばれる）が問題となっている。

さらに、千人計画という国家的プロジェクトの下で、多くの優れた外国人研究者が非常に高額な報酬で中国に招かれている。その規模は、明治の御雇い外国人の比ではない。また、時には優れた西側企業が、機微技術ごと中国に買収されている。

中国の技術吸収は、ソ連が原爆の設計図を盗んだというような特定の最先端軍事技術窃取の次元にとどまらない。先進国の学術界、経済界をそのまますべて貪欲に写し取ろうとしている。それは、さながら急激な近代化に苦しんだ明治日本の姿に似ている。

中国は、産業国家として生き残ることが軍事的に生き残ることだと、正しく理解している。現在、中国共産党は、富国強兵政策の下で、強力に軍民融合（軍産学複合体形成）を進めている。

中国では主要な社会組織のすべてに共産党の細胞があり、それらは一括して共産党組織部によって人事管理されている。中国の国家、経済、社会全体が、中国共産党を脳とする一つの巨大な体軀のようになっているのである。ちなみに人民解放軍は共産党の軍隊であり、政府の軍隊ではない。

中国のような共産主義系の独裁国家では、官と民の区別は表面上のことにすぎない。軍需産業や先端技術産業には、国家から巨額の補助金が与えられ、あるいは、その他の優遇措置が図られて、強引な統合が進められている。

中国の軍民融合は、共産党の指導の下、大きく進展しつつある。そこには、人民解放軍も、最先端の軍事技術も民生技術も、デジタル社会を支える電気通信工業も、半導体産業も、軍を支える工廠となっている重工業も、共産党の指導の下に混然一体となっているのである。

(2) 民生技術の優位と民間研究資金の肥大化

現代軍事技術は、民生技術の粋の集まりである。先進半導体、レーザー、3Dプリンター、極超音速エンジン、素材、ゲノム編集、人工知能、ロボティクス、脳科学、サイバーセキュリティ等、多くの先進民生技術が重要な構成要素となっている。軍民融合が進む中国の技術は、軍事技術、民生技術の双方で、欧米と鎬を削るレベルに到達しつつある。

米国政府は20兆円の研究開発予算を誇り、その内10兆円を国防総省に回している。それが国立の研究所のみならず、民間企業の研究所に流れ、それが米国の軍事技術を引っ張り、また、それがスピンオフして民間技術を引っ張ってきた。安全保障関係の予算は、WTOの規制を受けない。事実上の研究開発への政府補助金である。

米国の軍事技術は、世界を変えてきた。典型例がインターネットである。しかし、そのインターネットから生まれたGAFA(グーグル、アップル、フェイスブック、アマゾン)の研究開発費は、数兆円にのぼるといわれている。共産党支配の下で官民の区別がない中国の研究開発資金は、さらに潤沢であろう。中国や民間の研究開発予算が、米国防総省の研究開発予算を抜く日が来るかもしれない。

もはや、軍事技術がスピンオフして民生技術をひっぱるだけではない。逆に、民生技術が産業、社会の基盤技術を変え、軍事技術の根本を変えるというスピンオンの時代が到来している。民生技術が社会の技術基盤を変え、その技術的影響が安全保障の分野になだれ込む時代が来ている。米国防総省も、民生技術の進展に戦々恐々とする時代になっているのである。

(3) 情報通信技術分野での米国の巻き返し政策

中長期的に見た場合、今後、決定的に重要になるのが、量子科学である。米国では、既に、10年後といわれる量子コンピュータ時代を見越して研究を進めている。中国も猛追している。日本もようやく重い腰を上げた。

2020年1月21日、内閣府の統合イノベーション推進会議(2019年6月15日の閣議決定で、総理をヘッドとする様々なイノベーション関連の組織、すなわち統合科学技術イノベーション会議、高度情報通信ネットワーク社会推進戦略本部、知的財産戦略本部、健康・医療戦略推進本部、宇宙開発戦略本部、総合海洋政策本部、地理空間化情報活用推進会議の横断的調整を図り、統合イノベーション戦略を推進するために設けられた組織。事務局は内閣府）が、量子技術イノベーション戦略に関する報告書を発表した。

量子通信、量子暗号、量子コンピュータ、量子ジャイロ、光格子時計等の登場は、既存の人工知能、ロボティクス、ゲノム編集、製薬、素材化学、脳科学等と結びついて、軍事のみならず社会自体を激変させる。今のレベルの情報社会を前提とした想像力ではイメージできないほど打って変わった世界が、すぐそこに待っている。日本も、文科省が量子戦略を策定して先端を走ろうとしている。

量子科学は、量子通信等、一部実用化されているものもあるが、まだ基礎研究の段階のものが多い。しかし、量子科学競争で負けたものは、必ず次の産業競争、戦争の双方で負ける。20年先を見据えて、今から走りはじめなければ手遅れになる。米国では、基礎研究の段階から、既に中国などへの情報流出に敏感になりはじめている。

量子科学の実用化が少し将来の問題であるのに対し、今、足元で、米国政府が、安全保障の観点から最も神経を尖らせているのは、既に大規模に社会実装されている電気通信、情報処理、先進コンピューティングの分野である。

米国の懸念はいくつかある。第一は、西側からの先端機微技術の野放図な対中流出をやめ、先進軍事技術でこれ以上中国に模倣による追随を許さないということ。第二に、これからますます進むデジタルトランスフォーメーション（DX）をにらんで、サイバーインテリジェンスによる大量情報の窃取を許してはならないという問題。第三に、平時からマルウェアを仕込まれてサイバーインテリジェンスの被害（情報窃取）を被らないよう、また、有事の際のサイバー攻撃の準備をされないように、軍事施設および通信施設を含む民間重要インフラを守るということである。「出さない、盗ませない、入れない」の三無政策である。

米国は、そのために、いかなる分野でいかなる政策を取ろうとしているのであろうか。残念ながら、科学技術安全保障の最先端を走る米国は、トランプ前政権によってアメリカファーストであり、同盟国との協調が脆弱であった。しかも、米国人らしく走りながら考えているので、その諸政策が、体系的な透明性をもって同盟国に伝わってきにくい状況にある。筆者なりに整理してみると、次のような政策の塊がある。

①対プラットフォーム対策

中国は独裁国家であり、言論、報道の自由はない。鉄壁のファイヤーウォールを築いて、フェイスブックなどの情報流通の自由を訴える西側のプラットフォームを排除している。GAFA（グーグル、アップル、フェイスブック、アマゾン）と呼ばれるプラットフォーム系の企業は、事実上、中国市場から締め出されている。これに対して中国のプラットフォームは、米国などに自由に参入できる。

TikTokで集められた大量の個人データが中国に流れない保証はない。中国政府は、すべての中国企業から情報を吸い上げる法的制度を整備している。第6講の第9節（デジタルトランスフォーメーション時代のインテリジェンス）で述べた通り、大量のデータそれ自体が人工知能のお蔭で宝の山に変わる時代である。中国起源の巨大なプラットフォームには、警戒の目が向けられているのである。

②対ネットワーク対策

ソフトウェアのプラットフォームに対して、光通信のファイバーや無線電話のローカル局等のハードウェアをネットワークと呼ぶ。中国はもちろん、ネットワークに外国企業の参入を許さない。ところが、日本の市場には、どこの外国企業の電子通信事業参入も基本的に自由である。しかし、現在、デジタルトランスフォーメーション時代を迎えて、5Gの導入が問題となっている。5G問題については、本講第5節（日本の経済安全保障に関する具体例）で改めて詳述する。中国製監視カメラや監視カメラを積んだドローンも同様に規制の対象になってきている。米国は、「ゼロリスク」ポリシーを採用して、ネットワークからもファーウェイなどの中国勢を排除して、データの流出を防ごうとしている。

③対半導体対策

半導体については2つの次元の政策がある。一つは、クリーンな半導体を求めるということである。1980年代、米国は、世界の半導体製造拠点を日本に奪われることを危惧して、無理やり日米半導体協定を締結した。今は、台湾、韓国のみならず、潜在的に敵対する恐れのある中国に世界の半導体製造の中心が移りつつある。米国の危惧はさらに深い。

半導体は、プラットフォーム、ネットワークよりも基盤的な部品である。ありとあらゆる設備や機械や、さらには武器にさえ搭載されている。デジタルトランスフォーメーション（DX）の時代を迎え、その動きは幾何級数的に加速している。それは民間でも軍事の世界でも同様である。

日米半導体協定の時代、ペンタゴンは、自分たちの装備の半導体が全部日本製という訳にはいかなかった。ところが、冷戦が終わってからしばらくの間、アルカイダ退治等のテロ対策に追われた米国は、科学技術安全保障に関心が向かなかった。気づいてみれば、日米で独占していた半導体の製造拠点は、完全に中国、台湾、韓国の企業に奪われていた。日米半導体協定時代と同様の懸念が、米国の安全保障サイドに出てきたのは当然である。

このままでは民生用品のみならず、米軍の軍事的な装備のなかの半導体まで中国製に依存することになる。しかも、中国製の廉価な半導体の性能はどんどん良くなっている。そこで米国は、中国の半導体製造能力を依然として凌駕している台湾のTSMCに目を付けた。TSMCの取り引きの15%を占めるといわれたファーウェイへの製品納入を止めさせ、アリゾナに工場を建設させて、米国専属としたのである。

もう一つは、中国の半導体製造技術が、模倣や窃取によって、米国の技術に安易に追いつくことを許さないということである。依然として最先端の半導体の設計や半導体を製造する機械そのものは、中国も米国等の先進国に依存している。

米国商務省は、米国の最先端の技術が中国に流れていかないように、エンティティリストと呼ばれる禁輸対象企業リストを設け、米国が一定以上の付加価値を有している製品を、ファーウェイなどへ供給することを禁止した。安全保障上の禁制品に指定したのである。

米国製の高級半導体は、米国からのみならず第三国経由でも輸出が許可制になる。また、一定程度以上、米国の技術を使って第三国企業がつくった半導体も、同様に許可制になる。米国は半導体製造の世界で、中国の切り離しに出たのである。

ファーウェイは、西側から遮断され、自力で最先端の半導体の製造に臨むことになる。恐らく中国の技術者は、現在、突然の困難に面喰らいながらも、愛国心に燃え、持久戦となる戦いに備えている。中国政府も、5兆円の資金を国産半導体に投入するといわれている。米国もまた2兆5,000億円を投じるといわれている。中国は国民全体を電子的に監視しようとしており、デジタル化が猛スピードで進んでいる。軍民ともに半導体への需要は多い。「自力更生」への自信がみなぎる。

このような米国の規制は、米国製品を組み込んで製品をつくって中国企業に輸出している日本企業にも影響を与えずにはおかない。

3　日本の経済・科学技術安全保障の何が問題だったのか

従来、日本政府は、経済安全保障、科学技術安全保障の問題を正面から取り上げてこなかった。それには理由がある。2020年の国家安全保障局経済班の創設は、それを克服するためのものである。その理由とは何か。実は、問題の根は深く、かつ、複雑である。敗戦国となり、また55年体制下でイデオロギー的に分断された戦後日本の宿痾（しゅくあ）が、その根底にある。

（1）経済関係省庁、経済界の安全保障問題への無関心

2020年以前、政府が経済安全保障問題に効果的に対応できなかった理由は、主として制度的なものである。どこの国でも先端技術と軍事は表裏一体である。

ところが日本は、敗戦国として防衛力に厳しい制約を受け、防衛と経済は切り離された。それは日本が敗戦国だからである。そのため日本では、安全保障関係省庁と経済官庁および経済界は、一部の重工業を除き、戦後一貫してほぼ没交渉であった。また、冷戦による国内政治の分断は、大学および学術界の強い平和主義および左傾化と結びつき、科学技術政策と防衛政策が厳しく遮断されてきた。

戦勝国では、最先端の科学技術が常に防衛部門と密接な関係を有している。戦後日本には、真逆の事態が生じている。このような現象は、分断国家となったドイツにもない。極めて日本的な現象である。

日本は、経済復興に血道を上げて戦後復興と高度経済成長を果たしたが、安全保障の世界は東西冷戦の対立がそのまま国内に持ち込まれ、激しく政治化した。その結果、経産省貿易管理部等一部の例外を除き、経済関係省庁は、防衛省を筆頭とする政府内の安全保障担当部局と遮断され経済関係省庁の安全保障およびインテリジェンスに関する基本知識が欠落した。

それは政府だけの話ではない。政界も経済界も同様である。米英等西側諸国と比較して、本邦の民間企業においても同様に、安全保障およびインテリジェンスに関する知識、関心は、極めて薄かったと言ってよい。

故岡崎久彦大使が折に触れて指摘されていたように、海外の知的なエリート層に比して、日本の知的エリート、特に、経済官庁および経済界には、軍事、イン

テリジェンス、安全保障に関する関心や知識、リテラシーそのものがない。だから国際政治のリアリズムがない。日本の主要メディアでさえも、長い間、同様の状況であった。

唯一の例外は、1987年の東芝機械ココム違反事件で、東芝機械が戦略原潜にも使える静粛型スクリューをソ連に輸出して、米国が激高した事件で矢面に立たされた経産省貿易管理部である。爾来、貿易管理部は能力を高め、現在、国際的にも尊敬される一流の機微技術・製品の安全保障貿易管理組織に育っている。

なぜ、このようなことになったのか。なぜ、安全保障と経済政策は分断されてしまったのか。もう少し詳しく説明しよう。

戦後、経済関係省庁と日本の経済界は、日米同盟の下で享受している平和を当然の前提として、経済復興と高度成長にひた走った。日本の繁栄は、日米同盟という温室のなかで咲いた大輪の花にすぎないという自覚がなかった。

市場経済と国際政治は、一つのシステムを構築している。決して分断されてはいない。日米同盟を基軸とする権力関係の安定と武力紛争の抑止という石垣の上に、日本の高度経済成長という大輪の花が咲いていたのである。しかし、日本では、そのこと自体が認識されてこなかった。

冷戦の期間中、28万の自衛隊は、日々、核武装した40万の極東ソ連軍の重圧に耐えていた。北極海越しに無数の核ミサイルが、米国とソ連を狙い合っていた。仮に、万が一、東西陣営が衝突し、ソ連と戦端が開かれれば、ソ連赤軍は樺太南端に集結して北海道に上陸するであろうから、北海道においておびただしい陸上自衛隊員と航空自衛隊員が戦死することは自明だった。しかし、その冷酷な現実は、鼓腹撃壌して経済成長を謳歌する日本人には伝わらなかった。

敗戦国となった日本の国内政治は、無残に分断されていた。戦勝国フランスのようなゴーリズム（フランス自立主義、多極主義）が出てくる余地はなかった。冷戦中は、国際冷戦が国内に構造化された。55年体制下で、安全保障問題は、米国に軸足を置く自由民主党とソ連に軸足を置く日本社会党の間に、深刻なイデオロギー対決を生み、頻繁に不毛な激突と政局を招いた（しかも時間が経つにつれてマンネリ化した）。

社会党、総評は、官公労である自治労、日教組に組織的動員を掛けた。1960年代の「全学連」、70年代の「全共闘」のような学生運動もそれに呼応した。主たるテーマの一つが、日米同盟への反対であった。1960年代の反安保闘争や原子力潜水艦寄港反対闘争では、10万人規模の動員が可能であった。

メディアの世界も、中曽根総理が登場し、また、ソ連のアフガニスタン侵攻で新冷戦が始まった1980年代以前は、「産経新聞」以外の新聞はすべて左に立ち位置を取って日米同盟反対、自衛隊反対といったイデオロギー的な論調がとても強かった。今ではもう誰も覚えていないが、これがいまだに残響を奏でる戦後イデオロギー断層の古層である。

このような不毛なイデオロギー対決の雰囲気のなかで、一部の重工業関連企業を除いて、安全保障問題に深い関心を向ける企業は少なかった。「死の商人」「武器商人」と呼ばれるのを恐れ、企業イメージを気にする企業も多かった。

経済官庁も同様である。政局化しやすい安全保障問題は、むしろすぐに国会で問題視される危ない問題と思われて、外務省、防衛省、警察庁等の安全保障関係官庁以外の官庁では、安保防衛問題にかかわること自体を忌避する雰囲気がとても強かった。

政界も同様である。吉田総理および岸総理以来、中曽根総理までの20年間、安全保障問題に正面から取り組もうとする勇気ある現実主義的な総理は出なかった。多くの総理が、55年体制下の左右勢力のバランスに配慮する調整型の指導者だった。日本の戦後復興が、日米同盟という石垣の上の花壇に咲く「ひよわな花」(ブレジンスキー)であり、日米同盟をどう強化するのかという現実問題を直視しなかったのである。

また、政府がどんなに厳しい対ソ姿勢を取っても、ソ連は市場としてほとんど魅力がなく、日本の経済界にとって何の痛痒(つうよう)もなかった。経済界、経済官庁は、あたかも共産圏が存在しないかのように振る舞っていた。

今、米中大国間競争時代を迎えて、状況は一変している。中国はソ連ではない。日本経済にとって中国の重要性は歴然としている。中国は、1990年代から本格的に離陸し、今や、日本の3倍のGNPを抱え、世界第2位の経済大国であり、日本の第1位の貿易相手である。日本企業のサプライチェーンは、中国に深く根を下ろした。中国で利潤を上げている企業も多い。それは日本だけではない。欧州、米国の企業も同じである。

米中大国間競争の時代になると、日本の経済界・経済官庁は、戦後初めて、安全保障とビジネスの間のバランス感覚を問われることになる。将来の西側と中国の経済関係は、決して米ソ(露)対立時代のような全面的な対立と断絶に向かうことはないが、一部先端技術に関してはデカップリングがはじまり、中国とデカップルされた分野と、引き続き中国と密接に結びついた分野が、まだら模様に混在するようになるであろう。また万が一、台湾有事にでもなれば、中国で活動するすべての日本企業、台湾企業、米国企業は人質にとられることになる。

(2) 安全保障の観点を欠落させた経済関連法制

経済官庁、経済界の安全保障問題との断絶の結果の一つが、国家の安全保障に直接かかわるような交通、産業、エネルギー関連の国内法制に、安全保障条項が欠落していることである。1990年代の日本市場自由化の行き過ぎである。

先に述べたように、安全保障という土台の上に自由市場と自由貿易が成立している。冷戦が終了し市場経済が世界を覆うという判断は、楽観的に過ぎた。共産圏の雄であったロシアと中国は、いまだに自由主義世界に責任ある大国として入ることを拒んだままである。特に中国は、西側の開かれた市場経済システムを用いて、国力の増進を図っている。

市場経済化、自由化というスローガンは決して間違っていないのだが、安全保障の観点をまったく欠落させた自由化、自由貿易では困るのである。

今でも国内の業界が完全に自由化されており、外国人の本邦内での活動が規制できない場合が多く見られる。たとえば、日本のネットワーク事業の根幹をなす電気通信市場へは、外国企業の参加が自由である。電気通信事業法上は、中国企業でも、ロシア企業でも、北朝鮮企業でさえ、日本で通信業務を開始し、営業することができる。

(旧)共産圏の国は、官民の区別が難しく、民間企業といっても、裏で政府機関や諜報機関による非合法活動が密接にからんでいる危険がある。盗聴は諜報機関にはお手のものである。意図的に企業舎弟のようにして何重にも無害なフロント企業を立てて、表見上、善良な企業に見せている場合もあるであろう。

先に述べたように、特に、中国は軍民合体を政府が奨励しており、かつ、あらゆる情報を国家が吸い上げることができる国内法制度と優れた電子監視能力を有している。(旧)共産圏の主要企業は、事実上政府の一部であり、西側の企業とは行動原理が異なることを忘れてはいけない。

ところが電気事業法それ自体には、外国企業の日本市場参入を阻止する条項がない。電気事業法だけではない。日本の事業関連法のほとんどに、外国企業の日本市場参入を規制する条項がないのである。

現在、日本政府が安全保障の観点から行う民間経済活動の規制は外為法ただ一本だけというのが、日本のお寒い実情なのである。

(3)「自衛隊員を守る」「国民を守る」というモラルの欠如

防衛技術は、有事に及んで自衛隊員の命を守る大切な技術である。普通の国では、最高の価値を与えられている技術である。有事に及んで自衛隊員を守るには、ロシア、中国における最新兵器の開発動向の把握に全神経を集中し、高い優先順位をもって予算、人員を充て、常時、新技術の開発によって対抗していかねばならない。さもなければ、いざというときに自衛官の命が犠牲になるからである。それは、有事に及んで国民の生命と財産を危険にさらすことを意味する。

しかし、日本ではそういう緊張感が薄い。55年体制下のイデオロギー論争の結果、東側に軸足を入れた人々の戦略論には、「日米同盟はない方がよい、自衛隊は弱い方がよい」という非武装中立の発想の原点が固定化されてしまっている。それはもはや、アイデンティティに近い。

どこの国でも、インテリジェンス部門で最高価値を付される情報は、常に敵の最新兵器の情報である。一刻も早く対抗技術を開発しなければ、有事の際により多くの自国兵士の命を失うことになるからである。それは、より多くの国民の命を失うということである。

日本では、一部の防衛関係者を除き、官民の技術関係者の双方に、持てる科学技術の粋を尽くして自衛官の命を守らねばならない、さもなければ国民の命が守れないという切迫感が薄い。将兵と国民の命を守るという切実さがないのである。自らの生殺与奪の権限を他国に委ねてはならないという安全保障の原点となる意識が、希薄である。

その危機感のなさ故に、日本は、同盟国である米国の軍事技術についていかねばならないという問題意識さえ失っている。日本の政府、学術界の双方が、米国防総省（ペンタゴン）等の科学技術研究動向をつまびらかに知らない。学界に至っては、ペンタゴン、防衛省と付き合うことが悪であるという雰囲気さえある。中国、ロシアは血眼になって米軍の技術を追いかけているであろう。

今のままでは、基礎研究から開発まで一貫して猛スピードで進む世界の軍事技術革新に、到底ついていけない。米中の技術競争の後塵を拝するどころか、早晩ドロップアウトしても不思議ではない。

(4) 科学技術の社会実装と公益実現——「死の谷」という問題

現在、総理主宰のCSTI（システィ、総合科学技術・イノベーション会議）が、5カ年計画をもって毎年4兆円に及ぶ日本の開発予算配分の優先順位を決めている。5カ年全体で20兆円である。政府内部では、内閣府の科学技術イノベーション担当政策統括官組織が事務局となっている。

日本の国家予算は100兆円であるが、国債、地方交付税、年金や医療費を差し引いた政策経費は、20兆円にすぎない。その5分の1に当たる4兆円が、毎年、科学技術の研究開発予算に流れていく。

政府の研究開発予算を束ねるのは、文科省系の科学技術振興機構（JST）、経産省系の新エネルギー・産業技術総合開発機構（NEDO）、厚労省系の日本医療研究開発機構（AMED）等の機関である。また、内閣府統合イノベーション戦略事務局は、自ら千億円単位の予算を獲得して、ハイリスクな研究投資を主導している。

問題は、血税4兆円をつぎ込む学術界に社会実装への熱意が低いことである。公益と結びつかない研究のための研究になってしまっているのである。研究開発と社会実装の間には、どこの国にも「死の谷」と呼ばれる断絶がある。日本の「死の谷」は殊の外深い。

日本の学術界は、自らの殻のなかで閉じた研究をしていることが多い。公益の実現、社会実装に関心が低いのである。「政府の干渉を一切受けないのが学問の自由だ」という声まで聞かれる。血税を4兆円も使うのなら、新しい技術が、将来、公共交通、通信、農業、防災、防疫、治安、防衛などの公益にどう貢献するかを、きちんと説明するべきである。

4兆円の研究開発費の規模自体は、国際的に見て決して多いとは言えない。米国政府の政府研究開発予算は20兆円であり、GAFAと呼ばれるネット系大企業の開発費は総額数兆円を下らないといわれる。しかし、血税4兆円を使うのであれば、「夏休みの自由研究」という訳にはいかない。将来、どういう技術で国民がどう裨益するのか、公益との関係できちんと説明責任を果たすのは、当然のことである。

ところが、依然として、学界の一部には「学問の自由とは政府の指図を受けないことだ」という見解がある。政府とまったく関係のない絶対的に自由な研究をしたいのなら、血税に頼るのではなく、ハーバード大学等の米国の大学のように経済界から資金を集めるべきである。そうすれば、政府ではなく市場（マーケット）の方から公益が注入される。東京大学は、既に、ハーバード大学型に向かって変貌しつつあるように見える。それも大学の正しいあり方の一つである。

また、研究開発資金と言いながら、そのなかから国公立大学の人件費等、事務局維持経費に数千億円が流れている。それでは大学事務の合理化意欲は出てこない。大学の一般的な経費は、研究開発費ではなく、国公立大学の入学金、試験代、学費からまかなうべきである。もとより、社会的な不公正を生まないように、保護者の所得に応じた減免措置や、奨学金制度の拡充も必要である。

(5) 政府研究開発予算からの安全保障技術の遮断

日本に特殊な問題として、4兆円の政府研究開発予算が、ほとんど安全保障関連技術に流れないという問題がある。科学技術予算編成の司令塔ともいうべき総理主宰のCSTI（正式名称は総合科学技術・イノベーション会議）には、総理、官房長官、科学技術担当大臣（内閣府）、総務大臣、財務大臣、文科大臣、経産大臣と7名の有識者と日本学術会議会長が出席することになっている。

しかし、従来、防衛大臣や外務大臣はかたくなに出席を拒否されてきた。驚いたことに、科学技術予算と防衛問題を政府部内で制度的に遮断することが、堂々と行われているのである。

日本の政府研究開発予算は4兆円である。それだけの金額を血税から流し込むのであれば、それがどう公益に反映されているかについて、安全保障、防衛問題も含めて、全省庁的な意見や批判が反映できるようにする必要がある。防災や交通安全を担当する国交大臣も入っていない。パンデミック等の防疫を担当する厚労大臣も入っていない。CSTIは、もう少し公益を反映した科学技術戦略論を展開できる場所にするべきである。特に、国民の安全と安心に、もっと積極的に貢献するという意識を持つべきである。

また、日本の科学技術研究開発の成果が、国民生活を将来どのようによりよくするのかという点について、国民の批判にさらし、国民から選ばれてくる閣僚を通じて、民主的なチェックが働くようにする必要がある。

一部の学者と官僚が密室で取り仕切るには、4兆円はあまりにも大きい。より民主的な予算編成プロセスに変えるべきである。そのプロセスのなかで、新しい技術分野、どういう分野で、どのように国民の生活を安全、安心にし、豊かにし、便利にするのかという点について説明責任を果たすことが必要である。この壁を壊すには、政治のリーダーシップと国民の理解が要る。

問題の根源は、学界サイドにある。日本の学術界の雰囲気は、残念ながら、いまだ冷戦初期の55年体制のままである。強い平和主義と、日米同盟、自衛隊に対する強い拒否感がある。今の若い人には理解できないであろう。

たとえば、映画「クライマーズ・ハイ」を見た人なら分かると思うが、北関東新聞幹部が、御巣鷹山の日航機事故の悲惨な現場で頑張る自衛隊を取材した現場記者の記事に関し、「自衛隊を褒めるような記事は絶対に一面に載せない」と怒鳴るシーンがある。自衛隊への国民の支持が9割に達する今日では理解しがたいが、1960年代、70年代の雰囲気を象徴するシーンである。当時の雰囲気を現在も色濃く残しているのが、学術界である。

5兆円の防衛予算の8割に相当する4兆円の予算を科学技術研究開発に充てておきながら、その研究開発予算から安全保障関係の研究者や防衛省の技術者および自衛官を、ほぼ完全に排除しているのが、現在の日本学術界の姿である。残念ながら、多くの国立研究所でさえ同様の風潮がある。

先に述べた通り、米国では、国防総省が10兆円の研究開発費を抱えて基礎研究から開発まで面倒を見ている。これに対し日本では、4兆円の政府研究開発予算のカネの流れが、ほぼ完全に防衛省を排除する形になっている。その理由は、学術界の一部に、依然として55年体制初期の強い平和主義と冷戦型イデオロギーの残滓が残っているからである。防衛省に流れる研究開発予算は、4兆円の内、1,000億円強にすぎない。

逆に、防衛省は、2019年度から、新規技術開発のため、自らが官民の研究開発を支援するべく、なけなしの研究開発予算から100億円の予算を計上しはじめた。軍事研究ではない。研究成果が公開される基礎研究である。防衛省が、自らの技術基盤の裾野を広げようと、学界、民間企業の研究機関の扉を叩いたのである。

しかし、日本学術会議は、ただちに防衛省との協力を拒否するとの声明を出した。「軍事研究」反対というのがその理由である。学術界では、デュアルユースの軍民両用の技術であっても、防衛省がかかわる限り一切、「軍事研究」だと呼ぶ傾向が強い。前述の通り、学術会議は、総理主宰のCSTI（総合科学技術・イノベーション会議）に議席を持ち、予算配分に一定の影響力を持っているため、国立大学をはじめとして学術界は、一斉に学術会議の方針になびく。その影響力は大きい。学術会議の声明の後、多くの国立大学が右にならえで防衛省との協力を拒否するとの声明を出した。そして多くの私立大学がこれにならった。

しかし、学術の現場では、国家安全保障に関する研究に関心のある研究者は数多い。2015年に防衛省が前述の基金を立ち上げたとき、筑波大学で行われたアンケートでは、わずか15％が明確な反対派だった（「筑波大学新聞」2015年12月7日付記事）。

安全保障をやりたくない研究者はやらなくてよい。しかし、やりたい研究者の学問の自由を奪うことが、なぜ許されるのか理解に苦しむ。国際的に見ても、学問の自由が保障されたアカデミアとして異様な事態である。

筆者の知る限りでも、防衛省やペンタゴンと接触するだけでも、まるで悪いことをしているかのように報告を求められる国立大学がある。また、ある民間企業が防衛省の研究基金を受けようとしたら、そこで主力となって研究している国立大学の教授が、当該国立大学から強い圧力を受けたために、その企業が防衛省への研究資金申請を断念するという事件があった。ここまでくると、学問の自由阻害という次元を超えて業務妨害に近い。

米国では、研究内容の選択は、学者の個人の自由に委ねられている。学術界の構成員全員に、学術会議が上からイデオロギー的立場に立って、反日米同盟、反防衛省の姿勢を押し付けるのはいかがなものかと思う。それは特定の人々だけのイデオロギーではないのだろうか。防衛省は、国民の命を預かる重要官庁である。研究者全員に「安全保障関係に触るな」という一部の研究者の立場を強制するのは、学問の自由に反するのではないだろうか。

（6）政府研究開発予算による民間企業への安全保障関連技術研究委託制度の欠落

米国では10兆円の国防総省研究開発予算が、国立研究所だけではなく民間企業への研究委託で降りていく。前述のように、安全保障問題は自由貿易原則の枠外となり、国産技術への投資はWTO違反とならない。これは、安全保障の名目で、先に述べた「死の谷」に10兆円の鉄橋がかかっているのと同じである。

米国ではベンチャー企業も活躍しており、リスクを取って社会実装に取り組んでいる。競争は非常に激しく、能力のない企業はたとえ大企業でもどんどん契約から締め出され、「死の谷」に突き落とされる。

また、中国では、軍民融合により巨大な産官学の複合体が形成されており、人民解放軍や国からの巨額の支援によって、この「死の谷」に立派な鉄橋がかかっているものと思われる。

ところが、先に述べたように、日本の防衛省に回される政府の研究開発費は1,300億円にすぎない。これでは、安全保障分野を通じて「死の谷」を越えるという米国や中国のような芸当は、とてもできない。

4　科学技術安全保障政策、経済安全保障政策の立案
——今、何をなすべきなのか

(1) 日本の技術を知る

第一に、政府は、日本が保有する最先端民間技術を、学術界の基礎研究から企業の開発段階まで含めて、知らねばならない。

政府には、安全保障の観点から、政府部内、各種国立研究所、大学、ベンチャー企業を含む国内企業が、安全保障上、いかなる機微技術を有しているか、また、それが軍事転用され得るかどうかという点に関し、全体を俯瞰するような総合的知見がなかった。

驚くべきことに、防衛省装備庁は、平和主義の強い時代から防衛技官および自衛官が長らく霞が関技官集団のなかで疎外されてきたために、自衛隊の装備に関する知見しかない。また、その他の官庁の技官は縦割りが厳しく、相互の連絡が薄く、さらに経済官庁では技官も含めて安全保障問題に関して問題意識が薄かった。

それに加えて、政府には、そもそも安全保障的観点を含めて日本の技術全体を総攬する司令塔となる部署が、上級官庁である内閣官房（総理官邸）に不在であった。今般、国家安全保障局に経済班が創設された。経済安全保障の司令塔としての活躍が期待される。

今後は、国家安全保障局はもとより、経済関係官庁、安保関係官庁、インテリジェンス関係官庁を含む幅広い協力体制をとることが必要である。また、総理主

宰の宇宙開発戦略本部、総合海洋政策本部、CSTI、IT本部、また、官房長官主宰のサイバーセキュリティ戦略本部、経協インフラ戦略会議などとの有機的連携を図ることも必要である。

特に、これまで縦割りの壁に阻まれていた各省庁の優秀な技官間の交流が必要である。霞が関の技官は非常に優れている。縦割りを廃止して、霞が関技官集団の全体の力が出るようなエコシステムをつくることが必要である。そこにはもちろん、これまで不当に差別されがちだった防衛技官および自衛官が含まれねばならない。

経済安全保障関係の主要省庁としては、安全保障関連の武器輸出および投資を規制する外為法を所管している財務省、経済産業省、安全保障を担当する外務省、防衛省、インテリジェンスを担当する警察庁、公安調査庁、および、重要インフラや高度機微技術を所管する経産省、総務省、厚労省、国交省、農水省、環境省他の経済関係官庁がある。今後は、政府全体に横串をさして総合力の発揮を目指す必要がある。それが、国家安全保障局経済班の仕事なのである。

(2) 日本の技術を守る

第二に、日本の機微技術を流出から守らねばならない。技術を制するものが、21世紀を制する。技術の進歩は速い。ゲームチェンジャーというべき新技術が、あらゆる分野で次々と登場している。戦争の様相も様変わりである。航空優勢、海上優勢、宇宙優勢、サイバー優勢、さらには情報優勢を獲得するには、技術力が勝負のポイントとなる。日本からの不用意な技術流出は、日本の安全保障を危うくする。また、同盟国である米国将兵の命を危うくする。

現在、前述の通り、米国が安全保障上の懸念から、中国等への機微技術流出阻止に動きはじめている。日本としても、歩調を合わせて中国等への機微技術流出阻止に取り組まねばならない。

第一に、中国への技術流出阻止に関しては、合法的な流出、あるいは、玄関（フロントドア）からの技術流出が可能である。その防止のための方策を検討する必要がある。

(a) 機微技術を有する先端企業を買収され、技術を丸ごとごぼう抜きにされることを阻止する必要がある。次項で詳述するが、安全保障上の観点から、外為法を用いた外国企業による日本企業買収のチェックがようやくはじまった。

まだまだはじまったばかりであるが、米国のCFIUS（対米外国投資委員会）に近い対内投資審査の態勢が整った。

(b) 先端機微技術研究開発分野への留学生受け入れのあり方の再検討が必要である。米国は人民解放軍とつながりのある学生への査証発給を、厳格化している。

(c) 国立大学等での中国機関からの研究資金受け入れを見直す必要がある。私立大学においても日本政府の助成を受けているのであれば、同様の見直しを要請するべきである。まず、中国政府から資金を受けている研究プロジェクトについては、これを調査して把握するべきである。日本の防衛省とは付き合わないという一方で、軍民融合の中国への技術流出に無頓着というのもいかがなものかと思う。ちなみに、米エネルギー省は、中国の研究資金を受け取った研究者への米政府予算の支出禁止を決定した。中国からの資金受け入れをごまかして米政府の研究資金を申請したハーバード大学教授が逮捕される騒ぎにまでなっている。

(d) 日本の特許制度は公開が前提であるが、悪意のある外国機関は、不法に技術を盗んでいくので、機微技術に関しては非公開の特許制度を検討する必要がある。世界中の多くの国で非公開特許制度は存在する。また、併せて日本での発明は、まず日本で特許を申請すること、さらに、その後の外国への特許申請は事前にチェックの機能を設けることが必要である。

(e) 日本の防衛産業やあるいはその研究所の機密を保全する法制が必要である。諸外国では、防衛産業協力の前提として、政府が指定する防衛産業秘密については、クリアランス（非公開情報アクセス権限）を獲得した研究者のみが従事できるようになっている。安全保障の観点から、官民双方にまたがる産業防衛機密漏洩防止の法制を整え、その後、米国他、西側先進国との防衛技術に関する産業情報保護協定を締結するべきである。

(f) この関連で、クリアランス制度の導入が必要である。米国等先進国では、安全保障に関する秘密保護制度が民間にも拡大されており、一定のクリアランスを得た人間は、政府の外側にあっても、クリアランスのレベルに応じて、国家の機密情報に一部接触することができるようになっている。この制度は、実は、外国政府や外国企業に対して、民間人の身元保証のような役割を果たしており、安全保障の分野で、外国政府、外国企業との接触を容易にするという側面がある。逆にいえば、世界の防衛産業界で、自国政府のクリアランスのない人間は信用されない。この法制が欠落していると、諸外国の防衛産業が、日本の防衛産業からのリークや第三国技術流出を恐れて、防衛技術協力に二の足を踏んでしまう。

(g) 中国は、共産党独裁下での国家資本主義を実践しているため、中国国内において、外国企業に対する強制的技術移転が存在する。これについては、市場経済原理に従って行動するよう、中国側に是正を求めつづけていく必要がある。

第二に、不法な技術流出、あるいは、裏口（バックドア）からの技術窃取阻止が必要である。そのためには、物理的窃取、および、サイバー窃取対策の双方が必要である。

(a) 物理的窃取阻止のためには、既に各大学や国立研究所に数多く在籍する外国人研究者に対して、研究の機微度に応じた分類をして、たとえば核不拡散の観点から問題となるような原子力技術等の機微な技術には接触させない努力が必要である。

(b) 留学生が純粋な研究者なのか、本当は諜報員あるいは軍人なのか等についても、きちんとした身元の確認をするべきである。それを査証（ビザ）の発給の是非判断に反映させるべきである。

(c) サイバー窃取に関しては、コンピュータの暗号管理からはじめて、官民の研究機関において、厳重なサイバーセキュリティ対策を講じることが必要である。

(3) 日本の技術を育てる

第三に、日本の防衛技術の育成および米国との協力推進が必要である。「守る」と「育てる」が、防衛技術政策の両輪でなければならない。

日本の防衛技術には、ミサイル技術、レーダー技術等、優れた要素技術があるが、日本全体の科学技術の水準に照らせば、極めて限られた分野で比較優位を有するにすぎない。

残念ながら、依然として企業イメージを気にする経済界の動きは慎重である。多くの企業は、いまだに一部の左派メディアに軍需産業の烙印を押されて企業イメージが悪化することを嫌う風潮がある。55年体制のイデオロギー分断の残滓は、メディアのなかにもいまだ色濃く残っており、世論を二極化しがちである。世代の問題もある。概してシニア世代が左派であり、ジュニア世代が現実的である。このような世論の状況も、経済界に防衛産業の復興、防衛装備の対外輸出に正面から取り組むことを逡巡させているように見える。

その結果、日米防衛装備協力もわずか一部の装備品（ミサイル防衛用迎撃ミサイルのノーズコーン等）に限られており、日本の高度な科学技術が日米防衛装備協力に生かされることはない。その背景には、先に述べた学術会議を中心とした学術界の防衛力整備、日米防衛協力反対の根強い動きがある。また、霞が関の主要官庁および国立研究所と、防衛省装備庁の関係が極めて希薄であるという問題もある。

日米防衛技術協力は、世界第一、第三の経済大国の同盟であるにもかかわらず、ミサイル防衛などの一部の例外を除いて、この70年間ほとんど成果がなく、歴史的にも日米同盟における最大の不毛地帯となっているのは、残念なことである。

この壁を乗り越えるには、安全保障に関心を有する研究者が、産学官のすべての分野において、誇りを持って安全保障関連の科学技術研究に取り組めるように、産官学連携のための制度的工夫が必要である。現在、防衛技術からのスピンオフというよりも、社会全体の基盤的技術の進化が進んでおり、民生技術が防衛技術にスピンオンしてくる現状にある。もはやデュアルユースという言葉自体に意味がなくなっているのである。

今後、先進半導体、先進素材、宇宙、海洋、サイバー、人工知能、ロボティクス、ゲノム編集、再生医療といった花形分野はもとより、将来に目を向けて量子科学（通信、暗号、ジャイロ、コンピュータ等）、脳科学（特にブレインマシンインターフェイス）に取り組まねばならない。

現在の先端民生技術の幅は広く、その多くはまだ基礎研究の段階にある。それらの研究が、安全保障を含めて、日本政府の公益実現に向けてどのような意味を持ち得るのか、20年後、30年後にどう国民生活をよりよくするのかを国民に説明し、そこに優先順位をつけて大胆な予算をつけるべきである。

安全保障に関して、内閣府のムーンショット計画のような大胆な施策が必要である。経済界、学界とウィンウィンの関係を築けるような政府との制度的関係を模索する必要がある。そのためには、研究開発予算の流れを見直す必要がある。

総合科学技術・イノベーション会議に防衛大臣、国交大臣、厚生労働大臣、外務大臣が出席するのは、当然であろう。

今は、産総研等の国立研究所も、学術界に気兼ねして、むしろ安全保障関係の研究には後ろ向きの印象である。また、科学技術振興機構（JST）を通じた大学の研究室への予算配分については、安全保障に関してさらに消極的である。

そもそも、防衛省の研究開発予算が1,300億円という微々たるものであること自体がおかしい。防衛省の研究開発予算にも大胆に予算を回すべきである。

経産省の新エネルギー・産業技術総合開発機構（NEDO）を通じた産業技術総合研究所（AIST）の研究開発予算への配分も、国民の安心安全に資する研究に優先順位をつけてよい。もっと積極的に安全保障関連の技術について、政府が率先して民間企業への研究委託をしていくべきである。

この厳しい安全保障環境のなかで、今のように4兆円の研究開発予算のほとんどを、防災、防疫、交通安全、治安、防衛といった国民と国家の安全、安心のために使わないということでは、国民に説明ができないであろう。

繰り返しになるが、米国では、政府の研究開発予算の5割に相当する10兆円は国防総省に回され、幅広い基礎研究から応用研究や技術開発に用いている。そこからインターネットのような世界を変える技術革新が行われてきた。

日本としても、安全保障上の観点から、防衛省、経済産業省製造産業局を通じて、基礎研究、応用研究、技術開発を民間企業に委託する大規模な予算を考えるべきである。

経済界、政府、学界が多額の資金を持ち寄り、大胆なプロジェクトを進めることも考えるべきである。たとえば、政府研究開発予算の4兆円の何分の一かを、防衛省装備庁や経済産業省製造産業局に回して、民間企業へ安全保障関係の研究開発を委託する予算として活用するべきである。

政府が4,000億、民間から6,000億の予算を準備して、国立研究所の技官、防衛技官、自衛官、民間研究所の研究者、大学の研究者を一堂に集めて、「量子力学と安全保障」と銘打った向こう10年間の研究開発プロジェクトを立ち上げ、民間からの拠出金は免税にするというような抜本的な改革をやらない限り、大学も、学術界も、経済界も、官界も、何も変わらないであろう。

また、米国国防総省関連の研究所との協力も深めるべきである。米国には、日本の科学技術庁に相当する官庁がない。10兆円の研究開発予算を持つ国防総省は、基礎研究から具体的装備開発まで、非常に幅広い分野で高度な研究を進める研究所を数多く持っている。

これまで、日本の学術界は、国防総省系列の研究所というだけで、たとえ基礎研究であっても、軍事研究とレッテルを貼って一切の協力を拒否してきた。防衛関係の研究を遮断してきた日本の学術界はもとより、日本の経済界でさえ、国防総省系の研究機関との関係は極めて薄い。55年体制下の古いイデオロギー的なメンタリティがそのまま残っているからである。そろそろ科学技術安全保障に覚醒する時なのではないだろうか。

(4) 日本の技術を活かす

①防衛装備開発戦略、調達戦略とスピード感の実現

第四に、日本の技術を安全保障に生かすことである。そのためには、まず、防衛省において、明確な防衛装備開発戦略および調達戦略を持つことが必要である。新しい装備体系への要求は、まず、自衛隊の作戦運用に責任を持つ統幕、陸幕、海幕、空幕から出てくるべきものである。

残念ながら、現在の防衛省の予算編成のプロセスは、全般的に財政状況が厳しい折から、既存の装備の若干の更新が精一杯であり、しかも、軍官僚機構の常として、大胆にメリハリをつけた予算を組むことが苦手である。横並びで薄く広く予算が張り付けられる。統合作戦を担当する統合幕僚監部からも、予算を担当する内局からも、装備を担当する装備庁からも、陸海空幕僚監部に深くメスを切り込んで、自衛隊の防衛装備を根本的に刷新しようという力は出てこない。

軍官僚機構とは、実は、官僚機構の最たるものなのである。予算編成過程はしばしば惰性で動いている。それは特に5兆円という巨額の予算を持つ防衛省、自衛隊において著しい。

筆者の知り合いのイスラエルの国家安全保障局長は、軍の予算は、結局、最高司令官の首相が大胆にあれこれ指示しない限り、陸海空軍それぞれの玩具が積み上がるだけだと言って笑っていた。

筆者が、日本の防衛大綱、中期防衛計画の防衛予算の積み上げ方式を説明すると、彼は、イスラエルでは、首相が直接に国家安全保障会議で国防予算編成の指示を出し、たとえば数年計画でミサイル防衛を実現せよと号令をかけるのだと述べ、日本のような下からの積み上げ方式では、各幕の狭い発想で、惰性に任せた

装備のちまちました刷新が行われるだけで、軍全体の能力の飛躍的向上という視点が欠落しがちであり、また、統合作戦の視点が失われる、それでは自軍の装備を敵軍の装備に対抗して、どんどん刷新していくことは不可能なのだと述べていた。

筆者もそう思う。ただし、そのためには、政治指導者や、その事務局である国家安全保障局に、将来のゲームチェンジャーとなる軍事技術を見抜く眼力が要る。2018年の防衛大綱では、国家安全保障局が中心となって、宇宙、サイバー、電磁波という新しい三分野を指定した。この「うさでん」といわれる三本柱を考え出したのは、国家安全保障局に出向してきていた俊英の防衛官僚、自衛官たちである。

将来の戦闘様相とそれに対応する必要な技術は何かという原点から発想して、統幕で陸海空の統合作戦を念頭に、統幕計画部（J5）において導入する装備に優先順位をつけ、メリハリの利いた要望を内局防衛政策局、整備計画局に提出し、防衛大臣、さらには総理大臣の政治的な配慮も加えたうえで、新規技術開発に大胆に予算をつけていく必要がある。

また、装備庁においては、経産省製造産業局、ひいては学術界とも協力して、官民の資金を投入し、国立研究所や関係企業や大学の研究所から人材を集めて共同プロジェクトを引っ張っていくという姿こそ本来の姿である。このようなプロセスを政治的に管理する防衛大臣主宰の装備開発委員会を立ち上げ、防衛官僚のみならず防衛技官、自衛官、各省庁の技官、国立研究所の研究者、さらには民間企業の研究者および有識者も交えて、新しい発想をとり込むべきである。

また、このように自衛隊の現場から発想して、どのような防衛装備体系にするか、それをどう日本の防衛産業育成につなげるかという防衛産業戦略の策定が必要である。

国家安全保障会議は、中曽根総理の安全保障会議の時代から、防衛産業再編戦略の策定が任務として法定されているが、残念ながら、そのような戦略が書かれたことがない。官民学の英知を集めて防衛産業再編戦略を策定するべきである。

また、スピード感のなさが現在の防衛装備開発、調達過程の大きな問題である。日進月歩の軍事技術に追いつくためには、厳しい競争が要る。たとえば米国では、スピード感のない企業はただちに契約を打ち切られる。また、初期開発の段階から実戦配備して、どんどんバージョンアップしていくというような、他の国が普通にやっているやり方も、日本でできるようにするべきである。

②防衛装備輸出とスケールメリット（規模の経済）

次に、防衛装備の輸出である。防衛技術の育成を担う一翼は防衛産業であるが、長い間の武器禁輸政策（三木内閣以降の武器輸出三原則は、事実上、同盟国である米国への輸出さえも禁じる完全な武器禁輸政策だった）のために、スケールメリットと国際競争力を失って疲弊している。

第二次安倍政権で策定された新防衛装備移転三原則では、一方で、同盟国、友邦との共同開発等の武器輸出が一部解禁され、他方で、不拡散努力、国際的に禁止されている兵器の輸出や、懸念国への防衛装備輸出を禁止するという新しい枠組みが設けられた。しかし、今のところ、防衛装備輸出が増えていく様子は見えない。

防衛装備の輸出は、修理、訓練と一体としてなされるのが普通であり、同盟国や友邦との安全保障上の絆を深める手段の一つである。

また、防衛装備の輸出とからめて、空港、港湾などの同盟国や友邦の防衛関連施設の建設支援も真剣に検討するべきである。外務省の政府開発援助は、ODA大綱の平和主義哲学に縛られて軍事施設建設に極めて慎重であるが、防衛省は同盟国や友邦国の能力構築支援を業務として認められているのであるから、防衛省が防衛部門のインフラ支援を含む途上国支援を開始する時期に来ていると思う。

防衛装備移転は、修理、訓練、施設整備と組み合わせることによって、同盟国、友邦との安全保障関係を強化し、ひいては日本の安全保障に貢献する。

防衛装備品輸出の世界順位は、米国100億ドル、ロシア47億ドル、フランス34億ドル、中国14億ドル、ドイツ11億ドル、英国10億ドルと続くが、お隣の韓国でさえ世界第8位の武器輸出大国であり、7億ドルを輸出している。イタリアが5億ドル、イスラエルが4億ドルであり、その後、オランダ、スイス、トルコ、スウェーデン、カナダ、オーストラリア、南アフリカ、ベラルーシ、インド、アラブ首長国連邦が2億ドルから1億ドルの範囲で続く。日本は番外、場外である。せめて韓国並みの防衛装備輸出を目指すべきである。

輸出ができなければ、自衛隊だけを買い手とすることになる。予算規模も限られてくる。スケールメリットが働かない。そうなると、防衛産業全般に進取の気風がなくなり、新規投資意欲もなくなり、防衛省からの安定した受注のみで満足して、ぬるま湯のなかで細々と生き延びるようになる。その結果、単価の高い、技術開発スピードの遅い、革新的技術の出てこない、投資意欲の小さい防衛産業ができあがる。それが今の日本の防衛産業である。

このままではいけない。各国の軍事技術に後れを取れば、それがいつか自衛官の命を危険にさらすことになる、ひいては国民の命を危険にさらすことになるのである。

③国別防衛装備輸出戦略の必要性

防衛産業が防衛装備輸出に真剣にならないのは、政府側に大きな責任がある。そもそも、どのような友好国にどのような装備を輸出することが日本の安全保障上の国益に資するのかという国別防衛装備輸出戦略の策定は、政府の仕事である。機微な技術を含む装備ほど同盟国等の親しい国にしか出さないというのが、常識である。同盟国、友邦国を強くすることは、安全保障上の国益である。防衛装備輸出自体が、外交と絡んだ安全保障政策なのである。

また、輸出先国による第三国再輸出禁止等は、まず政府が相手方政府と交渉して話をつけるべき課題である。装備品輸出に関しては、第二次安倍政権の下で、同盟国等への防衛装備輸出は認めるとの大きな方向転換がなされているにもかかわらず、その実施のための国別戦略は数年間手つかずのままである。まずは、政府が一歩踏み出す責任がある。

政府としては、早急に、総合安全保障の観点から、各種の装備を東南アジア、インド、NATO諸国、中東諸国等、米国の同盟国ないし準同盟国に輸出できるような国別戦略を、国家安全保障局、防衛本省、装備庁、外務省、経産省および経済界等を含め、官民で幅広く連携して策定するべきである。

④ワンストップの審査体制

また、日本の外為法上の武器の定義は、「民生用でない」という曖昧で広いものであり、本来の武器、即ち殺傷破壊兵器でないものも多く含まれる。

たとえば、レーダーや、水陸両用航空機等は、広く、海上航空交通安全や防災、テロ治安対策のための警戒監視等、広い意味での総合的安全保障の目的のために用いられる装備である。民間としては、どの輸出に許可が必要なのかはっきりしないことが多い。

輸出業者が、防衛装備の輸出規制に引っかかるかどうか分からないので官庁に相談しようと思うとき、外務省に聞いても、防衛省に聞いても、経産省に聞いても、よく分からずにたらい回しにされることがある。ワンストップの効率的な防衛装備輸出審査体制が必要である。国家安全保障局経済班の調整能力向上が期待される。

5　日本の経済安全保障に関する具体的事例

経済安全保障といっても、その案件は、上述の通り非常に多岐にわたる。ここでは国家安全保障局経済班ができる前に、どのような案件を内閣官房で処理していたか、いくつかの事例を紹介してみたい。

経済安全保障に関する諸課題を克服するために、最も必要なことは、上級官庁の内閣官房が、総理、官房長官、副長官の指示を受けて司令塔として機能し、安保、インテリジェンス、科学技術、情報通信、経済産業等の幅広い官庁の厳しい縦割りを排除することである。縦割りは制度の問題ではない。霞が関の官僚諸君の意識の問題である。

(1) 外国企業による本邦先端企業買収の審査

外国企業による日本の先端技術企業の買収に関しては、これまでも外為法上、外国企業による10%以上の日本会社の株式取得には届け出義務があったが、今般、一部企業についてはこれを1%と引き下げ、また、経産省が買収契約に事後的に強制介入できるようになった。しかし、経産省が所管する業界以外の業界の技術情報は、担当省庁に聞かなければ詳しいことは分からない。この度、総務省と関係の深い電気通信機器、厚生労働省所管の医療機器も、この規制の対象に含まれることになった。

また、従来は、経産省（貿易管理部）以外の省庁には、そもそも安全保障上機微な技術は何かという知見があまりなかった。米国の規制動向もつまびらかではなかった。しかも、投資規制であるので、外為法上の所管大臣は財務大臣である。

外国企業による日本企業買収の買収手続き厳格化のためには、審査体制拡充に、安保担当省庁、インテリジェンス担当省庁、機微技術を所管するすべての経済関係省庁の協力が必要であった。そのためには司令塔が要る。

当初、内閣官房副長官補室と国家安全保障局が財務省、経産省等と連携して法整備に当たっていたが、その後、国家安全保障局経済班が中心となって政府部内の取りまとめ作業をするようになった。

米国には対米外国投資委員会（CFIUS）があり、米国内への直接投資を安全保障上の観点から規制しており、最近、その権限が大幅に強化されている。日本もようやく一歩を踏み出したところである。

ただし、安全保障上の機微技術の輸出管理、投資管理といっても簡単ではない。新技術は、民生技術の世界からどんどん飛び出してくる。どの会社の、どの技術が、どれほどの期間、安全保障上機微なのかを判断せねばならない。また、今、旬の技術であっても、時間が経てばコモディティ化する。そうなれば守る意味はない。実際の規制を実施することは容易ではない。先行する米商務省でも同じ事情のようである。

（2）領海内海洋調査

外国船舶による領海内海洋調査の規制に関しても、関係省庁の縦割りの弊害を克服する必要があった。

国連海洋法条約上、外国領海内での外国船舶による無断科学調査は無害通航とは認められず、沿岸国の権利侵害となるので認められない。したがって、外国船舶は、日本の領海内で科学調査をすることはできない。

2018年に「領海等における外国船舶の航行に関する法律」が制定され、日本領海内において無断で海洋調査をする商用の外国船舶（商業目的の外国公船も含む）がある場合には、海上保安庁が強制的に領海外に退去させる権限を持つことになった。

ところが問題は、日本の領海内で科学調査を目論む外国船舶が、日本に所在する民間会社に用船されており、その会社と所管官庁が事前の相談をしているような場合である。

海上保安庁は、無断の領海内科学調査には領海外退去をもって臨むが、用船した会社や船長が「事前に担当省庁と協議済みです」と言いはじめると混乱が生じる。領海では、様々な活動が行われており、一省庁だけで勝手に領海内科学調査を了承されると、このような混乱が生じるのである。

政府全体で事前に協議をしておかないと、他の省庁の懸念が分からない。たとえば、良い漁場があるとか、自衛隊の基地があるとか、海上交通が輻輳する海域であるとか、様々な考慮がこぼれ落ちることになる。この問題についても、最近、政府全体で十分に事前に協議する態勢が整った。

(3) 5G問題、DX(デジタルトランスフォーメーション)問題

インターネットを含む電気通信は、平時の通信傍受(盗聴)と有事の破壊工作に対して防護されねばならない。平時の通信傍受に対抗するには、特に個人情報、知的財産権の保護が必要である。サイバーセキュリティは、経緯的には通信傍受および傍受阻止から発展してきた技術であり、盗聴および防諜と裏腹である。

通信傍受が成功するためには、携帯電話、スマートフォン等端末からの電波傍受、固定電話であれば電線からの盗聴の技術が必要であり、また、盗聴内容を知るためには、暗号の解読が必要である。中国やロシアの電気通信会社は、自社の暗号鍵を本国政府に渡していることが懸念され得る。また、先に述べた通り、電気通信事業は自由化されているので、既にチャイナ・テレコムは、日本で通信業務を開始している。

最近、話題となっている5G問題とは、スマホの通信技術のレベルアップのことで、スマホの無線電波を収集して中央につなぐローカル局のシステムのバージョンアップのことである。5Gと4Gの決定的な違いは、4Gはハードウェアしかないが、5Gはソフトウェアを多用することである。具体的には、データ処理のソフトウェアが全国に展開する無線施設(ローカル局)に導入される。

5Gシステムが使う数多くのソフトウェアは常時アップデートされるから、マルウェアの侵入を防ぐことが難しい。4Gの仕組みに盗聴などの仕掛けをしようとすれば、夜中に忍び込んでハードウェアをいじらなければならないが、ソフトウェアであれば、メインテナンスやバージョンアップの度にハッキングして、マルウェアを簡単に埋め込むことができる。

しかも5Gの仕組みはブラックボックス化されており、システムを丸ごと買わないといけないので、ノキア、エリクソン、ファーウェイの3社が独占状態である。一度、ファーウェイを入れれば、その後、ずっとメインテナンスもバージョンアップもすべてファーウェイが取り仕切ることになる。今、NTTがシステム全体をオープンにして部品から他社と競争させるようにすればよいという提案(オープン構想)をして英国などで広く共感を生んでいるが、まだ実現していない。

現在、デジタルトランスフォーメーション(DX)が進んでいる。今後、大量のセンサー、IoTデバイスが、ありとあらゆる生活周辺の機器や産業機械に搭載

されることになる。5G問題は、DX時代の到来によって、スマホの問題から、ありとあらゆるネットに接続された機器の問題に次元を変えつつある。サイバー空間が、物理的な空間を呑み込む時代になったのである。

そこで集められた情報は、サーバーに集中される。5Gネットワークのなかに、第三国に情報を転送するようにソフトウェアが仕込まれれば、悪意のある政府に大量の情報が筒抜けになる。スマートフォンや、パソコンや、アップルウォッチや、監視カメラや、カメラ付きのドローンなどが典型である。情報漏洩を危惧した米陸軍は、中国製ドローンの使用を禁止した。

本講の第1節（現代戦の諸相）で述べた通り、DX時代には、個人の戸籍情報、位置情報、健康情報、日程情報、面会者情報、クレジットカード情報が、いろいろなデバイスに簡単に蓄積され得る。スノーデンの暴露で明らかになったように、今日の情報収集は、とにかく天文学的な量のデータをむやみやたらとかき集め、そこに人工知能を働かせて、必要なデータを抽出して、優れたアルゴリズムをもって資料をつくらせるのが一般的手法である。データの質よりも、大量のデータをごっそりと抜くことが求められる。

サイバー空間の登場によりインテリジェンスの世界は、宝石泥棒の世界から、倉庫荒らしの世界に移っているのである。自国の通信ネットワークに、敵対する可能性のある国の通信会社が大規模に設備を納めることになれば、データの大量流出のリスクは高い。

さらに有事になれば、サイバー攻撃による破壊活動が懸念される。

5Gに関し、米国、日本、豪州はゼロリスク派であり、米国はファーウェイの製品を使わないと断言した。日本、豪州も5Gのネットワークにリスクのある製品は使わないとの方針を打ち出している。最初は逡巡していた英国、ドイツなどの欧州勢も追随しつつある。

(4) 外国人による土地取得問題

外国人による土地取得規制は、本書執筆時点（2020年12月）で、政府が筆者を含めて有識者を集めて検討を行い、その答申が出されているが、いまだ法制化が終わっていない状況である。

日本では、外国人の土地購入に対する規制がまったくない。自衛隊基地、米軍基地、重要インフラ施設周辺を、懸念のある外国政府、機関が取得して、偵察、監視、通信傍受などの情報収集の拠点として利用しても、政府はその事実さえ把握できず、まったく規制ができない状況にある。

その情報は、第三国の軍隊、海上警察の日々の活動に活用され得る。敵国の重要軍事施設周辺から敵軍の行動を物理的に監視することは、最も伝統的な情報収集の手法である。

たとえば、陸上自衛隊が南西重視の方針の下で宮古島に対艦、対空ミサイル基地を開設しようとしたところ、そこから1キロの地点に、中国企業による太陽光発電施設が開設されたという事例がある。この自衛隊基地は、結局、当初の予定地から10キロ離れたところに移転して開設されている。このような事例は多い。

自民党で対策が議論されてきているが、具体的成果は出ていない。

また、国境の離島が外国人に買い占められないか、政府部内でも、自民党内部でも懸念は高まっている。離島に至っては、所有権の不明なものも多かった。内閣府の総合海洋政策推進事務局が一斉調査をして、所有権を明確化したり、所有権が不明な島を国の所有としたのは、つい最近の話である。離島の一部は軍事的に重要な位置にあるわけではない。領海の基線を決定する島であったり、あるいは第3国が不法に領有を主張する島であったりする。

米国のCFIUS(対米外国投資委員会)は、外国人の土地購入を規制する権限を与えられているが、日本の外為法は、土地に対する対内直接投資を規制する条項を持たない。

現在の日本政府には、外国人が、どこで、どのような土地を買っていようとも、その全体像を掌握し規制する手段がないのが現状である。日本でも、CFIUSと同様の権能を持つ法的な仕組みが必要である。

なお、悪意のある土地購入者は、日本企業をダミーで使ったり、日本国籍を取得したものを利用したりするので、安全保障上の理由とするのであれば、国籍を基準とした規制は実効性が薄い。内外無差別の規制の方が望ましい。

第 14 講 国内冷戦から生まれた歴史戦の国際化

1 21世紀の日本人の立ち位置はどこか
——自由主義的国際秩序からの発想

2021年、21世紀に生まれた子どもたちが、成人式を迎え始める。300万人の同胞が犠牲となった戦争の思い出も、遠くに去りつつある。21世紀から歴史を振り返るとき、私たちは、最初に今日の私たちの立ち位置をしっかりと確認する必要がある。

それは、自由主義的な国際秩序という立ち位置である。自分の立ち位置をしっかりと踏みしめて、世界史のなかに日本を置いて、是々非々で、客観的に日本を眺めることが必要である。そのためには、150年間の日本の近代史全体を、同時代的な世界史の潮流において眺めることが必要である。自分自身の歴史観のない人、特に、普遍的に通用する歴史観のない人には、諸外国の人と歴史を語ることは難しい。

私たち日本人は、今日、アジアの自由主義圏のリーダーとなろうとしている。それが私たちの立ち位置になる。今まさに立ち上がろうとしているアジアの自由主義圏が、どのようにして成立したのか、20世紀にどのような過ちが犯され、どのようにしてその過ちが克服されたのかを考えながら、21世紀の視点でアジア全体を俯瞰せねばならない。

そのためには、第7講で詳しく説明したような自由主義思想が貫かれた世界史観を持ち、そこに軸足を置く必要がある。それが今日の私たちの歴史を見る視座となるからである。

2　米国の占領政策の転換──歴史問題の古層

(1) 急進的な日本改造と民主化

日本の歴史問題は戦後の問題である。また、国内問題である。その淵源は終戦直後にさかのぼる。歴史問題の古層である。そもそものはじまりは、米国の占領政策による日本の思想的改造の試みにある。

終戦当時の米国は、軍国主義の日本が理解できなかった。人種差別と植民地支配が当然とされ、あたかも天上の欧米人が地上のアジア人を支配するような国際秩序の二重構造は、日本人には不義の秩序に映った。しかし当時の米国には、日本人の気持は分からなかった。開国当時、日本が不平等条約でいじめられたことにも痛痒を感じたことはなかった。

明治時代のノルマントン号事件（沈没した英国の貨物船の船長が、英国人、ドイツ人の旅客だけを助けて、日本人、中国人、インド人など有色人種の乗客全員を溺死させた事件。領事裁判権を認めていた日本は、英国人船長を裁けなかった）などに見られた人種差別に対する日本人の怒りも、理解できなかった。戦前のカリフォルニア州における日本移民および中国移民排斥運動や黄禍論がどれほどアジア人の心を傷つけたかを、理解している人は少なかった。

米国は、日本をはじめとするアジアの歴史にうとく、日本の明治デモクラシーも大正デモクラシーも知らなかった。ましてや孟子の王道思想など知る由もない（今でも知らない）。日本が大東亜会議などで唱えたアジア解放の理念は、20世紀後半に連なるアジア人の民族自決のエネルギーの前兆であったが、当時の米国にはそれが日本の戦争宣伝にしか見えなかった。

当時の日本は、人口が7,000万と大きく、非欧州文明でありながら先行工業国の一員となった鵺（ぬえ）のような存在で、その日本と総力戦を戦った米国は、敗戦国日本をどう理解すればよいのか困ったはずである。

日露戦争では、日本を国際法の主体として扱い、助力を惜しまなかった米国であるが、日本が突然米国に牙をむいた太平洋戦争では、日本が理解できなくなっていた。ルース・ベネディクト（『菊と刀』『レイシズム』）らの優れた日本論が必要とされたのには理由がある。

米国にとって、軍国日本は、ヒトラーのドイツのように極端な全体主義的イデオロギーにのぼせて、米国が戦間期に打ち出そうとした平和の制度化の試みを打ち壊し、武力による拡張主義に走った国にしか見えなかった。米国は、占領開始後、ただちに日本の上からの民主化に着手した。

米国の占領政策は、間接植民地支配の英国型経営ではなく、革命輸出型のフランス型経営であり、被占領国の政治制度を根こそぎにして民主化、米国化しようとする傾向がある。ドイツでも、アフガニスタンでも、イラクでもそうであった。この米国の急進性は、米国自身の独立革命以降の成功体験と自由主義イデオロギー伝播の強い使命感にもとづいている。

また、逆説的であるが、当時の米国には、日本人を含めて、アジア人に対する人種差別感もまだ多分に残っていた（ジョン・ダワー『容赦なき戦争』平凡社ライブラリー）。1945年といえば、公民権運動によって、人種差別撤廃の大波が現れる10年も前である。欧州文明への憧れを秘めた欧州進駐米軍の場合と異なり、日本に進駐した米軍には、日本の伝統社会に対する思い入れはなかった。米国は、日本を革命的手法で米国型の民主主義社会に改造することを望んだ。

同時に、米国の初期占領政策は、日本の巨大な戦争遂行能力を完全に除去するという戦略的目的を有していた。1946年に占領軍によって起草された憲法9条2項は日本の完全武装解除を規定し、財閥の解体、重工業の否定等の急進的政策が次々と進んだ。当時言われた「東洋のスイスたれ」というのは、大人しい農業小国に戻れという意味である。それが戦力（war potential）保持を禁じた憲法9条2項の本来の意味である。

米国は、日本社会から軍国主義的要素を根絶することを「民主化」と呼んだ。ポツダム宣言等の戦時中の文書を見れば明らかな通り、このころは、共産主義を掲げる全体主義国家のソ連も中国も、日独伊の枢軸国との闘いを「反ファシスト闘争」と呼び、自らを「民主勢力」と呼んでいた。戦後初期、米国のみならず、ソ連や中国のような戦勝国も、そして日本人自身もまた、日本を非軍事化して、軍国主義を根こそぎにすることを、日本の「民主化」と呼んでいたのである。

今の時点で振り返ると、民主化の定義がまったく異なっていることに驚く。しかし、敗戦直後の時点では、戦勝連合国であったソ連や中国の共産主義イデオロギーの独裁的側面はあまり問題にならなかった。連合軍の初期占領政策は軍国主義者も自由主義者も区別なく、帝国時代の支配層を追放（パージ）し、戦前に弾圧されていた左派の活動家に、戦後の自由日本の創設を委ねようとした。

極端な軍国主義の下での総力戦で大敗し、疲弊しきって道徳的に自己を否定していた日本人の多くは、当初、右も左もなく、日本の軍国主義根絶、旧軍勢力の政治的排除、即ち、「民主化」のための占領政策を素直に受け入れた。

(2) 二分された日本――安保政策の大転換

この米国の初期対日政策は、冷戦の黎明期(1948年)に訪日したジョージ・ケナン国務省政策企画本部長による日本再生戦略と朝鮮戦争の勃発(50年)によって、180度転換される。米国は、日本の同盟国化を目指し、日本の再軍備と経済復興へと舵を切りなおした。

米国は、冷戦が始まる前、日本の民主化に左派を利用しようとしたものの、冷戦が始まった占領後期以降、日本の復興と再軍備を、統治能力の高い旧帝国時代のエリートに委ねたのである。呼び返された保守勢力とは、大日本帝国時代の政治家、官僚、軍人たちである。

その結果、日本は、前期占領政策にGHQの民生局が新生日本の担い手として期待した左派勢力と、後期占領政策によって呼び戻された旧帝国時代のエリート層、即ち、保守勢力に二分された。

左派勢力とは、主として労働組合である。主力組織は、総評と呼ばれた官公労である。民間企業の労組はマーケットの力に縛られて倒産を嫌うが、破産することのない政府の労働組合は、どこの国でも左傾化が進みやすい。後に左傾化した学生運動が、労働運動の勢力に加わる。このような現象は戦後間もなくの欧州でも広く見られた。また民主化後の韓国の国内政治構造も似たようなものである。

日本独立3年後の1955年、冷戦が猖獗を極めはじめたとき、東側陣営を代表する日本社会党が統一を果たし、西側陣営を代表する自由民主党が結成されて、いわゆる「55年体制」が立ち上がる。国際冷戦が国内冷戦に転化したのである。「55年体制」の下で、米国に切り捨てられた形の左派勢力は、反米を掲げて思想的に親和力のある東側(ソ連)陣営に軸足を移し、米国の後押しで復活した国内の保守勢力と戦うことになった。

(3) 戦後左派の歴史観

左派勢力は、当時、マルクス主義史観の強い影響を受けていた。マルクス主義では、資本主義国は必ず余剰資本処理のために対外的に拡張すると考え、それを帝国主義と呼んで否定した。そのため、明治以降の日本の対外的行動は、ことごとく帝国主義、拡張主義として否定されることになる。また、明治以前の日本は、封建制日本として一括して捨象される。

今から思えば、アジアの発展可能性を否定し、平安時代も室町時代も徳川時代も知らないドイツ人のマルクスに、日本の歴史を教えてもらう必要などなかったし、そもそもドイツという国の歴史にしても、始まったのは明治維新から3年後の1871年からにすぎない。

マルクス主義は、産業革命が生んだ格差社会の産物であるが、マルクス自身はアジアの産業的発展など考えてもいなかった。しかし、戦後の日本では「マルクス主義者にあらずんば歴史家にあらず」という雰囲気が強かった。実際、ごく最近までそうだったのである。

このマルクス主義史観に、米国による初期占領政策（「民主化〈＝日本の非軍事化〉」政策）が組み合わさったものが、戦後左派の歴史観の基盤をなしている。冷戦開始後、米国が日本の再軍備に舵を切るなかで、ソ連等の東側陣営にとって、日本の完全非軍事化を目指した米国の初期占領政策の維持は、戦略的に追求するべき利益となった。また、ソ連は日本の中立化、即ち日米同盟の廃棄と在日米軍撤退を強く働きかけた。ここから日本社会党の非武装中立政策が出てくる。

21世紀の今から振り返ると、冷戦初期のねじれた政治の座標軸は、少々理解が難しい。マルクス主義が理想とする共産党独裁は、本来、民主主義とは相容れないはずであるが、当時の日本の左派にとって、民主化とは反ファシスト闘争であり、非軍国主義化、反再軍備とほぼ同義であり、矛盾はなかった。

また、日本の非軍事化政策は、冷戦初期の米国の日本占領政策であったのだが、冷戦開始とともに日本の再軍備が始まり、日本の左派が米国と袂（たもと）を分かった後、日本の非軍事化はソ連の戦略的利益となった。日本の非軍事化は、平和のために必要とされ、それが民主化であると考えられた。日米同盟は日本を再軍備するものとして否定された。だから、当時の日本左派のスローガンは「平和と民主」となったのである。それは、日本の非軍事化とほとんど同義だった。

(4)「歴史問題の政治化」の根源

保守勢力と戦った左派の人たちは、戦時中、情報統制によって真実を知らなかった国民に、日本軍の悪を見せつけて自己批判させ、軍国主義を否定するべく思想改造することが、戦後日本における民主主義確立の道に見えた。

筆者たちの世代は「思想改造」という言葉自体がロボトミーを想像させて気味悪く感じるが、戦後しばらく「思想」や「改造」という言葉は多くの日本人を魅了した。本当は民主化と非軍国主義化はまったくの別物なのだが、歴史闘争に従事してきた革新世代の人々の書物を読むと、ストレートにそう考えている人が多い。歴史問題が政治化する契機がここにある。

彼らの視野が軍国主義時代の日本の行為だけに限定された狭隘なものとなり、ソ連や中国や北朝鮮といった共産圏の弾圧や残虐行為には目をつむり、あるいはまた、英仏蘭等の旧植民地支配や人種差別、人権侵害には口をぬぐっておきながら、あたかも日本だけが世界史上突出して残虐な国家、民族であったかのような言説に終始するのは、上述の通り、日本の非軍国主義化を目指した戦勝国の対日政策の延長上にあるからである。

戦勝国側への批判は許されなかった。世界の近代史全体のなかでの日本の行為の客観的評価という是々非々の視点は、失われた。冷戦が終わったころから、その一方的な日本批判は「自虐的」と批判され、21世紀に入ると「反日的」とさえ呼ばれるようになった。

左派勢力の代表である社会党、共産党は、自民党長期政権の下で、国会の多数を制することができず、国際機関や、アジアの国々や、司法の場に歴史問題を持ち込んだ。彼らは、国際機関での論争、共産圏の国々との連携、また、冷戦終了後は、大きな力を持って現れた韓国左翼との連携を模索した。

また、議会を制することができなかった彼らは、法廷闘争を好んだ。彼らは、この闘争を「民主化」のための闘争と呼んだ。彼らの動機に、日本の戦争被害者である中国人、朝鮮人を救いたいという純粋に人道的な気持ちが含まれていたことは間違いないであろう。しかし、その根底に、国内冷戦の磁場のなかで、西側に軸足を置いた保守勢力に対するイデオロギー闘争、自由圏と共産圏を代表する国内勢力の権力闘争の面があったことは否定できない。

この冷戦時代のイデオロギー過多な対立構造は、今の若い日本人には想像もできないであろう。しかし、実際、日本において歴史問題は、学術的な歴史論争の次元を超えた国内冷戦の一部、権力闘争の一部だったのである。

後に詳しく述べるが、同じ構造を今日の韓国国内政治における歴史問題に見ることができる。

3　戦後保守の歴史観
——不義の19世紀帝国主義的国際秩序と東京裁判への反発

（1）東京裁判への不満

冷戦初期に復権した旧帝国時代の政治家、官僚、軍人等の保守派の人たちもまた、歴史問題に対して強い感情を持っている。それは、19世紀の欧米列強の帝国主義支配による国際社会の根源的な不正に起因する。

奴隷貿易、人種差別、ラテンアメリカ文明の暴力的破壊、そしてアジア、アフリカ諸国の植民地化と奴隷制プランテーション型の農場経営は、白人のキリスト教国以外の人間の尊厳を踏みにじるものであった。

明治以降の日本は、欧米が成し遂げた力による国際秩序の不義に悩み、アジアの解放という理想を掲げながら、アジアの無力に失望し、自らも帝国主義国家となる夢を見た。1930年代以降は、統帥権の独立を笠に着た軍部の暴走で、欧米のみならずアジアの多くの人々も敵に回して自爆した。

その失敗については、日本人の多くが納得している。たとえば、陛下の統帥権を無視して、関東軍の謀略で始まった満州事変の本質が侵略であるということは、もはや、誰も反論しないであろう。保守派の人々も、大失敗した昭和前期の日本軍国主義時代のすべてを栄光の時代として称賛するようなことはしていない。

帝国時代を知る保守世代の強い感情は、東京裁判の評価に象徴される。保守派の言い分は、東京裁判における欧米諸国の対日糾弾は、自らがアジアを蹂躙した不義を棚に上げたダブルスタンダードだという一点に尽きる。彼らは「欧米諸国の手はアジア人の血で汚れている。どの口で日本を批判しているのだ」と言いたいのである。

実際、東京裁判の最中も、インドネシアにはオランダが、インド、マレーには英国が、インドシナにはフランスが、再び植民地支配を復活しようとし、軍隊を率いて再来していた。インドネシア、ベトナムでは、独立戦争の戦火が噴き出している最中だった。

なお、米国は、1935年にフィリピンの独立を決めて1946年に独立させており、インドネシアではオランダではなくインドネシア側に立って介入している。

植民地から独立革命で生まれた米国は、植民地の方に共感しがちなのである。米国がベトナムに武力介入したのは、フランスの宗主権を守るためではない。冷戦の文脈で共産主義の進展を阻むという別の理屈が出てきたからであった。

1940年代後半といえば、人種差別、植民地支配もまだ当然視されていた時代である。欧米勢力が、アジアの欧米植民地に攻め込んだ日本の行為を侵略として裁こうとする東京裁判は、多くのシニアな日本人にとって、勝者による不義の裁判と映ったのである。

ところで、今日の国際法では、侵略の責任者は「平和に対する罪」を犯したものとして罰せられるということが広く受け入れられている。しかし、ニュルンベルグ裁判と東京裁判は、通常の戦争犯罪者だけではなく、平和を破壊した政治指導者個人の罪を裁く初めての国際法廷であった。第二次世界大戦は、弱肉強食の無差別戦争の時代から、平和を制度化する時代への過渡期であったのである。

国際社会に立法府はない。国際法は、国際社会のコンセンサスに合わせて変わる。事後立法ではないかなどと言っても通らない。国際法は常に変わり続けている。国際政治のプレーヤーは、その流れを見抜く力が要る。しかし、終戦直後の時点で、多くの日本人が、国際人道法規に違反した戦争犯罪人だけでなく戦争指導者も裁かれねばならないという新しい考え方を素直に飲み込めなかった。

(2) 靖国神社の政治化

この暗い感情が、1980年代になって、靖国神社を政治化させた。それまでの靖国神社は、連合国兵士を祀(まつ)る社を境内に造営したりして、リベラルな匂いさえする神社であった。天皇陛下も、総理も、当然のようにお参りされ、幕末以来、祖国のため、皇室のために死んだ200万以上の英霊を慰めるおごそかな鎮魂の場であった。幕末の高杉晋作や久坂玄瑞もいる。中国も、韓国も、その他諸外国を含めて、誰もそれを問題にしていなかった。

靖国神社の宮司が筑波藤麿氏から松平永芳氏に交代した後、靖国神社は、A級戦犯(東條英機、広田弘毅、土肥原賢二、板垣征四郎、木村兵太郎、松井石根、武藤章〈以上、絞首刑〉、平沼騏一郎、白鳥敏夫、小磯国昭、梅津美治郎〈以上、終身刑、病死〉、東郷茂徳〈禁固20年、病死〉、永野修身、松岡洋右〈以上、判決前に病死〉の14名。昭和殉難者と呼ばれる)を合祀した。

当初、中国も、韓国も反応しなかった。このA級戦犯合祀は1978年になされているが、79年4月に朝日新聞が大きく紙面を割いて報道した。A級戦犯合祀後も、1985年まで、総理が8回参拝しているが、この間、中国も韓国も、一度も抗議を行っていない。

しかし、A級戦犯合祀問題は、中曽根政権になってから国内で政治問題化した。戦後政治の総決算を掲げた中曽根総理は、靖国神社への公式参拝を正面から是認した。それが55年体制のイデオロギー断層を活性化させたのである。

靖国問題は、突如、政治問題化し、憲法問題化した。左派勢力は、A級戦犯合祀問題を、55年体制下の保革のバランスを崩すものであり、保守派の軍国主義復活の野心を象徴するものと位置づけた。その後、靖国神社は、国内のイデオロギー対決の渦中に巻き込まれた。1985年のことである。

中曽根総理の靖国神社参拝以来、総理の靖国神社参拝は、激しい政治的批判を受けるようになった。この瞬間から、中国も韓国も、日本国内で政治化した靖国神社問題に、引きずり込まれるようにして介入するようになった。

祖国のために死んだ英霊に尊崇の気持ちを捧げるのは当然のことである。誤った国策の下で戦争に駆り出され、祖国を守ると信じて散っていった青少年に何の罪があるというのか。たまたま戦後に生き残った日本人だけが偉いのか。そんなことはないであろう。また、靖国に祀られているのは、日中戦争、太平洋戦争の英霊だけではない。幕末、日清、日露の戦役で、近代日本のために散った英霊も祀られている。

安倍総理が、靖国神社に参拝されたのは、国に命を捧げた英霊への率直な尊崇の念の表れである。余談になるが、2020年に安倍総理が辞任された後、在任中に硫黄島を訪問された安倍総理が、数多くの英霊の遺骨が眠る硫黄島の滑走路にひざまずいて祈るプライベートな写真がネットに流出した。安倍総理はそのとき、滑走路の地面を愛おしむように手でなでさすっていたという。国のために死んだ数多くの若人に涙するのは、人間として当然の感情だと思う。

靖国神社という静かな鎮魂の場を政治闘争の場にしてしまったことは、残念である。それは天皇陛下の御親拝を難しくした。1975年を最後として、日本国の象徴である陛下の御親拝は実現していない。

本来、靖国神社は、元首であり最高指揮官である天皇陛下が英霊を慰める鎮魂の国家施設であった。戦後、靖国は国から切り離されたが、鎮魂の社(やしろ)という靖国神社の本質は変わらない。残念ながら、保革の国内政治に巻き込まれた靖国神社は、かしましい政治論争に取り囲まれた。

陛下は決して政治に巻き込んではならない。それは立憲君主国家において、王室を守るための鉄則である。世界最古の日本の皇室は、日本が立憲君主制を掲げる以上、これからもさらに千年守っていかねばならない。靖国神社は、過早に政治化されてはならなかったのではないかと思う。

唯一人、文民で絞首刑となった外交官出身の広田弘毅総理の令夫人は、「お父さんが思い残すことのないように」と先んじて自死し、広田は一言の言い訳もせず死刑台に上った。外交官出身の広田は、決して無謀な武力による拡張主義者ではなかった。しかし、将来の日本のために、軍国日本の咎(とが)を一身に背負って、黙したまま亡くなった。その広田家では、A級戦犯が靖国に合祀されたとき、「まだ父を呼び返すのは早すぎる」と言われていたという。

(3) 村山談話と河野談話――国論の分裂

1990年代には、村山総理談話と河野官房長官談話が出る。社会党政権であった村山総理の出した村山談話は、自社連立という政治的枠組みのなかで可能となった。村山談話は、歴史問題にかかわる論争に一度終止符を打つかのように見えたが、内容が抽象的で、実は何を謝っているのかが分からない。この談話は、保守派の激しい反発を呼び、かえって国論を分断する結果となった。

また、宮沢政権崩壊直前に出された慰安婦に関する河野談話は、談話発表時の河野洋平官房長官の記者会見の結果、慰安婦連行の強制性を認めた談話(日本軍が多くの少女を強制的に拉致したことを認めた談話)であると誤解され、保守派の激しい反発を呼んだ。

歴史問題をめぐる国論の分裂は、その後、第二次安倍政権の戦後70年談話まで、時間を追うにしたがって激しくなっていった。

4 米国と日本の歴史問題

米国は、独立後の日本に対して、歴史問題で相反する対応を取り続けた。それが日本の歴史問題をややこしくしている原因の一つである。

一方で、ペンタゴン(米国防総省)のような安全保障関係者は、その戦略的必要から日本の再軍備と経済復興を支持し、日米同盟強化を支持しつづけたが、日本の歴史問題には関心を払わなかった。それは、米国が戦略的必要性から、冷戦後期の中国、朴正煕大統領独裁下の韓国、サウジアラビア等の世界の多くの強権政治の国に沈黙してきた姿に似ている。冷戦期の米国防総省では、戦略的利益は人権問題や歴史問題よりも重かった。

他方で、米国内のオールドリベラルは、日本の内政問題である歴史問題に敏感かつ積極的に反応してきた。彼らは、日本は自分たちの前期占領政策により改造され生まれ変わったと信じており、日本の民主主義は自分たちがつくったという自負が強い。

米国のオールドリベラルは、知日派の有識者や国務省に多く、日本の保守勢力が歴史問題に踏み込んで左派勢力に対抗しようとすると、むしろ左派側について「日本の軍国主義勢力の復活ではないか」として強く牽制してきたのである。

歴史問題に関しては、米国では、安保問題におけるような「自由圏対共産圏」の対立を軸とする冷戦の文脈ではなく、反ファシスト闘争を掲げた「戦勝連合国対枢軸国」という文脈が復活するのである。

米国のこの姿勢が、日本内政の混乱に拍車をかけ、アジアや欧州での日本のイメージを混乱させている。米国の顔は、安保問題から見れば保守派寄りだが、歴史問題から見れば左派勢力寄りなのである。

米国の日本の歴史問題に対する態度を一変させたのは、2015年4月29日の安倍総理による米議会両院合同会議における演説である。そこで安倍総理は、米国への真珠湾奇襲攻撃から始まった太平洋戦争を振り返り、深い悔悟の念を率直に表明するとともに、自らを戦後日本が打ち立てた自由主義社会を代表するリーダーであることを強く訴えた。

安倍総理の演説は熱狂をもって迎えられた。今日の日本では、米国と同様、愛国主義と自由主義が、双方とも強い生命力を持って共存しているというメッセージが伝わったからである。安倍総理のイメージは、当初つくりあげられた歴史修正主義者から、自由主義的な愛国者へと大きく変貌した。

なお、冷戦のもう一方の雄であったロシアは、自らの抱える歴史問題がたくさんあるため、日本の歴史問題に介入することには関心がない。ロシア人は、思ったことをそのまま話す素朴な国民性であり、また武門の誇りを持っている。自分のやったことを棚に上げて、いけしゃあしゃあと他人を批判することを潔しとしないのである。また、ロシアは、第二次世界大戦では、日本から受けた被害がほとんどないことも理由の一であろう。

5　歴史戦への中国と韓国の参戦――歴史問題の新層

中国および韓国との歴史問題が、外交問題として急浮上してきたのは、1980年代以降である。中国および韓国は、初めから歴史問題を外交問題とすることに熱心であったわけではない。日本側の左派勢力によって、日本の歴史問題に引きずり込まれたのである。

それが、中国における愛国主義教育の開始、中国の大国化とナショナリズムの高揚、韓国における民主主義時代の到来、韓国内での国内冷戦の開始、国力向上に伴うナショナリズムの高揚等と相まって、独自の命を持ちはじめ、やがて誰も制御できないほどに燃え上がったのである。

日本発だったはずの歴史に関する諸問題が、数倍の烈度を持って日本へ逆流してきた。もとよりそこには、中国、韓国独自の政策的思惑もある。歴史問題の国際化である。この後、歴史戦という言葉が、日本の新聞紙上に現れるようになった。

(1) 中国と日本の歴史問題

①歴史問題に火がつかなかった理由

中国の愛国教育と歴史教育は、それほど古いものではない。1990年代まで、中国が日本との間で、歴史問題を外交問題とすることはなかった。その理由はいくつかある。

第一に、国共内戦で蔣介石軍と激しく戦い、権力を握った毛沢東および中国共産党にとって、日本軍は三つ巴の抗争中の一つの敵にすぎなかった。国共合作の時期を除けば、日本軍は、中国共産党にとって敵（国民党）の敵（即ち味方）であり得た。

毛沢東は「日本軍国主義は中国に大きな利益をもたらした」「皇軍（日本軍）の力無しには我々が権利を奪うことは不可能であった」（1964年、佐々木更三社会党委員長との会談における毛沢東発言）と公言してさえいた（遠藤誉『毛沢東』新潮新書）。

第二に、毛沢東は、国内における権力を固め、共産革命の失敗からの回復（毛沢東の指導した「大躍進」政策では数千万の餓死者を出したといわれる。また、その後の文化大革命でも多くの犠牲者を出した)、清朝の版図の維持(満州、新疆、内蒙古の確保、チベット侵攻、インド・ヒマラヤ国境地域侵攻)、朝鮮戦争参戦等に忙しかった。

第三に、台湾の蔣介石と国民党は健在であった。台湾併合を目論む中国からすれば、日本を台湾(中華民国)から切り離す必要があり、そのためには、当時中国より国力の大きかった日本と事を構えるよりも、日本のなかに「日中友好人士」をつくりだし、間接的に日本を取り込むことの方が得策と考えられた。

非合法手段による革命を任務とする中国共産党は、敵国内への内部浸透と政治工作に優れている。中国は、友好を前面に押し出し、隠微な政治工作を優先させたのである。

第四に、決定的要因として中ソ対立がある。スターリンの風下に立つことを生理的に嫌った誇り高い毛沢東は、修正主義を掲げたフルシチョフと世界共産主義のリーダーの座をめぐって激突し、1960年代末、シベリアのダマンスキー島(珍宝島)で軍事衝突を引き起こす。

北京は、ソ連やモンゴルとの国境から直近の位置にある。ソ連軍の侵攻をひどく恐れた中国は、米中関係打開に動き、あわせて日中関係打開に動いた。日本との関係改善は、対米関係の改善とともに、自業自得とはいえソ連から刃を向けられた中国にとって、生死にかかわる問題だったのである。

第五に、日本による経済協力と技術移転、直接投資が中国にとっては大きな魅力であり、これらがLT貿易、MT貿易と呼ばれた民間貿易を通じて行われていた。こうした民間交流の基礎の下に、中国は日中国交正常化を達成した。

②教科書誤報事件と靖国神社問題

日中国交正常化までの間、また、その後しばらくの間も、中国が歴史問題で日本を牽制しようとしたことはない。日中国交正常化の際に、中国側が中国国民に対して持ち出した説明は、日華国交正常化当時の蔣介石の場合と同様、「すべて日本の軍部が悪かったのであって、日本国民は騙されていたのだ」という軍民二元論であった。帝国陸海軍が切除された日本は平和国家であり、「だから国交回復してよいのだ」という理屈である。

ところが、1980年代から日本で歴史問題が盛り上がり始めると、日本の左派勢力の働きかけも手伝って、中国が、日本の歴史問題に巻き込まれはじめる。国内で劣勢な日本の左派勢力は、歴史問題を国際化し、中国という外国勢力を利用しようとしたのである。この点は、1990年代以降の日韓間の左派連携と同じ構図である。

今から想像することは難しいかもしれないが、冷戦時代には国内が左右勢力に分断されていたため、主権国家、民族国家の境を越え、「左は左」「右は右」というイデオロギー的、階級的な連携が自然だったのである。特に万国の労働者階級は国境を越えて団結することが、マルクス主義的には理想とされていた。

日中の歴史問題の一つの発端は、1982年6月のいわゆる「教科書誤報事件」に始まる。教科書問題は、そもそも、歴史の教科書のなかで「『侵略』を『進出』と書き換えた」というテレビ局の単純な誤報から始まったお粗末な話である（そのような事実はなかった）。にもかかわらず、国内では大問題として取り上げられ、中国、韓国に飛び火して、激しい反発を呼んだ。米国は、日本に冷ややかな目を向けた。最終的には、教科書の記述で近隣諸外国の感情を害さないという近隣国条項が法定されるに至った。

続いて、先に述べた通り、1985年の中曽根総理の靖国公式参拝が、中国にとってやっかいな状況を生み出した。いまだ改革開放が軌道に乗っていない中国にとって、日本の資金と技術が必要であって、日本国内でかしましくなった歴史問題は、むしろ政治的な厄介物であったであろう。

しかし、歴史問題は、中国人の反日・民族主義のマグマに火をつけてしまう。靖国神社へのＡ級戦犯合祀およびそのなかで行われた中曽根総理の公式参拝は、中国を苦しめ抜いた帝国陸海軍の政治的復権を意味するから、中国政府が日中国交正常化のために準備した軍民二元論の公式見解に泥を塗るものに他ならなかった。

歴史問題は、中国国内の権力闘争にも影響を与えた。中曽根総理の靖国参拝は、中国側の権力闘争とからみ、政治的自由に理解のあるリベラル派代表であった胡耀邦中国共産党中央委員会総書記の失脚にも結びついたといわれている。民主主義に理解を示していた彼の死は、自由を求める学生たちによる天安門事件を引き起こした。

③愛国教育、歴史問題と鄧小平

中国の歴史問題に対する態度は、意外なことに米中友好、日中友好を演出した鄧小平時代に大きく悪化する。国際場裏における共産主義の決定的な退潮を横目に見つつ、また、改革開放に大きく舵を切ろうとした鄧小平にとって、国内の左派（中国で左派とは、リベラルではなく、逆に、ごりごりの国粋主義的な共産党員や保守派を意味する）との政治闘争を戦うために、歴史教育は、重要なイデオロギー闘争、権力闘争上の武器であった。

鄧小平は、共産党の正統性の軸足を、自らが大きく変質させた共産主義から愛国主義にあふれた建国神話へと移したのである。

南京事件記念館、盧溝橋の抗日戦争記念館、第一次アヘン戦争の英雄である林則徐を称えた記念館、第二次アヘン戦争で英仏両軍に凌辱された円明園跡等、多くの歴史的な記念館が静かに建てられはじめたのは、鄧小平時代の1990年代である。

冷戦終了前後、東欧諸国の非共産化、チャウシェスク・ルーマニア大統領夫妻の銃殺、ソ連邦の崩壊と、中国共産党の心胆を寒からしめる世界史的事件が続く。1989年には、運命の天安門事件が起き、民主化を求める多くの学生が人民解放軍によって虐殺された。しかし、鄧小平は、果敢にも、天安門事件鎮圧後に、著名となった南巡講話で、さらに経済的な改革開放を推し進めるとの決意を示した。その半面、政治的には自由と民主主義を圧殺した。

鄧小平は、改革開放による思想の乱れ（自由主義、民主主義思想の流入）を正すために、愛国主義を利用した。そして歴史教育は、中国共産党の正統性維持のために、なくてはならない思想的装置となったのである。

それは、決して反日というだけではない。かつて中国に兵を送ったすべての西側諸国の横暴に対して、愛国主義を鼓舞することが目的であった。中華人民共和国の建国神話が、中国共産党の正統性の礎石として固まっていったのである。こうして中国共産党の建国神話は、中国という巨竜の逆鱗となった。

④江沢民が突出して反日だった理由

江沢民は、改革開放路線を一層推し進めた。中国共産党は、経済の自由化が進むほど、政治的自由の混入や、社会格差に対する不満が共産党支配の正統性を脅かすことを恐れた。その分、イデオロギー的締め付けは厳しくなった。経済の繁栄と言論の封殺を両輪とする統治手法は、江沢民以降も継続される。

江沢民は、鄧小平時代を凌駕して、さらに著しい反日傾向を示した。日本では村山社会党政権が歴史問題に力を入れていたが、村山談話等を通じた日本側の善意が江沢民に伝わることはなかった。天安門事件以降、わずか数年で実現された天皇陛下の訪中は、中国の国際的孤立打破に有益ではあったが、日本側が希望したように日中関係改善の決定的転機とはならなかった。

このころから中国の経済発展が軌道に乗り、中国は、日本からの経済協力に依存しなくなった。2001年には、中国はWTOに加盟した。その結果、日本以外の諸外国からの投資や技術移転がより容易になった。中国では、日本の重要性が減少し、一層反日に振れる可能性が高くなっていった。

江沢民は、歴代中国指導者のなかでも、突出して反日色が強い。遠藤誉氏等によれば、江沢民の実父は、南京の汪兆銘政府の特務機関に務めていた江世俊であり、この漢奸の系譜が明らかになることを恐れて、江沢民は、ことさらに反日を装ったとされる。遠藤誉氏は、この話を陳希同元北京市長から聞いたとしている。江沢氏が日本占領下の南京で、南京大学生として不自由なく暮らしていたことは、広く日本の識者に知られている。

ことさらに歴史問題を持ち出した江沢民は、1998年の訪日に際して、宮中でのスピーチで日本側の不興を買い、小渕総理との日中共同コミュニケ不署名事件を引き起こす。その後、江沢民は、靖国神社参拝をめぐり小泉総理と激しく対立してみせた。

⑤胡錦濤、温家宝時代の「戦略的互恵関係」と大国ナショナリズムの登場

江沢民の後を継いだ胡錦濤と温家宝のコンビは、鄧小平の遺産である愛国的歴史教育は続けつつも、江沢民時代の反日ナショナリズムや扇動工作とは距離を置くようになった。江沢民路線に比べて幾分統制色の強い経済運営に切り替え、同時に、ナショナリズムについても幾分の統制が必要と考えたのであろう。対日「新思考」を訴えた時殷弘や、「日本はもう謝らなくてもよい」と書いた馬立誠が中国論壇に登場したが、残念ながら中国世論からは袋叩きにあった。

第一次安倍政権が登場すると、中国側は、江沢民・小泉時代の軋轢を緩和しようとし、日中関係を「戦略的互恵関係」に高めることに合意した。日中関係は新たな関係に入った。習近平は、胡錦濤の「戦略的互恵関係」を踏襲することを、第二次安倍政権との間で合意している。

実は、中国は、日本よりも、日本の歴史問題に敏感である。それは、中国国内の権力闘争に響くからである。軍や公安や宣伝部等の実力系組織に多い左派（保守派、強硬派）が、歴史問題を利用して国民感情をあおり、国際経済派、国際協調派を押し切ろうとするのであろう。それは昭和前期の大日本帝国政府と帝国陸

海軍統帥部の関係に似ている。

たとえば、野田民主党政権による尖閣諸島の一部政府購入は、なぜかしばらく時間が経ってから、中国内に憤激を巻き起こした。尖閣問題が引き起こした保守派と国際協調派の間の政治的化学変化に時間がかかったのであろう。日本に対して甘いと言われることは、中国国内政治において大きなリスクとなっているのである。

残念ながら、2008年のリーマン・ショックの後、中国は、大国化への自信を深め、一層左傾化した（即ち、愛国的、国粋主義的傾向が強くなった）。米国発のリーマン・ショックが西側経済を陥没させた後、独り巨額の財政出動で世界経済を牽引したのは中国であった。西ドイツや日本が石油ショックの後、世界経済を牽引することで復権し、先進国首脳会談（G7）に列席するようになったように、リーマン・ショックの後、中国は世界第2の経済大国となり、G20に迎えられた。

この後、中国の自意識は大きく変わった。1980年代のバブル全盛の日本が、夜郎自大的な経済大国としてのプライドを膨らませたように、中国は、今や渇望してきた大国としての意識に酔いはじめているように見える。ナショナリズムが高揚し、拡張主義が出る。その大国意識は、軍事力の増大に驕り昭和前期に拡張主義に転じた帝国日本陸軍のような力に対する過信を生みつつあるように見える。

⑥現在の中国にとっての歴史問題

習近平指導下の中国共産党は、今や、自由、民主主義、法の支配といった普遍的価値観を、共産主義独裁への明確な危険とみなしはじめた。経済水準が上がり、中国人の価値観が多様化しはじめたなかで、普遍的価値観の浸透は、先進民主主義諸国が、中国共産党独裁の正統性に対して叩きつけてきた挑戦状のように見える。まさに、西側諸国が、謀略をもって、平和的に中国のレジームチェンジ（和平演変）を狙っているように見えるのである。

かつて民主化とは、米中ソが手を組んだ反ファシスト闘争やナチスドイツおよび軍国日本の解体を意味する言葉であり、中国でも肯定的な意味合いを持った言葉であった。今日の中国においては、民主化は正しく自由民主主義への移行を意味しており、共産党独裁の死を意味する否定的な言葉になった。

現在、中国は、民主主義の浸透を防ぐために、国民のなかに出てきた拡張主義的な近代的ナショナリズムを利用しようとしている。思想統制は電子監視技術の普及と相まってますます強化され、共産中国の建国神話は、中国共産党の正統性にかかわるものとして、聖域に祀（まつ）られた。しかし、昭和前期の日本が失敗したように、ナショナリズムの政治利用は非常に危険である。民族意識が固まっていく過程での愛国教育は、行き過ぎると猛毒になる。

国民は、対外的危機において団結する。戦争では、必ず団結する。また、国民は、自国の国際的な地位が向上すれば、拡張主義的なナショナリズムを経験する。それは人間という集団の生理的現象である。それを制御してこそ政治指導者である。ポピュリズムに乗って大衆を扇動すれば、ろくなことにはならない。ナショナリズムは虎と同じであり、一度のその背に乗ったら降りられない。降りれば虎に食われるからである。

また、中国にとって歴史問題は、日本と米国を分断し、日本にアジア太平洋地域の主導権を取らせないための格好の宣伝戦の道具でもある。中国にとって、同じアジアの国である隣国の日本が、普遍的価値観を唱導することは、民主化の進むアジアで中国を孤立させ、日米が主導するアジア太平洋秩序から中国を孤立させる戦略に見えるのであろう。中国は、日本に歴史問題で挑戦することによって、日本のリーダーシップを阻害することができるのである。

さらに、中国は、1987年の民主化以降力を増した韓国左翼に目をつけて、後述する韓国の対日歴史問題での連携にも力を入れはじめた。日本の左派勢力も、民主化後に新しく生まれた韓国左翼と連携を示すようになった。中国は、韓国を対日歴史戦の戦場として選んだ。昨今の世界中の韓国慰安婦像の建立にも、不思議なことに中国の影がくっきりと見える。フィリピンで撤去された慰安婦像は、香港の財団が資金を出しており、中国人慰安婦問題を喧伝する上海の大学教授が関係していた。ちなみに沖縄の独立運動にも、中国の影が見え隠れする。

（2）韓国と日本の歴史問題

①日韓併合と日本の朝鮮統治をどう見るか

日韓併合は、日清、日露戦争の後もたらされた力関係の変化が生んだものである。初代朝鮮総監の伊藤博文は、決して日韓併合に賛成ではなかった。西郷隆盛の征韓論の時代にも、地政学的必要から朝鮮半島を奪取することをもっぱらに考えていたわけではない。征韓論はむしろ維新後の内政の延長であった。

しかし、中国がアヘン戦争に敗れ、日清戦争に敗れ、朝鮮半島の宗主国として機能しなくなると、日本にとっても、帝政ロシアの南下への対応が焦眉の急となってきた。既に、1875年の樺太千島交換条約で日本から千島列島と引き換えに樺太を奪っていたロシアは、義和団事件の後、満州に軍を留めはじめていた。

当時は、弱肉強食の帝国主義時代である。欧米列強の勢力が浸透していた豊かなユーラシア大陸海浜部と異なり、人口が希薄で極寒の平野が広がるシベリアの地を進むロシアを止める勢力はなかった。朝鮮半島をめぐり、日露関係は緊張する。李王朝では、明治維新を模範として宮廷革命により国家改造を図った金玉均が暗殺され、五体をバラバラに切り刻んでさらしものにされるという事件があり、また、日本側の謀略で王妃閔妃が惨殺されるという事件も起きた。

日清戦争後、独仏露の三国干渉に日本が屈服すると、大韓帝国皇帝の高宗がロシア大使館に逃げ込んでそこで執務するという異様な事態になった。そのロシアを日露戦争で下した後、日本は韓国を併合し、ロシアとの関係で、朝鮮半島は日本の勢力圏と定まった。現代風に言えば、ロシアに対する戦略的縦深性の確保のための日韓併合であった。

その実態は、ロシア側から見ればアジアへの植民地拡張の失敗であろうが、日本側から見れば、植民地化というよりは、プロイセンのシレジア併合、フランスのベルギー併合、あるいは、ポーランド分割のように欧州諸国間で見られた本国領土の拡張という感覚に近い。日韓併合という用語が使われ、朝鮮植民地化という用語があまり使われないのは、その実態を反映しているからだろう。

日露戦争中に、日本は米国と桂・タフト協定を結び、フィリピンが米国領、朝鮮半島が日本領という勢力圏の分割がなされた。当時の韓国は、欧米の列強にとって国際政治の主体ではなく、あくまでも客体であった。朝鮮における国民国家とか民族国家という意識も、芽生えはじめたばかりだった。

日本の朝鮮統治の国際的評価は定まっていない。日本の植民地支配に関する研究は、マルクス主義史観、イデオロギー的な色彩が強く、国際的に比較してみて、何がどのくらい優れていたのか、劣っていたのかという視点から客観的に比較したものがない。

植民地支配開始当時には、解雇された王宮の警備兵や土着の儒者による義兵抗争が起きた。日本側の武断政治によって、2万人近い犠牲者が出たといわれている。しかし、少なくとも、その後の日本の文治政治の間に、朝鮮半島の人口は

1,300万から2,500万へとほぼ2倍になっているし（この他400万人の日本、中国、満州への出稼ぎ朝鮮人がいた）、GNPも1.5倍になっている。

第一次世界大戦後、最大の独立運動となった3・1事件の後には、経済成長がはじまり、法制面、インフラ面での韓国の近代化も進んだ。大阪帝国大学（1931年設置）、名古屋帝国大学（1939年設置）よりもかなり前に京城帝国大学（1924年設置）が創設されている。

自由主義的国際秩序が確立している今日、いかなる意味でも植民地支配は正当化できない。しかし、日本の朝鮮支配は、欧州の植民地支配に比べてどのようなものだったのだろうか。

欧州諸国の植民地政策は、差別的、収奪的な異人種支配であり、残虐な面が多かった。スペインによるインカ、アステカ帝国の滅亡、南米の銀山でのインディオの奴隷的酷使、英国等のアフリカ人の奴隷貿易、南北米大陸およびカリブ諸島での悲惨な奴隷制プランテーション、オランダの香料諸島における胡椒を求めての暴虐は、人倫に大きくもとるものであり、日本の韓国統治の比ではない。

特に奴隷制が当然視されていた19世紀中葉まで、奴隷は牛馬のようにムチで打たれて働いていたのである。

日本の統治が、米国のフィリピン統治、オランダのインドネシア統治、フランスのインドシナ半島統治、英国のインド・マレー統治、ロシア・ソ連の中央アジア、コーカサス統治、あるいは、欧州列強のアフリカ統治に比べて格別に残虐であったというのは、単純に事実に反する。

日本は、朝鮮半島をいきなり重工業化し、安定と繁栄を持ち込んで、ロシアへの盾とすることを狙ったのである。収奪による弱体化は、朝鮮半島住民の抵抗を招くだけで、ロシアにつけこまれるだけなのを、朝鮮総督府はよく理解していたはずである。その目的は、収奪というよりも安全保障であった。

1930年代の満州国建国に際しては、朝鮮半島からも100万近い朝鮮移民が流入した。日本での自己実現を考えた人も多い。前述のように韓国の朴正熙大統領は、満州国で中尉として勤務し、岸信介等の革新官僚たちがゼロから近代国家をつくる手法を目の当たりにしている。その手法は、後の彼の独裁時代、先進国・大韓民国建設におおいに役立ったはずである。

朴正熙大統領のように、閉塞した朝鮮社会から解放されて、日本支配の下で能力を伸ばした朝鮮半島の人たちも多くいる。戦前、日本には200万人の朝鮮人が留学し、就職して居住していた。彼らは徴用工ではない。自らの意思で、日本に未来を求めたのである。その人たちの歴史は、今や、掻き消されてしまっている。

幸いなことに日中戦争、太平洋戦争の直接の被害は、朝鮮半島には及ばなかった。朝鮮半島の人々に真に苛酷な経験を強いたのは、皮肉なことだが、光復（独立）をもたらした日本の敗戦である。日本本土をはじめとして満州、樺太、中国、南方の戦場などの多くの場所で、数多くの朝鮮の人々は、大日本帝国臣民として日本人と同じ塗炭の苦しみを味わうことになった。そしてその後、1950年6月に始まった金日成の韓国侵略と米中両国の参戦によって、朝鮮半島は壊滅的な打撃を受けた。

②朝鮮半島出身労働者（いわゆる「徴用工」）問題

日韓国交正常化は、ベトナム戦争で泥沼に陥った米国の強い圧力の下でなされた。韓国側は、日韓併合は無効であったとか、独立国であった韓国は植民地にならずに日本と戦争状態にあったとか、したがって日本は経済協力ではなく戦後賠償を行うべきであるとか、韓国が北朝鮮も領土として保有し続けているとか、様々な主張を行ったが、ことごとく日本側によって退けられた。

結局、佐藤栄作自民党政権下で1965年の国交正常化がなされた時に、有償・無償合わせて5億ドルの経済協力と引き換えに、在日朝鮮人労働者（いわゆる徴用工）を含むすべての請求権問題が処理された。その金額は、韓国の1年半分の予算額に匹敵した。

朴正熙大統領は、朝鮮戦争によって灰燼に帰した韓国復興のために、国交正常化を選択し、その資金を個人補償に充てず、国民経済の復興に充てた。その後、韓国は、漢江の奇跡といわれる経済復興を実現したのである。日本にとってみれば、韓国との国交正常化は、冷戦の文脈で、安全と友情を同時に手に入れる手段であった。

ところで、戦前、日本にいた朝鮮人労働者のすべてが徴用されていたわけではない。むしろ、徴用されていた労働者は一部にすぎない。朝鮮半島の人口は、日本統治時代に激増し、1,300万から2,500万へと増えていた。これ以外に、国外に移住したり、出稼ぎに出た人も多い。日本には200万人の朝鮮人労働者がいた。

日中戦争、太平洋戦争が始まると軍関係の労働現場に朝鮮人労働者の募集や官の斡旋が始まった。日本に来て、他の民間の給与の良いところに逃げ出す者も多かった。徴用が始まるのは戦争末期であり、日本が決定的に負けはじめてからである。国家総動員が朝鮮半島にも及んだからである。

この時期に数万人の労働者が徴用され、また、それ以前に募集、斡旋で軍関係の労働現場に来ていた人々もそのまま徴用された。そのすべてが奴隷的苦役であったというのは、単純に事実に反する。

この朝鮮人労働者への未払賃金等の戦後補償は、日韓請求権協定締結後、韓国政府の責任となった。韓国左翼出身の盧武鉉政権は、韓国政府は個人の請求権に応える責任があるとして、国内に基金をつくって国内補償を試みている。ところが、文在寅大統領は、憲法裁判所裁判官の交代時期に左派の裁判官を揃えて、司法府の判決を使って補償問題を蘇生させた。

韓国の司法府は、朝鮮人労働者の請求権を復活させ、朝鮮人労働者を使役していた企業の法的責任を問い、在韓日本企業の財産に手を出そうとしている。明らかな日韓請求権協定（1965年）違反である。

司法府は国内機関であり、その判断は国際法違反の言い訳にはならない。司法府が国際法を破ったのであれば、立法府、行政府がその過ちを正さねばならない。それがチェックアンドバランスを本質とする三権分立の本義であるが、今の文在寅政権にはその様子がない。いわゆる「徴用工」問題には出口が見えない。

③「慰安婦」問題

慰安婦問題は、1990年代に急激に民主化した韓国で、男性中心の朝鮮儒教社会の弾劾、告発から始まったが、87年の民主化以降急激に左傾化する韓国政治のなかで一気に反日運動の象徴にされてしまった。吉田清治氏が済州島での慰安婦狩りの様子を描いた『私の戦争犯罪』（三一書房）という小説まがいの本が、あたかも真実であるかのように一部マスコミで取り上げられ、韓国で憤激を買った。一読すればただちにフィクションであると分かるような本である。一冊の本が、国家間関係をここまでこじらせるのは珍しい。昭和の奇書である。

意外に思われるかもしれないが、社会的弱者であった元慰安婦救済のために最初に動いたのは日本政府である。彼女たちの生活の実態は、武漢の特殊慰安所の責任者であった陸軍軍人が遺した『武漢兵站』（山田清吉、図書出版社）に詳しい。当時の慰安所の少女たちの辛い生活は『サンダカン八番娼館』（山崎豊子、文春文庫）やそれを映画化した「望郷」、あるいは、吉永小百合が二・二六事件にかかわった将校と恋に落ちる慰安婦を演じた映画「動乱」を見ると想像がつく。慰安婦は、貧しい家庭から来た少女たちばかりで、半分は日本人であった。『武漢兵站』には、朝鮮人経営の私設娼家の状況があまりに酷いので、陸軍の慰安所に女性たちを引き取ったという記述もある。

日本政府は、忘れ去られていた慰安婦の救済のために、数十億円の規模でアジア女性基金を立ち上げた。1割は民間からの浄財であった。旧日本軍の人たちのなかには、自分たちは生き残って恩給をもらったが、一緒に戦ってくれた彼女たちは何ももらっていないではないかと言って募金に協力してくれた人もいたという。韓国人慰安婦の方々は、一人500万円の支援金と橋本、小渕、森、小泉と4代の総理の直筆署名の入った心のこもった謝罪書簡を届けた。最初に書簡とお金を手にした韓国人慰安婦の方々は泣き崩れたという。

しかし、韓国左翼は、日本の慰安婦支援を激しく妨害した。日本から謝罪書簡とお金を受け取った慰安婦も攻撃された。彼らにとっては、「慰安婦」問題とは、韓国国内政治において絶好の保守派攻撃の材料であり、解決されてはならない問題だったからである。

結局、当時カミングアウトした約200人の韓国人慰安婦のうち(日本人は誰もカミングアウトしなかった)、69名に対してお金と書簡を届けたところで、アジア女性基金の韓国での活動は中断のやむなきに至った。

反日運動の中心となっている「挺身隊対策協議会」(後に「正義記憶連帯」あるいは「正義連」と改名)は左傾化の顕著な運動体であり、北朝鮮とも近く、2012年には北朝鮮と共同声明を出している。

保守派の李明博政権は、国内の左翼的風潮にもかかわらず、当初、歴史問題に手を付けなかった。韓日米の戦略的三角関係を維持して、中国に対処するという極めて現実主義的、戦略的な外交政策を掲げていた。

日本の鳩山民主党政権が米国との関係を悪化させると、米国は韓国との関係強化に動き、米韓関係は格段に強化され、アジアで最も信頼される同盟国は韓国であるかのような様相となった。残念ながら、李明博大統領の親日路線は、野田政権時に行われた李明博大統領訪日の際の慰安婦をめぐる首脳間の冷たいやり取りを契機に急激に悪化した。

続く朴槿恵政権は、経済的に依存する中国との関係を強化し、李明博政権の遺産である良好な対米関係を利用し、米中両国の圧力をもって、日本に歴史問題での譲歩を迫るとの戦術を取った。

日本陸軍士官学校を卒業し、満州国軍人であった朴正熙を父に持つ朴槿恵にとって、韓国国内の強い左翼的な雰囲気のなかで、日本に歴史問題で譲歩することは不可能であった。特に、女性問題である慰安婦問題での譲歩は困難であった。朴槿恵大統領は、「慰安婦」問題に強い姿勢を取った。朴槿恵は、日本への恨みは「千年」残ると発言して日本側を驚かせた。国内政治上のパフォーマンスであったのであろうが、その結果、日韓関係は著しく悪化した。

しかし、第二次安倍政権登場後、日米関係、日中関係が修復されはじめると、韓国の孤立が韓国国内世論でかしましく論じられるようになり、朴槿恵大統領の苦衷は深まるのみとなった。その文脈で日韓慰安婦合意が再度結ばれる。「最終的、不可逆な」解決とうたった日韓慰安婦合意であった。カミングアウトした慰安婦の方々のうち、生存者は40名程度になっていた。このときは、幸いに支援金が9割近くの生存する慰安婦のおばあさんたちに渡された。受け取りを拒否したごく少数の慰安婦は、既に活動家として名が知られていた人々である。

残念ながら、その後再び登場した左翼政権の文在寅政権は、その合意をいとも簡単に反故にしてしまった。左派から出てきた文在寅大統領は、支持母体である民主労総や学生運動家たちのイデオロギー的な反日姿勢に縛られており、保守派の朴槿恵大統領の残した遺産を尊重することは不可能であった。

韓国の左翼勢力にとって、慰安婦問題は終わってはならないのである。国際合意が内政に優越するというウィーン条約法条約の常識は、イデオロギー分裂の激しい韓国国内政治には通用しなかった。

なお、現在（2020年）、慰安婦で活動家であった李容洙女史が、正義連は慰安婦問題を利用して資金を流用していたと告発し、韓国国内で正義連の活動内容が厳しく問われている。

6 「戦後70年総理談話」の意味

2015年8月14日。安倍総理は、戦後70年総理談話を発表した。この談話には3つの柱がある。

一つは、今の自由主義的国際秩序のリーダーという日本の立ち位置をしっかり踏まえて、是々非々で、反省するべき点は反省するということ。

もう一つは、国際社会自体も20世紀の100年をかけて倫理的に成熟しているのであり、この世界史の文脈のなかで、日本の行為を客観的に評価するべきだということ。

そして最後に、21世紀の日本を支える若い日本人に、国際社会のなかで、前を向いて誇り高く生きて行ける歴史観を提示するということである。

この談話は、21世紀の国際社会で誇りある地位を占めたいと願う国民の間に広い共感を呼んだ。安倍総理の支持率は跳ね上がった。55年体制下のイデオロギー論争の残滓を越えて、21世紀の日本人のための歴史観を提示するために書かれた談話である。最後に安倍総理の70年談話の全文を掲げる。これまでの筆者の説明を踏まえて、もう一度読んでみてほしい。

【安倍総理の戦後70年談話】

8月は私たち日本人にしばし立ち止まることを求めます。今は遠い過去なのだとしても、過ぎ去った歴史に思いをいたすことを求めます。政治は歴史から未来への知恵を学ばなければなりません。

戦後70年という大きな節目にあたって、先の大戦への道のり、戦後の歩み、20世紀という時代を振り返り、その教訓の中から未来に向けて、世界の中で日本がどういう道を進むべきか、深く思索し構想すべきであると、私はそう考えました。

同時に、政治は歴史に謙虚でなければなりません。政治的、外交的な意図によって歴史が歪められるようなことが決してあってはならない。このことも私の強い信念であります。

ですから、談話の作成に当たっては20世紀構想懇談会を開いて、有識者の皆さまに率直、かつ徹底的なご議論をいただきました。それぞれの視座や考え方は当然ながら異なります。しかし、そうした有識者の皆さんが熱のこもった議論を積み重ねた結果、一定の認識を共有できた、私はこの提言を歴史の声として受け止めたいと思います。そしてこの提言の上に立って、歴史から教訓をくみ取り、今後の目指すべき道を展望したいと思います。

100年以上前の世界には、西洋諸国を中心とした国々の広大な植民地が広がっていました。圧倒的な技術優位を背景に、植民地支配の波は19世紀、アジアにも押し寄せました。その危機感が、日本にとって近代化の原動力となったことは間違いありません。アジアで最初に立憲政治を打ち立て、独立を守り抜きました。日露戦争は植民地支配の下にあった多くのアジアやアフリカの人々を勇気づけました。

世界を巻き込んだ第一次世界大戦を経て民族自決の動きが広がり、それまでの植民地化にブレーキがかかりました。この戦争は、1,000万人もの戦死者を出す悲惨な戦争でありました。人々は平和を強く願い、国際連盟を創設し、不戦条約を生み出しました。戦争自体を違法化する新たな国際社会の潮流が生まれました。

当初は日本も足並みを揃えました。しかし世界恐慌が発生し、欧米諸国が植民地経済を巻き込んだ経済のブロック化を進めると、日本経済は大きな打撃を受けました。その中で日本は孤立感を深め、外交的、経済的な行き詰まりを、力の行使によって解決しようと試みました。国内の政治システムはその歯止めたり得なかった。こうして日本は、世界の大勢を見失っていきました。

満州事変、そして国際連盟からの脱退、日本は次第に、国際社会が壮絶な犠牲の上に築こうとした新しい国際秩序への挑戦者となっていった。進むべき針路を誤り、戦争への道を進んでいきました。

そして70年前、日本は敗戦しました。

戦後70年にあたり、国内外に倒れたすべての人々の命の前に、深く頭を垂れ、痛惜の念を表すとともに、永劫の哀悼の誠を捧げます。

先の大戦では300万余の同胞の命が失われました。祖国の行く末を案じ、家族の幸せを願いながら、戦陣に散った方々。終戦後、極寒の、あるいは灼熱の、遠い異境の地にあって、飢えや病に苦しみ亡くなられた方々。広島や長崎への原爆投下、東京をはじめ各都市での爆撃、沖縄における地上戦などによって、たくさんの市井の人々が無残にも犠牲となりました。

戦火を交えた国々でも、将来ある若者たちの命が数知れず失われました。中国、東南アジア、太平洋の島々など、戦場となった地域では、戦闘のみならず食糧難などにより多くの無辜の民が苦しみ、犠牲となりました。戦場の陰には、深く名誉と尊厳を傷つけられた女性たちがいたことも忘れてはなりません。

何の罪もない人々に、計り知れない損害と苦痛を我が国が与えた事実。歴史とは実に取り返しのつかない苛烈なものです。一人ひとりにそれぞれの人生があり、夢があり、愛する家族があった。この当然の事実をかみしめる時、今なお、言葉を失い、ただただ断腸の念を禁じ得ません。

これほどまでの尊い犠牲の上に現在の平和がある、これが戦後日本の原点であります。二度と戦争の惨禍を繰り返してはならない。

事変、侵略、戦争、いかなる武力の威嚇や行使も、国際紛争を解決する手段としては、もう二度と用いてはならない。植民地支配から永遠に決別し、すべての民族の自決の権利が尊重される世界にしなければならない。先の大戦への深い悔悟の念とともに、わが国はそう誓いました。自由で民主的な国をつくり上げ、法の支配を重んじ、ひたすら不戦の誓いを堅持してまいりました。70年間に及ぶ平和国家としての歩みに、私たちは静かな誇りを抱きながら、この不動の方針をこれからも貫いてまいります。

わが国は先の大戦における行いについて、繰り返し痛切な反省と心からのお詫びの気持ちを表明してきました。その思いを実際の行動で示すため、インドネシア、フィリピンをはじめ東南アジアの国々、台湾、韓国、中国など隣人であるアジアの人々が歩んできた苦難の歴史を胸に刻み、戦後一貫して、その平和と繁栄のために力を尽くしてきました。こうした歴代内閣の立場は、今後も揺るぎないものであります。

ただ、私たちがいかなる努力を尽くそうとも、家族を失った方々の悲しみ、戦禍によって塗炭の苦しみを味わった人々の辛い記憶は、これからも決して癒えることはないでしょう

ですから私たちは心に留めなければなりません。戦後、600万人を超える引き揚げ者が、アジア太平洋の各地から無事帰還でき、日本再建の原動力となった事実を。中国に置き去りにされた3,000人近い日本人の子どもたちが無事成長し、再び祖国の土を踏むことができた事実を。米国や英国、オランダ、豪州などの元捕虜の皆さんが長年に渡り、日本を訪れ、互いの戦死者のために慰霊を続けてくれている事実を。

戦争の苦痛をなめ尽くした中国人の皆さんや、日本軍によって耐えがたい苦痛を受けた元捕虜の皆さんが、それほど寛容であるためには、どれほどの心の葛藤があり、いかほどの努力が必要であったか。そのことに私たちは思

いをいたさなければなりません。

寛容の心によって日本は戦後、国際社会に復帰することができました。戦後の70年のこの機にあたり、わが国は和解のために力を尽くしてくださったすべての国々に、すべての方々に、心からの感謝の気持ちを表したいと思います。

日本では戦後生まれの世代が、今や人口の8割を超えています。あの戦争には何ら関わりのない私たちの子や孫、そしてその先の世代の子どもたちに、謝罪を続ける宿命を背負わせてはなりません。

しかしそれでもなお、私たち日本人は、世代を超えて、過去の歴史に真正面から向き合わなければなりません。謙虚な気持ちで過去を受け継ぎ、未来へと引き渡す責任があります。

私たちの親、そのまた親の世代が戦後の焼け野原、貧しさのどん底の中で命をつなぐことができた。そして現在の私たちの世代、さらに次の世代へと未来をつないでいくことができる、それは先人たちのたゆまぬ努力とともに、敵としてし烈に戦った米国、豪州、欧州諸国をはじめ、本当にたくさんの国々から、恩讐を越えて善意と支援の手が差し伸べられたお蔭であります。そのことを私たちは未来へと語り継いでいかなければならない。

歴史の教訓を深く胸に刻み、よりよい未来を切り開いていく、アジアそして世界の平和と繁栄に力を尽くす、その大きな責任があります。

私たちは、自らの行き詰まりを力によって打開しようとした過去を、この胸に刻み続けます。だからこそ、わが国はいかなる紛争も、法の支配を尊重し、力の行使ではなく、平和的、外交的に解決すべきである。この原則をこれからも堅く守り、世界の国々にも働きかけてまいります。唯一の戦争被爆国として、核兵器の不拡散と究極の廃絶を目指し、国際社会でその責任を果たしてまいります。

私たちは20世紀において、戦時下、多くの女性たちの尊厳や名誉が深く傷つけられた過去をこの胸に刻み続けます。だからこそ、わが国は、そうした女性たちの心に常に寄り添う国でありたい。21世紀こそ女性の人権が傷つけられることのない世紀とするために、世界をリードしてまいります。

私たちは経済のブロック化が紛争の芽を育てた過去をこの胸に刻み続けます。だからこそ、わが国は、いかなる国の恣意にも左右されない、自由で公正で開かれた国際経済システムを発展させ、途上国支援を強化し、世界のさらなる繁栄を牽引してまいります。繁栄こそ平和の礎です。暴力の温床ともなる貧困に立ち向かい、世界のあらゆる人々に医療と教育、自立の機会を提供するため、一層力を尽くしてまいります。

私たちは国際秩序への挑戦者となってしまった過去を、この胸に刻み続けます。だからこそ、わが国は、自由、民主主義、人権といった基本的価値を揺るぎないものとして堅持し、その価値を共有する国々と手を携えて、「積極的平和主義」の旗を高く掲げ、世界の平和と繁栄にこれまで以上に貢献してまいります。

戦後80年、90年、さらには100年に向けて、そのような日本を国民の皆さまとともにつくりあげていく。その決意であります。

以上が私たちが歴史から学ぶべき、未来への知恵であろうと考えております。

21世紀構想懇談会の提言を歴史の声として受け止めたいと申し上げました。同時に私たちは歴史に対して謙虚でなければなりません。謙虚な姿勢とは、果たして聞き漏らした声がほかにもあるのではないかと、常に歴史を見つめ続ける態度であると考えます。

私はこれからも謙虚に歴史の声に耳を傾けながら、未来への知恵を学んでいく、そうした姿勢を持ち続けていきたいと考えています。

第15講 日本の領土と歴史(1)——サンフランシスコ平和条約、北方領土、竹島

1 日本領土の概要——この国の形

日本の領土は、ユーラシア大陸の北東部に、大陸に覆いかぶさるようにして、弧状に連なる島々からなる。主要な島は、本州、北海道、九州、四国の四大島で

図表15 幕末・維新の領土

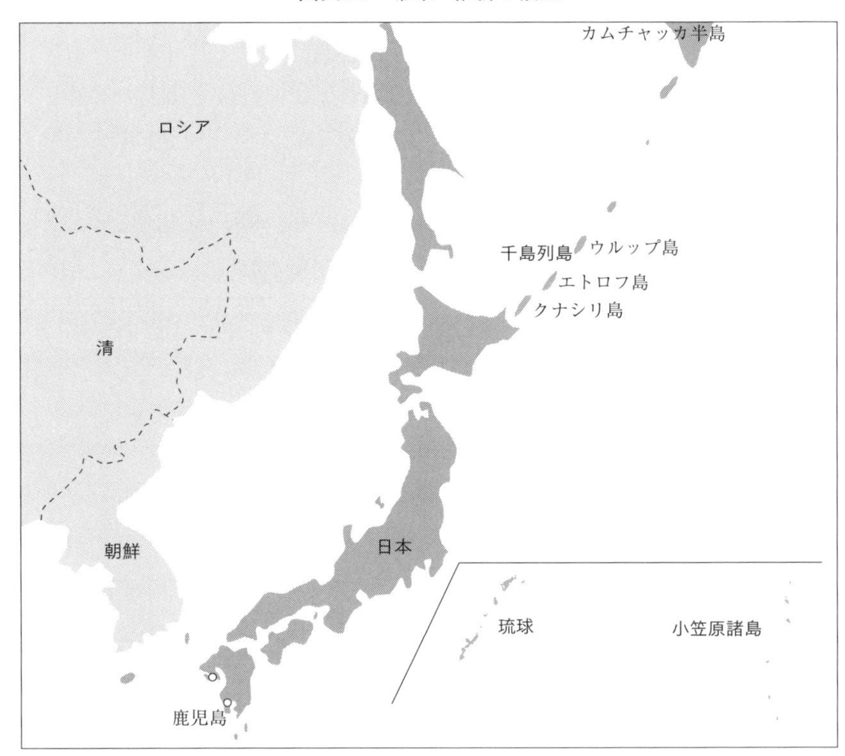

出所:『日本外交史 別巻4 地図』鹿島平和研究所

ある。

本州は、東側は広大な太平洋に面しているが、西側は、日本海を挟んで人口の希少なロシアの沿海州に面している。本州の南端は、関門海峡を挟んで九州北端と接しながら、ロシアにとっての戦略的要衝である対馬海峡をにらみつつ、朝鮮半島南部と向かい合っている。九州は、北部は朝鮮半島に面するが、西部は、黄海、東シナ海を挟んで中国に面する。また、北海道は、オホーツク海を挟んで極東ロシア部に面する。

この四大島を連ねた長さは、非常に長く2,000キロに及ぶ。それは、地図の上で、日本列島を動かしてみればすぐに分かるように、中国の海岸線や米大陸西海岸の海岸線の長さと変わらない。日本列島の総面積は、約38万平方キロ（世界

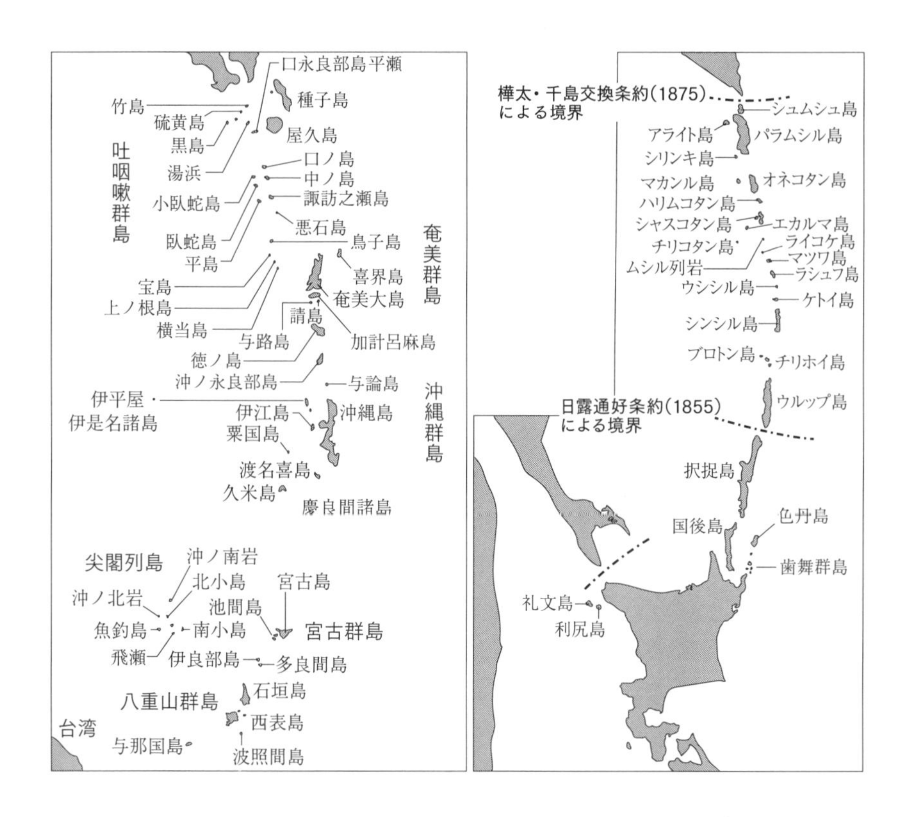

図表16　日本領土の消長（1875〜1942年）

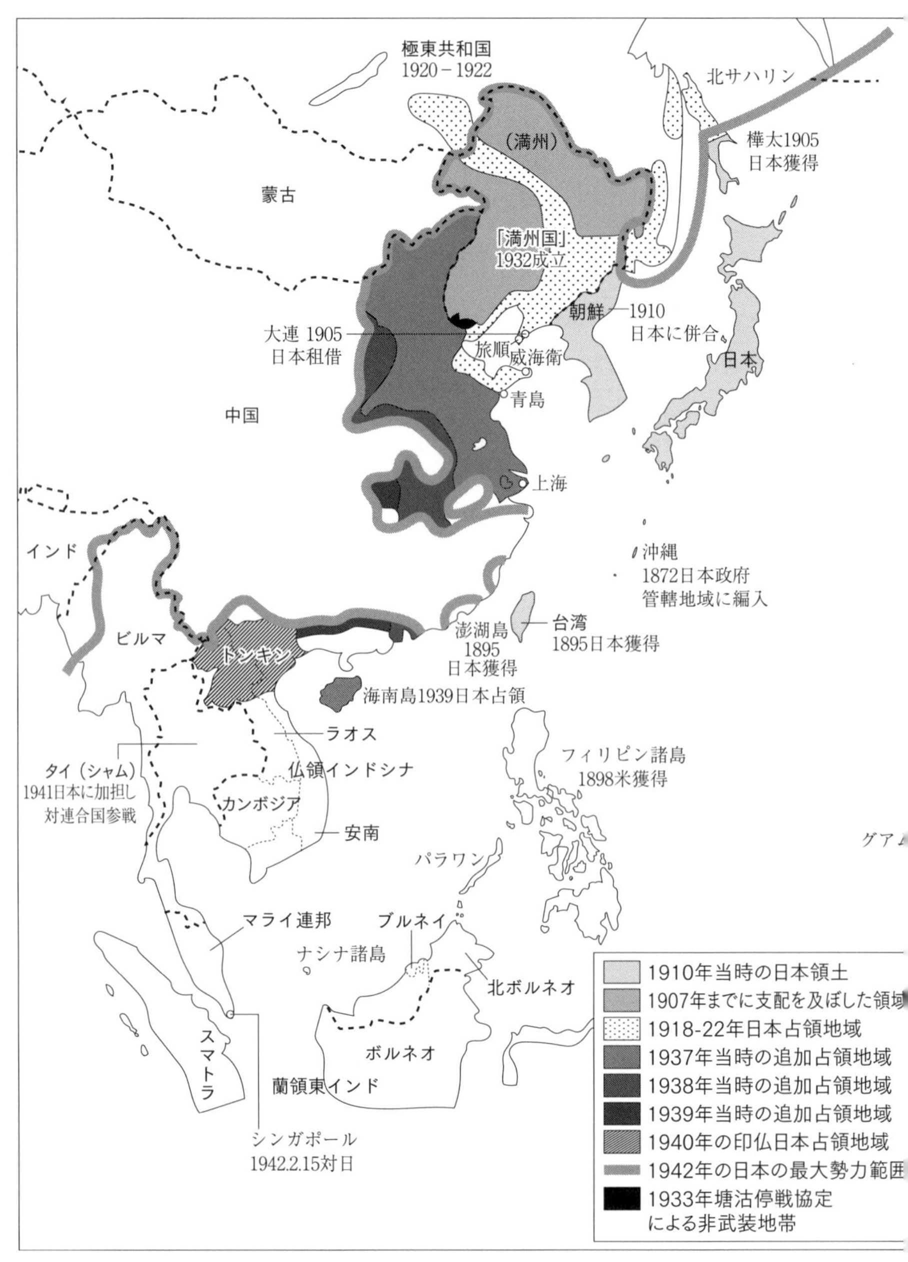

出所：『日本外交史　別巻4　地図』鹿島平和研究所

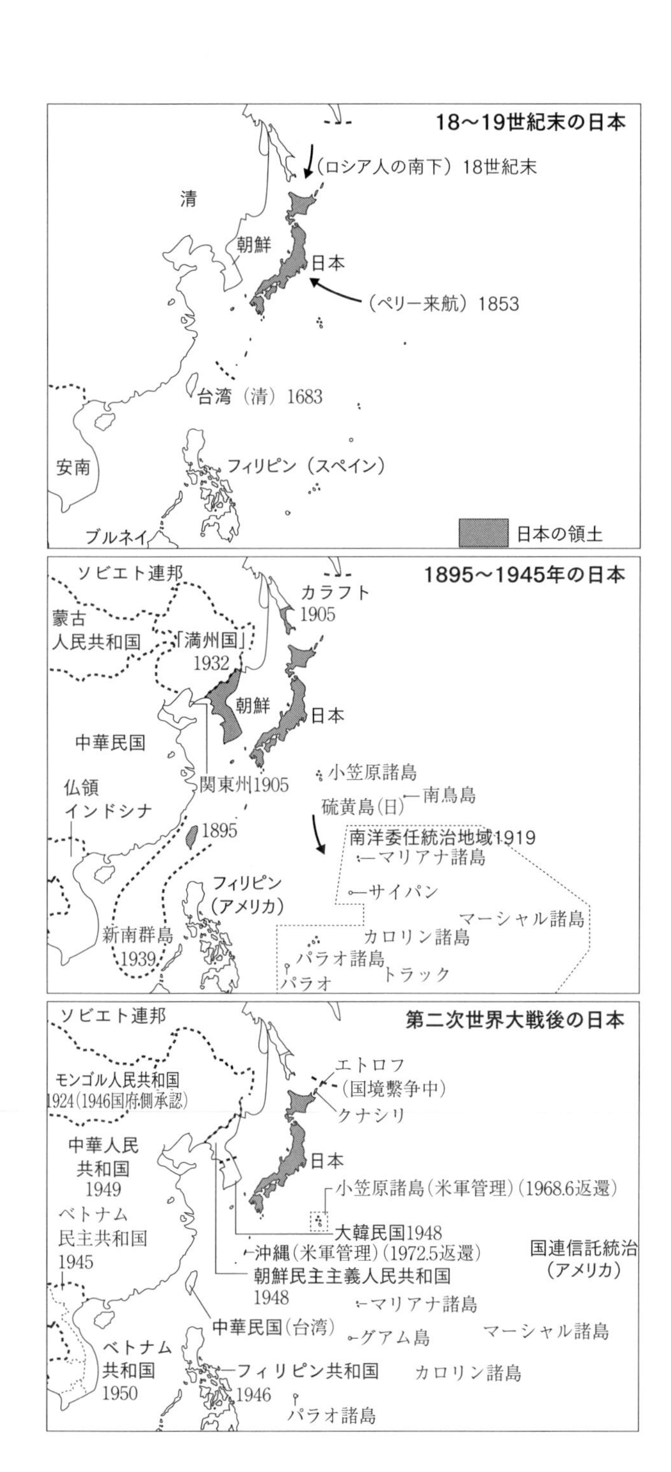

18～19世紀末の日本
（ロシア人の南下）18世紀末
清
朝鮮
日本
（ペリー来航）1853
台湾（清）1683
安南
フィリピン（スペイン）
ブルネイ
日本の領土
1895～1945年の日本
ソビエト連邦
カラフト
1905
蒙古
人民共和国
「満州国」
1932
朝鮮
日本
中華民国
小笠原諸島
仏領
インドシナ
関東州1905
南鳥島
硫黄島(日)
1895
南洋委任統治地域1919
マリアナ諸島
フィリピン
(アメリカ)
サイパン
マーシャル諸島
新南群島
1939
カロリン諸島
パラオ諸島
トラック
パラオ
第二次世界大戦後の日本
ソビエト連邦
エトロフ
(国境繫争中)
モンゴル人民共和国
1924(1946国府側承認)
クナシリ
中華人民
共和国
1949
日本
小笠原諸島(米軍管理)(1968.6返還)
ベトナム
民主共和国
1945
大韓民国1948
沖縄(米軍管理)(1972.5返還)
国連信託統治
(アメリカ)
朝鮮民主主義人民共和国
1948
マリアナ諸島
中華民国(台湾)
グアム島
マーシャル諸島
ベトナム
共和国
1950
フィリピン共和国
1946
カロリン諸島
パラオ諸島

第61位）で、カスピ海と同じ大きさである。しかし、その保有する海岸線の長さおよび排他的経済水域（EEZ）の面積は、世界有数である（領海とEEZを併せた海洋面積は世界第6位）。地球の円周は4万キロ強であるから、稚内から与那国までの日本列島の長さは、その約13分の1ということになる。日本は、決して小さいのではない。非常に長くて細いのである。

農業が偏重された時代はともかく、工業化の進んだ現在、日本は、巨大な体軀を国際経済のなかに深く組み込まれており、その貿易の約99％（2004年、重量ベース）を海運に依存している。また、日本は伝統的に、本土の防衛を海洋という巨大な濠割に依存してきた。海は、古代から現代まで、日本の守護神であった。鎖国の歴史の長かった日本人自身はあまり海に対する関心が深くはないが、日本は、堂々たる海洋国家と言ってよい。

日本列島は、1万2000年前に氷河期が終わる前までは、大陸と地続きであった。氷河期の終了と海面の上昇で、今日のような島国となった。水面下の海底地形に目を向ければ、この四大島に、多くの海底山脈が連なり、その上に日本列島および付属諸島群が構成されていることが分かる。

北を見れば、樺太島が宗谷海峡を経て北海道に突き刺さるナイフのように伸びている。また、カムチャッカ半島から、ウルップ島まで、千島列島が鎖のように伸びている。千島列島をロシア語でクーリル諸島と言うのは、火山列島である千島列島が、煙を吹いている（ロシア語でクリーチ）からだという説もある。

伊豆半島の先からは、小笠原諸島、グアム島に連なる一連の火山諸島が延びている。安全保障の世界では、第二列島線と呼ばれる。目立たないが、九州東岸からは、沖ノ鳥島を経てパラオに向かう巨大な海底山脈がひっそりと水面下に沈んでいる。沖ノ鳥島は、鯨の潮吹き穴のように、この巨大な海底山脈が、唯一、海上に顔を出す山頂である。

そして、九州南端からは、さらに、南西諸島が、台湾島に向かって延びている。安全保障の世界では第一列島線と呼ばれる。鹿児島から与那国まで、約1,000キロの距離がある。そして沖縄本島と石垣、宮古等からなる先島諸島まで約400キロの距離がある。それは東京と大阪を結ぶ距離に匹敵する。

先島諸島の南西端の与那国から台湾までは、わずか100キロ強である。晴れた日には大きな台湾島がくっきり見える。台湾のすぐ南は、もはやルソン島であり、フィリピンである。台湾島は、東シナ海と南シナ海を分ける島であり、中国の海岸線を顔にたとえれば、鼻の位置に来る。日本の南西諸島は中国から見れば、中国海岸線のおでこを押さえているように見えるはずである。

2　サンフランシスコ平和条約による大日本帝国の解体と北方領土

(1) サンフランシスコ平和条約の領土処理に流れる2つの思潮

今日の日本領土の外縁は、自然の産物ではない。第二次世界大戦における敗戦の結果、連合国の起草したサンフランシスコ平和条約により、大日本帝国の領土が解体され、日本領土の外縁が法的に確定されたのである。サンフランシスコ条約を主導して起草したのは、当然のことながら、太平洋戦線で最も重要な役割を果たした米国である。

サンフランシスコ平和条約における領土処理には、20世紀後半に主流となった自由主義的な領土不拡大原則、住民の意思の尊重の考え方と、19世紀の権力政治的な戦利品分配の考え方が混在している。

①領土不拡大原則

20世紀前半に、米国が主導した「領土不拡大原則」は、暴力により他国領土やその住民の奪取は行わない、許さない、領土変更には住民の同意が要るという自由主義的な思想を下敷きにしている。大西洋憲章、カイロ宣言、ポツダム宣言を貫いて、米国を中心とする連合国が掲げた「戦争の大義」である。

英米の合意した大西洋憲章は、「領土的たるとその他たるを問わず、いかなる拡大も求めない」と規定している。大西洋憲章には、後にソ連も参加している。また、中国（蔣介石）が参加した英米中のカイロ宣言は、「自国のために何らの利得をも欲求するものにあらず、また、領土拡張の何らの念も有するものにあらず」と規定している。

起草した米国にしてみれば、国内の強い孤立主義を脱して世界大戦参戦を実現するために、強力な理想主義を掲げることが必要だったのであろう。

他方で、世界を征服して多くのアジア人、アフリカ人、アラブ人を隷従させていた大植民地帝国となった英国が住民の意思尊重を訴える大西洋憲章の「領土不拡大原則」を掲げるのはしっくりこないし、また、ナチスドイツとモロトフ・リッベントロップ協定で中東欧を暴力的に分割したソ連が大西洋憲章に加入していることもしっくりこない。

結局、領土不拡大原則は、第二次世界大戦の敗戦国の領土処理のために持ち出されはしたものの、戦勝国が第二次世界大戦以前あるいはその最中に獲得した領土や植民地には適用がなかった。中国は戦勝国となったが、同じ戦勝国の英国に奪われた香港は返ってこなかったし、アロー号事件の後の北京条約で帝政ロシアに奪われた沿海州も、その前の愛琿条約で奪われたアムール川（黒龍江）以北のシベリアの広大な土地も返ってこなかった。

この米国の理想主義は、ウィルソン大統領による国際連盟論および民族自決論、さらには、若き共和国であった米国の不戦条約に連なる理想主義的、自由主義的外交の延長線上にある。

それは、敗戦国となった大日本帝国の領土解体の指針となったが、むしろ過去にさかのぼるというよりは、将来に向けて花開く原則であった。国家間の冷酷な権力政治よりも、人間の尊厳と住民の同意に基礎を置き、国家間の合意にもとづいた領土変更という自由主義的な考え方を基礎としており、戦後、国際政治の基礎となった国際連合憲章の思想へとつながっていく。

なお、英国、フランス、オランダ、ロシアのような戦勝植民地帝国が植民地を失ったのは、20世紀後半に国際政治を津波のように襲った民族自決の奔流が原因である。決して住民の意見を尊重した結果ではない。

香港は、20世紀末のサッチャー英首相時代にようやく中国に返還された。また、ソ連も、ソ連崩壊を契機として中央アジア、コーカサス、モルドヴァ等の少数民族の独立を認めている。ロシアは、21世紀に入り、アムール川以北と沿海州の領土返還要求を拒んだまま、中露間の最終的な国境画定に応じた。

②19世紀的な戦利品分配の思想——カイロ宣言とヤルタ協定

武力によるアジア、アフリカ諸国の保護国化、植民地化を通じた領土拡大や、戦争による領土のやり取りは、20世紀初頭まで欧米諸国によって普通に行われていた。これが、19世紀的権力政治的な戦利品（war spoils）分配の思想である。戦争に負けた国の領土は、戦利品として分配された。勝った方が、以前に打ち負かされた国に奪われていた領土を取り返すことは、当然であった。

ドイツ帝国にせよ、オスマン帝国にせよ、ハプスブルク帝国にせよ、第一次世界大戦で負けた諸帝国は、勝者によって、手足を切り取られるようにして解体された。

当時は、敗者を二度と軍事的に立ち上がらせないように弱体化すると同時に、戦利品として、そのときに切り離された領土と領民を、その意思にかかわらず、直接支配下に組み入れ、あるいは、国際連盟の委任統治地域の名目の下に統治することが、当然のように行われていた。20世紀前半までの欧州型権力政治は、日本の室町時代と大差なかったのである。

第二次世界大戦後の日本の領土処理も例外ではない。日本の敗戦後の領土画定に関しては、まず、1943年11月の米英中3カ国が発出したカイロ宣言がある。カイロ宣言は領土不拡大原則を敗戦国日本にのみ適用したものであるが、見方を変えれば、中国に参戦の代償を与えた戦利品分配の約束である。

同宣言は、「日本国より1914年の第一次世界戦争の開始以降において日本国が奪取し、又は占領したる太平洋における一切の島嶼を剝奪すること、並びに、満州、台湾および澎湖諸島のごとき日本国が中国人より盗取したる一切の地域を中華民国に返還することにあり。日本国は、また、暴力および貪欲により日本国が略取したる他の一切の地域より駆逐せらるべし」と規定している。

カイロ宣言では、中国を連合国に迎えるに当たって、日清戦争により獲得された領土である台湾および澎湖諸島を中国に返還することが定められた。日本は、敗戦に際してポツダム宣言を受諾することにより、大西洋憲章およびカイロ宣言を受け入れている。

次に、1945年2月に米英ソによって締結されたヤルタ協定である。ソ連は、大西洋憲章に参加していたが、もともとヒトラーのナチスドイツと東欧を分割した国であり、領土不拡大原則とは無縁の国であった。スターリンは、対日戦争参戦の代償として、当然のように日本の領土を要求した。

特筆するべきは、1945年5月のドイツ敗戦の後、戦勝国となることが決まったスターリンの領土的野心は、日露戦争の結果失った南樺太にとどまらなかったことである。

スターリンは、千島樺太交換条約（1875年）によって日本が平和裏に樺太島と交換して取得した千島列島までも要求した。帝政ロシアと徳川幕府の間で結ばれた日露通好条約（1855年）では、樺太島は日露混住の地とされていた。幕臣から新政府に移った榎本武揚が、粘り強い交渉で、ロシアに奪われかかった樺太島の権益をあきらめる代わりに、当時ロシア領だった得撫（ウルップ）島以北の千島列島を交渉で勝ち得たのである。スターリンは、その千島列島をも当然のように要求した。

独ソ戦勃発以降、ヨーロッパ大陸で、ナチスドイツの猛攻を一手に引き受け、数千万のソ連人戦傷者を出していたスターリンにしてみれば、ソ連の対日参戦が最後の枢軸国である大日本帝国の息の根を止める決定打になる以上、千島列島も当然の褒賞だと考えていたであろう。

戦火の鎮まらない1945年2月、黒海を望む景勝地であるクリミア半島のヤルタにおいて、スターリンは、間近に迫った対独戦争勝利後の対日戦争参戦の戦利品として、樺太島と千島列島を要求し、頑強な日本軍の抵抗に手を焼いたルーズベルト米大統領とチャーチル英首相に認めさせたのである。ヤルタ協定は純然たる戦利品としての領土分配協定である。

日本は、ポツダム宣言受諾当時、ヤルタ協定の存在を知らず、また、ヤルタ協定の内容に事後的に同意したこともない。当然のことながら、ヤルタ協定は日本を拘束しない。ヤルタ協定は、所詮戦勝国による戦敗国領土という獲物の分配の仮約束にすぎず、敗戦国日本との間で合意されなければ意味がないのである。

ソ連は、広島への原爆投下後に参戦した。敗戦の玉音放送までわずか1週間の対日戦争となった。ソ連は、満州、北朝鮮、南樺太に侵入し、千島列島を占領した。しかし、ソ連の進軍は止まらなかった。日本によるポツダム宣言受諾後の1945年8月末になって、米軍のいない隙を見計らって択捉島以南の北方領土に侵入した。北方領土は、帝政ロシアの影響が一度も及んだことのない日本固有の領土である。帝政ロシアと徳川幕府は、得撫島と択捉島の境の海峡を日露の国境としていた。スターリンは、さらに、留萌・釧路ラインの北側をソ連領とするとの北海道分割案まで持ち出すが、さすがにトルーマン大統領によって拒否されている。

(2) サンフランシスコ平和条約の領土処理

このような戦時中の戦勝国間の協議や合意を経て、サンフランシスコ講和会議において、戦後の日本領土の外縁が、連合国と敗戦国日本との平和条約という形で最終的に確定された。カイロ宣言もヤルタ協定も、その領土処理は戦勝国同士による戦後の戦利品の分配の仮約束であって、最終的に平和条約で敗戦国となった日本との間で確定される必要があった。

サンフランシスコ平和条約では、日本古来の領土（Japan proper）だけが、原則として、日本に残されることとなった。よく言われる「日本固有の領土」とは、このJapan properの訳語が世上に広まったものであろう。

終戦から6年後の1951年、大西洋憲章、カイロ宣言、ポツダム宣言、ヤルタ協定が、冷戦の開始によって錯綜する戦勝諸国の様々な利益とともに、濁流のように流れ込んだまま、サンフランシスコにおいて対日講和会議が開催された。

当時、ギリシャ、イラン、ベルリンで冷戦の兆しが明確となり、かつ、朝鮮半島では、金日成の韓国侵略と米軍の反撃、そして中国の参戦により、戦火のなかで多くの人命が失われている最中であった。冷戦の兆しは濃厚であり、第二次世界大戦中、所詮、呉越同舟だった米ソ間の関係は、急速に緊張しはじめていた。

この会議に、中国と朝鮮の代表は参加していない。中国大陸では、共産党の大陸と国民党の台湾が分断されたまま内乱が収まりつつある最中で、台湾に逃げ込んだ国民党政府（蔣介石の中華民国政府）と大陸の共産党政府（1949年に建国された中華人民共和国政府）が、ともに中国の正統政府を自認して譲らず、いずれもサンフランシスコ講和会議には呼ばれなかった。中華人民共和国は、毛沢東を支援していたソ連が承認し、また、香港に権益を維持せねばならなかった英国も承認していたが、ワシントンと東京は、台湾の中華民国を承認していた。

また、当時、朝鮮戦争が正式に終結しておらず、中華人民共和国は、米国と交戦状態にあった。朝鮮戦争は、冷戦が熱戦に転化した最初の戦争であり、当然のことながら、東西陣営を代理して矛を交えている最中の南北朝鮮の代表が招待されることはなかった。ソ連は、当然、同じ共産圏の中華人民共和国および北朝鮮を後押ししていた。ロシアは、共産圏が圧倒的少数の講和会議に不平を唱えて途中退場する。

サンフランシスコ講和会議での領土処理は、サンフランシスコ平和条約第2条に規定された。朝鮮半島、台湾島および澎湖列島、西沙諸島、南沙諸島（帝国海軍は南シナ海を制圧しており、日本は南沙群島を「新南群島」と呼んで領有権を主張していた）は、戦後の日本領土から切り離されている。樺太島も放棄させられた。千島列島については、ヤルタ協定での合意が反映され、併せて放棄させられることになった。

ただし、サンフランシスコ平和条約には、日本による海外領土の放棄の後、誰の領土になるかは書いていない。冷戦開始の結果、米国は、樺太、千島、台湾をソ連や中国に引き渡す義理はないと思ったのであろう。また、台湾には、既に蔣介石が陣取っていた。台湾を毛沢東に渡すことはできなかった。終戦から6年後のサンフランシスコ平和条約の時点では、既に冷戦の陰が色濃くさしはじめており、それがサンフランシスコ平和条約の領土処理に影響を与えていたのである。

サンフランシスコ平和条約は、条約に署名していない国にいかなる利益も与えないことを明記している（サンフランシスコ平和条約第25条参照）。ソ連は、サンフランシスコ平和条約への批准を拒むことで、ヤルタ協定で交わした戦利品の約束を米国と日本に飲ませることに失敗したのである。

その結果、ソ連には、日本から武力で日本領土を奪ったという以上に、南樺太、千島列島、北方領土のすべてに対して、領有権を主張する明文の法的根拠がなくなった（なお、ロシアは、北方四島を千島列島に含めて解釈している）。

(3) ロシアの言い分——ナチスドイツとその同盟国を降した褒賞

その故に、ロシアは、自らの樺太、「(ロシアによれば北方四島を含む）千島列島」の領土権原として、国連憲章の旧敵国条項（国連憲章第107条は、「この憲章のいかなる規定も、第二次世界大戦遂行中にこの憲章の署名国であった国に関する行動で、その行動について責任を有する政府が、この戦争の結果として取り、又は、許可したものを無効にし、又は排除するものではない」と規定している）や、日本が同意していないヤルタ協定等を援用し、非常に無理な論理を展開せざるを得なくなっている。

国連憲章が発効した1951年10月以降、原加盟国として国連憲章に拘束されることとなったソ連としては、戦争の結果占領した北海道以北の旧日本領土（樺太および千島列島）や北方四島を自国内に編入することを法的かつ論理的に正当化するためには、強引に旧敵国条項を持ち出す以外に方法がなかった。

要するに「ソ連は勝ったのだから、敗戦国の日本は黙れ」ということである。旧敵国条項は領土処理を念頭に置いた条項ではないが、ソ連は、戦勝国は敗戦国に何をしてもいいのだと言っているのである。ちなみに、旧敵国条項は、既に20世紀の末に、国連総会が、次回憲章改正時に削除することを、総会決議をもって決定している。

欧州正面に目を転じれば、ソ連は、1939年の独ソ不可侵条約締結に際し、ナチスの外相リッベントロップとモロトフ露外相の間で密約を結んで東欧を分割した。その結果、欧州正面で広大な領土を獲得している。ポーランド東部、バルト三国、フィンランドの一部（カレリア地方）、ルーマニアの一部（ベッサラビアあるいはモルドヴァ）である。

ナチスドイツと凄惨な独ソ戦を戦ったソ連は、モロトフ・リッベントロップ協定によって獲得した領土とプロイセン発祥の地（カリーニングラード）を第2次世界大戦の戦利品として手中にし、かつ、ウィーン以東の東欧圏を共産圏に組み込んだ。ソ連にとって、戦後、拡大した領土を死守することは、法や論理を超えて、戦後ソ連外交の最重要課題となっていたのである。筆者は、若いころ、ソ連の国際法学者が、戦後国境は国際法のjus cogens（強行法規）であると真面目に論じている論文を見て驚いたことがある。

ロシアの第二次世界大戦に対する思い入れは深い。1939年9月、独ソ不可侵条約締結後、ポーランド分割を見た英仏は対独宣戦し、ただちに第二次世界大戦に入った。1年もたたないうちにフランスは屈服し、米国が孤立主義、中立主義に縛られるなかで、英国はチャーチル首相の指導の下、唯一人、狭いドーヴァー海峡の荒海だけを頼りに、「あのペンキ屋野郎（ヒトラー）」の猛攻に耐えた。世界史上初の大航空戦となったバトル・オブ・ブリテンである。

しかし、1941年にヒトラーが独ソ不可侵条約を反故にして対ソ戦線を開くと、これと言った山脈もないロシアの大地で、猛進するナチスの大軍と向かい合ったのは、スターリン唯一人であった。独ソ戦は残虐を極め、レニングラード包囲戦は、スターリンにとって絶望的な戦いであった。日本による真珠湾攻撃後、米国が参戦するが、スターリンは、ノルマンディー上陸作戦までの3年間、数千万の死傷者を出して、ヒトラーの猛攻を耐え凌いだのである。

戦勝国となったソ連が、かつてヒトラーとの約束で獲得した東欧領土をそのままソ連領に組み込んだのは、19世紀にはびこったジャングルの掟のような領土分割のルールしか知らないスターリンにとっては当然のことであった。世界初の共産主義国家として共産主義を世界に広めたいという欲求もあったであろう。アジア、アフリカは、当時はまだ欧米の植民地であった。スターリンが手にできるのは、東欧だけだったのである。

戦争の大義を踏みにじられた米国世論は、ソ連のイデオロギー的、領土的拡張主義に憤るが、冷厳な軍事的現実を見極め、ソ連の内なる崩壊を予見して、現状を固定して長期にわたる冷戦に備えよというジョージ・ケナン国務省戦略企画本部長の対ソ封じ込め戦略が米国の戦略となり、スターリンは、欧州正面において望み通りの領土を戦利品として獲得した。

スターリンの立場からすれば、敗戦国となった日本領土の獲得は当然のことであり、それは「ソ連を蹂躙したヒトラーの同盟国であった日本に対する参戦の褒賞ではないか」という気持ちだったに違いない。

旧敵国条項やヤルタ協定を持ち出すことは、法的には相当に無理があるのだが、それはロシア外交のいわば本音であり、率直な心情の吐露である。要するに、ロシアは、「自分たちは、ロシア人を千万単位で虐殺したナチスの同盟国だった日本に勝ったのだ。樺太と千島の割譲については、ヤルタでルーズベルトとチャーチルの了承ももらった。日本は旧敵国ではないか。潔く敗けを認めて諦めたらどうだ」と言いたいのである。19世紀的な考え方であり、戦国武将のような発想である。

日本人には、このロシア人の「ドイツの借りを日本に返した」という感覚は分かりにくい。多くの日本人にとって、終戦直前、懸命に和平仲介を懇願した日本に対して、スターリンは、日ソ中立条約に違反し、広島に原爆が投下された後に対日参戦し、しかも、60万人もの同胞をシベリアに抑留して重労働させ、数万人が極寒のなかで落命した。ソ連は、労せずして南樺太、千島、北方領土を奪っていった。日本人には、終戦間際のどさくさにまぎれたスターリンの非道ばかりが記憶に残る。実際、ロシア兵は粗暴であった。

1990年7月に櫻内義雄衆議院議長が、ゴルバチョフ・ソ連共産党書記長と会談したとき、櫻内議長が、「(終戦直前にしか戦っていないのだから) 日本人はソ連と戦争したとは思っていないですよ」と語り掛けたら、突如、それまでにこやかだったゴルバチョフ書記長が激高したといわれている。ソ連にとって対日参戦は、長い地獄のような独ソ戦の後を飾る大祖国戦争における栄光の最終章だったからである。

(4) 日本の交渉ポジションの形成――国内冷戦、保守合同、米国の介入

①吉田政権とサンフランシスコ平和条約

敗戦国日本は、7年間米国の占領下に置かれた。日本には、強大な軍事力、イデオロギー的影響力を有し、また、当時はまだ科学技術の発展で米国と張り合っていたソ連と対等に交渉する国力はなかった。

東西冷戦の冷気に翻弄され、国内政治はイデオロギー的に分断され、これとい

った軍事力もなく、総力戦の惨禍によって経済的に打ちひしがれた日本は、ソ連に対抗するために国際法の論理を磨き上げた。戦後、外務省条約局が強力な部署に育ったのには理由がある。敗戦直後の日本外務省にとっては、自衛隊の銃弾ではなく、国際法こそが武器だったからである。

日本の対露交渉の原点というべき発想は次のようなものである。日本は、終戦に当たり、ポツダム宣言を受諾した。そこに流れている精神は、大西洋憲章、カイロ宣言を貫く領土不拡大原則であり、それは国連憲章に結実した自由主義思想そのものではないか。それなのに19世紀的な権力政治の発想で領土拡大を行ったソ連のやり口は、敗戦国として裁かれた日本の拡張主義とどこが違うのか。

本来であれば日露混住の地であった樺太島と交換して手に入れた千島列島をソ連に引き渡すこともおかしな話である。しかし、そこはサンフランシスコ平和条約を批准した敗戦国として受け入れる。ただし、一度も帝政ロシアの領土となったことのない日本固有の領土（Japan proper）である択捉、国後、色丹、歯舞の4島をソ連に引き渡すいわれはない。それが日本の根源的な立場である。

これに対しソ連は、日本が再軍備され、日米同盟体制に深く組み込まれて行くのをみて焦っていた。ソ連はサンフランシスコ講和会議では、千島と樺太をソ連領として認定するのみならず、ファシスト・軍国主義者の復活阻止、軍事同盟参加の禁止、厳しい軍備制限、宗谷、根室、対馬海峡の開放と非武装、およびこれら海峡の日本海沿岸国の軍艦のみに対する開放（即ち米海軍の通峡阻止）等を要求していた。

西側に深く足を差し込んだ吉田総理は、サンフランシスコ平和条約で、「千島列島および南樺太の地域は日本が侵略によって奪取したものだとのソ連全権の主張に対しては抗議いたします。日本開国の当時、千島南部の二島、択捉、国後両島が日本領であることについては、帝政ロシアも何ら異議をはさまなかったのであります。ただ得撫以北の北千島諸島と樺太南部は、当時日露両国人の混住の地でありました。1875年5月7日日露両国政府は、平和的な外交交渉を通じて樺太南部は露領とし、その代償として北千島諸島は日本領とすることに話合をつけたのであります。名は代償でありますが、事実は樺太南部を譲渡して交渉の妥結を計ったのであります。その後樺太南部は1905年9月5日ルーズヴェルトアメリカ合衆国大統領の仲介によって結ばれたポーツマス平和条約で日本領となったのであります。千島列島および樺太南部は、日本降伏直後の1945年9月20日一方的にソ連領に収容されたのであります。また、日本の本土たる北海道の一部を構成する色丹島および歯舞諸島も終戦当時たまたま日本兵営が存在したためにソ連軍に占領されたままであります」と述べている。敗戦国の総理として、堂々たる主張である。そしてこれが精いっぱいの主張であったのであろう。

ここで注目せねばならないのは、吉田総理が、国後、択捉は、帝政ロシア時代から日本領、即ち日本固有の領土であったこと、そして、歯舞、色丹は北海道の一部であると明言していることである。

②鳩山政権と日ソ国交正常化

日本の北方領土に関する論争は、冷戦開始時の体制選択にかかわる国内の政治闘争と深くかかわっていることを、認識する必要がある。日ソ国交回復交渉が行われた1950年代前半は、日本の独立直後であり、まだシベリアに数十万人の日本人が強制収容所で強制労働をさせられていた。極寒のなかで、家族を思い、望郷の思いを胸にしたまま、既に数万人の日本人がシベリアの土となっていた。シベリアからの邦人の帰還は、日本政府が何としても解決しなければならない課題だった。

また、当時は、フルシチョフ・ソ連共産党書記長の演出した「雪解け」の時代であり、ソ連は、日本、西ドイツとの国交正常化、両国の国連加盟への同意も視野に入れていた。日本は、ようやく1952年に独立を果たし、53年には朝鮮戦争の戦火も静まっていた。しかし、1952年に独立した日本国内では、冷戦の影が色濃く政治の上にさしはじめていた。

サンフランシスコ平和条約、日米安保条約（旧）を締結し、戦後の日本外交の礎を敷いた吉田茂が1954年12月に退陣し、鳩山一郎が総理大臣となっていた。保守合同の１年前である。鳩山は、戦後最も有力な政治家の一人であったが、米軍の乱暴な公職追放により一時期政治活動を凍結され、彼の対米感情は決して良くなかった。公職追放がなければ、吉田ではなく、鳩山が総理になっていたであろうからである。吉田は、総理に就任すると、若手官僚を登用して自らの権力基盤を確立し、鳩山の返り咲きを阻んだ。鳩山は、総理に就任すると、吉田の親米路線と一線を画し、対ソ国交正常化に動きはじめる。

ソ連の立場は固く、相変わらず日本の軍事同盟不参加、宗谷海峡、根室海峡、野付海峡、珸瑶瑁海峡、津軽海峡、対馬海峡の自由航行と、これら海峡の日本海沿岸国軍艦のみの利用（即ち米海軍の排除）等にこだわり、難しい交渉となった。既に日米安保条約は発効しており、日本側はこれらの条件を拒否している。

鳩山は、フルシチョフ・ソ連共産党書記長との間で、日ソ国交正常化を実現した。戦争状態の終結、シベリア抑留者の帰還、戦争賠償権の相互放棄、日本の国連加盟など、鳩山の業績は大きい。しかし、領土問題をめぐっては最後まで折り合いがつかなかった。フルシチョフは、鳩山に歯舞、色丹の2島（面積では北方領土全体のわずか2%である）の返還を提案する。

当時は日本社会党の統一気運がピークを迎えているころである。にもかかわらず保守の代表格の鳩山がソ連になびこうとしている。このような日本国内の動きは、米国の懸念を呼んだ。戦後、政治思想が自由化された日本国内では、高度成長前の貧富の格差の大きかった日本の社会情勢を背景として、マルクス・レーニン主義、社会主義、共産主義がイデオロギー的に大きな影響力を有していた。日本国内でも、ロシア革命の残響がいまだに大きく木霊していた。高度成長期前の日本は貧しかった。各地の労働争議で赤旗が翻っていた。そういう時代だった。

日本国内政治のブレを懸念した米国の介入が始まる。朝鮮戦争を終えたばかりの米国は、冷戦初期の共産主義勢力の欧州、アジア、西半球への浸透に神経を尖らせており、鳩山政権下の日ソ接近にも懸念を有していた。米国は、通常、第三国の領土問題には介入しないが、サンフランシスコ条約の起草国として、北方領土は日本領であるとの立場を明確にし、日本の立場を後押しする姿勢を取った。

米国は、日本固有の領土である北方領土をソ連に渡すのなら、沖縄が米国の影響下にとどまることもあり得るとの強い立場さえ取った。後世、「ダレスの恫喝」と呼ばれる所以である。

日ソ交渉の最中である1955年に、左右に分裂していた社会党が統一して一大政治勢力となった。それが、親吉田、反吉田を軸にして分裂していた保守政治家の結集を促し、保守合同が実現する。自由民主党の誕生である。

日ソ交渉が山場を迎えるころ、急速に頭角を現しつつあった岸信介自由民主党幹事長は、冷戦の到来を敏感にかぎ取って、西側の一翼を担った日本再建を構想し、再び米国との関係強化に向かう。有能な岸に対する米国の信頼は厚かった。合同後の自由民主党は、鳩山の一存では動かなくなる。北方四島返還が、日本の国論としてまとまっていく。

このような国内事情の変化のなかで、日ソ共同宣言が締結されたのである。日ソ共同宣言は、戦争状態の終了、捕虜の送還、請求権の相互放棄などを記しており、実体的には平和条約である。宣言という名前であるが、正式な条約である。日本の集団的自衛権を認めるという規定まである。

しかし、日本側は、領土問題の解決のない平和条約の締結を拒んだ。その結果、北方領土問題に関しては、日ソ共同宣言9項で、将来の平和条約締結時に、ソ連が歯舞、色丹を日本に引き渡すと規定された。しかし、将来の課題とされた平和条約において解決するべき問題は、北方領土問題しかない。実際は、日露領土画定交渉だけが、将来の平和条約交渉に残されたのである。

日ソ共同宣言の領土条項は玉虫色である。日本側からすれば、国後、択捉が返ってきて初めて平和条約が結ばれるのであり、そのとき、歯舞、色丹も一緒に返してもらうということである。ソ連からすれば、逆に、日本が国後、択捉を諦めて平和条約を結べば、歯舞、色丹は返してもよいということになる。交渉途中の双方の立場をそのまま書き込んだような条項である。領土条項だけが生煮えなまま、日ソ共同宣言はまとまって、日ソ両国で批准された。外交交渉ではよくある話である。

③岸政権と日米安保改定

鳩山総理の後を襲った岸総理は、冷戦が激化していくなかで西側路線を一層明確にして、日米安保条約改定に踏み切る。日米同盟を、吉田の進駐軍駐留延長協定から、一歩でも対等な同盟に近づけようとする岸の強い思いが出たのである。当然、東側陣営に近い国内の左派からは強い反発を呼んだ。労働運動、学生運動と結びついて10万人規模で大量動員のかかった国内のデモが荒れ狂う。それを押し切って、1960年、日米安保条約は改定される。

このとき、グロムイコ・ソ連外相から驚くべき覚書が届く。日本の取り込みに失敗したソ連側は、1960年1月、日本に対してソ連政府覚書を発出し、日米安保条約にもとづく米軍駐留が続く限り、日ソ共同宣言の領土問題条項を履行して、歯舞、色丹を日本に返還することはできないと一方的に通告してきたのである（原文和訳「ソ連政府は日本領土から全外国軍隊の撤退およびソ日間平和条約の調印を条件としてのみ、歯舞および色丹が一九五六年十月十九日付ソ日共同宣言によって規定されたとおり、日本に引き渡されるだろうということを声明する」）。

この一方的なソ連の立場変更は、批准された国際条約である日ソ共同宣言を踏みにじるものであったが、「雪解け」の演出に苦労し、シベリア抑留者の帰還、日本の国連加盟に骨を折ったフルシチョフ書記長にしてみれば、ソ連側の好意を無にした日本が悪いということであろう。

冷戦初期、ソ連は一貫して日本の再軍備を厳しく制限し、在日米軍を撤収させ、日本を中立化し、オホーツク海、日本海を聖域化して米海軍を排除することを目指していた。ソ連は日本が深く西側に軸足を差し込むのを見て、悔しかったのである。正式な国際合意を力で踏みにじる冷徹なソ連流の権力政治に見えるが、素朴なロシア人らしいストレートな感情的反発とも言える。

(5) 今日の北方領土

択捉島、国後島、色丹島、歯舞諸島は、樺太千島交換条約に先立って江戸時代に結ばれた1855年の日露通好条約の結果、既に日本領と定まっていた日本固有の領土である。スターリンが、戦後のどさくさにまぎれて奪取したからといって、それで放棄してよい領土ではない。そもそも連合国の戦争の大義は領土不拡大ではなかったのか。反ファシストを掲げた民主主義連合（当時は、反ファシストということで、ソ連も中国も民主主義勢力とみなされていた）が、戦争を奇貨とした領土拡張主義に走ってよいのか。それはソ連が署名した大西洋憲章にも、そしてその精神を受け継いでいるはずのカイロ宣言、ポツダム宣言の精神にも反するではないか。戦後生まれた国連憲章の理想にも反するではないか。こう主張する日本の立場には理があり、日本が一方的に下りる必要はない。最後の交渉決着の場面まで、そう言い続ければよいのである。

日本では、二島返還か、四島返還かという議論がかしましい。しかし交渉の入り口の議論（四島返還）と出口の議論をごっちゃにして公に議論するのは、外交上の愚策である。日露間の国際合意は、1956年の日ソ共同宣言だけである。合意は拘束する。日ソ共同宣言における歯舞、色丹の2島返還合意を基礎に、残りの国後、択捉の返還交渉を続けるという日本政府の方針は正しい。安保改定後のグロムイコ覚書で日ソ共同宣言の領土条項がチャラだと言われていたのであるから、1956年共同宣言を両国の交渉の基礎とせよという立場も正しい。

しかし、その交渉の結果、日本の言い値通りになるのか、妥協が図られるのか、それは交渉決着時までは分からない。ロシアが交渉妥結のそぶりも見せないうちに、日本の国内で、交渉の出口をどうするかをかしましく論じて、ロシアに手の内を見せるのは、決して賢明な外交とは言えない。

冷戦が終了して、日本を初めて訪問したロシア人元首となったゴルバチョフ大統領は、海部総理との間で、北方四島すべてを平和条約の交渉対象だと認めた。続くエリツィン・ロシア大統領は法と正義にもとづく領土問題解決を約した。しかし、冷戦終了後、ロシアの国際的地位が沈み、反比例してナショナリズムが強くなり、やがて領土問題の解決は遠のいた。

また、米国は、冷戦後、北方領土問題に関心を失った。1950年代の四島返還要求を後押しした対日介入が「ダレスの恫喝」と呼ばれて日本世論の不評を買ったことを覚えている米国政府は、今はむしろ静観の構えである。

ロシアは、欧州正面の北海と同様、戦略原潜の遊弋(ゆうよく)するオホーツク海を戦略的要衝としており、千島列島、北方領土の軍備増強に余念がない。ロシアは、北方領土返還後の米軍進出に神経を尖らせているが、米軍にはその気がない。米軍が北方領土を戦略的に譲れないと考えているのなら、既に隣接する北海道に米軍が大きな基地を構えているはずであろう。千島列島も、北方領土も、ソ連にやすやすと渡したはずがない。しかし、冷戦の期間を通じた日米共同防衛態勢の実態を見れば分かる通り、米軍は、北海道を自衛隊の守りに委ねてきたのである。

今や、中国の台頭が著しく、しかも、ウクライナのクリミア半島併合以来、ロシアは米国の制裁に苦しみ、資本、技術、市場を求めて中国との戦略的連携に頼らざるを得なくなっている。極東シベリアのロシア人人口は、既に600万に減少しており、さらに減少が続いている。ロシア全体の経済規模は、既に中国の10%を切り、韓国並みの規模となった。ロシアは、戦略的に中国を必要としている。

しかし、誇り高いロシアが中国の弟分となることは決してない。ロシア人はキプチャック汗国に臣従し、朝貢させられた250年を忘れてはいない。ロシアは、敵視する米国との関係で中国に接近せざるを得ないが、中国に対する警戒心がないわけではない。だから米国の同盟国である日本とも一定の距離を縮めてくるのである。

日本もまた、台頭する中国を前にして、冷戦時代のようにロシアと全面的に敵対するのは賢明ではない。二正面で大国を敵に回すのは、外交戦略としては、愚策中の愚策である。それでは、満州事変以降中ソにはさまれて苦しんだ日本陸軍と同じ過ちをくり返すことになる。

領土問題で筋を通すことは必要であるが、同時に、日露間の関係改善は、日本の戦略的要請である。後世、第二次安倍政権の対露外交は、首脳レベルの領土交渉を続けながら、米国を敵視し中国にすり寄るロシアと、米国の同盟国であり中国に警戒心のある日本の戦略的間合いを、可能な限り詰めたと評価されるのではないだろうか。

3　竹島問題

(1) サンフランシスコ平和条約と竹島問題

竹島は、島根県沖ノ島町に属する。東島（女島）と西島（男島）の2つの小島と数十の岩礁から成る。総面積は、0.21平方キロメートルであり、日比谷公園より少し大きいくらいの広さである。皆、急峻な火山島で、植生や飲料水に乏しい。韓国では、「独島（ドクト）」と呼ばれている。

朝鮮半島においては、戦後、日本勢力が撤収した後、冷戦の影響下で、38度線を挟んで、大韓民国と北朝鮮（「朝鮮民主主義人民共和国」）が成立した。1950年6月には、北朝鮮軍が韓国に武力侵攻して、朝鮮戦争が勃発している。

いまだ、戦火の収まらない1951年7月、韓国政府は、サンフランシスコ平和条約を起草中の米国政府に対して、竹島を韓国領とするべく、朝鮮半島や済州島、巨文島および鬱陵島とともに、竹島を日本政府に放棄させることを条約に明記するように働きかけた。

しかし、同年8月、ラスク米国務次官補は、韓国政府に対して書簡を発し、竹島は、「かつて韓国の一部として扱われたことは決してなく」、また、「朝鮮によって領有権の主張がなされたとは見られない」として、これを拒否している。

最終的に、サンフランシスコ平和条約第2条（a）は、「日本国は、朝鮮の独立を承認して、済州島、巨文島および鬱陵島を含む朝鮮に対するすべての権利、権原及び請求権を放棄する」と規定され、韓国の望む竹島（「独島」）放棄に関する記述は、認められなかった。

韓国政府のなかで、1951年当時、どのような法的・歴史的根拠をもって竹島を韓国領と主張し得ると考えたのかについては、韓国外交文書が公開されていないので分からない。1951年当時、韓国政府内に、単なる復讐主義や民族主義を超えて、正当な竹島領有の法的、歴史的根拠が十分にあったのであれば、当時の韓国外交行政文書が公開されて然るべきだと思う。しかしながら、韓国の竹島占有には、米軍による占領中の無力な日本から、韓国が実力で竹島を奪っていったという以上の根拠はないであろう。韓国は、米国への申し入れに際しても十分な根拠を示していない。

韓国の李承晩大統領は、米国の対応を不服とし、日本独立直前の1952年1月、突如、竹島を含む形で、公海上に李承晩ラインを設定し、日本漁船を排除・拿捕しはじめ、3,000人以上の日本人を捕らえて国交正常化までの間、長期にわたり抑留した。海上で狙撃され、あるいは、粗末な獄中で命を落とした無辜の日本人漁民も多い。

李承晩ライン設定は、事実上、韓国が竹島を実力で確保する第一歩となった。これは、1953年の朝鮮戦争の終結以前であり、米国も全神経を朝鮮戦争に集中していた。日韓間のいざこざにかかわっている暇はなかったのであろう。この過程において韓国側から竹島領有の説得的な根拠が提示されたことはない。

玄大松氏の研究（『領土ナショナリズムの誕生――「独島/竹島問題」の政治学』ミネルヴァ書房）によれば、もともと李承晩ラインの原案には竹島は入ってなかったが、李承晩ライン発表前の土壇場で「えいやっ」とやってしまったというのが本当のところのようである。

さらに、韓国は、1954年6月に、竹島に沿岸警備隊の駐留部隊を派遣したことを公表し、実力によって竹島の実効支配を確実にしていった。当時、朝鮮戦争の結果、韓国経済は極度に疲弊していたものの、韓国軍は既に立ち上がっていた。これに対し、日本では、1952年4月のサンフランシスコ平和条約締結によってようやく主権を回復したばかりであり、自衛隊も、54年、韓国による竹島奪取の翌月（50年警察予備隊、52年10月保安隊、54年7月自衛隊創設）に創設されたばかりであり、日本政府は、自力で領土を防衛する実力を欠いていた。

韓国は、日本における力の真空を利用して、サンフランシスコ平和条約によって法的に拒否された竹島を、実力をもって奪取したのである。

これに対して、日本政府は、1954年および62年に、紛争の平和的解決を求めて、竹島の領有権問題を国際司法裁判所に付託することを韓国側に提案した。しかし、韓国側は、これを拒否している。

李承晩ラインは、1965年の日韓国交正常化の際に廃止されたが、竹島は韓国の下に留まり、竹島問題は未解決のままとなった。2012年、日本政府は、李明博大統領の竹島訪問を契機として、再び、国際司法裁判所への竹島問題の合意付託を持ちかけたが、韓国政府は、再度、これを拒否している。

(2) 韓国の言い分——儒教政治の伝統と近代韓国のアイデンティティ

韓国では、李承晩の上海亡命政府の存在が強調され（現在も、中国政府の肝いりで上海に記念館が保存されている）、大韓帝国は、日本と戦った連合国の一員であったと主張する傾向が根強い。その民族的情熱が、そのまま1910年の日韓併合条約無効論につながる。

日本人は驚くが、「朝鮮併合後も朝鮮国は生きていた」という神話に対する韓国の思い入れは真剣であり、韓国系米国人が日系米国人よりも多い米国内では、「韓国は日本と独立戦争を戦っていた」という話が驚くほど広く流布している。実際、筆者は、安倍総理を表敬した最高レベルの米軍高官がそう述べるのを聞いて仰天したことがある。

韓国の独立運動は、第一次世界大戦直後の3・1独立運動（独立を要求した大衆運動）で高揚を見るが、その後、日本の手法は文治に切り替わり、朝鮮半島は近代化と発展の時代に入る。ベトナムのホー・チ・ミンのような武装解放を唱える指導者は現れなかった。執拗なゲリラ戦などなかった。

しかし、韓国は、日本による併合を決して合法とは認めない。それには、韓国の儒教的正義論が影響している。韓国に伝統的な儒教政治は、中国の明朝時代の儒教政治と同様に、微細に入った思弁性の強い性理学（朱子学）が中心で、マキャベリ的な権力政治の論理や力の論理に関心がない。中国を頂点とする朱子学的宇宙のなかで認められた儒教的正義だけが、判断の基準となる。そのため、「大韓民国は日本の併合によって消滅した」という近代国際法の論理は、剝き出しの力の論理として、韓国人の耳に入りにくいのである。

さらに言えば、韓国の人たちの韓国併合無効論は、単に20世紀前半の歴史だけではなく、儒教政治の正統を掲げながら、満州族の大清帝国や大日本帝国という化外の蛮族に力で蹂躙されてきた深い「ハン（恨）」を下敷きにしている。

韓国儒教政治の正統からすれば、元の侵攻も、清の侵攻も、日本による併合も、中華を正統とする儒教世界秩序において下位にあるはずの外国人によって、韓国の正義が力で歪められてきた歴史なのである。韓国の人々には、そういう心情が根っこにあるから、日韓併合が正当なものであったと受け入れることはできないのである。

また、戦後、初めて近代的な国民国家のアイデンティティをつくるという作業に取り組んだ韓国は、分断国家という特殊な条件に苦しみながら、工業化し、近代的な民族意識の横溢する国民国家となった。韓国は、その過程で内なる日本を克服する必要があった。第11講で述べた「クギル（克日）」である。

1987年に民主化した韓国は、激しいイデオロギー対立のはじまった国内政治のなかで、再度、アイデンティティの設定を強いられた。

民主化した韓国は、北朝鮮という分身を抱えたまま、清の属邦というアイデンティティを捨て、中華文明の優等生、紫禁城の上位貴族というアイデンティティを捨て、日本統治時代の日本臣民というアイデンティティを捨て、「漢江の奇跡」を実現した朴正熙大統領独裁時代のアイデンティティを捨て、韓国左翼の拠りどころとした理想的共産主義世界の消滅に直面しながら、近代韓国という新しい民族的アイデンティティの創出にいまだに苦しんでいる。

それは苦しみであると同時に、大国の地位に上りつめた現在の韓国からすれば、明治維新の志士たちのような目くるめくような民族的興奮をもたらす経験でもある。今の韓国のナショナリズムは、白い灰の下でぽーっと赤くなっている炭火のような、枯れた日本のナショナリズムとは異なる。近代国民国家としてのアイデンティティ構築の情熱が生み出す、若い燃え上がるナショナリズムである。

しかし、韓国の近代化は、朝鮮半島を併合した日本の手によって実現された。その経緯が重くのしかかる。日本の朝鮮半島統治は、朝鮮半島を大きく近代化した。朝鮮半島の近代史とは、日本統治の歴史であった。日本の歴史教育は、韓国や台湾が日本であった時代の日本統治について何も教えないから、今の若い人々には分かりにくいかもしれないが、韓国が今のような巨大な近代国家となる前に、その胚芽の段階で、骨の髄まで日本が入り込んだのである。

韓国人には、自らの近代的国民国家としてのアイデンティティ確立のために、まず、日韓併合の合法性から否定し、朝鮮は一貫して独立していたというフィクションが必要なのである。それが今に続く「克日」の情熱を支えている。

バルト三国は、ソ連による1939年の併合後、米国に亡命政府を置き、米国政府はそれを認め続けた。1991年のソ連消滅により、バルト三国は独立を果たし、日本は新独立国として承認したが、米国は、バルト三国は一貫して存続していたという立場を取った。韓国もまた、同じように扱ってほしかったのである。

韓国からすれば、「韓国は消滅しておらず、日本と戦っていたのであり、連合国がサンフランシスコ平和条約で韓国領土である竹島を日本領に残したことは不法だ」という議論になる。

韓国からすれば、「大韓民国は、常に一貫して存在しており、竹島はその一部であったのであるから、日本から独立した大韓民国の領土は、竹島を含めてすべて日本から返還されるべきだ」という議論になるのである。

したがって、朝鮮半島は、その全体が、いったん、併合によって日本領となっており、サンフランシスコ平和条約において日本から切り離される際に、竹島が日本固有の領土として日本側に残されたという日本側、連合国側の論理は、ハナから韓国人の耳に入らないのである（ちなみに日本語になっている「ハナから」のハナは、もともと韓国語の「一」という意味である）。

しかしながら、無差別戦争観の下で国家間の武力行使が是認され、植民地支配が是認され、人種差別がまかり通っていた20世紀前半において、「日韓併合が無効であった」という法理は、国際的には通用しない。それが、ジャングルの掟が支配した20世紀前半の国際社会の現実であった。

また、逆に、武力行使が禁止された国連憲章発効後の20世紀後半に、韓国が、竹島を実力で奪取することも、国際法上、許容されない。20世紀後半には、国連憲章の成立とともに、国際紛争はすべからく平和的に解決されるべきであり、国家間紛争の解決のために武力を行使してはならないという国際法が、確立していたからである。

韓国の国連加盟は冷戦終了後ではあるが、韓国の竹島奪取は、日本が支配していた竹島の実力による奪取であり、当時既に一般国際法化していた国連憲章の紛争の平和的解決、武力行使禁止義務の違反である。

(3) 過剰な領土熱は80年代から

韓国国内において、竹島問題がこれほど熱くなったのは、1980年代末の韓国の民主化以降である。1980年の光州事件での全斗煥政権による学生と市民の虐殺、87年の民主化を経て、朴正煕、全斗煥独裁時代に弾圧されてきた左派勢力が、一気に政界の中枢に躍り出た。それに共鳴したのが、当時の学生運動世代である。

彼らの多くは、1960年代生まれで、(90年代に) 30代で、80年代の学生運動を経験しており、強烈な民族主義者であって、かつ、イデオロギー色が強い。いわゆる386世代である。彼らにとって、韓国の民主化とは、一種の革命に他ならなかった。

彼らは、冷戦当時、イデオロギー的な対立のなかで東側陣営（社会主義勢力・共産主義勢力）に親和性を示し、対北朝鮮融和路線を掲げ、保守勢力（かつてのハンナラ党）が実現してきた米韓同盟や日韓国交正常化の業績を否定する人たちである。冷戦の名残が薄くなった私たち日本人は忘れがちであるが、韓国は、いまだ民主化後わずか30年の若い民主主義国家であり、弾圧から解放された韓国左派勢力のイデオロギー的性向は、北朝鮮との分断が続く韓国では、冷戦終了後30年経った今も熱いままである。

かつての超大国ソ連の存在さえ知らない世代が増えている日本人には理解しにくいのだが、韓国は、北朝鮮との厳しい軍事的対峙の下で国内冷戦が続いており、あたかも日本の55年体制下の国内政治のように、左翼と保守の厳しいイデオロギー対立が続いている。

この世代の韓国人にとって、竹島「奪還」の成功神話は、今や反日運動を象徴する神話のようになってしまっている。その直接の原因は、盧武鉉大統領にある。国民の民族主義的情熱を流し込んで竹島問題をあおり、政治的に最も利用したのは、21世紀に入ってから就任した韓国左翼を代表する盧武鉉大統領であった。もとより経済的に興隆する韓国のナショナリズムがその背景にある。

その結果、現在、不毛な小島である竹島が、韓国にとって、あたかも日本の富士山のような国家的シンボルになってしまっている。ソウルにある多くの居酒屋や食堂の壁に竹島の写真が貼られるようになったのは、このころの話である。

韓国人は、近代的民族的アイデンティティ確立の過程で、「自分たちは戦ってドクト（竹島）を取り返した」「戦って光復（独立）を勝ち得た」と信じたいのである。それが、竹島問題の理性的な解決を難しくしている。

(4) 竹島をめぐる歴史的経緯

日本は、17世紀初頭、米子の町人が幕府から渡海免許を受けて鬱陵島へ渡航し、漁業などに従事していた。大清帝国に屈した朝鮮王朝は軍事的に弱体で、倭寇に対抗できず、むしろ鬱陵島を空島にする政策を取っていたためである。このため、徳川幕府と朝鮮王朝の間で鬱陵島をめぐる紛争が発生し、徳川幕府は、朝鮮通信使を通じた交渉で、最終的に鬱陵島の朝鮮領有を認めている。

しかしながら、竹島は、鬱陵島に渡る船の中継地点および漁場として日本漁民に利用されており、日本は、遅くとも江戸時代初期に当たる17世紀半ばに、竹島の領有権を確立している。

日本政府は、1905年の閣議決定で、竹島を島根県に編入し、近代国家として竹島を領有する意思を確認している。明治維新から数十年後の領土確認は遅いと思われるかもしれないが、当時のアジアの状況をよく考える必要がある。

東アジアにおいては、中国の宗族関係を中心とした朝貢制度が国際社会の基礎をなしており、かつ、万里の長城の北側にいた遊牧民族国家は、軍事的に強大でありながら国境を持たず、移動と侵略を繰り返す国家であったために、遊牧民族国家と対峙した中国では、辺境（緩衝地帯）という概念が、国境という概念よりも有力であった。

国境は面や幅であって線ではなかった。アジアにおいて、実は、国境の概念は、長い間、曖昧であったのである。

そもそも天の代理人である中国皇帝は、地上の覇者なのであり、すべての地球は中国皇帝のものであって、地上に国境はない。蛮族が力で無法に押し込んでくるだけなのであって、本来、天下はすべて中国皇帝のものなのだから、中国の物理的外縁は事実上のものであり、それは、強化されていない蛮族が跳梁跋扈するところまで、逆に言えば、中国に教化されて朝貢するようになった国までが中国の版図だと考える。

中国王朝の朝貢国としてその版図に組み込まれていた朝鮮王朝に、明確な近代的国境の感覚があったとは言えないのではないだろうか。実際、東シナ海、南シナ海の小島について、アジアの国々の間で領有権紛争があったという話など聞いたことがない。近代的な領有権や国境の概念は、ヨーロッパ人が植民地支配をする際にアジアに持ち込んで、勝手に線を引いたのである。

ウェストファリア体制の下で主権平等の考え方を当然と考える欧州列強にならい、近代国家として国境を整備したのは、アジアでは明治日本が初めてである。当時、日本では急速に近代的な海図も整備されはじめていたが、無人の小島については、大陸国家であったアジア諸国の関心は薄く、領有権が不明なものも多くあり、竹島に関しても島名をめぐる混乱が見られた。日本政府が慎重に領土確認手続きを取ったのは、当然である。

余談であるが、小笠原諸島や南鳥島も、19世紀に米国や英国との外交交渉の結果、日本が獲得したものである。小笠原諸島には、当時、既に、白人家族が居住しており、彼らは、ある日、突然、日本人となった訳である。日本政府による最後の無主地の領土編入は、実に、1931年の沖ノ鳥島である。

国境というはっきりとした輪郭を備えた近代的な国民国家が、19世紀以前にアジアに存在していたと考えるのは間違いである。それでは、大きな歴史認識の過ちを犯すことになる。

近代的国民国家は、フランス革命とナポレオンのフランスをもって嚆矢とする。実は、国民国家も民族意識も国境も、とても近代的な概念なのである。

特に、海上国境については、アジア人は押しなべて鈍感であった。19世紀に覇を唱えていたオスマン帝国、ムガル帝国、大清帝国はすべてモンゴル・チュルク系の騎馬民族国家であり、海洋支配にはまったく関心がなかった。スペイン、ポルトガル、オランダ、英国は、貿易の独占を求めて武力行使をいとわなかったが、ペルシア、アラブ、インド、東南アジア、中国、日本の商人たちは、何世紀にもわたり、自由に海上を行き来していた。

海洋支配のための管轄権や島嶼に対する領有権は、20世紀後半に海底石油油田開発が始まり、大陸棚制度が登場し、また、200海里時代が到来して初めて、戦略的重要性を持つようになるのである。

竹島の歴史を振り返るとき、とくに重要なのは、日本政府が、朝鮮王朝および大韓帝国が、過去に竹島を領有したり、支配した証拠がないことを確認したということである。

朝鮮王朝は、日清戦争の後、清国の属国から脱して独立した大韓帝国となっていた。しかし、朝鮮王朝、大韓帝国を通じて、韓国は、常に、竹島を実効的に支配しようと試みることができたにもかかわらず、実効的に支配したことも、しようとしたこともない。それは、20世紀後半の李承晩大統領が初めてなのである。

韓国側は、幾多の古文書を持ち出すが、真に竹島に関連性のある資料かどうか疑わしいものが多く、また、いずれにせよ、韓国が竹島を実効的に支配していたことを証明できる説得力のあるものは皆無である。

地理的な知見があるというだけでは、当然のことながら、国際法上、領有権の根拠にはならない。島の側を通るだけなら漁師や船乗りが見たというだけで領有権が獲得できるであろう。しかし、それは国際法の考え方ではない。領有権を確立するには、当該領土を、長期にわたり、平穏かつ実効的に支配していなければならないのである。

国際法は、あらゆる法がそうであるように、善意の人間の営みを守るのが任務である。それが道徳的、社会的に実在する法の力である。国際法が、領有権を認めるためには、平穏で長期的な実効支配が条件となる。ここで言う平穏とは、時効の中断に相当するような事件や紛争が発生していないということである。

1906年3月、竹島を訪問した島根県事務官神西由太郎が、帰途、鬱陵島の郡守・沈興澤を訪問し、日本政府による竹島編入を告げている。沈郡守は、これを中央政府に報告している。また、日本による竹島領有は、当時の韓国の新聞にも報じられている。

しかし、大韓帝国は、まったく抗議を行っていない（芹田健太郎『日本の領土』中公文庫）。なぜ、大韓民国政府が沈黙したのかは明らかではない。芹田教授は、この時の大韓帝国の反応を示す行政文書は公開されていないとしている。もしあるのであれば公開されてしかるべきである。日本政府が、大韓民国に沈黙を強要したという記録はない。

朝鮮王朝の人々は、士大夫の国らしく、外交では雄弁である。武威に気圧されず、正論を主張してこそ、本物の士大夫である。1907年の第2回ハーグ平和会議には、使節団を派遣して、第二次日韓協約による日本による保護国化を不当であると堂々と訴えている。大韓帝国は、日韓併合前の抗議することのできる立場にありながら、日本の竹島領有について一切抗議しなかった。その事実は厳然として残っているのである。

第16講 日本の領土と歴史(2)——尖閣諸島

1 サンフランシスコ平和条約および日華平和条約をめぐる経緯

(1) 尖閣諸島とは

尖閣諸島は、南西諸島西端に位置する魚釣島、北小島、南小島、久場島、大正島、沖ノ北岩、沖ノ南岩、飛瀬などから成る島々の総称である。かつて鰹節工場があり、日本人が住み着いたことがあるが、現在は無人島である。行政的には、沖縄県石垣市の一部である。一番大きな魚釣島の面積は、3.6平方キロメートル。低潮時の沖ノ鳥島とほぼ同じ大きさである。石垣島から170キロ、台湾から170キロ、沖縄本島から410キロ、中国本土から330キロの距離にある。

尖閣諸島周辺の領海の広さは、東京都と千葉県を合わせたくらいの広さとなり、また久場島と大正島は、魚釣島からかなり離れている。わずか数隻の巡視船で24時間領海警備の任に当たっている海上保安庁の負担は重い。

尖閣諸島は、サンフランシスコ平和条約において台湾が日本から切り離されたとき、南西諸島の一部として日本に残された。サンフランシスコ平和条約は、第2条(b)において台湾等の放棄を定めているが、尖閣諸島は、サンフランシスコ平和条約に従った実際の領土処理において、台湾に含まれないこととされ、第3条の南西諸島の一部として日本領に残されて、同条に従って、沖縄と同様に米国が施政権を行使することとなった。尖閣の施政権を有していた米軍は、かつて、尖閣諸島の一部(大正島)を射爆場に使用していた。

(2) 中華民国の対応

中華民国(サンフランシスコ平和条約締結当時、台湾は日本が承認していた「中華民国」であった)は、サンフランシスコ平和条約が発効した1952年、日華平和条約を締結しており、その第2条(b)には、「(日本がサンフランシスコ)平和条約第二条に基づき、台湾および澎湖諸島並びに新南群島および西沙諸島に対するすべての権利、権原および請求権を放棄したことが承認される」と規定されている。

中華民国の国民党政府は、このように日本と台湾島放棄を追認する内容の日華平和条約を結んだが、当時、国民党政府側からは、日本領として残された尖閣諸島に対する「領有権」に関する主張は、まったくなされなかった。逆に言えば、中華民国（当時）は、日華平和条約で尖閣諸島を日本領と認めたことになる。

当時、依然として北京政府との内乱状態を継続していた蔣介石は、日本撤収後、力の真空となった西沙諸島、南沙諸島など、台湾島の南西にある南シナ海の島々に関心を示した。

特に、南沙諸島は、早くから日本人の進出も見られていたが、1883年および85年の清仏戦争後、一時、インドシナ半島から清の勢力を駆逐して自らの勢力を扶植したフランスの影響下に入った。日本が日清戦争（1894—95年）の結果、台湾を領有して、台湾以南の南シナ海に目を向ける10年前である。

1937年に日中戦争が開始されると、日本海軍は中国南部の広州を圧した。翌1938年、日本は南沙諸島中最大の太平島を支配して領有権を主張し、南沙諸島を「新南群島」と命名した。当時、フランスは、ナチスドイツの台頭に目を奪われ、1939年の第二次世界大戦勃発後、間を置かずナチスドイツに屈服したため、南沙諸島で日本を脅かす勢力はいなくなった。

後に南沙諸島は、正式に台湾総督府の所管となったから、日本敗戦後、台湾に乗り込んだ蔣介石が南沙諸島の領有権を引き継ぐと考えたのも無理はない。現在も、南沙諸島最大の太平島は台湾が押さえている。蔣介石は、日本勢力撤収後の真空を利用して、日本が台湾総督府を通じて押さえていた海洋領土の確保を考えたのである。

一方、米軍が施政下に置いた北東の尖閣諸島や南西諸島には、蔣介石は関心を示さなかった。だから、日華平和条約において、日本が新南群島（南沙諸島）および西沙諸島放棄を特記することにこだわったのである。

(3) 中華人民共和国の反応

1949年に建国された中華人民共和国（北京政府）もまた、日本独立に際し尖閣諸島が日本領として残されたことに対して、何らの抗議はおろか、非難もしていない。周恩来外交部長（当時）は、サンフランシスコ講和会議に先立つ1951年8月15日の声明において、「サンフランシスコ平和条約には、中華人民共和国が準備、起草および署名に加わっていないので、中央人民政府は、これを不法で、かつ無効なもの、したがって絶対に承認できない条約であるという考えを明らかにする」と述べながらも、サンフランシスコ平和条約（案）の領土条項に関し、「西沙諸島と西鳥島は、南沙群島、中沙群島および東沙群島とまったく同じように、これまでずっと中国の領土であったし、日本帝国主義が侵略戦争を起こしたときに一時手放されたが、日本が降伏してからは当時の中国政府により全部接収されたのである。中華人民共和国中央人民政府は、ここに次の通り宣言する。即ち中華人民共和国の西鳥島と西沙群島に対する侵すことのできない主権は、対日平和条約米国、英国案で規定の有無にかかわらず、また、どのように規定されていようが、何ら影響を受けるものではない」と述べている。

中国は、当時、ベトナムと折半して領有していた西沙諸島に強い関心を示しているのである（後に中国は、西沙諸島から、対米戦争で疲弊したベトナムを実力で追い出した）。中国からすれば、清仏戦争でのフランスへの借りを、フランスから独立したベトナムに返したというところであろう。

太平洋戦争開始とともに支配圏を急速に膨れ上がらせた直後に滅亡し、爆縮を起こした大日本帝国は、海洋に散在する領土を遺した。その島々を、周辺の国々が狙ったとしても不思議はない。

特に共産圏の国々にとって、米国が主導した大西洋憲章の領土不拡大原則のような理想はただの作文にすぎなかった。米国以外の国にとって19世紀的なジャングルの掟にもとづく敗戦国の領土分割は、半ば当然と考えられていたのである。敗戦国の領土は戦利品となるというのが、19世紀の戦国の習いであった。

中国も、台湾と同様に、尖閣諸島を含め、強大な米軍の施政権下に入った南西諸島には関心を示さず、帝国海軍滅亡により力の真空となった南シナ海の西沙、南沙等の諸島嶼に目を向けていたのである。

終戦時、中国は、既に、モンゴルをロシアの勢力下に奪われ、満州（中国東北部）や新疆（東トルキスタン）に対するスターリンの領土的・政治的野心を恐れねばならなかった。また、北京の間近にある渤海湾を扼する遼東半島と北朝鮮を米軍の手に渡すことはできなかった。

新生中国を預かる毛沢東にしてみれば、ようやく日本軍および欧米列強を追い出した後の中国領土を保全することは、最重要な課題であったはずである。

実際、サンフランシスコ平和条約署名当時、毛沢東は、楽浪郡設置以来、直接、間接に支配していた戦略的要衝である朝鮮半島北部を、朝鮮戦争に参戦することによって実力で奪い返していた。

第二次アヘン戦争では、英仏連合軍が渤海湾の天津から堂々と上陸して北京を占領し帝都を凌辱した。中国は、その屈辱を忘れていない。渤海湾に隣接する北朝鮮を中国が手放すことは、地政学的にも難しかったであろう。

また、毛沢東は、清朝時代に領土に組み込んだ新疆をも改めて確保していた。インド亜大陸への大英帝国の影響力の消滅をにらんで、チベットにも侵攻した。

しかし、この時、毛沢東が尖閣諸島に注目していたという中国側の文書は皆無である。その証拠に、1960年代前半までの中国人民解放軍海軍の海図で、尖閣諸島（日本領）と明記してあるものが現存している（内閣府「領土・主権展示館」展示の海図参照）。

2　沖縄返還協定をめぐる経緯――米国の大旋回

米国は、サンフランシスコ平和条約の起草国であり、尖閣諸島を沖縄の一部として日本に留めた張本人である。沖縄は米軍の施政下に置かれ、米軍は尖閣諸島の一部である大正島を射爆場に使ってきた。大正島は見るも無残なほど岩肌の剝き出した島になってしまった。

1971年に署名され、翌年発効した沖縄返還協定において、尖閣諸島を含む先島諸島および沖縄諸島の返還に合意した。このとき、米国は、日本政府と合意した議事録において、緯度経度を記した諸点を明示し、日本に返還する島嶼の範囲を明確にしており、そのなかには、明確に尖閣諸島が含まれていた。米国は、自らが沖縄に施政権を行使した四半世紀の間、中国が尖閣諸島に何らの主張もなかったことを、当事者として知っている。

にもかかわらず、米国は、1970年代に入ってから、尖閣問題に関して、「米国は特定の立場を取らない」という中立的立場に転じた。本講第3節で述べる通り、尖閣諸島周辺に石油埋蔵の可能性があるという国連報告が出て、中国が、にわかに尖閣諸島に関する「領有」を主張しはじめたからである。

折しも米国は、ベトナム戦争の泥沼にはまり、米兵の死者は数万人を数え、内政的にも外交上もひどく苦しんでいる最中であり、ベトナム戦争の終結は、ニクソン政権にとって最重要課題であった。

ニクソン大統領に仕えたキッシンジャー博士（大統領安全保障補佐官、後に国務長官）は、顕在化しつつあった中ソ対立を利用して、米中国交正常化、米ソ・デタントという戦略的三角関係を構築し、外交によって米国の戦略的地位を向上させ、ベトナム戦争を終結させるという外交工作に出た。

キッシンジャー博士は、毛沢東という絶対的な独裁者が治める中国に対して最大限の配慮をせねばならない立場にあった。サンフランシスコ平和条約において、尖閣諸島を「日本固有の領土」と法的に位置づけたはずの米国は、このとき、大きく立場を旋回して、「尖閣諸島問題には立場を取らない」との中立な立場に転じたのである。

その米国の立場は、今日に至るまで、元に戻ることはないままである（なお、米国は、北方領土交渉においては、引き続き、北方四島が明確に日本領であるとの立場を明確にしている）。領土問題は、常に、法的問題であると同時に、戦略的問題なのである。

米国は、ようやく21世紀に入ってから、日本の施政下にある尖閣諸島を日米安保条約5条の共同防衛対象として含めるとの立場を、中国に対してより積極的に表明しはじめた。急激に台頭する中国に対して、日米同盟の信頼性を確保することが、米国の国益であるという現実主義的な判断が、米政府内に浸透してきているということであろう。

米政府には、いつか尖閣の領有権に関する立場を、サンフランシスコ平和条約締結当時、沖縄返還協定当時に戻してもらいたいものである。

3　尖閣問題の「誕生」経緯——70年代につくりだされた問題

中国および台湾が、尖閣諸島に関する「領有権」の主張を開始したのは、尖閣諸島周辺に石油埋蔵の可能性が指摘された1968年以降のことである。1968年秋、国連アジア極東経済委員会（ECAFE）の学術調査の結果、東シナ海に石油埋蔵の可能性があるとの指摘がなされ、尖閣諸島に対する注目が集まった。

ECAFEが1969年に発表した報告書では、「石油および天然ガス賦存の可能性が最も大きいのは、台湾の北東20万キロ平米に及ぶ地域である。台湾と日本の間にある大陸棚は世界で最も豊富な油田の一つとなる可能性が大きい」と記されていた。

台湾と中国が、公式に尖閣諸島の「領有権」を主張しはじめたのは、1971年のことである。台湾は、1971年4月に、「外交部」スポークスマン談話を発表し、6月には、尖閣諸島は「台湾省に付属して、中華民国領土の一部を構成しており、地理的位置、地質構造、歴史連携ならびに台湾省住民の長期にわたる継続使用の利用に基づき（略）、米国が管理を終結したときには、中華民国に返還するべきであると述べてきた」との「外交部」声明を発表した。

老いた蔣介石は、第二次世界大戦中のカイロでの首脳会談でチャーチル首相やルーズベルト大統領に気おくれして沖縄を要求しなかったことを後悔していたといわれている。ヤルタ会談では、スターリンは、堂々と南樺太に加えて千島列島を戦利品として要求した。しかも終戦後に兵を進めた北方領土に居座り、さらに北海道の北半分さえを要求していた。後にヤルタ協定のことを知った蔣介石は、さぞほぞをかんだことであろう。

米国が、米中国交正常化の結果、台湾を切り捨てようとしているのを見て、最後の最後にせめて石油のとれそうな尖閣諸島だけでも要求しようと考えたのではないか。

中国は、台湾に対抗するように、1970年12月に新華社が初めて尖閣諸島の日本領有を非難する記事を掲載し、71年12月、外交部声明を発表し、米国が沖縄返還協定において尖閣諸島を日本に返還しようとしたことを非難し、尖閣諸島は明時代の海上防衛区域のなかに入っており、また、尖閣諸島は、沖縄に付属せず台湾に付属しているのであって、日清戦争後に下関条約で日本が台湾および澎湖諸島とともに掠め取ったのだとの声明を発表している。

1970年代初頭の中国はまだ経済成長が軌道に乗っておらず、日本が工業化した満州以外には工業基盤も育っていなかった。20世紀後半、石油資源は、最重要エネルギー資源となった。中国は、東シナ海の石油資源を獲得して米国やソ連のように産油国となり、飛躍的工業発展を実現しようという夢を見たのかもしれない。

実際、当時の中華民国は、この時期まで教科書の地図において尖閣諸島を尖閣群島と記していたが、尖閣諸島に対する領有権の主張を始めてから、釣魚台列嶼と書き換えはじめたのである。その事情は中華人民共和国も同じである。尖閣問題は、石油資源獲得のためにつくりだされた問題なのである。

なお、日本政府が、「尖閣諸島をめぐる領土問題は存在しない」と言うのは、このような経緯を踏まえてのことである。石油が出るから、他国の領土が自分のものであると主張しはじめるというのは、国際政治のなかでも非常に珍しい。

日本は、そのような一方的で利己的な主張は、領有権の請求（claim）ではあり得ず、ただの希望（wish）あるいは言いがかりにすぎないという強い立場を取ったのである。

余談であるが、中国は、日本に対しては、「尖閣諸島の紛争化を認めるべし」としながら、ベトナムに対しては、1970年代にその一部を実力で奪取した西沙諸島に関して、「紛争は存在しない」との立場を貫いている。国益の厳しくきしむ国際関係において、中国のようなダブルスタンダードは、よく見られることである。

4　日中国交正常化における鄧小平の尖閣問題「棚上げ」発言

（1）存在しない棚上げ合意

中国は、1970年代の日中国交正常化および日中平和友好条約締結に際して、日中両国は、尖閣問題を棚上げすることで合意したという主張をしている。しかしながら、日本政府が、中国政府と、尖閣問題を棚上げすることで合意したという事実はない。日本政府は、既に、日中国交正常化にかかわる外交文書をすべて公開している。

たとえば、1972年の国交正常化における田中角栄総理と周恩来総理の実際の会談内容は、次のようなものであり、棚上げの合意は存在しない。この会談の外交資料は、日本側では公開されている。

まず、田中総理が、「尖閣諸島についてどう思うか。私のところにいろいろ言ってくる人がいる」と述べたのに対し、周恩来総理は、「尖閣諸島問題については、今回は話したくない。今、これを話すのは良くない。石油が出るから、これが問題になった。石油が出なければ、台湾も米国も問題にしない」と率直に述べている。「人民日報」は、最近、この後に、田中総理と周恩来総理の間で、棚上げに関するやり取りがあった等と報じているが捏造である。

1970年代初頭に実現した日中国交正常化当時、中国は、50年代末の「大躍進」政策の結果、数千万人の死者を出して政治的に失脚した毛沢東が、若年層を動員して起死回生の文化大革命を引き起こし、政治的な大混乱を引き起こしている最中であった。

また、1953年のスターリンの死後、フルシチョフの修正主義をめぐるイデオロギー論争によって先鋭化した中ソ対立は、1969年のウスリー川（烏蘇里江）のダマンスキー島（珍宝島）での軍事衝突によって頂点を迎えており、中国は、一気に北京まで打通し得るソ連軍の近代的兵力を非常に恐れていた。

当時の中国にとって、ソ連の覇権に対抗するという名目（反覇権主義）で、米国および日本との国交正常化を実現することが、至高の戦略的課題であった。日中国交正常化は、ダマンスキー島事件からわずか3年後の時点である。周恩来に、尖閣諸島をめぐる問題に拘泥する余裕はまったくなかったであろう。

（2）「棚上げ」発言の筋書き

棚上げという言葉が実際に飛び出したのは、1978年の日中平和条約交渉の際における鄧小平副総理の記者会見においてである。鄧小平副総理は、詰めかけた新聞記者の前で、「（1972年の）国交正常化の際、（日中）双方がこれ（尖閣諸島）に触れないと約束した。今回、平和友好条約交渉の際も、同じくこの問題に触れないことで一致した。中国人の知恵からして、こういう方法しか考えられない。というのは、この問題に触れると、はっきりいえなくなる。確かに、一部の人は、こういう問題を借りて、日中関係に水を差したがっている。だから、両国交渉の際は、この問題を避ける方がいいと思う。こういう問題は、一時棚上げしても構わないと思う。我々の世代の人間は知恵が足りない。我々のこの話し合いはまとまらないが、次の世代は我々よりもっと知恵があろう。その時は、みんなが受け入れられる一番いい方法を見いだせるであろう」と述べて、日中間に尖閣諸島問題の棚上げ合意があることを強く示唆してみせたのである。

しかしながら、記者会見の直前に行われている福田赳夫総理と鄧小平副総理の会談で、棚上げの合意をした事実はない。実際のやり取りは、次の通りである。

鄧小平副総理が、あたかも何か思い出したかのように、一方的に、「もう一言、言っておきたいことがある。両国にはいろいろな問題がある。たとえば中国では釣魚台、日本では尖閣諸島と呼んでいる問題がある。こういうことは、今回のような会談の席上では持ち出さなくてもよい問題である。園田外務大臣にも北京で述べたが、われわれの世代では知恵が足らなくて解決できないかもしれないが、次の世代は、われわれよりももっと知恵があり、この問題を解決できるだろう。この問題は、大局から見ることが必要だ」と述べただけである。福田総理は、聞き流すだけで、一言も、応答されなかった。

1976年に毛沢東が死んだ後、毛沢東夫人の江青を先頭として主導権を握ろうとした四人組を逮捕・失脚させ、最高権力を掌握しつつあった鄧小平は、自らの権力基盤を確実なものとするために、おそらく、尖閣諸島問題で日本に譲歩する姿を国内の保守派に見せることはできなかったのであろう。

毛沢東の急進的イデオロギー路線に批判的で、現実主義路線を推進しようとした実務派の鄧小平は、幾度も失脚し、生命の危険を感じながらも、毛沢東の死後、不死鳥のように蘇り、中国共産党における最高権力を掌握した。

イデオロギー的な急進派を切り捨てて、改革開放に向けて改革を断行しようとしていた鄧小平にとって、既に世界第2の経済大国日本との関係改善は喉から手が出るほど欲しかったはずであるが、同時に、不必要に国内の保守派を刺激することはできなかったであろう。鋭敏な生存本能と冷徹な現実主義の双方を併せ持った鄧小平である。棚上げとは、鄧小平が、自らの保身のために巧妙に仕組んだ筋書きだったのではないであろうか。

なお、1978年4月から5月にかけて、日中平和友好条約締結交渉の最終段階で、おびただしい数の中国漁船が尖閣諸島周辺に蝟集（いしゅう）し、のべ357隻が領海に侵入し、123隻が不法操業するという事件が発生している。交渉の過程で、日本政府が「尖閣をめぐる領土問題はそもそも存在しない」と突っぱねていたため、業を煮やした鄧小平が、恐らく尖閣をめぐる領土問題を、実力で物理的につくりだそうとしたのではないだろうか。

5　尖閣諸島をめぐる歴史的経緯

(1) サンフランシスコ条約締結後の中国の長い沈黙

先に述べた通り、中国は、尖閣諸島が日本に残されたサンフランシスコ平和条約における領土処理以降の20年にわたる長い沈黙について何ら説明することがない。

大日本帝国の領土は、サンフランシスコ平和条約で分割され、北方、南方の多くの海外領土が切り離された。戦後日本の国境は、平和条約で規定された国境なのである。それは第三者にも処分的効力を持つ。

尖閣問題については、サンフランシスコ平和条約において、尖閣諸島が台湾の一部として台湾島とともに日本から切り離されたかどうか、そして、それを台湾や中国が黙認を含めて認めたかが第一義的な論点となる。起草過程を振り返り、サンフランシスコ平和条約において尖閣諸島が日本に残されていることが明らかであり、かつ、中国がそれを黙認してしまっているのであれば、サンフランシスコ平和条約以前の歴史は、第二義的な意味しか持たないことは自明であろう。

しかるに、中国は、サンフランシスコ条約にかかわる論点を避け、歴史を遠くさかのぼり、明代の歴史的な古文書等を、尖閣諸島「領有」の根拠として持ち出すことが多い。しかしながら、中国の持ち出す文献にしても、中国の実効的支配を示す説得力のあるものはない。

先に述べた通り、国際法においては、平穏かつ長期にわたる実効的支配が領有権獲得の条件となる。冊封使が通りがかりに見たとか、地図に載っているというだけでは、領有権の根拠にはならない。中国が、尖閣諸島を、平穏かつ長期にわたり支配したという記録は、まったくないのである。

(2) 詭弁の論理――中国の尖閣領有の3つの論拠

紙幅の制約もあるので、以上を前提にして、ここで簡単に、いくつかの中国側の論点を検討しておく。

第一に、先に触れた、尖閣諸島は台湾の付属諸島として明代の海防区域に含まれていたという主張である。

そもそも、台湾島の中国帰属は、鄭成功の建てた明朝残党による台湾海上王国を清朝が滅ぼした1683年であり、明代には台湾本島さえ中国領ではなかった。当時、フィリピン、インドネシアに入り込みはじめていたポルトガル、スペイン、オランダなどが、台湾にも港市を築いて拠点としていたのである。最終的には、オランダが他の欧州勢力を駆逐して、ゼーランド城を築く。

明は、海禁政策を取り、朝貢国以外との貿易を禁じていた。明の海防能力は低く、海禁政策に反発して跳梁跋扈した倭寇（日本人以外の海賊も多く含まれる）に手を焼き、本土沿岸区域の防衛でさえままならなかったのであり、尖閣諸島が台湾島と明朝の実効的支配の対象となり、明朝の海防の対象となっていたとの事実はまったくない。尖閣諸島は、中国大陸から300キロメートル以上離れた絶海の孤島である。台湾島さえ領有できていない明が、尖閣諸島をコントロールできるはずも、しようはずもない。

また、明朝に続く清朝は、北方騎馬民族出身の満州族の王朝であり、化外の地であった台湾島を真剣に統治したとは言えない。だから、日清戦争の結果、中国が、台湾島を日本に引き渡したのである。清朝は、尖閣諸島にはまったくと言ってよいほど関心がなかった。

第二に、尖閣諸島が台湾の一部として日清条約の結果、下関条約（1895年）で日本に奪われたとの中国側の主張である。

下関条約締結当時、清国側が尖閣諸島を台湾の一部として日本に割譲したという主張は、事実に反する。下関条約の第2条3は、「台湾全島およびその付属諸島」の主権を「永遠日本国に割與す」と記している。澎湖諸島については、下関条約第2条4に「澎湖列島即英国『グリーンウィチ』東経119度乃至120度及北緯23度乃至24度の間にある諸島嶼」という明確な規定があるが、これは中国大陸に面した台湾西岸にある澎湖諸島の範囲を明確にして将来の紛争を避けようとしたものである。

台湾島の「付属諸島」については、明確な緯度経度の限定が付されていないが、尖閣諸島が台湾の付属島嶼であるという認識が、下関講和条約交渉の場で、中国側から示されたことはない。

このとき、日本は既に、日清戦争以前の1885年から現地調査を行い、尖閣諸島が単に無人島であるだけではなく、清国の支配が及んでいる痕跡がないことを慎重に確認したうえで、下関条約締結以前の1895年1月に正式に領土に編入していた。

第三に、中国は、カイロ宣言、ポツダム宣言を持ち出し、日本が略取した地域として、台湾島および澎湖諸島とともに尖閣諸島を中国に返還されるべしとの論陣を張ることがある。

しかし、日本は、カイロ宣言、ポツダム宣言を受けて起草されたサンフランシスコ平和条約に従って、日清戦争の結果、割譲を受けた台湾島と澎湖諸島を返還しているのである。尖閣諸島は、日本固有の領土であるとして、南西諸島の一部と認識されていた。

実際、尖閣諸島は、サンフランシスコ平和条約第2条で切り離された台湾の一部ではなく、サンフランシスコ平和条約第3条に規定されている南西諸島の一部として日本に残され、かつ、同条に従い、米国の信託統治の下に置かれたのである。米国は南西諸島の一部として尖閣諸島を四半世紀にわたり統治した。

日本の対外国境は、サンフランシスコ平和条約発効とともに、第三国への対抗力を含めて、対外的に確定しているのである。この時、北京でも台北も尖閣諸島の扱いについて一言の文句も言っていない。

なお、中国の研究者のなかには、歴史学者井上清氏の説を引いて、林子平の『三国通覧図説』の地図のなかで、尖閣を含む琉球の島々の色が中国本土と同じであるとして、林子平が尖閣を中国領土と認識していたという主張をする者もあるが、そもそも『三国通覧図説』の地図は相当にいい加減であり、しかも、尖閣を含む島々の色(ピンク)と台湾の色(黄色)が異なっている。この色問題は、とても説得力があるとは言えない。

井上清氏の『「尖閣」列島』(現代評論社、1972年)は、中国人の学者がよく引用するが、今日から見れば著者自身が述べている通り学術書とは言えない。むしろ帝国主義批判のイデオロギー色が強い本である。

6 中国は何を考えているのか
——拡張主義、歴史的復讐主義、戦略的縦深性確保

尖閣諸島をめぐる中国のアグレッシブな動きは、より大きな中国の拡張主義的ナショナリズム発露の一端にすぎない。中国の最近の拡張主義的な動きに対しては、次の3点に留意する必要がある。

(1) 儒教的世界観

第一に、中国人が伝統的に持ってきた儒教的世界観が、私たちが慣れている西欧型のウェストファリア体制の主権並存秩序と大きく異なるということである。

第11講で詳しく述べたので繰り返さないが、中国人にしみついている華夷秩序とは、天命を受けた中国皇帝が、中国とその周辺の諸民族を教化して朝貢させることによって保たれるピラミッド型の垂直秩序、朱子学的世界観である。

したがってその版図とは中国の教化の及ぶ範囲であって、かつての朝貢国(琉

球、対馬、朝鮮、ベトナム、シャム、ビルマ、チベット）を含む。本来、天下はすべて中国の物であるが、最低限、中国皇帝の徳の及ぶ範囲が中国の領域、即ち版図ということになる。版図とは近代的で明確な国境意識とは異なる。

中国は、19世紀の帝国主義諸国によって、無理やりウェストファリア体制という主権並存国家の枠組みに押し込まれた。毛沢東は、第二次世界大戦後の力の真空やソ連の同意の下に、新疆ウィグル地区やチベット等、漢民族ではない騎馬系諸民族の領土を近代的な中華人民共和国の国境に内側に押し込んだ。朝貢国ではなく、中華人民共和国の正式な領土として、これらの地域を中国の主権の下に押し込んだのである。

朝貢国を含む大清帝国の版図をできる限り近代的な国境の内に領土として回復しようとする欲求は、毛沢東で終わってはいない。昨今の国力の増大に伴って、再び頭をもたげてきている。

強盛な近代工業国家が、ナショナリズムに冒されて領土拡大を求めるのは、恐らく動物的、本能的な欲求の現れであろう。スペイン、ポルトガル、オランダ、英国、フランスの植民地帝国による地球分割、米国の大陸西漸のスローガンとなった「明白な天命」、ドイツの「生存圏」、日本の「大東亜共栄圏」、イタリアの「ローマ帝国復活の夢」。そして帝政ロシアやソ連の膨張、類例にこと欠かない。中国が工業化して再び大国の地位に上ったとき、自由主義的な国家として成熟しており、拡張主義に転じることはないと考えるのは誤りだったようである。

(2) 歴史的復讐主義と領土奪還（中国版レコンキスタ）

第二に、歴史的な復讐主義である。

歴史問題に関する講義（第14講）で述べたが、鄧小平は天安門事件の混乱のなかで、共産主義的経済経営を見限り、経済的開放へと舵を切った。鄧小平は、「窓を開ければ蠅も入ってくる」などと述べて、自由主義思想の流入に寛容に見えたが、その裏では、共産主義思想に代わる中国共産党独裁の正統性を求めていた。それが歴史教育と愛国主義であった。

アロー号事件（第二次アヘン戦争）で略奪された円明園や、南京事件記念館等を建設して「屈辱の100年」の記憶を新しい世代に刷り込みはじめたのは、鄧小平以降の中国政府である。爾来、中国共産党は帝国主義国家の侵略を跳ね返した英雄的政党である、というイメージが人々の心に叩き込まれていく。

それは、やがて多くの中国人の心のなかで独自の生命を持ち、前述の失われた清朝の版図を取り戻すのだという復讐主義的な野望を生んでいった。清朝版図の回復は、屈辱の150年の雪辱でもあるのである。日本や欧州列強を中国から叩き出した共産党という建国神話を国民に刷り込めば刷り込むほど、それは共産党の歴史的使命となる。正に自縄自縛である。

中国の国力増大は、この拡張主義的なナショナリズムをますます肥大化させている。習近平は、アヘン戦争、アロー号事件という棍棒外交で奪われた香港を取り返すことを、当然の歴史的雪辱と思っているのであろう。そこでは、香港住民の自由意思は考慮されない。また、インドからカシミールを、日本から尖閣を奪い返すこと、そして、最後には台湾の事実上の独立を奪い、併合することも当然の歴史的権利と思っているであろう。それを中国国民が愛国主義的立場から「歴史的に当然」と考えはじめていることが、懸念される。

中国では、尖閣諸島は台湾とともに日清戦争の後に奪われたというのが公式見解になっている。台湾とともに尖閣を取り返すことは、当然の歴史的権利と考えているはずである。

今日の中国外交は、領土不拡大、住民の意思の尊重、少数民族の自決権等、20世紀に米国が唱えはじめた自由主義的な新外交思想とは無縁である。反ファシスト闘争の過程では、民主勢力と一括りにされたソ連と中国であるが、その後、冷戦で自由圏とただちに対峙をはじめた。中国はソ連と対峙するために西側に接近したが、それは戦術的なものであった。

中国が「いつか日本や米国のようになる」という西側の思いは、片想いにすぎなかった。旧共産圏諸国の国際政治観は、今も19世紀的な弱肉強食の思想から抜け切れていない。自由主義的な世界史の展開に共感がない。

実際のところ、中国の周辺国で中国の武力攻撃を受けていない主要な国・地域は、幸いなことに日米同盟の恩恵を受けた日本と台湾だけなのである。国力の増大している中国は、いつか「我に利あり」と思えば、日本や台湾に対しても武力に訴えることをいとわないかもしれない。

(3) 戦略的縦深性の確保

第三に、大陸国家である中国の戦略的縦深性に対する強い執着である。

問題は、それが大陸だけではなく、開かれた海洋においても同様であるということである。南シナ海において中国は、サイゴン陥落直前の1974年、ベトナム領であった西沙諸島西部を奪取し、88年には同じくベトナムから南沙諸島の一部を奪取した。また、中国は、米軍のスービック基地撤収後の1995年には、フィリピン領であった南沙諸島のミスチーフ礁を奪取し、2012年には、中沙諸島のスカボロ礁の実効的支配を奪った。

さらに中国は、蔣介石の中華民国時代に引いた「九段線」という南シナ海全域を囲い込む国際法上根拠のない線を主張しはじめた。かつて蔣介石の国民党がつくった資料を持ち出して、2009年5月7日付国連事務総長宛中国政府の口上書において、南シナ海を「九段線」で囲った地図を堂々と提出し、牛の舌のように延びた広大な海域と、そこにある西沙および南沙諸島を中国の海であると主張しはじめた。

中国人には、南シナ海の蒼い海原が、広大な辺境を構成するモンゴルの草原のように見えるのである。南シナ海は、地中海より広い。かつて一度も中国は南シナ海を制圧したことがない。しかし、中国は、南シナ海が中国の海だと主張し、実力をもってその野心を実現しようとしている。

南シナ海の領有など、世界中から荒唐無稽な主張だと思われていたが、中国は、九段線の内側でのベトナムの石油開発を実力で妨害し、また、沿岸国の漁業をも妨げるようになった。スカボロ礁を奪われたフィリピンは、その不当をハンブルグの国際海洋法裁判所に訴え、2016年に仲裁裁判で九段線は「国際法上不法」という判決を勝ち取ったが、中国は無視している。

中国の戦略的縦深性へのこだわりは、彼らの長い歴史のなかで涵養されたものである。中国の歴史は異なる王朝の連続であるが、たとえば、過去千年紀の間、その半分は元（蒙古族）および清（満州族）の征服王朝であった。隋および唐も北部の鮮卑族の出身である可能性がある。

真の漢民族帝国と言えば、漢、宋、明しかない。いずれも万里の長城の北側にいる強大な遊牧民族国家に苦しめられた王朝である。漢は匈奴に苦しめられ、宋は契丹や遼に苦しめられた末、元に滅ぼされた。明もまた、金に苦しめられた末、清に取って代わられた。

過去2000年にわたる中国大陸の戦略的現実は、北部の遊牧民族国家が強大となり、北方騎馬系の諸部族が同盟すれば、肥沃な大地で農耕を営み、みやびやかな宮廷政治を誇る漢民族の王朝を滅ぼして併合できるということである。実際、漢を除けば、北方騎馬系民族による征服王朝時の中国は、万里の長城の北方や玉門関西方の乾燥地帯を含む広大なものとなる。

これに対し、漢民族による中国王朝時の領土は、万里の長城から南方の黄河周辺以南（場合によっては、揚子江周辺以南）に小さくまとまりがちである。

ここから漢民族中心の中国が持つ独特の戦略的縦深性に対する執着が生まれるのである。中国は、まず、自国を中心とする宗族関係を擬制して朝貢関係を築き、自らを宗主と擬制して国際関係を安定させ、同時に、周辺諸民族同士の同盟を、異様なほど研ぎ澄まされた感覚で、恒常的に分断し、弱体化させようとする。

特筆すべきは、その空間の感覚である。遊牧民族は、獰猛な騎馬民族であり、言うまでもなく固定された領土を持たない。彼らの宮廷は黄金細工を凝らして絨毯を敷き詰めた移動に便利なテントである。歴代中国王朝は、数千キロを平気で移動する北方騎馬民族勢力を、北へ、あるいは、西へ押し出すことを最重要課題としてきた。

先にも述べたが、そこでは、線の概念である国境（border line）ではなく、面の概念である辺境（border area）という概念が重要になる。辺境とは、緩衝地帯のことである。戦略的縦深性を確保するためには、辺境地帯は、広ければ広いほどよいということになる。実は、このような空間感覚は、バトゥー（チンギス・ハーンの孫）が建てたキプチャック汗国に数百年服従し、サライやカラコルムに朝貢させられたロシアにも同様に見られる戦略的性向である。

問題は、中国がこの戦略的縦深性確保という大陸の陸軍戦略を、海洋に持ち出していることである。中国海軍の劉華清は、国連海洋法条約が採択された1982年の時点で『近海防御論』を著した。近海といっても300万平方キロメートルに及ぶ大洋を中国の近海として防御の対象とするという代物である。それはほぼ渤海湾、黄海、東シナ海および南シナ海を含む水域の広さであった。完全に国際法を無視した主張である。

沿岸部の水域を面で守るというのは、ブラウンウォーターネイヴィ（沿岸海軍）の発想であり、世界中の国の領海を12海里に押しとどめ、五大洋を公海として自由に動き回るというブルーウォーターネイヴィ（大海軍）の発想ではない。

黄海、東シナ海および南シナ海を自国の海洋防衛圏として設定するという考えは、当時、沿岸海軍しか持たなかった中国海軍の歪んだ誇大妄想であったのであろう。あるいは、戦略的縦深を深く取る大陸国家の陸軍戦略を、そのまま海に適用しただけかもしれない。実際、中国は、EEZと大陸棚を「海洋国土」と呼んできた。

米国勤務中に親しくしていただいたCIA出身のリリー中国大使は、その遺著『チャイナハンズ』（草思社）において、中国は侵入して支配者となった元（モンゴル族）や清（満州族）等の異民族をことごとく中国化して漢民族に取り込んだが、近代になって海から来た欧米人と日本人は中国を蹂躙しただけだった、中国はこれから海洋に深く戦略的縦深を取る戦略を取るだろう、尖閣、台湾、南シナ海の島々は必ず奪われる旨を述べている。大使の予言は現実になりつつある。

中国は、尖閣諸島を台湾の一部だと主張している。将来、万が一、台湾有事が発生すれば、中国は、当然、台湾のみならず、尖閣の奪取に動くであろう。

7　今日の尖閣問題

（1）恒常化する中国による日本の主権侵害

2012年、中国は、初めて米国の同盟国である日本の尖閣諸島に対する実力行使に出た。日本の民主党政権の間、日米関係は急速に冷却化していた。オバマ米政権は、特に第2期に入って中国との気候変動に関する協定に執着していた。中国には日米分断の絶好の機会と映ったのであろう。日本では第二次安倍政権、中国では習近平政権が発足する直前のことである。

その年の春、石原慎太郎東京都知事の尖閣購入発言が話題を呼んだ。実際、東京都は尖閣購入の基金を募集しはじめた。中国側の反発は必至であった。野田佳彦総理は、「それならば国が買った方がまだましだ」と考えたのであろう。「平穏かつ安定的な維持管理」のためと称して、尖閣諸島の内、当時、民有地であった魚釣島、北小島、南小島の政府購入を決めた。同年9月のことである。

この後、中国公船による本格的な示威行動が恒常化する。中国による実力行使は、単なる魚釣島等を購入した野田政権に対する一過性の嫌がらせではなかった。数隻の中国海警（中国の海上保安庁に相当）の公船が、尖閣周辺の接続水域に常駐するようになった。2019年には282日間、日本の接続水域内を遊弋している。

図表17　中国公船の尖閣諸島周辺における活動状況

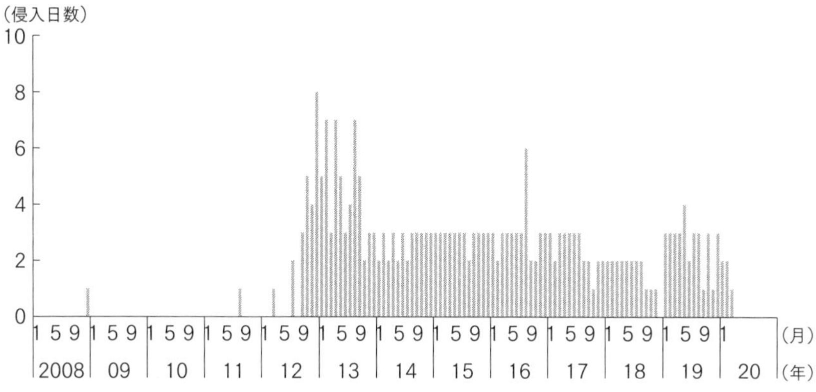

出所：『防衛白書』2020年版

図表18　中国公船の勢力増強

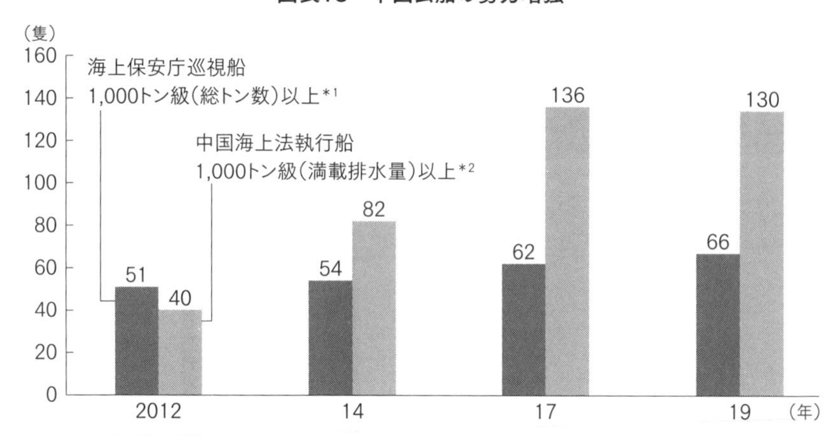

注：＊1 令和元年度末の隻数
　　＊2 令和元年12月末現在の隻数 公開情報を基に推定（今後、変動の可能性あり）
出典：海上保安庁「海上保安レポート2020」による
出所：『防衛白書』2020年版

また、月に２度だった定期的領海侵入回数が３度に増えた。誤って領海に侵入したという話ではない。無害通航か、有害通航かという次元の話でもない。尖閣諸島の支配を狙った中国国家機関による恒常的な実力行使であり、明白な意図を持った日本の主権侵害行為である。

中国が海軍の軍艦を使わないのは、尖閣諸島の実効支配が日本にあり、尖閣が日米安保条約の共同防衛義務の対象となっているからである。さすがの中国も米軍は恐ろしい。中国は、民主党政権時代に傷んだ日米関係に付け込んで、米国の目の届かないいわゆるグレーゾーンにおいて、中国海軍艦船ではなく海警巡視船をもって日本に対する棍棒外交に転じたのである。

南シナ海で傍若無人だった中国も、それまでは米国の同盟国である日本とフィリピンには手を出さなかった。これ以後、中国は日本を力で圧することをいとわなくなった。日本は海上保安庁の努力で中国海警の力押しを何とか止めているが、フィリピンはスカボロ礁を奪われた。2012年のことである。日比両国ともに、その頃対米関係がぎくしゃくしていた。米国の後ろ立てのない同盟国など中国にとっては怖くはないということである。

(2) 海上保安庁の静かな盾

現在まで、中国公船による尖閣周辺での示威行動はエスカレートの一途である。2018年には、中国公船が所属する中国海警は、国務院（政府）傘下の国家海洋局から正式に中国共産党中央軍事委員会の隷下に移った。その後、海警局長のポストには、中国海軍の将官が就いた。厳しい海軍式の訓練を受けているのであろう。中国海警の操船技術は日に日に上達していった。

今、中国海警は、76ミリという軍艦並みの巨砲を備え、１万2,000トンに達する巨船を運航し、また、中国海軍のフリゲート艦を白く塗って海警の勢力に投入している。1,000トンを超える大型巡視船の数は、2012年当時、海上保安庁の方がわずかに海警より上であったが、中国は、一気に海警の巡視船勢力を３倍の規模にした。日本の海上保安庁の劣勢は明白であり、現在、遅ればせながら増勢に努めている。さらに、中国の海軍、空軍がびっしりと中国海警の後衛を固めている。中国本土には台湾が近いこともあって、1,000発を超えるおびただしい数の短距離ミサイルも配備されている。

昨今、「尖閣領有の意思を示せ」という議論が自民党内でかしましいが、既に、尖閣情勢は、その次元を超えている。意思は十分に示している。もはや、取るか取られるかという次元に移っているのである。外交的な挑発は、中国にエスカレーションの口実を与えるだけである。領土防衛に必要なものは挑発ではない。力押しに出た中国に対して、今、海上保安庁が懸命に領海警備に当たっている。

日本はさらにいっそう海上保安庁を増強し、また、自衛隊の力を蓄えることが必要である。海上保安庁と自衛隊の静かな増強こそが求められている。

親しい米海軍人は「今、一番危険なのは南シナ海ではない。台湾と尖閣だ」と真顔で述べていた。日本が自分で努力しなければ、米国の支援は難しい。今米国が尖閣問題に重い腰をやっと上げつつあるのは、ようやく第2次安倍政権以降、日本が尖閣防衛と領海警備に本腰を入れたからである。

仮に、尖閣諸島で衝突が起きたとき、警察、海上保安庁、自衛隊といった実力部隊の統合運用は、総理官邸の仕事である。特に、いつ、警察、海上保安庁から担当を切り替えて、自衛隊に出動命令をかけるかが、総理大臣の最大の政治決断の瞬間である。

海上保安庁員は、警察官である。決して戦闘員ではない。中国は、漁船に潜む民兵や、海軍隷下の海警を、平時における恒常的な主権侵害に利用する国である。平時と有事の境目にあるグレーゾーンにおける恫喝が、中国の最も得意とする戦術である。彼らに対応する海上保安庁の責務は重い。

海上保安庁の静かな盾が、中国軍によって破られそうになれば、自衛隊の出動に切り替えなくてはならない。米国の日米安保条約第5条による共同防衛行動を発動してもらわねばならない。中国は、日本が戦争を仕掛けたという宣伝戦を派手に繰り広げ、人民解放軍を投入するであろう。

非常に重い判断が求められる。総理大臣にしかその権限はない。総理は、重く孤高の決断を求められる。

2010年、民主党政権下で起きた中国漁船「閩晋漁5179」による巡視船「よなくに」「みずき」への衝突逃亡事件の後、明白な公務執行妨害案件であるにもかかわらず、政府は、那覇地検に対して、船長を不起訴にさせて釈放させた。穏便に済ませたのである。中国は、対抗策として中国駐在のフジタ社員数名を人質に取っていた。邦人保護のために国法を捻じ曲げたと批判されても仕方がない事件であった。問題は、当時の総理官邸が、事実上、指揮権発動に近いことをやっておいて、すべての責任を那覇地検にかぶせたことである。

危機に及んで最高責任者が逃げ惑うようでは、尖閣をめぐって万が一の事態になったとき、中国の力押しの前に日本政府はただちに崩壊するであろう。政権トップが崩れれば、戦前と同様にシビリアンコントロールも崩壊する。幸いにして、現在は、国家安全保障会議、国家安全保障局が総理官邸内に立ち上がっている。

尖閣情勢はますます急を告げている。2021年に入り、中国は中国海警に武器使用を認める法律を制定した。他国の領土を自国領と言い張り始めた。

問題は、中国が広大な海域を管轄下にあると違法に主張していることである。もし中国が、たとえば東シナ海、南シナ海全域を中国の防衛範囲として武器を使用し始めれば、海洋秩序は破壊される。武器使用といっても中国海警は軍艦並みの76ミリの大砲を備えている。日本のような抑制的武器使用となる保証はない。尖閣情勢をめぐり、グレーゾーンの危機管理を総攬する総理官邸の責任はとても重くなっているのである。

あとがき

日本の安全保障政策論議は、21世紀に入ってから、気鋭の若手の学者が幅広い国際的視野や国際的経験を踏まえて、現実主義に立った国際的にも一流の論陣を張るようになった。国際政治、国家戦略、日米同盟、対中関係、東アジア近現代史、近現代外交史等、幅広い分野で素晴らしい論考が次々と発表されている。

今の若い人々の知的世界は、筆者たちのように東西イデオロギー対立の谷間で、戦略や軍事に関して知の日陰に追いやられた世代から見ると、本当にうらやましい。令和の日本には、自らの良心に従って、多くの論考を読み、自分の考えを持ち、日本を代表して国際社会でリーダーシップを取れる人材に輩出してほしいと願う。

しかし、残念ながら、国会、一部のマスメディアや学術界の人々は、冷戦終了後30年経った今日でも、いまだに化石のような東西冷戦の落し子である55年体制（1955年から91年の冷戦終了まで自由民主党と日本社会党が対峙した国内冷戦構造）下のイデオロギー論争を繰り返している。

55年体制下の安保議論は、冷戦下の東西体制選択の議論と裏腹であり、西側に立てば「日米同盟強化、防衛力増強、ソ連の脅威への対応」という議論となり、東側に立てば「非武装中立（日米同盟廃棄、防衛力増強反対）。ソ連は攻めてこない。米国の戦争に巻き込まれるな」という議論になる。議論の入り口で結論が決まってしまう。

敗戦国の日本には、戦勝国フランスのゴーリズムに代表されるように、多極世界の一極となり独自の道を歩む力はなかった。あるいはインドのネルーのように非同盟を主導する力はなかった。国際冷戦の冷気は、敗戦の混乱に苦しむ日本に直接流れ込んだ。東西ドイツや南北朝鮮のような分断国家にこそならずにすんだものの国際冷戦下における強烈な東西二極の磁場は、55年体制を通じて日本社会をイデオロギー的に引き裂き、日本人のアイデンティティさえも引き裂いた。

国内冷戦のなかの安保論争には妥協もなければ議論の深まりもない。シニアな世代では未だに強い反米感情が目を曇らせることもある。冷戦時代の安保論議の犯した最も重い罪は、「国民をどう守るのか」という現実主義に立った論点が抜け落ち、イデオロギー激突のなかで日本人の戦略的思考を麻痺させてしまったことである。国民の命と幸福を守るという国家安全保障の原点を忘れ、生殺与奪の権を他国に握られることを何とも思わなくなったことである。その後遺症は、冷戦終了後の平成時代にも長く残った。

冷戦後の平成時代を担当した私たち世代の安全保障政策担当者は、猪木正道氏、高坂正堯氏、北岡伸一氏等、日本では数少ない現実主義に立った近現代外交史、国際政治分野の先人たちの優れた論考を、闇のなかで幽かに光る蜘蛛の糸をたどるようにして追いかけてきた。特に北岡氏には、安倍政権下の平和安全法制、戦後70年総理談話で大きな貢献を頂いた。あるいはまた、岡崎久彦氏、小和田恒氏、柳井俊二氏、佐藤行雄氏、加藤良三氏、海老原紳氏、小松一郎氏等、鋭い戦略眼を持った先達外交官たちが、海図のない真っ暗な海原に蹴立てた日本外交の白波の跡を必死についていった。

令和時代の安全保障を担当する若人たちは、現実主義に立った能動的で積極的な国家戦略の立案を求められる。中国の力の伸長は目覚ましい。米国の力にも限りがある。令和の国際環境は、平成のそれよりも幾数倍も厳しいものとなる。日本の知恵と力が求められている。

今、日本に最も問われているのは、アジアにおいて真の自由主義圏を創り出し、支えていけるかということである。日米同盟にすがるのではなく、自らの足で立って日米同盟を支え、アジアの若い民主主義国家をまとめていけるかということである。日本には覚悟が要る。日本の戦略的覚醒こそが令和の日本人の課題である。

安全保障戦略は、宗教哲学や東洋および西洋の哲学に根差した普遍的な価値観、産業、投資、エネルギー政策を包含する経済的な繁栄の方途、戦略的安定のための同盟論、国家の安全のための防衛戦略および軍事戦略と、実に幅広い分野に及ぶ。インテリジェンスの基本も知らねばならない。岡崎久彦大使が説いてやまれなかった現実主義的な戦略的思考が、今、ようやく日本外交の伝統として根づきつつある。筆者の拙い思索は、到底、知の巨人というべき数多くの先達に及ぶはずもないが、わずかでも、これから令和の時代の安全保障を担当する若い人々の知の糧となれば望外の喜びである。

2021年3月5日

目白の書斎にて　兼原 信克

【読書案内】

第Ⅰ部の国家安全保障組織論に関しては、日本の国家安全保障会議は立ち上がったばかりで、まだまとまった研究がなされていない。NSC設立当時を振り返った筆者と高見澤將林氏の初代国家安全保障局次長同士の対談「安全保障とデジタルを連結せよ」(『Voice』2020年12月号)が、実情を考えるうえで参考になるであろう。過去の歴史を振り返ったものとして千々和泰明『変わりゆく内閣安全保障機構』(原書房)、各国のNSCを説明したものとして松田康博『NSC国家安全保障会議』(彩流社)がある。

日本の国家安全保障組織を考えるには、シビリアンコントロールの貫徹が最も重要な論点である。戦前の政軍関係の脆弱さと破綻の原因を知り、統帥権の独立という大きな組織論上の失敗を客観的に反省する必要がある。

戦前の政軍関係を考えるうえで、北岡伸一『政党から軍部へ』(中公文庫)、戸部良一『逆説の軍隊』(中公文庫)、森松俊夫『大本営』(吉川弘文館)、波多野澄雄『幕僚たちの真珠湾』(吉川弘文館)、兼原信克『歴史の教訓』(新潮新書)などが参考になる。戦前の失敗の歴史を、健全な政軍関係、シビリアンコントロール確立という政治指導者が持つべき高い視点から、もう一度よく読み直す必要がある。

インテリジェンスに関しては、日本のインテリジェンスを含めて畏友、小林良樹氏の『インテリジェンスの基礎理論』(立花書房)がある。教科書として定評があるのは、マーク・M・ローエンタール『インテリジェンス』(慶應義塾大学出版会)である。実際の工作活動の雰囲気が知りたければ、ミルト・ベアデン『ザ・メイン・エネミー(上下)』(ランダムハウス講談社)などがある。また、最近、日本のインテリジェンスの歴史をまとめた良書、リチャード・サミュエルズ『特務』(日本経済新聞出版)が出た。

国家安全保障会議、国家安全保障局がある総理官邸や内閣官房の機能強化を理解するには、政治主導が確立していった平成政治史に関する基礎知識が不可欠である。後藤謙次『平成政治史1～3(4巻未刊)』(岩波書店)、清水真人『平成デモクラシー史』(ちくま新書)、芹川洋一『平成政権史』(日経プレミアシリーズ)がよい。

今日の観点から戦後日本外交を概観するには、筆者と白鳥潤一郎氏の対談（「戦後75年の日本外交を振り返る」『公研』2020年8月号、webで閲覧可能）がある。また、栗山尚一『戦後日本外交』（岩波書店）ほか、退役外交官の回想録やオーラルヒストリーが数多く出版されている。

第Ⅱ部の安全保障戦略論については、狭い軍事的な議論にこだわるだけではなく、国家戦略というものを、外交、軍事、繁栄、価値観と幅広く捉える必要がある。国家安全保障戦略とは、本来、そういうものだからである。

安全保障戦略論全般については、兼原信克『戦略外交原論』（日本経済新聞出版）、同『【論集】日本の外交と総合的安全保障』（第一章「国家、国益、価値と外交・安全保障」および第二章「新しいパワー・バランスと日本外交」）（ウェッジ）があり、英文の論考としては*Japan's World Power, edited by Professor Guibourg Delamotte*（Chapter 1. The power of Japan and its 'Grand Strategy'）Nobukatsu Kanehara, Routledgeがある。その他、多くの優れた本が出ている。岡崎久彦『戦略的思考とは何か』（中公新書）、石津朋之・永末聡・塚本勝也編著『戦略原論』（日本経済新聞出版）は定評がある。

古典としては『孫子』（岩波文庫）が必読である。『孫子』は永遠に新しい。また、カーマンダキ『ニーティサーラ』（東洋文庫）、マキャヴェリ『君主論』（岩波文庫）、カウティリヤ『実利論（上下）』（岩波文庫）、クラウゼヴィッツ『戦争論（上下）』（中公文庫）、柳生宗矩『兵法家伝書』（岩波文庫）、『六韜』（中公文庫）などを読んで、天才戦略家の知恵に触れておくとよい。

国家安全保障戦略を考えるには、まず外交戦略、特に大国間の戦略的均衡の実現が重要である。大国間の力関係は半世紀ごとに大きく変遷する。戦略観を持つには、近現代史を含む世界史の知識が必要である。

歴史書を読むには、自分の視座、立ち位置が重要である。私たちは、今、私たちが立っている自由主義的国際秩序に視座を据えて、近現代に至る150年の日本の近現代史を、世界史において振り返ることが必要である。

20世紀には、国家間の力関係も、人類の価値観も大きく変わった。そこで日本がどう対応しようとしたのかを客観的に振り返ることが、必要である。

戦後に日本で書かれた歴史書の多くは、権力政治、特に軍事史に関する記述が希薄であった。それでは歴史を動かす重要な力の一部が見えない。

政治、外交と軍事のすべてに目配りした優れた歴史書としては、戦前のものでは、清沢洌『日本外交史』（東洋経済新報社）がある。戦後のものでは、北岡伸一『日本政治史』（有斐閣）、岡崎久彦大使の大著『陸奥宗光とその時代』『小村寿太郎とその時代』『幣原喜重郎とその時代』『重光・東郷とその時代』（PHP研究所）もある。最近、山内昌之・細谷雄一編著『日本近現代史講義』（中公新書）、波多野澄雄編著『日本外交の150年』（日本外交協会）が出た。日中戦争についても、軍事面を含めた客観的な良書が出てきており、たとえば、波多野澄雄他『決定版 日中戦争』（新潮新書）がある。

また、世界史自体の捉え方も大きく変わりつつある。インターネットが数十億の人々を結び付けている今日、人類全体が共感し、分かち合えるグローバルヒストリーが求められている。

グローバルヒストリーの第一人者である羽田正東京大学教授には『東インド会社とアジアの海』（講談社）『新しい世界史へ』（岩波新書）など多くの著書があるが、幸いなことに子ども向けの漫画『輪切りで見える！　パノラマ世界史1～5』（大月書店）『角川まんが学習シリーズ1～20（2021年刊行予定）』（角川書店）を監修されている。この漫画は、大人の読者にも世界史を鳥瞰するうえで重要なヒントを与えてくれる。世界史を大きなテーマごとに読破したい読者には、『興亡の世界史（全21巻）』（講談社学術文庫）が刺激的で面白い。

防衛戦略、軍事戦略に関しては、戦後、あまり良い本がない。1976年の防衛大綱以来、「敵を想定せずに基盤的防衛力を整備する」という考え方が政府を縛っているために、誰とどう戦うか（軍事戦略）、どう準備するか（防衛戦略）という本来の戦略的思考が政府のなかで止まってしまったからである。

戦前の日本の国防方針を説明したものとしては、黒野耐『帝国国防方針の研究』（総和社）および『大日本帝国の生存戦略』（講談社メチエ）、黒川雄三『近代日本の軍事戦略概史』（芙蓉書房出版）がある。

現代軍事のリアルについては、兼原信克他『自衛隊最高幹部が語る令和の国防』（新潮新書）、河野克俊『統合幕僚長』（ワック）、折木良一『国を守る責任』（PHP新書）、岩田清文『中国、日本侵攻のリアル』（飛鳥新社）など、退役自衛官が執筆した良書が多数出版されるようになったことは喜ばしいことである。武居智久海幕長が監訳したトシ・ヨシハラ『中国海軍VS.海上自衛隊』（ビジネス社）も良い。軍事のリアルを知らずに、安全保障を語ることはできない。

また、安全保障を論じるには、政府の刊行している白書の類は目を通しておかなくてはならない。『防衛白書』(防衛省)、『中国安全保障レポート』(防衛省)、『外交青書』(外務省)、『通商白書』(経済産業省)、『エネルギー白書』(資源エネルギー庁)、『情報通信白書』(総務省)、『図説日本の財政』(財経詳報社)、『海上保安レポート』(海上保安庁)などは有益である。

軍事雑誌としては『ディフェンス』(隊友会)や、専門的ではあるが『軍事研究』(ジャパン・ミリタリー・レビュー)がある。雑誌『世界の艦船』(海人社)所収の論文には優れたものが多い。

ところで、本書の主たる狙いの一つは、国益としての価値観について、掘り下げた議論をすることである。日本外交が価値観を論じはじめたのは、今世紀に入ってからである。

まず、今日、普遍的価値観と呼ばれている欧米人の自由主義的価値観の淵源を、彼らの宗教思想と政治哲学に求めてみよう。基本文献として『聖書』はもとより、宗教改革の火つけ役となったマルティン・ルター『キリスト者の自由・聖書への序言』(岩波文庫)、ジャン・カルヴァン『カルヴァン小論集』(岩波文庫)があり、続いて啓蒙思想を代表するジャン・ジャック・ルソー『社会契約論』(岩波文庫)、モンテスキュー『法の精神(全3巻)』(岩波文庫)、ジョン・ロック『統治二論』(岩波文庫)がある。

戦後、自由主義思想は、欧米のローカルな枠組みを超え、地球上の人類全体を覚醒させた。自由主義的な思想の系譜の地球的規模での広がりをたどってみよう。まずアジア、アフリカの解放の精神的支柱となったガンディーの『ガンジー自伝』(中公文庫)がある。ガンディーに影響を与えたトルストイの『神の国は汝等の衷にあり』(冬樹社)は、神とは愛であると教えてくれる。また、ガンディーから影響を受けて、非暴力主義を貫いて公民権運動を率いたマーティン・ルーサー・キング牧師には『私には夢がある』(新教出版社)『真夜中に戸をたたく』(日本基督教団出版局)など、心を打つ演説集が遺されている。また、南アフリカのアパルトヘイトを打ち砕いたネルソン・マンデラの自伝『自由への長い道』(NHK出版)もある。

なお、ヨーロッパ人による異人種の奴隷的支配の是非に対しては、啓蒙思想の時代や自由主義の時代よりはるかに早く、西欧人が初めてアフリカ人、アラブ人以外の異人種と接触した大航海時代のころから、その是非について宗教論争があったことを知っておくことは有益である。増田義郎『アステカとインカ』（講談社学術文庫）、ラス・カサス『インディアスの破壊についての簡潔な報告』（岩波文庫）。西欧人の良心の疼きは、アステカ帝国、インカ帝国滅亡の時点で既に始まっていたのである。

次に、私たち日本人は、この自由主義的な思想が、私たち自身の東洋思想、日本思想と通底する普遍的な価値を持つものであることを知る必要がある。仏の前にすべての人は平等であり、すべての人は救われ、悟りを開いたものはすべての人を救わねばならないという仏法思想や、民こそが貴いのであって、王権は法に縛られ、非道な王は滅びると説いた儒教の王道思想は、その本質において欧州に生まれた自由主義的哲学と同じことを言っている。しかもその始まりは、欧州啓蒙思想よりはるかに早い。

仏典としては、釈尊の言葉を集めた原始仏典ダンマパダに普遍性がある。中村元『ブッダの真理のことば、感興のことば』（岩波文庫）に訳されている。大乗仏教のエッセンスを知りたければ鈴木大拙『仏教の大意』（角川文庫）がよい。仏の悟りを開けば、すべての権威が否定され、個人が仏の前に屹立する近代的個人が生まれる。その例を、法然『選択本願念仏集』（ちくま学芸文庫）に見ることができる。仏教がどれほど日本人の考え方や生活に影響を与えたかを通史として見るのであれば、辻善之助『日本仏教文化史入門』（書肆心水）がよい。

儒教であれば、『論語』（岩波文庫）がある。仁を至高の価値とした価値観の政治、外交を考えるには『孟子』（岩波文庫）がよい。近代的日本人として覚醒した吉田松陰が孟子を解釈した『講孟劄記』（講談社学術文庫）は興味深い。また、アジアの王権思想を説明した渡辺浩『東アジアの王権と思想』（東京大学出版会）がある。

良心は、国難のような危機において、天才思想家のなかで弾けることが多い。良心の弾けた人は、万人を救うという強烈な衝動に駆られる。それを元寇に直面した日蓮「立正安国論」（『日蓮』所収、中公クラシックス）および幕末の吉田松陰『留魂録』（講談社学術文庫）に見ることができる。

明治に入り、キリスト教、西洋思想によって良心に目を開いた人が出た。同志社大学創立者『新島襄自伝』（岩波文庫）はその典型である。日蓮宗徒であった『石橋湛山評論集』（岩波文庫）は、日本の仏教徒に牢固とした個人主義、自由主義の芽があったことを教えてくれる。

これに対して、1930年代に日本のみならず世界を席巻した全体主義思想の系譜を追っておくことも大切なことである。全体主義思想は、最初、自由主義思想を凌駕すると思われたが、実際には全体主義思想は工業化の初期に現れる病理にすぎないことが明らかになった。猪木正道『共産主義の系譜』『独裁の政治思想』（ともに角川ソフィア文庫）が優れている。

中国論に関しては、あまりに多くの優れた本が出ており、選ぶことが難しい。できるだけ多くの人の本を読むしかないが、たとえば、宮本雄二元中国大使が習近平政権初期を描いた『習近平の中国』（新潮新書）がある。通史としては、宮崎市定『中国史（上下）』（岩波文庫）、エズラ・ヴォーゲル『日中関係史』（日本経済新聞出版）、近現代史としては、国分良成『中国政治からみた日中関係』（岩波書店）、川島真『近代国家への模索』（岩波新書）、阿南友亮『中国はなぜ軍拡を続けるのか』（新潮選書）がある。中国の通史を本格的に読破する馬力のある読者には、『中国の歴史（全12巻）』（講談社学術文庫）がよい。

中国共産党支配の実態については、『チャイナ・セブン』『チャイナ・ナイン』（朝日新聞出版）『「中国製造2025」の衝撃』（PHP研究所）など、遠藤誉氏の著作は常に世の中の問題意識の先を行っている。幼少期を中国で過ごした遠藤氏の観察は深い。また、まとまった中国共産党分析としては、リチャード・マグレガー『中国共産党』（草思社）がある。

最近、オーストラリアにおける中国の影響力の浸透ぶりを暴いたクライブ・ハミルトン『目に見えぬ侵略』（飛鳥新社）が話題になった。中国の手段を選ばない戦略的思考については喬良『超限戦』（角川新書）があり、また、中国の大使を務めたCIAのジェームズ・リリー『チャイナハンズ』（草思社）が、米国のリアリストの中国観として参考になる。中国、台湾情勢については雑誌『東亜』（霞山会）が優れている。

なお、中国史を国民国家の歴史と見るのは大きな過ちである。中国史を漢民族と北方騎馬民族が交錯する東アジア史と捉え、さらに広く西アジアおよび中央アジアと通じさせ、ユーラシア大陸全体を客観的に眺めることは、そもそも中国とは何か、あるいは、中国人とは誰なのかを考えるうえで有益である。杉山正明『モンゴル帝国と長いその後』（講談社学術文庫）が良い。

韓国に関しては、基本文献として、森山茂徳『日韓併合』（吉川弘文社）や、独立後の韓国人自身が書いた本格的国民史として韓永愚『韓国社会の歴史』（明石書店）がある。北朝鮮の実情を知ることは難しいが、社会の閉塞状況や1990年代の飢饉を描いたバーバラ・デミック『密閉国家に生きる』（中央公論新社）がある。日本統治時代の朝鮮半島の実情については、統計にもとづいて客観的な姿を描こうとした木村光彦『日本統治下の朝鮮』（中公新書）が出た。『金大中自伝（Ⅰ・Ⅱ）』（岩波書店）は、日本統治下に生まれ、韓国の民主化を率い、大統領となって日韓黄金時代を築いた金大中の自伝である。竹島については、玄大松『領土ナショナリズムの誕生――「独島/竹島問題」の政治学』（ミネルヴァ書房）が示唆に富む。

市場経済については、アダム・スミス『国富論』（日経BP）が基本書であるが、貿易については、西欧人が大航海時代に求めたアジア貿易の実態について、海賊の実態を含めて知っておくことが有益である。ウィリアム・バーンスタイン『交易の世界史（上下）』（ちくま学芸文庫）、竹田いさみ『海の地政学』（中公新書）が良い。

第Ⅲ部については、宇宙安全保障関連の良い本が最近続いて出ている。福島康仁『宇宙と安全保障』（千倉書房）、ニール・ドグラース・タイソン『宇宙の地政学』（原書房）などがある。サイバー問題に関しては、「ニューヨーク・タイムズ」記者デービッド・サンガー『サイバー完全兵器』（朝日新聞出版）が良い。また最近、広瀬陽子『ハイブリッド戦争』（講談社現代新書）が出た。無人兵器に関しては、ポール・シャーレ『無人の兵団』（早川書房）が良い。

経済安全保障については、軍事、インテリジェンス（特にサイバーインテリジェンス）、外交、科学技術、通信、産業、科学技術予算の配分にわたる非常に幅広い知識が必要であり、なかなか総合的にまとまった本がない。小論として兼原信克「経済教室　科学技術と安全保障」（2020年4月10日付「日本経済新聞」）がある。

歴史戦に関しては、安倍総理の戦後70年談話の際の有識者会合である21世紀構想懇談会の『戦後70年談話の論点』（日本経済新聞出版）、また、斬新な視点で21世紀の視座から東アジアの歴史を鳥瞰した田中明彦・川島真編『20世紀の東アジア史（全3巻）』（東京大学出版会）がある。また、米国の視点から見た中国の歴史問題を知るには、ワン・ジョン『中国の歴史認識はどう作られたのか』（東洋経済新報社）が良い。慰安婦問題については、秦郁彦『慰安婦と戦場の性』

（新潮選書）があり、朝鮮半島出身労働者問題については、最近、波多野澄雄『「徴用工」問題とは何か』（中公新書）が出た。

領土問題に関しては、芹田健太郎『日本の領土』（中公文庫）がまとまっている。北方領土問題については、外務省作成のパンフレット『われらの北方領土』（外務省）がよくまとまっている。松本俊一『日ソ国交回復秘録』（朝日新聞出版）、長谷川毅『暗闘　スターリン、トルーマンと日本降伏』（中公文庫）は、読んでおくべきである。また、東京の虎ノ門に開設された内閣府の「領土・主権展示館」では、一般人向けに丁寧な解説が行われている。

中国の東シナ海、南シナ海への海洋進出に関しては、坂元茂樹『侮ってはならない中国』（信山社）がある。最後に、尖閣諸島で中国の海警巡視船による恒常的な主権侵害行為に対処している海上保安官の現場の声として、佐藤雄二元海上保安庁長官の『波濤を越えて』（文芸春秋）を挙げておきたい。

人名索引

【さ】

【た】

【な】

【は】

【ま】

【や】

【ら】

事項索引

【さ】

【た】

[著者略歴]

兼原信克（かねはら・のぶかつ）
1959年山口県生まれ、80年外務公務員採用上級試験合格、81年東京大学法学部卒業、同年外務省入省、条約局法規課長、総合外交政策局企画課長、北米局日米安全保障条約課長、在アメリカ合衆国日本国大使館公使、総合外交政策局総務課長、外務省欧州局参事官、在大韓民国日本国大使館公使、内閣官房内閣情報調査室次長、外務省国際法局長などを経て、2012年内閣官房副長官補、14年内閣官房副長官補兼国家安全保障局次長、19年退官
現在、同志社大学特別客員教授
主な著書に『戦略外交原論』（日本経済新聞出版）『歴史の教訓』（新潮新書）『現実主義者のための安全保障のリアル』（ビジネス社）『日本の対中大戦略』（PHP新書）などがある。

安全保障戦略

2021年4月21日　1版1刷
2022年7月22日　5刷

著　者　兼原信克

発行者　國分正哉
発　行　株式会社日経BP
日本経済新聞出版
発　売　株式会社日経BPマーケティング
〒105-8308　東京都港区虎ノ門4-3-12

装丁・本文設計　野網雄太
DTP　マーリンクレイン
印刷・製本　中央精版印刷

ISBN978-4-532-17696-9